现代密码学原理及应用

李海峰　马海云　徐燕文　编著

国防工业出版社
·北京·

内 容 简 介

　　本书是作者在多年从事信息安全与密码学的科研工作与一线教学实践的基础上,按照高等院校的培养目标和基本要求,结合平时的教学体会和学生的反馈意见,编写而成的一本关于"现代密码学原理及应用"的教材。

　　本书围绕着现代密码学提供的基本安全特性(信息的机密性、完整性、认证性、访问控制、不可否认性等),主要从密码学基本理论、密码算法和密码算法应用三方面介绍了现代密码学的基本原理及其应用。全书共分为四大部分,内容涉及密码学基本理论、信息加密技术(古典密码学、对称密码体制、公钥密码体制)、信息认证技术(消息认证、数字签名、身份认证)、密钥管理技术(密钥分配、秘密共享、密钥托管、公钥基础设施(PKI)技术)等。

　　本书面向应用型本科专业,适合用作普通高等院校信息安全、密码学、计算机科学与技术、网络工程、通信工程、信息工程、信息管理与信息系统、电子商务、软件工程、电子信息科学与技术、物流管理等相关专业的高年级本科学生和硕士研究生"信息安全"课程的教学用书。本书也可作为信息安全工程师、网络安全管理人员和信息技术类用户的培训或自学教材及上述相关人员的技术参考书。

　　本课程的先修课程有"程序设计"、"数据结构"、"计算机网络"、"信息安全数学基础"等。

图书在版编目(CIP)数据

现代密码学原理及应用/李海峰,马海云,徐燕文
编著.—北京:国防工业出版社,2013.6
ISBN 978 − 7 − 118 − 08873 − 1

Ⅰ.①现...　Ⅱ.①李...②马...③徐...　Ⅲ.①密
码 − 理论　Ⅳ.①TN918.1

中国版本图书馆 CIP 数据核字(2013)第 123519 号

※

*国防工业出版社*出版发行
(北京市海淀区紫竹院南路 23 号　邮政编码 100048)
北京奥鑫印刷厂印刷
新华书店经售

*

开本 787×1092　1/16　印张 22　字数 450 千字
2013 年 6 月第 1 版第 1 次印刷　印数 1—3000 册　定价 56.00 元

(本书如有印装错误,我社负责调换)

国防书店:(010)88540777　　　发行邮购:(010)88540776
发行传真:(010)88540755　　　发行业务:(010)88540717

前　言

随着全社会各行各业信息化进程的加快,信息安全问题越来越成为世人关注的社会焦点和信息科学技术领域的研究热点。而作为信息安全的核心技术——密码学则是信息安全应用领域所有人员必须具备的基础知识。为此,国内不少高校、不少专业已经将密码学列为信息安全等相关专业的学生必修的专业基础课程或专业课程。高校作为人才培养的主要阵地,肩负着为我国现代化建设输送优秀人才的重要使命。因此,为了切实提高高等院校密码学课程的教学质量,编写一本真正适合自己国情、校情的"信息安全"的好教材至关重要。正是基于上述考虑,在作者多年从事信息安全与密码学的科研工作与一线教学实践的基础上,按照高等院校的培养目标和基本要求,结合平时的教学体会和学生的反馈情况,着手编写了本书。

本书围绕着现代密码学提供的基本安全特性(信息的机密性、完整性、认证性、访问控制、不可否认性等),主要从密码学基本理论、密码算法和密码算法的直接应用——安全协议三方面介绍了现代密码学的基本原理及其应用,内容涉及密码学基本理论、信息加密技术(古典密码学、对称密码体制、公钥密码体制)、信息认证技术(消息认证、数字签名、身份认证)、密钥管理技术(密钥分配、秘密共享、密钥托管、公钥基础设施技术)等。本书分为四大部分,共12章,各部分内容简述如下:

第1部分(第1~2章)为密码学基本理论。

第1章介绍了信息安全面临的威胁、信息安全问题产生的原因、信息安全的定义与目标、信息安全的基本模型。

第2章介绍了密码学的基本概念、密码体制的分类、密码分析、密码系统的安全性。

第2部分(第3~5章)主要介绍了密码学最基本的应用——信息加密技术。

第3章介绍古典密码学,包括替换密码和置换密码。

第4章介绍了对称密码体制,包括序列(流)密码和分组密码。

第5章主要介绍了公钥密码体制,包括公钥密码体制概述和两种常见的、重要的密码体制:RSA密码体制和椭圆曲线密码体制。

第3部分(第6~8章)介绍了密码学的另外一个重要应用——认证技术。

第6章介绍了消息认证技术。消息认证技术可以实现对消息的来源和完整性认证。

第7章介绍了数字签名技术。数字签名是一种取代手写签名的电子签名技术,它也是一种特殊的认证技术,数字签名模拟文件中的亲笔签名或印章以保证文件的真实性。

第8章介绍了身份认证技术。身份认证可以验证用户的真实身份,是构建信息安全体系的第一道大门。

第4部分(第9~12章)介绍了保证密码系统安全的关键因素——密钥管理技术。

第9章介绍了密钥分配技术,包括对称加密体制的密钥分配、公钥加密体制的密钥分配。

第 10 章介绍了秘密共享技术。秘密共享是基于分散保管秘密的思想而出现的一种秘密管理方案,使用秘密共享技术可以有效地增强密钥的安全性。

第 11 章介绍了密钥托管技术。密钥托管最主要的两个功能是可以实现政府的监听和帮助用户恢复密钥,此外,还可以实现防止用户抵赖的功能。

第 12 章介绍了公钥基础设施技术。公钥基础设施是一种利用公钥密码体制的理论和技术建立起来的提供信息安全服务的、具有普适性的安全基础设施,旨在从技术上解决网上身份识别与认证、信息的保密性、信息的完整性和不可抵赖性等安全问题。

与其他密码学教材相比,本书力求突出以下几个特色:

(1) 逻辑严密,结构合理。密码学的内容众多,处理好各部分内容的关系至关重要。本书不仅逻辑性好,而且组织结构更加合理。本书按照密码学的基本理论、密码算法、密码算法的直接应用——安全协议的逻辑顺序来编排内容,全书共分为密码学的基本理论、信息加密技术、信息认证技术、密钥管理技术四个部分。

(2) 图文并茂,深入浅出。本书突出的特色是将复杂的密码算法原理分析得深入浅出,便于读者花少量的时间入门并尽快掌握应用密码学的精髓。

本书由李海峰组织编写并进行统稿,其中第 1~5 章、第 7 章、第 8 章、第 10 章、前言和总目录由李海峰编写;第 6 章、第 9 章、第 11 章、第 12 章和附录由马海云编写。

在本书的编写过程中,参考了大量资料,除书后附录的参考文献外,本书还参考了许多作者的书籍、论文、著作以及其他在互联网上公布的相关资料等,从中得到了不少帮助和启发,由于篇幅所限,恕无法一一列出,在此也对他们表示衷心的感谢。写作过程中所参考的这些书籍资料,其原文版权属于原作者,特此声明。

由于作者学识和水平有限、时间仓促,加之现代密码学的理论与技术涵盖的内容非常广泛,发展非常迅猛,新的知识、原理和技术层出不穷,本书是在此领域教学工作的一次努力尝试,尽管尽了最大努力,但书中难免存在一些缺点和错误,恳请广大读者与同行专家、学者批评指正,以利再版修订,让更多读者受益。

最后,谨向每一位关心和支持本书编写工作的各方面人士表示感谢!国防工业出版社的领导和编辑为本书的及时出版做了大量的工作,在此表示衷心的谢意!

编 著 者
2013 年 5 月

目 录

第 2 部分　信息加密技术

第 3 部分　信息认证技术

第4部分　密钥管理技术

第 1 部分

密码学基本理论

　　信息是当今社会发展的重要战略资源，也是衡量一个国家综合国力的重要标志。对信息的开发、控制和利用已经成为国家间相互争夺的内容；同时，信息的地位和作用也在随着信息技术的快速发展而急剧上升，信息安全的问题也同样因此而日益突出。

　　本部分主要介绍了信息安全面临的威胁、信息安全问题产生的原因、信息安全的定义与目标、信息安全的基本模型、密码学的基本概念、密码体制的分类、密码分析、密码系统的安全性。

1

第1章　信息安全概述

1.1　信息安全面临的威胁

1.1.1　信息安全的重要性

在当今社会，人们的所有活动都离不开信息，信息已经是最重要的资源之一，人们将信息与能源、物质并列为人类社会活动的三大要素，我们所在的时代被称为信息时代。

信息作为一种无形的资源，在社会生活中起着越来越重要的作用，它的普遍性、共享性、增值性、可处理性和多效用性，使其对于人类具有特别重要的意义。

随着信息技术的迅猛发展，信息技术的应用几乎涉及到了社会的各个领域，信息技术极大地改变了人们的日常生活和工作方式，给人们带来了前所未有的便利，如网上购物、网上银行等，信息技术推动着全球经济的迅速发展，信息产业已经成为新的经济高速增长点。但信息技术是一把双刃剑，互联网不可避免地存在着信息安全隐患。互联网的最大特点就是开放性，对于安全来说，这又是它致命的弱点。伴随信息化的广泛应用而来的信息安全问题越来越引人关注。随着社会信息化步伐的加快，人们对信息系统和信息服务的依赖性也越来越强，这意味着信息系统更容易受到信息安全威胁的攻击，因此，信息资源一旦遭受破坏，将给国家、单位或者个人造成严重的损失。如人们日常遇到的各种计算机病毒，QQ 密码、账号等被盗，大一些的比如单位的网站被黑，无法访问特别是关于企业的经济信息、银行电子资金业务等，更大的乃至一个国家的国家机密、军事信息等重要信息，哪怕它们的任何一点信息的泄露和差错都会给国家安全造成不可估量的损失和灾难。所有这些都属于信息安全所研究讨论的范畴。可以说，信息安全事关国家安全、社会稳定，如何保证信息的安全性已成为我国信息化建设过程中急需要解决的重要问题。在未来的竞争中，谁获得信息优势，谁就能掌握竞争的主动权。因此，信息安全已经成为影响国家安全、经济发展、社会稳定、个人利益的重大关键问题。

如果信息系统的安全性不能得到保证，将大大制约信息化的深度发展，同时也将威胁到国家的政治、经济、军事、文化和社会生活的各个方面，影响国家安全及社会的稳定、和谐发展。

1.1.2　信息安全问题产生的原因

信息安全问题产生的原因非常复杂，涉及到网络信息系统中相关的硬件设备、软件技术以及人为因素等多个方面。

1．硬件设备的物理安全

信息系统中硬件设备的可靠、稳定与安全是信息安全的必要条件之一。硬件设备的安全是其他安全的基础。不能保障硬件设备的物理安全，其他的安全就无从谈起。硬件设备的安全主要包括以下几方面的内容：

(1) 硬件设备的存放位置，防盗和访问控制措施。

(2) 硬件设备的环境安全威胁，做好防火、防静电、防雷击等防护措施。

(3) 防电磁泄漏，屏蔽是防电磁泄漏的有效措施，主要有电屏蔽、磁屏蔽和电磁屏蔽。

2．软件技术安全

软件技术安全主要包括网络协议的设计缺陷和系统软件与应用软件的各种安全漏洞带来的各种安全问题。

1) 网络协议的设计缺陷

网络的运行机制是基于各种通信协议。TCP/IP 协议最初设计的应用环境是美国国防系统的内部网络，这一网络环境是互相信任的，网络的设计者在设计网络的时候设计者的目标主要是定位于"网络互联"，保证网络的互联互通，因而，没有过多地考虑安全问题，例如，互联网广泛使用的协议 TCP/IP 协议，它传输的信息采用的是明文方式。因此，TCP/IP 协议的设计存在天生的缺陷。但是由于网络的开放性和共享性，吸引了形形色色的人们接入网络，里面难免有欺诈者、冒充者、破坏者等不怀好意的使用者。由于互联网的发展速度远远超出人们的想象，以至于当人们意识到 TCP/IP 协议的缺陷时，已经不太可能研制一个全新的安全的网络协议来替换 TCP/IP 协议，因为 TCP/IP 协议的用户太多，谁都无法推翻它。于是，只能是在原有的 TCP/IP 协议基础上"修修补补"地解决网络上的安全问题。而且，为了实现异构网络信息系统间信息的通信，往往要牺牲一些安全机制的设置和实现，从而提出更高的网络开放性的要求。开放性与安全性正是一对相生相克的矛盾。因此，互联网上充满了各种安全隐患。

2) 系统软件与应用软件的各种安全漏洞

由于软件程序的复杂性和多样性以及人们的认知能力和实践能力的局限性，在网络信息系统的各种系统软件与应用软件中，很容易有意或者无意地留下一些不容易被发现的安全漏洞。操作系统的漏洞是人们面临的最大风险。无论是 Windows 操作系统还是 UNIX 操作系统等几乎都存在或多或少的安全漏洞。特别是 Windows 操作系统是目前使用最为广泛的系统，但经常发现存在漏洞。过去 Windows 操作系统的漏洞主要被黑客用来攻击网站，对普通用户没有多大影响，但近年来一些新出现的网络病毒利用 Windows 操作系统的漏洞进行攻击，能够自动运行、繁衍、无休止地扫描网络和个人计算机，然后进行有目的的破坏。比如"红色代码"、"尼姆达"、"蠕虫王"以及"冲击波"等。随着 Windows 操作系统越来越复杂和庞大，出现的漏洞也越来越多，利用 Windows 操作系统漏洞进行攻击造成的危害越来越大，甚至有可能给整个互联网带来不可估量的损失。此外，众多的各类服务器(最典型的如微软的 IIS 服务器)、浏览器、数据库、一些桌面软件等都被发现存在安全隐患。可以说任何一个软件系统都可能会因为程序员的一个疏忽、设计中的一个缺陷等原因而存在漏洞，这也是信息系统安全问题的主要根源之一。据调查，国内 80%以上的网站存在明显的漏洞。漏洞的存在给网络上不法分子的非法入侵提供了可乘之机，也给网络安全带来了巨大的风险。据美国 CERT/CC 统计，2006 年总共收到系统漏洞报告 8064 个，平均每天超过 22 个(自 1995 年以来，漏洞报告总数已经达到 30780 个)。这些软件的安全漏洞将会给网络信息的安全与保密带来严重的安全威胁。

3．人为因素

信息系统的运行是依靠人员来具体实施的，他们既是信息系统安全的主体，也是系统安全管理的对象。信息安全中涉及的人为因素主要包括三方面的内容：

1）人为的无意失误

人为的无意失误虽然没有主观的恶意，但很多时候也会对网络信息安全带来极大的威胁。它包括三个方面：一是配置和使用中的失误，例如，系统操作人员安全配置不当造成的安全漏洞，用户安全意识不强，用户口令选择不恰当，用户将自己的账号随意转借给他人或信息共享等都会对网络安全带来威胁；二是管理中的失误，比如用户安全意识薄弱，对网络安全不重视，安全措施不落实，导致安全事故发生，据调查表明，在发生安全事件的原因中，居前两位的分别是"未修补软件安全漏洞"和"登录密码过于简单或未修改"，这表明了大多数用户缺乏基本的安全防范意识和防范常识；三是各种各样的用户的误操作，典型的误操作有文件的误删除、因为粗心输入错误的数据等。

2）人为的恶意攻击

人为的恶意攻击是当前计算机及网络系统面临的最大威胁，主要分为主动攻击和被动攻击两大类，关于人为的恶意攻击的具体内容，我们将在 1.1.3 节中详细介绍。

3）疏于安全方面的管理

一般来说，网络安全不能单靠数学算法和安全协议等技术手段来解决，还需要妥善的法律法规、管理制度共同作用才能达到期望的目标。目前，系统的管理不善也为一些不法分子的入侵破坏制造了可乘之机。据权威机构的统计资料表明：网络与信息安全事件中大约 70%以上的问题是由于管理方面的原因造成的，这正应了人们常说的那句话："三分技术，七分管理"。因此，解决网络与信息安全问题，不仅应从技术方面入手，更应该加强网络信息安全的管理工作，建立完善的信息安全管理体系。

1.1.3 信息安全面临的攻击

如前所述，虽然硬件设备的物理安全、软件技术安全以及人的因素都会给计算机和信息系统的安全带来极大的安全威胁，但精心设计的人为恶意攻击对信息安全的威胁最大，也最难防备。本节主要介绍人为恶意攻击的情况。

人为恶意攻击通常简称为人为攻击。对网络系统的各种人为攻击，通常都是通过寻找信息系统在存储、共享和传输过程中的弱点，以非授权的方式达到非法窃听、欺骗、篡改和破坏等目的。采用不同的分类标准(如攻击手段、攻击目标等)，会得出不同的分类结果。根据人为攻击对信息系统的影响和不同危害，通常把人为攻击分为主动攻击和被动攻击两大类。

1．被动攻击

被动攻击通常也称为窃听或截取，它是指在不影响计算机及网络系统正常工作的情况下，攻击者未经用户同意和允许通过搭线窃听、无线截获甚至是采用病毒木马等方式对他人传输的信息进行窃听、监测、截获、破译等，以获取文件或程序的非法拷贝等机密信息。攻击者的目标是获得传输的信息，不会对双方通信的信息做任何改动。

正常的信息流动如图 1-1(a)所示，被动攻击如图 1-1(b)所示。

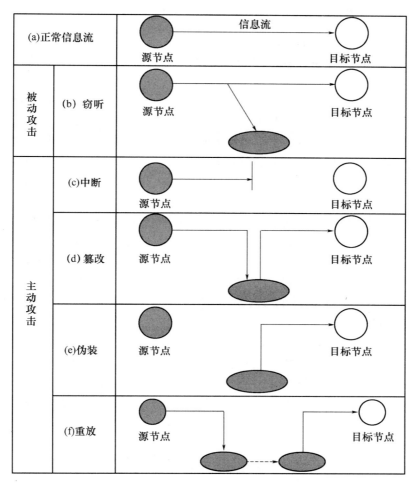

图 1-1　安全攻击的几种主要形式

被动攻击是对系统的保密性进行攻击，使得信息的保密性遭到破坏、信息泄露而用户又无法察觉，因此，会给用户带来巨大的损失。

被动攻击不易被发现，常常是主动攻击的前期侦察阶段，用来收集信息。由于被动攻击不对消息做任何修改，基本不会留下任何痕迹，因而是难以检测的，所以抗击这种攻击的重点在于预防而非检测。预防被动攻击的具体措施包括采用加密技术来保护信息、使用虚拟专用网 VPN 来增强系统的安全性或者使用加保护的分布式网络等。

被动攻击又分为两类：一类是获取通信信息的内容，这很容易理解；另一类是进行业务流分析(也称为流量分析)，这种情况比较微妙，假如我们通过某种手段，例如，加密屏蔽了信息的内容或者其他通信量，使得攻击者从截获的消息中无法得到消息的真实内容，然而攻击者却有可能获得消息的格式、确定通信双方的位置和身份以及通信的次数和消息的长度，这些信息可能对通信双方来说是敏感的，不希望被攻击者得知。

2．主动攻击

主动攻击是指通过对数据流的某些篡改或产生某些假的甚至中断数据流等各种攻击方式有选择地破坏信息的完整性、有效性和可用性等。

1) 主动攻击的分类

主动攻击又可分为以下五种。

(1) 中断。中断攻击(Interruption Attack)也称为拒绝服务攻击(Denial of Service，DoS)，是指阻止或禁止通信设施的正常使用和管理，会导致对通信设备的正常使用或者管理被无条件地拒绝。最常见的 DoS 攻击有针对计算机网络带宽和针对计算机系统资源的攻击。网络带宽攻击是指以极大的通信量冲击网络，使得所有可用网络资源都被消耗殆尽，最后导致合法的用户请求就无法通过。针对计算机系统资源的攻击是指用大量的连接请求冲击计算机系统，使得所有可用的计算机操作系统资源都被消耗殆尽，最终计算机无法再处理合法用户的请求。中断是对系统的可用性进行攻击。

中断攻击如图 1-1(c)所示。

(2) 篡改。篡改攻击(Modification Attack)这里是指篡改消息，它是指攻击者修改数据文件中的数据、替换某一程序使其执行不同的功能、修改网络中传送的消息内容等，使接收方得到错误的信息，从而破坏信息的完整性。例如用户 A 给用户 B 发送了一份消息："请给我汇 100 元钱。A"。消息在转发过程中经过了用户 C，用户 C 把 A 改成 C 了，然后发送给 B。篡改是对系统的完整性进行攻击。

篡改攻击如图 1-1(d)所示。

(3) 伪装。伪装攻击(Fabrication Attack)也称为假冒、冒充等，是一个实体假装成另外一个实体，以获取合法用户的权利和特权。伪装攻击往往连同另一类主动攻击一起进行(如在网络中插入伪造的消息或在文件中插入伪造的记录)。假如，身份鉴别的序列被捕获，并在有效的身份鉴别发生时做出回答，有可能使具有很少特权的实体得到额外的特权，这样不具有这些特权的人获得了这些特权。伪装是对系统的真实性进行攻击。

伪装攻击如图 1-1(e)所示。

(4) 重放。重放攻击(Replay Attack)又称重播攻击、回放攻击或新鲜性攻击(Freshness Attack)，是指攻击者恶意的欺诈性的重复或拖延正常的数据传输，主要用于身份认证过程中捕获认证信息，并在其后利用旧的认证进行重放，这样就可以获得比其他实体更多的权限，从而破坏认证的正确性。重放是对系统的真实性进行攻击。

重放攻击如图 1-1(f)所示。

(5) 分布式拒绝服务。分布式拒绝服务(Distributed Denial of Service ，DDoS)攻击，又称为洪水攻击，顾名思义，就是指借助于客户/服务器技术，将多个计算机联合起来作为攻击平台，对一个或多个目标发动 DoS 攻击，从而成倍地提高拒绝服务攻击的威力。通常，攻击者(黑客)使用一个偷窃账号将 DDoS 主控程序安装在一个计算机上，在一个设定的时间主控程序将与大量代理程序通信，代理程序已经被安装在 Internet 上的许多被攻陷的计算机上，这些被攻陷的计算机通常称作"傀儡机"、"僵尸"或者"肉鸡"。代理程序收到指令时就发动攻击。利用客户/服务器技术，主控程序能在几秒钟内激活成百上千次代理程序的运行，使许多分布的主机同时攻击一个目标，用以把目标计算机的网络带宽资源及计算机系统资源耗尽，以达到瘫痪网络以及系统的目的，从而导致目标瘫痪。DDoS 攻击是对系统的可用性进行攻击。例如，黑客可以通过将众多"肉鸡"组成一个僵尸网络(Botnet)，发动大规模 DDoS 攻击，进行带有利益的刷网站流量、E-mail 垃圾邮件群发，瘫痪预定目标受雇攻击竞争对手等商业活动。

图 1-2 给出了 DDoS 攻击过程的示意图。

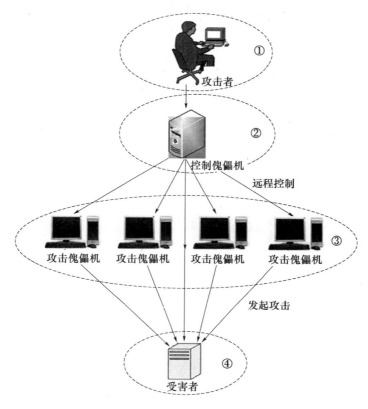

图 1-2 DDoS 攻击过程示意图

从图 1-2 可以看到，一个比较完善的 DDoS 攻击体系一般包括攻击者、控制傀儡机、攻击傀儡机、受害者四个部分，其中最重要的是第②部分和第③部分，分别用于控制和实际发起 DDoS 攻击。对于第④部分的受害者来说，DDoS 的实际攻击包是从第③部分攻击傀儡机上发出的，第②部分的控制傀儡机只发布命令而不参与实际的 DDoS 攻击。对于第②部分和第③部分的计算机，攻击者有控制权或者是部分控制权，并把相应的 DDoS 程序上传到这些平台上，这些程序与平常的程序一样允许并等待来自攻击者的指令。在平时，这些傀儡机并没有什么异常，只是一旦攻击者连接到它们并进行控制，且发出指令的时候，这些傀儡机就会发起攻击。

DDoS 攻击手段是在传统的 DoS 攻击基础之上产生的一类攻击方式。单一的 DoS 攻击一般是采用一对一方式的，当攻击目标 CPU 速度低、内存小或者网络带宽小等等各项性能指标不高时它的效果是明显的。随着计算机与网络技术的发展，计算机的处理能力迅速增长，内存大大增加，同时也出现了千兆级别的网络，这使得 DoS 攻击的困难程度加大了，目标对恶意攻击包的"消化能力"加强了不少，例如，攻击软件每秒钟可以发送 3000 个攻击包，但受攻击的主机与网络带宽每秒钟可以处理 10000 个攻击包，这样一来攻击就不会产生什么效果。

这时候分布式的拒绝服务攻击手段(DDoS)就应运而生了。理解了 DoS 攻击的过程，它的原理就很简单。如果说计算机与网络的处理能力加大了 10 倍，用一台攻击机来攻击不再能起作用的话，攻击者使用 10 台攻击机同时攻击呢？用 100 台呢？DDoS 就是利用更多的傀儡机来发起进攻，以比从前更大的规模来进攻受害者。

高速广泛连接的网络给大家带来了方便，也为 DDoS 攻击创造了极为有利的条件。在低速网络时代时，黑客占领攻击用的傀儡机时，总是会优先考虑离目标网络距离近的机器，因为经过路由器的跳数越少，效果越好。而现在电信骨干节点之间的连接都是以 GB 为级别的，大城市之间更可以达到 2.5GB 的连接，这使得攻击可以从更远的地方或者其他城市发起，攻击者的傀儡机的位置可以分布在更大的范围，选择起来更灵活。

常见的 DDoS 攻击有 Ping of Death、SSping、Land、Smurf、Syn Flood、CPU Hog、Win Nuke、RPC Locator、Jolt2 等。

到目前为止，进行 DDoS 攻击的防御还是比较困难的。首先，这种攻击的特点是它利用了 TCP/IP 协议的漏洞，除非不用 TCP/IP，才有可能完全抵御住 DDoS 攻击。不过即使它难于防范，也不是说用户就应该逆来顺受，实际上防止 DDoS 攻击并不是绝对不可行的事情。

2）主动攻击的发起者

主动攻击一般主要是由于来自黑客(Hacker)或者恶意程序(Rogue Program)的非法入侵而造成的。

(1) 黑客。现在人们把非法入侵他人信息系统的用户称为黑客。其实黑客早期在美国的计算机界是带有褒义的。黑客一词，最早源自英文 hacker，是由其音译而来，原指热心于计算机技术、水平高超、擅长 IT 技术的人群、计算机专家，尤其是精通各种编程语言和系统的程序设计人员，他们伴随着计算机和网络的发展而成长。黑客最早开始于 20 世纪 50 年代，最早的计算机于 1946 年在宾夕法尼亚大学诞生，而最早的黑客出现于麻省理工学院，贝尔实验室也有。最初的黑客一般都是一些高级的技术人员，他们都是独立思考、奉公守法的计算机迷，但他们热衷于挑战、享受智力上的乐趣、崇尚自由并主张信息的共享，他们对解放和普及计算机技术做出了重大的贡献，培养了一批信息革命的先驱。黑客典型的代表是美国微软公司的比尔·盖茨、苹果公司的伍兹和乔布斯，他们的大本营在 MIT、硅谷、斯坦福等计算机人才云集的地方。

但到了今天，在媒体报道中黑客一词已被用于泛指那些专门利用计算机系统安全漏洞通过网络非法入侵他人计算机系统，进行攻击破坏或窃取资料的攻击者。对这些人的正确英文叫法是 cracker(破坏者)，有人翻译成"骇客"。现在随着网络的发展，由于存在大量公开的黑客站点，所以获得黑客工具非常容易，黑客技术也越来越易于掌握，这导致网络面临的威胁也越来越大。

(2) 恶意程序。恶意程序通常也称为恶意代码，是指攻击者编写的带有攻击意图的一段程序。恶意程序主要包括：计算机病毒、计算机蠕虫、特洛伊木马、逻辑炸弹、后门程序、细菌等。

① 计算机病毒。计算机病毒(Computer Virus)在《中华人民共和国计算机信息系统安全保护条例》中被明确定义，是指"编制者在计算机程序中插入的破坏计算机功能或者破坏数据，影响计算机使用并且能够自我复制的一组计算机指令或者程序代码"。与医学上的"病毒"不同，计算机病毒不是天然存在的，是某些人利用计算机软件和硬件所固

有的脆弱性编制的一组指令集或程序代码。它能通过某种途径潜伏在计算机的存储介质(或程序)里,当达到某种条件被激活时,它可以"传染"其他程序,这里的传染是指通过修改其他程序的方法将自己的精确拷贝或者可能演化的形式(即病毒的变种)复制到其他程序中来完成,计算机病毒能够对计算机系统的资源进行破坏,对被感染用户有很大的危害性。计算机病毒就像生物上的对应物一样,它是带着执行代码进入感染实体,寄宿在一台宿主计算机上。典型的病毒获得计算机磁盘操作系统的临时控制,然后,每当受感染的计算机接触一个没被感染的软件时,病毒就将新的副本传到该程序中。因此,通过正常用户间的交换磁盘以及向网络上的另一用户发送程序的行为,感染就有可能从一台计算机传到另一台计算机。在网络环境中,访问其他计算机上的应用程序和系统服务的能力为病毒的传播提供了滋生的基础。例如,CIH 病毒,它是迄今为止发现的最阴险的病毒之一。它发作时不仅破坏硬盘的引导区和分区表,而且破坏计算机系统 flash BIOS 芯片中的系统程序,导致主板损坏。CIH 病毒是发现的首例直接破坏计算机系统硬件的病毒。再比如电子邮件病毒,超过85%的人使用互联网是为了收发电子邮件,没有人统计其中有多少正使用直接打开附件的邮件阅读软件。"爱虫"发作时,全世界有数不清的人惶恐地发现,自己存放在计算机上的重要的文件、不重要的文件以及其他所有文件,已经被删得干干净净。

计算机病毒的主要特点是能够利用系统进行自我复制和传播,通过特定事件触发破坏系统的一种有害程序。根据其自我复制和传播的方式分为引导型、文件型、宏病毒、邮件病毒等类型。

另外,需要说明的是,这里讨论的计算机病毒的定义是狭义的,这里的计算机病毒仅指人们所说的传统意义上的计算机病毒。也有人把所有的恶意程序泛指为计算机病毒。例如,1988 年 10 月的"Morris 病毒"入侵美国 Internet 事件。舆论说它是"计算机病毒入侵美国计算机网",而计算机安全专家则称之为"Internet 蠕虫事件"。

② 计算机蠕虫。计算机蠕虫(Computer Worm),简称蠕虫,它是指一种能够利用系统漏洞通过网络进行自我传播的恶意程序。它不需要附着在其他程序上,而是独立存在的。当形成规模、传播速度过快时会极大地消耗网络资源导致大面积网络拥塞甚至瘫痪。

计算机蠕虫与计算机病毒很相似,表现出与计算机病毒同样的特征:潜伏期、繁殖期、触发期和执行期,也是一种能够自我复制的计算机程序。但是计算机蠕虫与计算机病毒不同的是,计算机蠕虫不需要附在别的程序内,可能不用使用者介入操作也能自我复制或执行。它是直接在主机之间的内存中进行传播的。计算机蠕虫未必会直接破坏被感染的系统,却几乎都对网络有害。计算机蠕虫可能会执行垃圾代码以发动分散式阻断服务攻击,令计算机的执行效率极大程度降低,从而影响计算机的正常使用,蠕虫还会进一步蚕食并破坏系统,最终使整个系统瘫痪。计算机蠕虫多不具有跨平台性,但是各平台可能会出现其平台特有的版本。

其中最有名的计算机蠕虫莫过于"莫里斯蠕虫",它是由美国康乃尔大学学生罗伯特·莫里斯(Robert Morris)编写的,它是第一个对因特网造成严重破坏的程序。1988 年11 月 2 日,罗伯特·莫里斯利用 UNIX 操作系统寄发电子邮件的公用程序中的一个缺陷,把他首创的人工生命"蠕虫"病毒放进 Internet 网络,闯下了弥天大祸。一夜之间,这条"蠕虫"闪电般地自我复制,并向着整个 Internet 网络迅速蔓延,使美国 6000 余台基于

UNIX 的小型计算机和工作站受到感染和攻击，网络上几乎所有的机器都被迫停机，这个计算机蠕虫病毒间接和直接地造成了近 1 亿美元的经济损失。莫里斯本人也因此受到了法律的制裁。这个计算机蠕虫出现之后，引起了各界对计算机蠕虫的广泛关注。

③ 特洛伊木马。特洛伊木马(Trojan Horse)简称"木马"(Wooden Horse)，它的名字起源于希腊神话，如今黑客程序借用其名，有"一经潜入，后患无穷"之意。特洛伊木马指冒充正常程序的有害程序或者是包含在有用程序中的隐蔽代码，当用户运行的时候将造成破坏。例如，间接实现非授权用户不能实现的功能或者毁坏数据等，程序看起来是在完成有用的功能(如：计算器程序)，但它也可能在悄悄地删除用户文件，直至破坏数据文件，这是一种非常常见的病毒攻击。

特洛伊木马没有自我复制和传播的能力，它的特点是伪装成一个实用工具或者一个可爱的游戏，诱使用户将其安装在 PC 或者服务器上。一个完整的木马程序一般由两个部分组成：一个是服务端(被控制端)，一个是客户端(控制端)。"中了木马"就是指安装了木马的服务端程序，若用户的计算机被安装了服务端程序，则拥有相应客户端的人就可以通过网络控制用户的计算机、为所欲为，这时用户计算机上的各种文件、程序，以及用户在该计算机上使用的账号、密码毫无安全可言了。

计算机病毒有时候也以特洛伊木马的形式出现。

④ 逻辑炸弹。在病毒和蠕虫之前最古老的程序威胁之一是逻辑炸弹。计算机中的"逻辑炸弹"(Logic Bomb)也称为程序炸弹，是指嵌入在某个合法程序里面的一小段特殊破坏功能的代码，由程序员采用编程触发的方式触发，被设置成当满足特定的逻辑条件时就会触发或者发作，也可理解为"爆炸"，它具有计算机病毒明显的潜伏性。一旦触发，逻辑炸弹就开始实施破坏的计算机程序，该程序触发后常常会完成某种特定的破坏工作。例如，改变或删除计算机的数据或文件，造成计算机不能从硬盘或者软盘引导，甚至会使整个系统瘫痪，并出现物理损坏的虚假现象。

"逻辑炸弹"引发时的症状与某些病毒的作用结果相似，并会对社会引发连带性的灾难。与病毒相比，它强调破坏作用本身，而实施破坏的程序不具有传染性。逻辑炸弹是一种程序，或任何部分的程序，平时一直在"冬眠"，直到运行环境满足某种特定的逻辑条件，程序逻辑被触发、激活，转而执行其特殊功能的程序，造成破坏。这样的一个逻辑炸弹非常类似一个真实世界的地雷。最常见的激活一个逻辑炸弹是通过一个日期。该逻辑炸弹检查系统日期，并没有什么异常，直到与预先编程的日期和时间达成共识。在这一点上，逻辑炸弹被激活并执行它的代码。如一个编辑程序，平时运行得很好，但当系统时间为 13 日又为星期五时，它删去系统中所有的文件，这种程序就是一种逻辑炸弹。逻辑炸弹也可以被编程为等待某一个消息。历史上曾经出现过的一个非常有名的逻辑炸弹的例子：含有逻辑炸弹的程序每天核对一个公司的员工工资发放清单。如果连续在两次的发薪日中，某程序员的代号没有出现在这个工资发放清单，逻辑炸弹就被激活启动了。

⑤ 后门程序。后门程序(Backdoor Program)也称为陷门，它是指进入程序的秘密入口，它使得知道陷门的人可以绕开系统的安全检查以不被人察觉的方式悄悄进入系统，进而直接获取对程序或系统访问权的程序方法。程序员为了进行调试和测试程序，已经合法地使用了很多年的陷门技术。当陷门被无所顾忌的程序员用来获得非授权访问时，陷门就变成了威胁。很多后门程序通常是由程序设计人员在软件的开发阶段为各种目的预留的。

但是，如果这些后门被其他人知道，或是在发布软件之前没有删除后门程序，那么它就成了安全风险，容易被黑客当成漏洞进行攻击。比如：黑客可以通过后面在程序中建立隐蔽通道，植入一些隐蔽的恶意程序，检测或者窃听用户的敏感信息，进而可以非法控制系统的运行状态等，从而达到窃取、篡改、伪造和破坏信息的目的。

后门程序通常是某些特定输入序列的数码或者某个特定用户 ID 或者一个不可能事件序列能激活的数码。后门的形成可以有以下几种途径：黑客通过入侵一个信息系统而在其中设置后门，如安放后门程序或者修改操作系统的相关部分等；一些不道德的设备生产厂家或者程序人员在设备或者开发的程序中故意留下后门。以上两种后门的设置显然是恶意的。另外，信息系统的一个重要特征是对用户的友好快速服务，其中远程服务是最受欢迎的方式。远程服务一般具备两个特征：远程信息监测和远程软件加载。这两种特征看起来不是恶意的，但实际上，用户一般不知道厂家或者其他人在检测系统的何种信息或者在加载何种软件，所以，容易被恶意利用；显然，这也是一种后面，所以，在信息系统中后面是普遍存在的。

⑥ "细菌"程序。"细菌"程序本身没有强烈的破坏性，它唯一的目的就是通过不停的自我复制来繁殖自己，并以指数级的速度进行复制，从而耗尽系统资源(如 CPU、RAM、硬盘等)，造成系统死机或者拒绝服务(拒绝用户访问这些可用的系统资源)。

特别值得一提的是，计算机网络的出现改变了传统病毒等恶意程序的传播方式，它不仅加快了攻击手段和有害程序的传播速度——呈几何级数式的传播，而且扩大了其危害范围，增强了攻击的破坏力。

上述 6 种恶意软件可以分为两个类别，如图 1-3 所示，一类是需要宿主程序的威胁；另一类是不需要宿主程序彼此独立的威胁。前者基本上是不能独立于某个实际的应用程序、实用程序或系统程序的程序片段；后者是可以被操作系统调度和运行的独立程序。

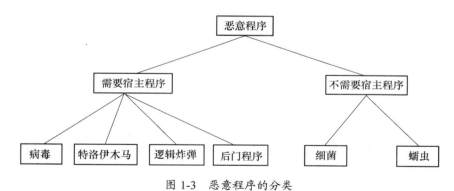

图 1-3　恶意程序的分类

对恶意软件也可根据其能否自我复制来分成两类：不能进行自我复制和能进行自我复制的。不能进行自我复制的一般是程序片段，这种程序片段在被主程序调用执行时就可以激活。能够自我复制的或者是程序片段(病毒)或者是独立的程序(蠕虫、细菌等)，当这种程序段或独立的程序被执行时，可能复制一个或多个自己的副本，以后这些副本可在这一系统或其他系统中被激活。但是这种分类一般并不是绝对的，以上仅是大致分类，因为逻辑炸弹或特洛伊木马也可能是病毒或蠕虫的一部分。

3．主动攻击与被动攻击的区别与联系

主动攻击与被动攻击正好相反。被动攻击虽然难以检测，但可以预防，而要绝对防止主动攻击是十分困难的，因为这样做需要随时随地对所有的通信设备和通信线路进行物理保护，但是由于主动攻击影响系统工作，容易检测发现，所以，抗击主动攻击的主要途径是检测，以及对此攻击造成的破坏进行恢复。同时，检测主动攻击还具有某种威慑效应，在一定程度上也能起到防止主动攻击的作用。检测的具体措施包括自动审计、入侵检测和完整性恢复等。

当然，在现实生活中一次成功的攻击过程可能会综合若干种攻击手段。由于被动攻击不易被发现，常常是主动攻击的前期侦察阶段。通常是采用被动攻击手段来收集信息，制定攻击步骤和策略，然后通过主动攻击来达到目的。此外，人为攻击所造成的危害程度取决于被攻击的对象，与所采用的攻击手段无关。

1.2　信息安全的定义与目标

1.2.1　信息安全的定义

信息安全是指信息网络的硬件、软件及其系统中的数据受到保护，不受偶然的或者恶意的原因而遭到破坏、更改、泄露，系统连续可靠正常地运行，信息服务不中断。信息安全是一门涉及计算机科学、网络技术、通信技术、密码技术、信息安全技术、应用数学、数论、信息论等多种学科的综合性学科。从广义上说，涉及信息安全的保密性、完整性、可用性、真实性和可控性、不可否认性等相关技术和理论都是信息安全的研究领域。

1.2.2　信息安全的目标

信息安全的实质就是要保护信息系统或信息网络中的信息资源免受各种类型的威胁、干扰和破坏，即保证信息的安全性。根据国际标准化组织的定义，信息安全性的含义主要是指信息的完整性、可用性、保密性和可靠性。

信息安全主要实现如下几个目标。

1．保密性

众所周知，保密性(Confidentiality)，也称为机密性，这是人们信息安全最基本的需求，它是指保证机密信息在传输、存储和使用过程中不被未授权的第三方进行窃听，或窃听者不能了解信息的真实含义。实现保密性的最根本方法是采用高强度加密算法对信息进行加密保护。

2．真实性

在网络环境中，当互相不认识的人们或实体之间进行通信或者建立信任关系的时候，必须要确认消息的真实性(Authentication)，即对信息的真实来源进行判断，确认消息真实的发送者和接收者，并能对伪造来源的信息予以鉴别。

3．完整性

完整性(Integrity)是人们对信息安全的另一个重要的需求，它是指保证数据的一致性，即保证所收到的消息和对方所发出的消息完全一样，防止数据在传输或者存储过程中被非法

用户被修改过，如对消息进行篡改、插入和删除以及对消息进行重放、重排和延迟等。

4．可用性

可用性(Availability)是指保证合法用户对信息和资源的使用不会被不正当地拒绝。合法用户希望当他需要访问资源或者信息的时候应当是立即可以使用的，然而，现实未必总是如此，由于黑客常常使用拒绝服务攻击甚至是分布式拒绝服务攻击，因此，可能会引起系统反应变慢、效率大大下降，甚至会导致系统彻底瘫痪。此外，计算机病毒等也可能会引起系统资源被破坏或者导致系统崩溃。因此，人们自然而然地提出了信息安全的可用性的目标和需求。

5．不可否认性

不可否认性(Non-repudiation)也称为不可抵赖性，建立有效的责任机制，防止通信双方中的某一方事后否认其行为，它包括消息的发送方不能否认消息的发送和消息的接收方不能否认消息的接收两方面的情况，如果通信双方发生争议需要提交仲裁时，需要提供不可否认的证据，即一个消息发出后，接收方能够证实该消息的确来源于声称的发送方，发送方不可否认；一个消息被接收后，发送方也能够证实该消息的确送到了指定的接收方，接收方也不可否认。这一点在电子商务中是极其重要的。一般是通过数字签名(Digital Signature)原理来实现不可否认服务。

6．可控性

可控性(Controllability)是指可以在控制授权的范围内的信息流向及行为方式,对信息的传播及内容具有控制能力。 为了保证可控性，首先，系统要能够控制都有哪些用户能够访问系统或者网络上的数据，以及以何种方式和权限来进行访问(例如，是只读还是允许修改等)，通常是使用访问控制列表等方法来实现；其次，需要对网络上的用户进行验证，可以通过握手协议和认证机制对用户的身份进行验证；最后，要将用户的所有活动记录下来，便于以后进行查询审计的需要。

7．可审查性

可审查性(Accountability)通常也称为可审计性,它是指对各种信息安全事件做好检查和跟踪的记录，以便对出现的网络安全问题提供调查的依据和手段。审查的结果通常可以用作追究责任和进一步改进系统的参考。

1.3　信息安全的基本模型

为了更好地分析网络信息系统的安全问题，找出问题的关键，需要建立一个信息系统安全的基本模型。从网络通信的角度看，网络信息系统可分为通信安全(系统)和访问安全(系统)等两个系统。两个系统的侧重点不一样，其安全的基本模型也不一样，因此，信息安全的基本模型有两个，分别对应于通信安全(系统)和访问安全(系统)。前者称为通信安全模型；后者称为访问安全模型。

1.3.1　通信安全模型

通信服务提供者的目标是安全可靠地跨越网络传输信息。当通信双方欲传递某个消息时，首先需要在网络中确定从发送方到接收方的一个路由，然后在该路由上共同采用通信协议(例如 TCP/IP 协议)协商建立一个逻辑上的信息通道。考虑到通信信道的公开性和不安全性，如果通信双方需要保护所传信息以防止攻击者对其保密性、真实性等构成的安全威胁，这时候就需要考虑信息通信的安全性。通信安全模型如图 1-4 所示，从图中可以看出任何实现安全通信的方法都包括以下两个方面：

(1) 发送者对待传送的消息进行安全相关的变换：包括对消息的加密和认证。其中消息的加密是指通信双方进行通信时，发送者使用某种安全变换技术对待发送的信息进行某种安全变换，来对需要保护的敏感信息进行伪装。消息经过伪装，变换成看似毫无意义的随机消息，从而使得未被授权的用户不能获得/理解信息的真实含义。认证通常的做法是将基于消息的编码附在消息后面与消息一起发送给接收者，这样接收者就可以验证发送者的身份。认证的目的就是确保发送者身份的真实性。

(2) 通信双方共享某些秘密信息：这些信息是不希望攻击者获知的，比如加密密钥。

为了实现消息的安全传输，有时还需一个可信的第三方。其作用是负责向通信双方发布秘密信息而对攻击者保密，或者在通信双方发生矛盾或者纠纷时进行仲裁。

按照图 1-4 所示的通信安全模型，设计一个安全的网络通信必须考虑以下四个方面的内容：

① 设计或者选择一个"健壮"的密码算法来执行安全性变换，即通常所说的应用于信息的加密和认证的算法。

② 生成该算法所使用的秘密信息，如密钥等。

③ 设计通信双方间的秘密信息发布和共享的方法。

④ 确定通信双方间使用的协议，该协议利用加密算法和秘密信息来获取所需的安全服务。

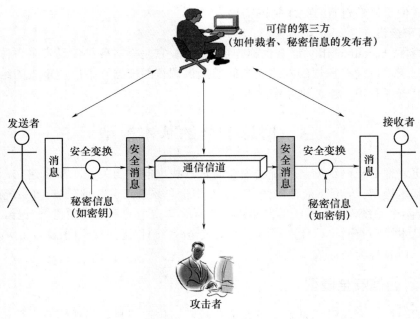

图 1-4 通信安全模型

14

1.3.2 访问安全模型

以上考虑的是网络信息系统的通信安全模型，然而还有其他一些情况。例如，想要阻止未被授权的访问以保护信息系统可以采用图 1-5 所示的访问安全模型。

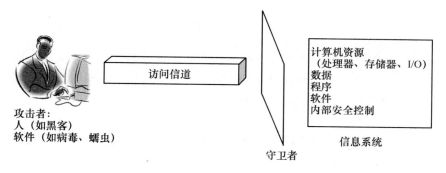

图 1-5 访问安全模型

在这个访问安全模型中，即信息系统主要受到两种类型的威胁：

(1) 攻击者非授权地获取或篡改信息数据。

(2) 攻击者试图寻找系统缺陷，破坏系统以阻止合法用户使用系统提供的资源和服务。

对于这两类威胁，信息系统对付未授权访问的安全机制可分为两道防线：

第一道防线称为守卫者，它包括基于通行字的登录程序和屏蔽逻辑程序，分别用于拒绝非授权用户的访问、检测和拒绝计算机病毒等恶意程序。

第二道防线由一些内部控制部件构成，用于管理系统内部的各项操作和分析所存有的信息，以检查是否有未授权的入侵者。第二道防线是由一些内部安全控制部件组成，包括认证子系统、审计子系统和授权系统等，主要用于管理系统内部的各项操作和分析所存储的信息，以检查是否有未授权的入侵者。

第 2 章　密码学——信息安全技术的核心

自古以来，密码学主要用于军事、政治、外交等官方要害部门，但是在当今社会，随着计算机和通信网络的迅猛发展以及社会各行各业信息化的不断深入，尤其是电子商务的普及，密码技术在民用领域也大有用武之地。现代密码技术已经融入人们的日常生活，与每一个人息息相关。

众所周知，信息的机密性是信息安全最基本的需求，而采用密码技术对信息进行加密是最常用、最有效的保护信息机密性的安全手段。除此之外，密码技术与网络协议相结合，可以发展为实现认证、访问控制、数据完整性和不可否认性的技术手段，也就是说所有安全防护技术都可能需要密码技术的支持，因此，密码技术被认为是信息安全的核心技术，是信息安全的基石。

2.1　密码学的基本概念

2.1.1　密码学的定义

密码学(Cryptography，在西欧语文中，源于希腊语 kryptós(隐藏的)和 gráphein(书写))是一门研究保密通信安全和保护信息资源的既古老而又年轻的科学和技术。密码学包含两个分支：密码编码学和密码分析学。密码编码学(Cryptography)是研究如何对信息编码以实现隐蔽信息的一门学问。从事此行业的人被称为密码编码者(Cryptographer)。密码分析学(Cryptanalytics)是研究分析破译密码以揭穿伪装、恢复被隐藏的信息的本来面目的科学。从事密码分析的专业人员被称为密码分析者(Cryptanalyst)。密码编码学和密码分析学共同构成密码学的研究内容，精通于此的人称为密码学家(Cryptologist)。由于现代密码学的基础大都是依据某个数学难题的，因此，现代的密码学家通常也是理论数学家。密码编码学和密码分析学这二者既相互对立又相互促进，共同推动密码学向前发展。一个密码体制的推出，给密码分析提出新的挑战；一个密码体制的破译，导致一个新的密码体制的诞生。这样的过程不断反复，就构成了密码的历史。

2.1.2　密码学的基本术语

在详细介绍密码系统之前，先来了解几个密码学的基本术语。

密码学的基本原理是通信双方进行通信时，发送者(Sender)使用密码技术对待发送的信息进行某种变换，来对需要保护的敏感信息进行伪装，从而使得未被授权的用户不能获得/理解信息的真实含义。

1. 明文和密文、加密和解密

我们将发送方准备发送的待伪装或加密的原始信息称为明文(消息)(Plaintext 或

16

Message，通常简记为 p 或 m)。这里的明文消息含义非常广泛，在通信系统中它可以是比特流、文本文件、位图、数字化的语音流、数字化的视频图像等，一般可以简单地认为明文是有意义的字符或比特集，或通过某种公开的编码标准就能获得的消息。明文通常用 p 或 m 来表示。明文消息经过伪装，变换成看似毫无意义的随机消息，称为密文(Cipher Text，通常简记为 c)。这种从明文到密文的伪装、变换过程称为加密(Encryption)，其逆过程，即由密文恢复出原来明文的过程称为解密(Decryption)，也称为脱密。对明文进行加密操作的人员称为加密员或密码员。

2．加密算法和解密算法、加密密钥和解密密钥

密码员对明文进行加密时所采用的一组规则和变换称为加密算法(Encryption Algorithm)，也称为加密变换。传送消息的预定对象称为接收者(Receiver)，接收者对密文进行解密时所采用的一组规则和变换称为解密算法(Decryption Algorithm)，也称为解密变换。加密和解密算法的操作通常都是在一组密钥(Key)控制下进行的，或者说密钥是加密和解密时使用的一组秘密信息(它通常是一组满足一定条件的随机序列)，分别称为加密密钥(Encryption Key)和解密密钥(Decryption Key)。现代密码学的保密性是基于密钥而不是基于算法的，算法通常被公开并被广泛使用，但是密钥是保密的。攻击者即使截获了密文并知道了加密算法，但是不知道系统的密钥他也不能解密。密钥通常用 K 表示。在密钥 K 的作用下，加密算法(加密变换)通常记为 $E_K(\cdot)$，解密算法(解密变换)记为 $D_K(\cdot)$ 或 $E_K^{-1}(\cdot)$。

3．对称密钥密码体制和公开密钥密码体制

传统密码体制也称为常规密码体制(Conventional Cryptographic System)，它所用的加密密钥和解密密钥相同，或实质上等同，即从一个密钥易于推出另一个密钥，称为单钥密码体制(One-key Cryptographic System 或 Single-key Cryptographic System)或者对称密钥密码体制(Symmetric Cryptographic System)，简称对称密码体制、秘密密钥密码体制(Secret-key Cryptographic System)、私钥密码体制(Private-key Cryptographic System)。如果加密密钥和解密密钥不相同，即从一个密钥难以推出另一个密钥，则称该密码体制为双钥密码体制(Two-key Cryptographic System 或 Double-key Cryptographic System)或者非对称密码体制(Asymmetric Cryptographic System)或者公开密钥密码体制(Public Key Cryptographic System)，简称公钥密码体制。

在以上介绍的密码学的基本术语中，明文、密文和密钥是密码学中三个最基本并且最主要的术语，请读者认真体会、深刻理解这三个基本术语的内在含义。

2.1.3 经典保密通信模型

密码学的一个基本功能是实现信息的保密通信。一个经典的保密通信系统模型如图 2-1 所示。

注意：仅用一个保密通信模型来完整描述密码系统，可能是并不全面和准确的，因为现在的密码系统要提供多方面的安全功能，不单单只提供信息的机密性服务。但保密通信是密码技术的一个基本功能。

在图 2-1 所示的保密通信模型中，信息的发送者是 Alice，信息的接收者是 Bob。在通信时，信息的发送者使用加密密钥 K_e 把明文消息 m 通过某种加密算法(变换) $E_{K_e}(\bullet)$ 加密成密文 $c = E_{K_e}(m)$ ，然后通过网络上的公共信道(不安全信道)发送给信息的接收者 Bob。另外，由于在单钥密码体制下加密密钥和解密密钥完全相同，即 $K_e = K_d = K$ ，因此，密钥 K 需要经过安全的信道由发送方传递给接收方。信息的接收者 Bob 利用密钥源从安全信道发送来的解密密钥 K_d (单钥密码体制下)或用本地的密钥发生器产生的解密密钥 K_d ，通过事先约定好的、即加密算法对应的解密变换 $D_{K_d}(\bullet)$ 对收到的密文 c 进行解密，从而恢复出明文信息 $m = D_{K_d}(c) = D_{K_d}(E_{K_e}(m))$ 。

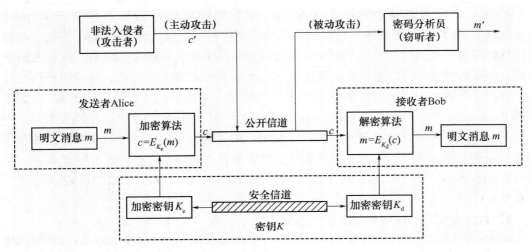

图 2-1　保密通信系统模型

通过这个经典的保密通信模型，我们可以给出密码体制的基本概念。一个密码系统采用的基本工作方式称为密码体制。一个密码体制可以有如下几个部分构成：

(1) 明文空间 M，它是全体明文信息的集合。

(2) 密文空间 C，它是全体密文信息的集合。

(3) 密钥空间 K，它是全体密钥的集合，其中每一个密钥 K 均由加密密钥 K_e 和解密密钥 K_d 构成，即有 $K = <K_e, K_d>$ 。

(4) 加密算法(加密变换) E，它是一簇由加密密钥控制的、从 M 到 C 的加密变换，即有 $C = E(M, K_e)$ 。

(5) 解密算法(解密变换) D，它是一簇由解密密钥控制的、从 C 到 M 的解密变换，即有 $M = D(C, K_d) = D(E(M, K_e), K_d)$ 。

上述由明文空间 M、密文空间 C、密钥空间 K、加密算法(加密变换) E、解密算法(解密变换) D 构成的密码体制可以一个五元组来描述：$(M、C、K、D、E)$ 。

人们通常把加密算法和解密算法合称为密码算法(Algorithm)，它一般是由两个相关的数学函数构成：一个用于加密，一个用于解密。

从数学的角度来讲，一个密码体制就是一簇映射，它在密钥的控制下将明文空间中的每一个元素映射到密文空间上的某个元素。这簇映射是由密码算法确定，具体使用哪一个映射由密钥决定。因此，密码算法和密钥是密码体制中两个最基本的要素。

算法可以是一些公式、法则或者程序，规定明文和密文之间的变换方法；密钥可以看成是算法中的参数。算法是相当稳定的，不可能在一个密码系统中经常改变加密算法，从这个意义上说，可以把算法看作是一个常量。而密钥则是一个可以改变的量，可以根据事先约定好的安排，或者使用过若干次后改变一次密钥，或者每隔一段时间更换一次密钥等。为了增强保密通信系统的安全性，频繁更换密钥是非常必要的。但是由于反编译等诸多原因，算法往往不能够保密。密码学的一个基本原则就是"一切秘密寓于密钥之中"，因此，人们常常规定加密算法是公开的，真正需要保密的是密钥，加密后的密文可以通过不安全信道传送给预定的信息接收者，但是密钥必须通过安全信道传送，密钥的存储和分发是最重要的而且也是特别容易出问题的。因此，密钥是密码体制安全保密的关键，它的产生和管理是密码学中的重要研究课题。

在保密通信过程中，除了保密通信的双方(包括发送者和预定的接收者)之外，还有非授权用户，他们通过各种非法的手段(如搭线窃听、电磁窃听、声音窃听等)来试图截获或者窃取机密信息，一般称他们是截收者或窃听者(Eavesdropper)。非法用户在不知道密钥的情况下，通过对窃取的密文进行分析、采取适当的措施，可能从截获的密文推断出原来的明文或密钥的过程称为破译或者密码分析(Cryptanalysis)，从事这一工作的人称为密码分析员(Cryptanalyst)，研究如何从密文推演出明文、密钥或解密算法的学问称为密码分析学(Cryptanalytics)。对一个保密通信系统采取截获密文进行分析的这类攻击称为被动攻击(Passive Attack)。密码分析者可以对保密通信系统进行被动攻击，他们用其选定的变换函数 h，对截获的密文 c 进行变换，得到的明文是明文空间中的某个元素，即 $m' = h(c)$，一般 $m' = m$。如果 $m' = m$，则破译成功。

如果密码分析者可以仅由密文推出明文或密钥，或者可以由明文和密文推出密钥，那么就称该密码系统是可破译的。相反地，则称该密码系统是不可破译的。

现代信息系统还可能遭受的另一类攻击是主动攻击，它是指非法入侵者或黑客等攻击者采用增加、删除、重放、伪造等窜扰手段，主动向保密通信系统注入假消息 c'，达到损人利己的目的。这是现代信息系统中更为棘手的问题。

因此，一个完整的保密通信系统可以概括为是由一个密码体制、一个信息的发送者、一个信息的接收者，还有一个攻击者或者破译者构成。

2.2　密码体制的分类

依据不同的标准，可以把密码体制分成不同的类型。密码体制分类的标准和方法很多，常见的有以下几种。

2.2.1　古典密码体制和现代密码体制

依据算法和密钥是否分开，可以把密码体制分为古典密码体制和现代密码体制。

1．古典密码体制

古典密码体制是计算机产生之前的密码体制，根据实现的原理不同，它可以分为三类：替换密码(Substitution Cipher)、置换密码(Permutation Cipher)以及由替换密码和置换密码的组合而成的密码，但是无论是替换密码、置换密码还是二者的组合等，它们的密钥和密码一般是融为一体的，是不可分的。古典密码的安全性不仅取决于密钥安全性，而且还取决于保持算法本身的安全性。一般普通用户很难了解算法的安全性，因此，古典密码体制不适于大规模生产，不适用于较大的或者人员变动较多的组织使用。

2．现代密码体制

现代密码体制把算法和密钥分开，密码算法可以公开并广泛使用，只需要保密密钥。密码系统的安全性完全取决于密钥的保密性而不是算法的保密性。

2.2.2　对称密钥密码体制和公开密钥密码体制

在现代密码体制中，根据密钥的使用方式的不同(加密和解密过程中是否使用相同的密钥)，可以把密码体制分为对称密钥密码体制和公开密钥密码体制两种。

1．对称密钥密码体制

从前面的讨论中可以看出，无论是加密操作还是解密操作都是在密钥的控制下进行的，并且密钥有加密密钥和解密密钥之分。在一个密码体制中，如果用于加密数据的加密密钥和用于解密数据的解密密钥相同，或者虽然不相同，但二者之间存在着某种明确的数学关系，由其中的任意一个密钥可以很容易地推(导)出另外一个密钥，那么该密码体制就称为对称密码体制，也称为单钥密码体制、传统密码体制、常规密码体制、秘密密钥体制、私钥密码体制等。即在图 2-1 的经典保密系统模型中加密密钥和解密密钥是完全相同的(即 $K_e = K_d = K$)，由此，可以得出对称密码体制的基本模型如图 2-2 所示。

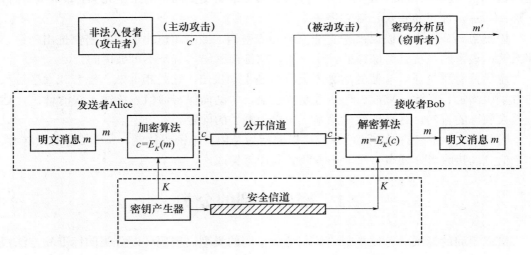

图 2-2　对称密钥密码体制的基本模型

对称密码体制的加密算法可以表示为 $E_K(M)=C$；解密算法可以表示为 $D_K(C)=M$。

在对称密码体制中，由于加密密钥和解密密钥相同或容易由一个推导出另外一个密钥，所以就相当于在这个密码体制中只存在一个单一的密钥，它既可以用来加密，同时也可以用来解密。因此，对称密码体制通常也被称为单钥密码体制，在这种体制中，如果用户拥有加密的能力就意味着其也拥有解密的能力，反之亦然。也就是说，在对称密码体制中，如果知道了加密密钥，也就等于知道了解密密钥；反之，如果知道了解密密钥也就等于知道了加密密钥。所以，加密密钥和解密密钥必须同时保密。对称密码体制的安全性取决于密钥的安全性。一旦密钥被泄露，整个系统的安全性就丧失了。

由于单密钥密码体制是传统加密变换一直采用的密码体制，故又称其为传统密码体制。

对称密码体制的优点如下：

① 对称密码体制容易实现。根据对称密钥密码体制中只存在一个单一的密钥的这种特性，单钥加解密算法可通过低费用的芯片来实现，特别是便于硬件实现和大规模生产。

② 由于对称密码体制便于硬件实现，因此，它还具有加解密速度快、效率高的优点。

对称密码体制的缺点是密钥的分配与管理是个难题：

① 密钥分发的困难性。通信双方在通信之前必须事先商定一个共享的密钥。密钥可由发送方产生然后再经一个安全可靠的途径(如信使递送)送至接收方，或由第三方产生后安全可靠地分配给通信双方。如何产生满足保密要求的密钥以及如何将密钥安全可靠地分配给通信双方是这类体制设计和实现的主要课题。密钥产生、分配、存储、销毁等问题，统称为密钥管理。这是影响密码系统安全的关键因素，即使密码算法再好，若密钥管理问题处理不好，就很难保证系统的安全保密。

② 密钥数量过大。必须保证参与通信的每一对用户之间都共享一个密钥，随着通信网规模的扩大，如果系统中有 n 个实体参与通信，那么需要的密钥的个数为 $n(n-1)/2$。

③ 不能解决数字签名和认证问题，从而无法认证用户的身份，实现抗否认等安全需求。

④ 缺乏自动检测密钥泄露的能力。

最典型、最有影响的对称密码体制是 1977 年美国国家标准局颁布的美国数据加密标准 DES 算法，可以说 DES 是对称密码体制最成功的例子。本书将在 4.2.2 节详细介绍 DES 算法。此外，还有 IDEA、Blowfish、RC5 等都是属于对称密码体制。

2．公开密钥密码体制

公开密钥密码体制简称公钥体制，是由 Diffie 和 Hellman 于 1976 年首先提出的一种新的密码体制，在这种密码体制中，每个用户都有一对选定的密钥，这两个密钥的作用和地位是不同的，一个是专门用于加密信息且可以公开的，称为公开密钥(Public Key，PK)，简称公钥，可以像电话号码一样进行注册公布；另一个则是专门用于解密的，是秘密的，需要用户严格保密的，称为私有密钥(Private Key 或者 Secret Key，SK)，简称私钥。因此公钥密码体制又称为双钥密码体制或非对称密码体制。

在公钥密码体制中，使用公钥 PK 对明文加密的算法可以表示为 $E_{PK}(M)=C$；使用与公钥 KP 对应的私钥 SK 对密文的解密算法可以表示为 $D_{SK}(C)=M$。

在安全性实现方面，对称密钥密码体制是依靠对密钥的保密性和基于复杂的非线性变换(扩散和混淆)与多步迭代运算实现算法安全性的，而非对称密钥密码体制则一般是依靠对私钥的保密性和基于某个公认的数学难题而实现安全性的。在公钥密码体制中，用于加密的密钥与用于解密的密钥是不同的，而且难以(在有效的时间内)从加密密钥推导出解密密钥。公钥密码体制大都基于某个经过深入研究的数学难题。

公钥密码体制的安全性就在于要从公钥和密文推出私钥或明文在计算上是不可行的。

公钥密码体制的主要特点是将加密和解密能力分开，因而可以实现多个用户加密的消息只能由一个用户解读，或由一个用户加密的消息而使多个用户可以解读。前者可用于公共网络中实现保密通信，而后者可用于实现对用户的认证以及数字签名等。

公钥密码体制的产生，是密码学革命性的发展。一方面，公钥密码体制将对称密钥体制中密钥的秘密传递变成了公开发布，比较科学地解决了对称密码技术的关键问题——密钥分配问题。另外，如果系统中有 n 个实体需要相互通信，采用公钥密码体制，只需要 n 对密钥即可。当前及以后较长的一段时间内，密钥仍然是信息安全保密的关键，它的产生、分配和管理是密码技术中的重要研究内容；另一方面，为数据的保密性、真实性和完整性提供了有效方便的技术，而且还为数字签名的实现提供了有效的方法。因此，相应地，公钥密码体制的基本模型也比较复杂，一般地，公钥密码体制有三种常用的基本模型：加密模型、认证模型和认证加密模型。本书将在第 5.1.2 节详细介绍公钥密码体制的这三种常用的基本模型。

但是公钥密码体制的缺点是加解密速度比较慢，不便于硬件实现和大规模生产。

最有名的双钥密码是 1977 年由 Rivest、Shamir 和 Adleman 三人联合提出的 RSA 密码体制。

鉴于对称密码体制和公钥密码体制各自的优缺点，因此，在网络中实际普遍采用的是对称密码技术和公钥密码技术相结合的混合加密体制，即加解密是采用对称密码技术，而密钥传送则采用公钥密码技术来完成。这样，既解决了对称密码体制的密钥管理的困难，又较好地解决了公钥密码体制的加解密速度比较慢的问题。

2.2.3 对称密码体制的分类

对称密钥密码体制中，按照明文输入单位的不同又可以分为流密码和分组密码两种。

流密码(Stream Cipher)又称为序列密码，是指对明文序列中的元素逐位进行变换(即一次加密 1bit 或 1B)，逐位输出密文。

分组密码(Block Cipher)也称为分块密码，它是首先将待加密的消息进行分组，一次处理一个数据块(分组)元素的输入，对每个输入块产生一个输出块。在用分组密码加密时，一个明文分组被当作一个整体来产生一个等长的密文分组输出。分组密码通常使用的分组大小是 64bit 或 128bit。

2.2.4 公钥密码体制的分类

自 1976 年 Diffie 和 Hellman 提出公钥密码思想以来，国际上提出了许多种公钥密码体制的实现方案。一些已经被攻破，一些被证明是不可行的。目前，只有三类公钥密码体制被认为是安全有效的。按照公钥密码体制所依据的数学难题不同可以把公钥密码体制划分为三类：基于大整数分解问题(Integer Factorization Problem，IFP)的公钥密码体制，例如 RSA 体制和 Rabin 体制；基于有限域离散对数问题(Discrete Logarithm Problem，DLP)的公钥密码体制，例如，Diffie-Hellman 体制和 Elgamal 体制；基于椭圆曲线离散对数问题(Elliptic Curve Discrete Logarithm Problem ，ECDLP)的公钥密码体制，例如椭圆曲线密码体制。

根据以上讨论的密码体制的分类，可以画出密码体制分类的层次结构图，如图 2-3 所示。

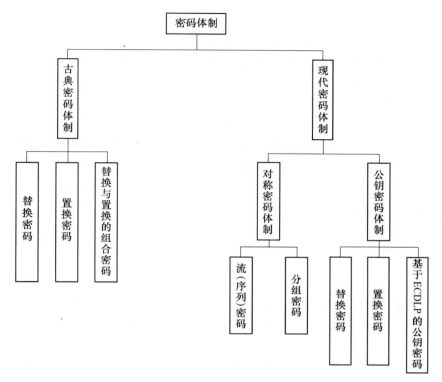

图 2-3　密码体制分类的层次结构图

2.3　密码分析

2.3.1　密码学分析概述

密码分析也叫做密码破译，简单地说，就是指密码分析人员在不知道系统密钥的情况下设法破解系统的密钥或者获取明文的过程。一个成功的密码分析不仅能够恢复出明文消息和密钥，而且能够发现密码体制的弱点，从而控制通信。加密与破译始终是一对孪生的问题，随着密码技术的出现，也出现了各种试图对密码进行破译的技术和方法。从原则上来说，密码分析是攻击者为了窃取机密信息所做的事情，但是，这同时也是密码体制设计者的工作。当然，设计者的目的是为了分析体制的弱点，以期提高密码体制的安全强度。密码技术就是在与密码破译技术的对立矛盾中不断发展、前进的。此外，密码分析在外交、军事、公安、商业等方面都具有重要作用，也是研究历史、考古、古语言学和古乐理论的重要手段之一。

如果密码分析者可以仅由密文推出明文或密钥，或者可以由明文和密文推出密钥，那么就称该密码系统是可破译的。相反地，则称该密码系统是不可破译的。

密码设计和密码分析是共生的，又是互逆的，两者密切相关但追求的目标相反。两者解决问题的途径有很大差别。

密码设计，特别是在现代密码体制中，主要是利用数学来构造密码。

密码分析除了依靠数学、工程背景、语言学等知识外，还要靠经验、统计、测试、眼力、直觉判断能力等，有时还靠运气。

一个密码体制是安全的，其总的前提就是假设密码分析者已经知道了密码体制的具体算法，也就是说，密码体制的安全性仅应依赖于对密钥的保密性，而不应依赖于对算法的保密，即符合 Kerchhoff 原则。Kerchhoff 原则是荷兰密码学家柯克霍夫斯(A. Kerchhoff)于 1983 年在著名的《军事密码学》中提出的一个重要原则：密码系统中的算法即使为密码分析者所知，也应该难以从截获的密文中推导出明文和密钥。这一原则被后人命名为"柯克霍夫斯原则"(Kerchhoff 原则)，并成为密码系统设计的重要原则之一。只有在假设攻击者对密码算法有充分的研究，并且拥有足够的计算资源的情况下仍然安全的密码才是安全的密码系统。总之，一句话："一切秘密寓于密钥之中"。

2.3.2　密码学分析方法分类

密码分析者破译或攻击密码的方法可以分为三类：穷举攻击法、统计分析攻击法和数学分析攻击法。

1．穷举攻击法

穷举攻击法(Exhaustive Attack Method)就是对所有可能的密钥或者明文的穷举。穷举攻击法又称为穷举破译法、强力或蛮力(Brute Force)攻击。

穷举攻击法的方法：①穷举密钥时，对截获到的密文尝试遍历所有可能的密钥，也就是依次用各种可能的密钥试译(尝试解密密文)，直到获得有意义的明文，从而确定出正确的密钥和明文；②穷举明文时，使用不变的密钥(例如，利用通过缴获得到的、对手已注入密钥的加密机)对所有可能的明文依次加密直到得出与截获到的密文一致的密文为止。

从理论上说，只要拥有足够的资源(例如，拥有足够多的计算时间和存储容量)，任何实用的密码都可以使用穷举攻击法破译。

对抗穷举攻击最有效的对策是设法将密钥空间和明文空间、密文空间设计得足够大。例如通过增加密钥和明文、密文的长度(可通过在明文、密文中增加随机冗余信息等方式来实现)。

2．统计分析攻击法

统计分析攻击法(Statistical Analysis Attack Method)就是指密码分析者根据明文、密文和密钥的统计规律来破译密码的方法。

采用统计分析法进行攻击的方法是：密码破译者对截获的密文进行统计分析，找出其统计规律或特征，并与明文空间的统计特征进行对照比较，从中提取出密文与明文间的对应关系，最终确定密钥或明文。例如，许多古典密码都可以通过分析字母和字母组合的频率分布以及其他统计参数来破译。

对抗统计分析攻击法最有效的对策是：设法使明文的统计特性不带入密文，扰乱密文的语言统计规律，即把密文和明文的统计特性扩散到整个密文，这样使得密文不呈现任何明文的统计特性，反而呈现出极大的随机性，从而使统计分析攻击法无法达到目的。现代密码设计的基本要求包含抵抗统计分析攻击。

3．数学分析攻击法

数学分析攻击法(Mathematical Analysis Attack Method)是指密码分析者针对加解密算法的数学基础和某些密码学特性，通过数学求解的方法来破译密码。数学分析攻击是对基于数学难题的各种密码算法的主要威胁。数学分析法也称为确定性分析攻击法或者系统分析攻击法。

采用数学分析法进行攻击的方法是：利用一个或几个已知量(例如，利用密文或者明文—密文对等信息)以数学关系式表示出所求未知量(如密钥等)，然后计算出未知量。已知量和未知量的关系视加密和解密算法而定，寻求这种关系是确定性分析法的关键步骤。

对抗数学分析攻击法的对策是设计和选用具有坚实数学基础和足够复杂的加密函数。

一般地，密码分析者掌握的关于密码系统的知识越多，密码分析成功的可能性就越大。在假设密码分析者已知所用加密算法全部知识的情况下，根据密码分析者对明文、密文等数据资源的掌握程度，可以将针对加密系统的密码分析攻击分为以下五种类型。

1) 唯密文攻击

在唯密文攻击(Ciphertext-only Attack)中，密码分析者知道密码的具体算法，但仅能根据截获的、数量有限的密文进行分析、破译，以得出明文或密钥。由于密码分析者所能利用的数据资源仅为密文，这是对密码分析者最不利的情况。但同时这也是密码分析者在利用数据资源最少的情况下进行的难度最大的密码攻击。

在唯密文攻击中，密码分析者的任务或目标是恢复尽可能多的明文，或者最好能推算出加密消息的密钥来，以便可以采用相同的密钥解密出其他被加密的消息。

唯密文攻击可以描述如下：

已知：$C_1 = E_K(M_1), C_2 = E_K(M_2), \cdots, C_i = E_K(M_i)$。

推导出 M_1，M_2，$\cdots$，M_i；K 或者找出一个算法从 $C_{i+1} = E_K(M_{i+1})$ 推导出 M_{i+1}。

2) 已知明文攻击

已知明文攻击(Known-plaintext Attack)是指密码分析者除了有截获的密文外，还有一些已知的"明文—密文对"来破译密码。

在已知明文攻击中，密码分析者的任务或目标是推出用来加密的密钥或者推导出某种算法，使用这种算法可以对用该密钥加密的任何新的消息进行解密。

已知明文攻击可以描述如下：

已知：$M_1, C_1 = E_K(M_1); M_2, C_2 = E_K(M_2); \cdots; M_i, C_i = E_K(M_i)$。

推导出 K 或者从 $C_{i+1} = E_K(M_{i+1})$ 推导出 M_{i+1} 的算法。

3) 选择明文攻击

选择明文攻击(Chosen-plaintext Attack)是指密码分析者不仅可得到一些"明文—密文对"，还有机会使用注入了未知密钥的加密机，通过自由选择被加密的明文来获取所期望的"明文—密文对"。这种状态对密码分析者十分有利，这时密码分析者能够选择特定的明文数据块去加密，并比较明文和对应的密文，以分析和发现更多的与密钥相关的信息。

在选择明文攻击中，密码分析者的任务或目标也是推出用来加密的密钥或者推导出某种算法，该算法可以对用该密钥加密的任何新的消息进行解密。

选择明文攻击可以描述如下：

已知：$M_1, C_1 = E_K(M_1); M_2, C_2 = E_K(M_2); \cdots; M_i, C_i = E_K(M_i)$，其中 M_1，M_2，$\cdots$，M_i 可由密码分析者自由选择。

推导出 K 或者从 $C_{i+1} = E_K(M_{i+1})$ 推导出 M_{i+1} 的算法。

自适应选择明文攻击(Adaptive-chosen-plaintext Attack)是选择明文攻击的特殊情况,是指密码分析者不仅能够选择被加密的明文,而且还能基于以前加密的结果修正这个选择。

在选择明文攻击中,密码分析者可以选择一大块被加密的密文,以求得到更多的信息。而在自适应选择明文攻击中,可以选择较小的明文块,然后再基于第一块的结果选择另一块明文,以此类推。

4) 选择密文攻击

选择密文攻击(Chosen-ciphertext Attack)是指密码分析者除了拥有有限数量的密文外,还有机会使用注入了未知密钥的解密机,通过自由选择密文来获取所期望的"密文—明文对"。密码分析者的任务目标是推出密钥。这种密码分析主要是针对公钥密码体制,尤其是用于攻击数字签名。因此,公钥密码体制抗选择密文攻击是公钥密码体制安全的必要条件。

5) 选择文本攻击

选择文本攻击(Chosen-text Attack)是选择明文攻击和选择密文攻击的结合。密码分析者可以得知选择的明文和对应的密文,以及选择的清测性密文和对应的已被破译的明文。

上述五种攻击的目的都是为了确定系统所使用的密钥或者破译出密文。这五种攻击类型的攻击强度按次序递增,唯密文攻击是最困难,因为这种情况下密码分析者可以利用的信息最少,因此,唯密文攻击也是最弱的攻击。选择文本攻击是最强的一种攻击。如果一个密码系统能抵抗较高一级攻击强度的攻击,那么它肯定能抵抗其余几种较低安全强度的攻击。例如,如果一个密码系统能抵抗选择密文攻击,那么它肯定能抵抗其余三种攻击强度较低的攻击。现代密码学要求设计一个密码系统仅当它能经得起已知明文攻击时才是一个可行的算法,也就是说设计的密码体系至少要能够经受住第一种和第二种攻击的考验。

此外,还有选择密钥攻击(Chosen-key Attack),这种攻击方式实际应用很少,它仅表示密码分析者具有不同密钥之间的关系,并不表示密码分析者能够选择密钥。

另外,衡量密码系统攻击的复杂性主要考虑三个方面的因素:

(1) 数据复杂性(Data Complexity):用作密码攻击所需要输入的数据量。

(2) 处理复杂性(Processing Complexity):完成攻击所需要花费的时间。

(3) 存储需求(Storage Requirement):进行攻击所需要的数据存储空间大小。

攻击的复杂性取决于以上三个因素的最小复杂度,在实际实施攻击时往往要考虑这三种复杂性的折中,如存储需求越大,攻击可能越快。

2.4 密码系统的安全性

2.4.1 密码系统安全性的基本要求

衡量一个密码系统的好坏,是一项非常困难的任务,其中涉及到的因素很多。但迄今为止,人们还没有找到一种完善的评价密码系统保密功能和性能的理论与方法。目前,一般根据一个密码系统抵抗现有的密码分析手段的能力对它进行评判。

当然，衡量任何一个密码系统的好坏的最基本的标准应该是它的安全性，即应该以它能否被攻破和易于被攻破为最基本的衡量标准。

通常，一个密码系统设计的最基本的要求是：

(1) 已知系统的密钥 K 时，计算 $C=E_K(M)$ 容易计算。

(2) 已知系统的密钥 K 时，计算 $M=D_K(C)$ 容易计算。

(3) 当不知道系统的密钥 K 时，由 $C=E_K(M)$ 不容易推导出明文 M 或者密钥 K。

以上三点基本要求说明密码系统设计的基本原则是：对合法的通信双方来说，由于他们已知系统的密钥 K，所以加密和解密变换是容易的，但是对于密码分析人员来说，由于他们不知道系统的密钥 K，因此，他们想要从密文推导出明文 M 或者密钥 K 是非常困难的。

一个密码系统的安全性主要取决于两个方面：

(1) 所使用密码算法本身的保密强度。密码算法的保密强度取决于密码设计水平、破译技术等。可以说一个密码系统所使用密码算法的保密强度是该系统安全性的技术保证。

(2) 密码算法之外的例如密钥管理等不安全因素。

因此，密码算法的保密强度并不等价于密码系统整体的安全性。一个密码系统必须同时完善技术与管理要求，才能保证整个密码系统的安全。这里仅讨论影响一个密码系统安全性的技术因素，即密码算法本身的安全性。

2.4.2 评估密码系统安全性的主要方法

评估(衡量)密码系统安全性主要有三种方法：无条件安全性(Unconditional Security)、计算安全性(Computational Security)和可证明安全性(Provable Security)。

1. 无条件安全性

如果破译者即使拥有无限的资源(包括时间、金钱、能源、人员、设备、速度等一切可能的因素)也无法破译一种密码算法，那么，该密码系统是"无条件安全的"。也就是说无论密码分析者截获了多少密文、花费多少时间和无论用什么技术方法进行攻击都不能破解一个密码系统，那么就称该密码系统是绝对不可破解的。这是密码系统安全性的最高境界，也是密码系统设计者孜孜以求的追求目标。Shannon 指出，仅当密钥至少和明文一样长时，才能达到无条件安全。可惜的是，目前已知的理论上不可破解的密码系统只有弗纳姆(Vernam)提出的"一次一密密码体制(每个密钥只使用一次)"这一种。但是考虑到密钥产生和管理上的困难，"一次一密密码体制"其实是不实用的(见 3.2.3 节)。理论上，如果能够拥有足够多的资源，只要采用穷举密钥攻击法进行暴力破解(也称为蛮力攻击)，即逐个尝试每种可能的密钥，并且检查所得的明文是否有意义即可，那么除了一次一密密码体制外，其他任何实际可以使用的密码系统都是可以被破解的。所以说，在理论上，除了一次一密密码体制外，再无其他的加密方案是无条件安全的。

2. 计算安全性

由于现实中的任何密码系统都还无法真正做到"无条件安全性"。因此，在实际应用中，相比"无条件安全性"来说，人们更关注"计算上安全的"密码算法。对于我们来说，计算上的安全性是密码系统常见的和可实现的、实用的安全要求。

如果一个密码算法不能被密码分析者根据目前实际可以利用的所有资源、在相对有限的合理时间内破解，则称该算法是计算上安全的或者也可以称为该算法是计算上不可破解的(Computationally Unbreakable)。

计算安全性是从破译一个密码系统(密码体制,密码算法)所需要的计算量的角度来衡量密码系统的安全性。这种方法是指使用目前最好的方法攻破它所需要的计算远远超出攻击者可以利用的计算资源水平,则可以定义这个密码体制是安全的。

例如,即使将世界上所有的计算机联合起来破译一种密码,所需要的破译时间也远远超过宇宙诞生至今的时间(大约 10^{11} 年),那么,人们就有理由相信,该密码系统是"计算上安全的"。

一般地,如果一个密码系统能够满足以下两条准则之一,就可以认为是满足实际安全性的:

① 破译密文的代价(费用)超过被加密信息本身的价值。
② 破译密文所花的时间超过被加密信息的有用期。

例如,战争中发起战斗攻击的作战命令只需要在战斗打响前需要保密;重要新闻消息在公开报道前需要保密的时间往往也只有几个小时。更有甚者,破译该密码系统的实际计算量(包括计算时间或费用)十分巨大,以至于在实际上是根本无法实现的。

3. 可证明安全性

由于公钥密码算法的安全性一般都是基于特定的数学难题的,因此,这种方法是将密码系统的安全性归结为某个经过深入研究也无法解决的数学难题(如大整数素因子分解、计算离散对数等被证明求解困难的数学难题)。如果破译一种密码算法能够等价于解决一个经过深入研究也无法解决的数学难题,那么,人们自然也有理由相信,该密码系统至少在目前是安全的。这种评估方法存在的问题是它只说明了这个密码方法的安全性与某个困难问题相关,没有完全证明问题本身的安全性,并给出它们的等价性证明。

2.4.3 好的密码系统的要求

为了保证信息的保密性,抗击密码分析,一个实际可用的、好的密码系统(也称为完善的密码系统)应当满足下述要求:

(1) 系统即使达不到理论上是不可破的, $p_t\{m'=m\}=0$ (密码分析者分析得到的信息 m' 和发送者发送的真实信息 m 相等的概率是 0),也应当为实际上不可破的,满足实际的计算安全性:破译密文的代价(费用)超过被加密信息本身的价值或者破译密文所花的时间超过被加密信息的有用期。也就是说,从截获的密文或某些已知的明文—密文对,要决定密钥或任意明文在计算上是不可行的。

(2) 系统的保密性不依赖于对加密体制或者密码算法的保密,而只依赖于密钥的保密,即符合 Kerchhoff 原则,也就是假定,除了密钥以外,破译者掌握密码算法的所有内容和细节,系统的安全性完全依赖于密钥的保密,也和算法的保密性无关,即由密文和加解密算法不可能得到明文或者密钥。"一切秘密寓于密钥之中"是密码系统设计的一个重要原则。

(3) 加密和解密算法适用于明文空间、密钥空间中的所有元素。

(4) 对于所有密钥,系统加密解密算法迅速有效,系统效率高,密码系统易于实现和使用。

第 2 部分

信息加密技术

　　众所周知，信息的机密性是信息安全最基本的需求，而采用密码技术对信息进行加密是最常用、最有效的保护信息机密性的安全手段。信息加密是为了防止人获得机密信息，是用来抗击被动攻击的方法。

　　本部分主要介绍了实现信息机密性的安全手段——信息加密技术，包括古典密码学、对称密码体制和公钥密码体制。

第3章 古典密码学

3.1 古典密码学概述

密码学的研究已经有上千年的历史了，密码学的发展也经过了手工—机械—电子计算机几个阶段，在计算机出现以前，出现的密码体制统称为古典密码体制。

古典密码学(Classical Cryptography)通常也称为经典密码学或者传统密码学。

很多古典密码尽管在当时被认为是不可破译的。但在科学技术充分发达的今天来说，这些古典密码是毫无安全性可言的，是极易破解的。虽然现在已经基本不再使用古典密码算法了，但是它们在密码发展史上具有不可磨灭的贡献，其基本思想和方法仍然是近、现代密码学的基础之一，至今仍被广泛应用，因此，了解这些密码及其设计、分析方法和原理对深入理解、构造和分析现代密码学是十分有益的。现代密码的设计离不开这些简单的基本密码。大多数好的密码算法仍然是替代密码和置换密码的精心组合。

现代电子计算机阶段密码的基本原理是基于复杂的数学运算或者数学难题的，而古典密码经常运用的两种基本加密技术是：替换法(Substitution Techniques)和置换法(Transposition Techniques)。

替换法是指依据一定的规则，将明文字母替换成其他字母、数字或符号的方法。

置换法是指重新排列明文字母而不改变明文本身。

相应地也可以把古典密码分为替换密码和置换密码两大类。下面分别讨论这两类古典密码。

3.2 替 换 密 码

替换密码(Substitution Cipher)也称为代换密码，就是发送者将明文消息中的每一个字符，按照一定的规则替换为密文中的另外一个字符，以此来达到掩盖明文信息的目的，然后通过通信手段发送出去，接收者对密文进行逆替换以恢复出明文的过程。

根据替换密码的原理和保密性能，将经典替换密码归纳为以下三种类型：单表替换密码、多表替换密码和一次一密密码体制。下面分别讨论这三种类型的替换密码。

3.2.1 单表替换密码

单表替换密码(Mono-alphabetic Substitution Cipher)对明文中的所有字母都使用一个固定的替换表进行加密，这一个过程可以理解为是明文字母表到密文字母表的映射过程。

为了讨论方便，在以下的密码变换中：

设 $M=\{m_0, m_1, m_2, \cdots\}$ 是组成明文的字母表，任何明文都可以由 M 中的字符所组成的字符串来表示；

设 $C=\{c_0, c_1, c_2, \cdots\}$ 是组成密文的字母表，任何密文都可以由 C 中的字符所组成的字符串来表示；

单表替换密码使用了 M 到 C 的映射关系：
$$f: M \to C, \ f(m_i) = c_j$$

加密变换过程就是将明文中的每一个字母替换为密文字母表的一个字母。而单表替换密码的密钥就是映射 f 或密文字母表。

一般情况下，f 是一一映射，以保证加密的可逆性。记 $|M|$ 表示 M 中所含元素的个数，那么 M 到 C 的一一映射关系的数量为 $|M|$ 个。

解密过程就是加密过程的逆变换：
$$f^{-1}: C \to M, \ f^{-1}(c_i) = m_j$$

大多数情况下密文字母表与明文字母表的字符集是相同的，这时的密钥就是映射 f。下面讨论几种典型的单表替换密码的构造方法。

1. 简单单表替换密码

简单单表替换密码(Simple Mono-alphabetic Substitution Cipher)，也称为混字法、简单字符替换法等，它是指将字母表 M 中的每个字母的卡片打乱次序后重新进行排列，并与明文字母表中的字母一一对应，从而构成一张单表替换表。然后根据这张生成的单表替换表对明文消息中的每个字母依次进行变换的方法。这样的单表替换表有 $|M|!$ 张，也就是说，密钥空间是 $|M|!$。

如前所述，明文空间 M 和密文空间 C 都是 26 个英文字母的集合，密钥空间 $K=\{\pi: M \to C | \pi$ 是一个替换$\}$，这里的密钥空间 K 相当于确定了一个 M 到 C 上的一一映射的一个参数集，表示从明文空间到密文空间所有可能替换的集合。那么，对于任意 $\pi \in K$，简单单表替换密码对明文消息 $m=m_0m_1m_2\cdots$ 的加密变换过程为
$$c = E_k(m) = \pi_k(m_0)\pi_k(m_1)\pi_k(m_2)\cdots$$

对密文 $c=c_0c_1c_2\cdots$ 的解密变换过程为
$$m = D_k(c) = \pi_k^{-1}(c_0)\pi_k^{-1}(c_1)\pi_k^{-1}(c_2)\cdots$$

式中，π_k^{-1} 是 π_k 的逆变换。

【例 3.1】假设给定的单表替换表如表 3-1 所示，表中 Plain text 表示明文字母表，Cipher text 表示密文字母表。请根据这个单表替换表完成对明文消息 information security 的英文简单单表替换密码的加密变换，然后写出逆替换，并对密文解密。最后计算其密钥空间。

表 3-1 例 3.1 的单表替换表

明文(Plain text)	a	b	c	d	e	f	g	h	i	j	k	l	m
密文(Cipher text)	Q	W	E	R	T	Y	U	I	O	P	A	S	D
明文(Plain text)	n	o	p	q	r	s	t	u	v	w	x	y	z
密文(Cipher text)	F	G	H	J	K	L	Z	X	C	V	B	N	M

解：根据表 3-1 给出的替换 π 的对应关系，对明文消息 information security 进行加密

变换，所得的密文消息为

$$c = E_k(m) = \pi_k(i)\pi_k(n)\pi_k(f)\cdots\pi_k(i)\pi_k(t)\pi_k(y)$$
$$= \text{OFYGKDQZOGF LTEXKOZN}$$

对密文 $c = \text{OFYGKDQZOGF LTEXKOZN}$ 的解密变换过程为

$$m = D_k(c) = \pi_k^{-1}(O)\pi_k^{-1}(F)\pi_k^{-1}(Y)\cdots\pi_k^{-1}(O)\pi_k^{-1}(Z)\pi_k^{-1}(N)$$
$$= \text{information security}$$

例 3.1 的密钥空间是 $|K|=26\times25\times24\times\cdots\times1=26!$，也就是说，总共可以构造 26! 张类似的替换表。

注：(1) 从例 3.1 可以看出简单单表替换密码算法一个显著的特点是密钥空间 K 很大，$|K|=26!\approx4\times10^{26}$，即使 1 μs 试一个密钥，遍历全部密钥需要 10^{13} 年。显然破译者要想穷举搜索计算不可行的，然而，可由统计的方式破译它，后面进行讨论。

(2) 但是简单单表替换密码算法一个非常麻烦的问题是密钥 π 没有任何规律，不便于记忆，为了解决这个问题，又衍生出了各种形式单表替换密码。

2. 移位替换密码

移位替换密码(Shift Substitution Cipher)简称移位密码，它是指将明文字母表中的字母循环前移或者后移 $k(0\leqslant k<26)$ 位，构成密文字母表。然后使用这个密文字母表进行替换。

下面给出一个移位替换密码的实例。

【例 3.2】假设移位密码的密钥为 $k=5$，Alice 要给 Bob 发送的明文消息为：information security，请使用移位密码对此消息进行加密。

解法1：由题意知，这个移位密码加密变换过程实质上是相当于把原先的明文字母用向后移动5个位置后对应的字母作为对应的密文进行替换，由此生成的密文字母表，如表3-2所示。

表 3-2 $k=5$ 的移位密码密文字母表

明文	a	b	c	d	e	f	g	h	i	j	k	l	m
密文	F	G	H	I	J	K	L	M	N	O	P	Q	R
明文	n	o	p	q	r	s	t	u	v	w	x	y	z
密文	S	T	U	V	W	X	Y	Z	A	B	C	D	E

通过查阅表3-2进行替换，可得 Alice 要给 Bob 发送的明文消息为 information security，对应的密文消息为 NSKTWRFYNGFXGHZWNYD。

如果要对密文进行解密，只需要执行相应的逆过程即可。Bob 首先将每个密文字母向前移动 5 个位置后使用此位置上的字母作为对应的明文字母进行替换，即可解密出原来的明文消息。

上述加密、解密过程适用于手工进行操作，但是如果让每个字母对应于某一个数值，那么就可以用数字来代替字母进行传递信息，也能很方便地用数学变换和计算机编程进行加密与解密变换。这种密码的加密变换过程是：为了使得移位密码可以加密普通的英文句子，首先将明文字母表中的字母位置下标变换为数字，与密钥 k 进行模 q 的加法运算，将其结果作为密文字母表中的位置下标，相应的字母即为密文字母，因此，根据其加密函数特点，移位替换密码又称为加法同余密码，简称加法密码(Additive Cipher)。

设明文空间 $M=\{a,b,c,\cdots,z\}$、密文空间 $C=\{A,B,C,\cdots,Z\}$ 和密钥空间 K 满足 $M=C=K=\{0,1,2,\cdots,25\}=Z_{26}$，则可建立 26 个英文字母与模 26 的整数剩余 0，1，2，$\cdots$，25 的一一对应关系如下：$A\leftrightarrow0,B\leftrightarrow1,\cdots,Z\leftrightarrow25$，即使得每一个字母分别对应于一个整数 0～25，如表 3-3 所示。

表 3-3　英文字母表与模 26 的整数剩余的一一对应关系

A	B	C	D	E	F	G	H	I	J	K	L	M
0	1	2	3	4	5	6	7	8	9	10	11	12
N	O	P	Q	R	S	T	U	V	W	X	Y	Z
13	14	15	16	17	18	19	20	21	22	23	24	25

我们可以用函数 φ 来表示明文空间 $M=\{a,b,c,\cdots,z\}$ 到 $Z_{26}=\{0,1,2,\cdots,25\}$ 的一个映射关系，即 $\varphi(a)=0,\varphi(b)=1,\cdots,\varphi(z)=25$，对于 $K\in Z_{26}$，π_k 表示明文空间 M 到密文空间 C 的某个映射，那么，对于任意 $\pi\in K$，采用移位替换密码对明文消息 $m=m_0m_1m_2\cdots$ 的加密变换过程为

$$c=E_k(m)=(\pi_k(m_0)\pi_k(m_1)\pi_k(m_2)\cdots)\bmod 26$$
$$=(\varphi(m_0+k)\varphi(m_1+k)\varphi(m_2+k)\cdots)\bmod 26$$

对密文 $c=c_0c_1c_2\cdots$ 的解密变换过程为

$$m=D_k(c)=(\pi_k^{-1}(c_0)\pi_k^{-1}(c_1)\pi_k^{-1}(c_2)\cdots)\bmod 26$$
$$=(\varphi^{-1}(\varphi(m_0+k)\varphi^{-1}(\varphi(m_0+k)\varphi^{-1}(\varphi(m_0+k)\cdots)\bmod 26$$

式中，π_k^{-1} 是 π_k 的逆变换; φ^{-1} 是 φ 的逆变换。

由于解密与加密是可逆的，从解密变换中可以看出：$D_k=E_{26-k}$。

下面我们使用数学变换的方法重解例 3.2。

解法 2：

首先，将明文消息中的字母对应于其相应的整数，得到如下的数字串：

$$8\quad 13\quad 5\quad 14\quad 17\quad 12\quad 0\quad 19\quad 8\quad 14$$
$$13\quad 18\quad 4\quad 2\quad 20\quad 17\quad 8\quad 19\quad 24$$

然后，将每一数都与 5 相加，再对其和取模 26 运算，可得：

$$13\quad 18\quad 10\quad 19\quad 22\quad 17\quad 5\quad 24\quad 13\quad 19$$
$$18\quad 23\quad 9\quad 7\quad 25\quad 22\quad 13\quad 24\quad 3$$

最后，再将其转换为相应的字母串，即得密文：

NSKTWRFYNGFXGHZWNYD

如果要对密文进行解密，只需要执行相应的逆过程即可。Bob 首先将密文转换为数字，用每个数字减去 5 后取模 26 运算，最后将相应数字再转换为字母可得明文。

【例 3.3】ROT13 是建立在 UNIX 系统上的简单的替换密码加密程序。

ROT13 并非为保密而设计的，它经常用在 Usernet 电子邮件中隐藏特定的内容，以避免泄露一个难题的解答等。

在 ROT13 这种密码算法中，A 被 N 代替，B 被 O 代替，…，Z 被 M 代替，即每一个字母是循环移位 13 所对应的字母。因此，在该密码中，密钥 $k=13$，它的明文字符集为英文字母表。使用 ROT13 加密文件两遍即可恢复出原始的文件：P= ROT13(ROT13(P))。

注：(1) 在上面的例子中，使用小写字母来表示明文，而使用大写字母来表示密文，后面为了讨论的方便，仍然沿用这种规则。

(2) 当移位密码的密钥 $k=3$ 时，则此密码体制就是历史上著名的凯撒密码(Caesar Cipher)，据说它是由古罗马帝国的皇帝儒勒·凯撒(Julius Caesar)所设计的一种移位密码，主要用于战时通信。

【例 3.4】Alice 要给 Bob 发送的明文消息为：information security，请使用凯撒密码对此消息进行加密。

解：首先，将明文消息中的字母对应于其相应的整数，得到如下的数字串：

$$8 \quad 13 \quad 5 \quad 14 \quad 17 \quad 12 \quad 0 \quad 19 \quad 8 \quad 14$$
$$13 \quad 18 \quad 4 \quad 2 \quad 20 \quad 17 \quad 8 \quad 19 \quad 24$$

然后，由题意知，这里使用的是凯撒密码进行加密，得密钥 $k=3$，故将每一数都与 3 相加，再对其和取模 26 运算，可得

$$11 \quad 16 \quad 8 \quad 17 \quad 20 \quad 15 \quad 3 \quad 22 \quad 11 \quad 17$$
$$16 \quad 21 \quad 7 \quad 5 \quad 23 \quad 20 \quad 11 \quad 22 \quad 1$$

最后，再将其转换为相应的字母串，即得密文：

LQIRUPDWLEDVEFXULWB

上述凯撒密码的加密过程替换表如表 3-4 所示。

表 3-4 凯撒密码的替换表

明文	a	b	c	d	e	f	g	h	i	j	k	l	m
密文	D	E	F	G	H	I	J	K	L	M	N	O	P
明文	n	o	p	q	r	s	t	u	v	w	x	y	z
密文	Q	R	S	T	U	V	W	X	Y	Z	A	B	C

如果要对密文进行解密，只需要执行相应的逆过程即可。Bob 首先将密文转换为数字，用每个数字减去 3 后取模 26 运算，最后将相应数字再转换为字母可得明文。

注：移位密码(模 26)实际上是替换密码的一种特殊情况，只包含了 26! 种替换中的 26 种，因此，这种密码是很不安全的，这种密码可以很容易地使用密钥穷尽搜索的方法来破译。因为密钥空间太小，只有 26 个可能的密钥，所以很容易通过穷举所有可能密钥，得到有意义的明文。下面给出一个例子。

【例 3.5】设有如下使用移位加密算法得到的密文串：

NSKTWRFYNGFXGHZWNYD

请破译此密文。

解：采用穷举法进行破解，依次试验所有可能的解密密钥 $d_0, d_1, \cdots$，特别是现在利用

计算机技术可以很方便地列出所有不同的字母串的组合，然后从中挑选出具有意义的字母串：

nsktwrfyngfxghzwnyd

mrjsvqexmfewfgyvmxc

lqirupdwledvefxulwb

kphqtocvkdcudewtkva

jogpsnbujcjtcdvsjuz

informationsecurity

......

至此，已可以得出有意义的明文来，相应的密钥 $k=5$(明文串为"information security")。平均来看，使用上述方法计算明文只需试验 26/2 = 13 次即可。

上面的例子表明，一个密码体制安全的必要条件之一就是要能够抵抗穷尽密钥搜索攻击，也就是说密钥空间必须足够大。但是，很大的密钥空间并不是保证密码体制安全的充分条件。

3．乘法密码

乘法密码(Multiplicative Cipher)又称为采样密码(Decimation Cipher)，因为密文字母表是将明文字母表每隔 k 位取出一个字母排列而成(字母表首尾相接)。

下面给出一个乘法密码的实例。

【例 3.6】假设乘法密码的密钥为 $k=9$，Alice 要给 Bob 发送的明文消息为：information security，请将此使用乘法密码对此消息进行加密。

解法 1：由题意知，这个乘法密码加密变换过程实质上是相当于把原先的明文字母表按下表每隔 9 位取出一个字母排列而生成的密文字母表，如表 3-5 所示。

表 3-5　$k=9$ 的乘法密码密文字母表

明文	a	b	c	d	e	f	g	h	i	j	k	l	m
密文	A	J	S	B	K	T	C	L	U	D	M	V	E
明文	n	o	p	q	r	s	t	u	v	w	x	y	z
密文	N	W	F	O	X	G	P	Y	H	Q	Z	I	R

通过查阅表 3-5 进行替换，可得 Alice 要给 Bob 发送的明文消息为 information security，对应的密文消息为 UNTWXEAPUWNGKSYXUPI。

如果 Bob 要对接收到的由 Alice 发送的密文进行解密，那么他使用加密变换生成的替换表 3-5 即可进行解密。

上述加密、解密过程适用于手工进行操作，但是如果让每个字母对应于某一个数值，那么就可以用数字来代替字母进行传递信息，也能很方便地用数学变换和计算机编程进行加密与解密。

于是，与前面的移位密码类似：

设明文空间 $M = \{a,b,c,\cdots,z\}$、密文空间 $C = \{A,B,C,\cdots,Z\}$ 和密钥空间 K 满足 $M = C = K = \{0,1,2,\cdots,25\} = Z_{26}$，则可建立 26 个英文字母与模 26 的整数剩余 0, 1, 2, $\cdots$,

25 的一一对应关系，如前面表 3-3 所示。我们可以用函数 φ 来表示明文空间 $M=\{a,b,c,\cdots,z\}$ 到 $Z_{26}=\{0,1,2,\cdots,25\}$ 的一个映射关系，即 $\varphi(a)=0,\varphi(b)=1,\cdots,\varphi(z)=25$，对于 $q=|M|=26,k\in Z_{26}$，π_k 表示明文空间 M 到密文空间 C 的某个映射，那么，对于任意 $\pi\in K$，采用移位替换密码对明文消息 m_i 进行的加密变换过程为

$$c=E_k(m_i)=\pi_k(m_i)=k\cdot\varphi(m_i)\equiv j\bmod q \qquad (0\leqslant j<q)$$

下面使用数学变换的方法重解例 3.6。

解法 2：

首先，将明文消息中的字母对应于其相应的整数，得到如下的数字串：

$$8\quad 13\quad 5\quad 14\quad 17\quad 12\quad 0\quad 19\quad 8\quad 14$$
$$13\quad 18\quad 4\quad 2\quad 20\quad 17\quad 8\quad 19\quad 24$$

然后，将每一数都与密钥 $k=9$ 相乘，再对其和取模 26 运算，可得

$$20\quad 13\quad 19\quad 22\quad 23\quad 4\quad 0\quad 15\quad 20\quad 22$$
$$13\quad 6\quad 10\quad 18\quad 24\quad 23\quad 20\quad 15\quad 8$$

最后，再将其转换为相应的字母串，即得密文：

UNTWXEAPUWNGKSYXUPI

可见，与前面的解法所得的密文完全相同。

注：(1) 乘法密码也是一种简单的替代密码，与凯撒密码相似，凯撒密码用的是加法，而乘法密码用的自然是乘法。这种方法形成的加密信息保密性比较低。

(2) 若字母表的长度为 q，只有当乘数 k 与 q 互质时，即仅当 $(k,q)=1$ 时，明文字母与密文字母才是一一对应的，加密之后才会有唯一的解。例如：

如果 $q=26$，那么根据相关数论知识，可以求得与 26 互素的整数的个数为 $\varphi(26)=\varphi(2\times 13)=26\times\left(1-\dfrac{1}{2}\right)\times\left(1-\dfrac{1}{13}\right)=12$，去掉一个 $k=1$ 的恒等变换，因此乘数 k 只可能有 11 种的选择，即乘数 $k=3,5,7,9,11,15,17,19,21,23,25$。

同理，当 $q=10$ 时，与 q 互素的元素的个数为 $\varphi(10)=4$，去掉 $k=1$ 的恒等变换，因此乘数 k 只可能有 3 种的选择，即乘数 $k=3,7,9$。

4. 仿射密码

仿射密码也是单表替代密码的一个特例，是一种线性变换。仿射密码的明文空间 M 和密文空间 C 与移位密码相同，但密钥空间为 $K=\{(k_1,k_2)\mid k_1,k_2\in Z_{26}$ 且 $\gcd(k_1,26)=1\}$。

对任意 $m\in M$，$c\in C$，$k=(k_1,k_2)\in K$，在仿射密码中，加密变换定义为

$$c=E_k(m)=k_1 m+k_2\,(\bmod 26)$$

因为这样的函数被称为仿射函数，所以也将这样的密码体制称为仿射密码。

相应地解密变换定义为

$$m=D_k(c)=k_1^{-1}(c-k_2)\,(\bmod 26)$$

其中，$k_1 k_1^{-1}=1\bmod 26$。

很明显，仿射密码就是移位密码和乘法密码的结合(更确切地说是二者的线性组合，将移位密码和乘法密码进行线性组合就可以得到更多的选择方式获得密钥)，因此，放射密码也称为线性同余密码。当 $k_1=1$ 时，仿射密码就退化为移位密码，而 $k_2=0$ 时，仿射

密码就退化为乘法密码。

【例 3.7】设明文消息 m 为 security，密钥 $k=(k_1,k_2)=(9,2)$，请用仿射密码对其进行加密，然后再进行解密。

解：首先，利用扩展的欧几里德算法计算出 $k_1^{-1}=9^{-1}\bmod 26=3$，则有

加密变换为

$$E_k(m)=k_1 m+k_2 (\bmod 26)=9\times m+2(\bmod 26)$$

解密变换为

$$D_k(c)=k_1^{-1}(c-k_2)(\bmod 26)=3\times(c-2)(\bmod 26)=(3c-6)(\bmod 26)$$

将明文消息中的字母对应于其相应的整数，得到如下的数字串：

$$18\quad 4\quad 2\quad 20\quad 17\quad 8\quad 19\quad 24$$

使用仿射密码对明文进行加密变换过程如下：

$$E_k(m)=9\times\begin{pmatrix}18\\4\\2\\20\\17\\8\\19\\24\end{pmatrix}+\begin{pmatrix}2\\2\\2\\2\\2\\2\\2\\2\end{pmatrix}=\begin{pmatrix}8\\12\\20\\0\\25\\22\\17\\10\end{pmatrix}\bmod 26\Rightarrow\begin{pmatrix}I\\M\\U\\A\\Z\\W\\R\\K\end{pmatrix}=c$$

所以密文消息为 IMUAZWRK。

仿射密码的解密过程如下：

$$D_k(c)=3\times\begin{pmatrix}8\\12\\20\\0\\25\\22\\17\\10\end{pmatrix}-\begin{pmatrix}6\\6\\6\\6\\6\\6\\6\\6\end{pmatrix}=\begin{pmatrix}18\\4\\2\\20\\17\\8\\19\\24\end{pmatrix}\bmod 26\Rightarrow\begin{pmatrix}s\\e\\c\\u\\r\\i\\t\\y\end{pmatrix}=m$$

即成功恢复明文消息为 security。

注：(1) 由于仿射密码中用到了乘法，所以乘数也受到与乘法密码相同的局限，为了能对密文进行解密，必须保证所选用的仿射函数是一个单射函数，即与乘法密码类似，必须让 k_1 与 26 互素即仿射密码要求$(k_1,26)=1$，否则就会有多个明文字母对应一个密文字母的情况。

(2) 由于与 26 互素的整数有 12 个，去掉一个 $k=1$ 的恒等变换，故仿射密码密钥空间大小为$|K|=12\times 26-1=311$ 个。

(3) 仿射密码是多项式密码的特例，若将仿射密码的加密函数扩展为多项式函数时，即为多项式密码。

5．多项式密码

多项式密码就是将仿射密码的加密函数扩展为如下的加密变换 E_k（t 为取定自然数）：$E_k(m)=k_t m^t + k_{t-1}m^{t-1}+\cdots + k_1 m + k_0 \ (\mathrm{mod}\ 26)$，$\forall m \in Z_{26}$，其中，$k=(k_t,\ k_{t-1},\ \cdots,\ k_1,\ k_0)$ 为密钥。

仿射密码其实是上述多项式法当 $t=1$ 时的特例。有关多项式法的加密变换 E_k 何时是一一映射的以及对密钥空间 K 的讨论已超出本课程的知识范围，在此不去涉及，读者只需简单了解即可。

6．密钥短语密码

密钥短语密码就是选一个英文短语或单词串作为密钥字(Key Word)或密钥短语(Key Phrase)，去掉其中重复的字母得到一个无重复字母的字符串，将它依次写在明文字母表之下，然后再将字母表中未在短语中出现过的其他字母依次写于此短语(字母串)之后，就可构造出一个字母替换表。例如，选择英文短语 HAPPY NEW YEAR 作为密钥短语，去掉其中重复的字母得 HAPYNEWR，于是可以构造一个替换表如表 3-6 所示。

表 3-6　密钥短语密码实例(密钥短语为 HAPPY NEW YEAR)

明文	a	b	c	d	e	f	g	h	i	j	k	l	m
密文	H	A	P	Y	N	E	W	R	B	C	D	F	G
明文	n	o	p	q	r	s	t	u	v	w	x	y	z
密文	I	J	K	L	M	O	Q	S	T	U	V	X	Z

当选择上面的密钥进行加密时，若明文为"security"，则密文为"ONPSMBQX"。

显然，不同的密钥短语可以得到不同的替换表，这样就得到了一种易于记忆而又有多种可能选择的密码。当 $q=26$ 时，密钥短语密码最多可能有 $26! \approx 4 \times 10^{26}$ 个不同的替换表。除去一些不太有效的替换表之外，绝大多数替换表都是很好的。

在上面讨论的几种单表替换密码的构造方法中，密钥空间最大的是简单单表替换密码(混字法)和密钥短语密码，它的密钥空间为 $26! \approx 4 \times 10^{26}$，它们可以做到随机产生密码，但缺点是不便于记忆。其他的几种方法都是依靠某些参数和运算来构造的，虽然便于使用和记忆，但也带来了密钥空间小等诸多安全性问题。单表替换密码中的替换表的变换是按一定的规则进行的，经过加密变换后的密文成为了一串毫无意义的字符串，显然掩盖了原来明文信息的真实面目，然而，单表替换并不是没有留下任何对破解有利的蛛丝马迹，其实单表替换密码的本质是改变字符表，所以单字符单表替换密码技术中明文的字母与密文中的字母的对应关系是固定的，致使明文中的字母统计特性在密文中没有得到掩盖或者改变，从这个意义上说，单表替换加密法本质上是"没有进行加密"，因而，易于用统计分析的方法进行破译，同时，由于人类语言所固有的统计特性。例如，自然语言的字母使用频率，双字母、三字母的组合规律以及前后连缀关系等都没有改变，所以人们可以简单地使用频率分析以及自然语言的统计规律对单表替换密码进行分析和破译。

为了弥补这种缺陷，人们又提出了多表替换的密码方法，很好地解决了单表替换密码的频率分析的问题。

3.2.2 多表替换密码

与单表替换密码不同，多表替换密码(Poly Alphabetic Substitution Cipher)使用从明文字母到密文字母的多个映射来隐藏单字母出现的频率分布，每个映射是简单替换密码中的一对一映射。多表替换密码将明文字母划分为长度相同的消息单元，称为明文分组，对明文成组地进行替换，同一个字母有不同的密文，改变了单表替换密码中密文的唯一性，使密码分析更加困难。

多表替换密码的特点是使用了两个或两个以上的替换表依次对明文消息的字母进行替换的加密方法，这样可以使得同一个字母具有不同的密文，从而改变了单表替换中明文对应的密文的唯一性，增加了破解的难度。

多表替换密码是由 Leon Battista 在 1568 年发明，在美国南北战争期间由联军使用。尽管在现代计算机的帮助下，这种密码很容易被破译，但是仍有许多商用计算机的保密产品使用它。著名的维吉尼亚密码(Vigenère Cipher)和希尔密码(Hill Cipher)、波福特密码、滚动密钥密码、弗纳姆密码(Vernam Cipher)、普莱费尔密码(Playfair Cipher)、转轮密码(Rotor Cipher)等均是多表替换密码。

多表替换密码可以使用有限个周期性重复的或无限多的固定替换表进行替换来得到密文：

① 若是使用有限个周期性重复的固定代替表，则称其为周期性多表替换密码。为了减少密钥量，在实际应用中多采用周期多表替换密码，即替换表个数有限，重复使用。例如，Vigenère 密码就是一种非常典型的周期性多表替换密码。

② 若是使用无限多的固定代替表(相对于明文变化是随机的)，则称为一次一密替换密码。

1. 一般的多表替换密码

顾名思义，多表替换密码的替换过程中使用了多张替换表进行替换。例如，表 3-7 给出了 4 张替换表，则明文在加密时必须相应的分成四个字母为一组的若干分组，对每一组的四个字母，使用这 4 张表分别进行替换。

表 3-7　一般的多表替换密码(以 4 张替换表为例)

明文	a	b	c	d	e	f	g	h	i	j	k	l	m	n	o	p	q	r	s	t	u	v	w	x	y	z
密文	D	E	F	G	H	I	J	K	L	M	N	O	P	Q	R	S	T	U	V	W	X	Y	Z	A	B	C
密文	Q	W	E	R	T	Y	U	I	O	P	A	S	D	F	G	H	J	K	L	Z	X	C	V	B	N	M
密文	A	J	S	B	K	T	C	L	U	D	M	V	E	N	W	F	O	X	G	P	Y	H	Q	Z	I	R
密文	F	G	H	I	J	K	L	M	N	O	P	Q	R	S	T	U	V	W	X	Y	Z	A	B	C	D	E

如果明文为 information security，那么根据表 3-7，进行一般的多表替换密码加密，首先按 4 位一组进行分组：info rmat ions ecur ity，然后按组分别进行多表替换 LFTW UDAY LGNX HEYW LZI，于是可得的密文为 LFTWUDAYLGNXHEYWLZI。

2．维吉尼亚密码

由于频率分析法可以有效地破解单表替换密码，法国密码学家维吉尼亚(Blaise de vigenère)于 1586 年提出一种多表替换密码，即维吉尼亚密码，也称维热纳尔密码，它是一种以移位替换为基础的周期性多表替换密码。维吉尼亚密码在美国南北战争期间联军曾广泛使用。维吉尼亚密码引入了"密钥"的概念，即根据密钥来决定用哪一行的密码表来进行替换，以此来对抗字频统计。

首先构造一个维吉尼亚方阵，如表 3-8 所示。

表 3-8　维吉尼亚方阵

	a	b	c	d	e	f	g	h	I	j	k	l	m	n	o	p	q	r	s	t	u	v	w	x	y	z
a	A	B	C	D	E	F	G	H	I	J	K	L	M	N	O	P	Q	R	S	T	U	V	W	X	Y	Z
b	B	C	D	E	F	G	H	I	J	K	L	M	N	O	P	Q	R	S	T	U	V	W	X	Y	Z	A
c	C	D	E	F	G	H	I	J	K	L	M	N	O	P	Q	R	S	T	U	V	W	X	Y	Z	A	B
d	D	E	F	G	H	I	J	K	L	M	N	O	P	Q	R	S	T	U	V	W	X	Y	Z	A	B	C
e	E	F	G	H	I	J	K	L	M	N	O	P	Q	R	S	T	U	V	W	X	Y	Z	A	B	C	D
f	F	G	H	I	J	K	L	M	N	O	P	Q	R	S	T	U	V	W	X	Y	Z	A	B	C	D	E
g	G	H	I	J	K	L	M	N	O	P	Q	R	S	T	U	V	W	X	Y	Z	A	B	C	D	E	F
h	H	I	J	K	L	M	N	O	P	Q	R	S	T	U	V	W	X	Y	Z	A	B	C	D	E	F	G
i	I	J	K	L	M	N	O	P	Q	R	S	T	U	V	W	X	Y	Z	A	B	C	D	E	F	G	H
j	J	K	L	M	N	O	P	Q	R	S	T	U	V	W	X	Y	Z	A	B	C	D	E	F	G	H	I
k	K	L	M	N	O	P	Q	R	S	T	U	V	W	X	Y	Z	A	B	C	D	E	F	G	H	I	J
l	L	M	N	O	P	Q	R	S	T	U	V	W	X	Y	Z	A	B	C	D	E	F	G	H	I	J	K
m	M	N	O	P	Q	R	S	T	U	V	W	X	Y	Z	A	B	C	D	E	F	G	H	I	J	K	L
n	N	O	P	Q	R	S	T	U	V	W	X	Y	Z	A	B	C	D	E	F	G	H	I	J	K	L	M
o	O	P	Q	R	S	T	U	V	W	X	Y	Z	A	B	C	D	E	F	G	H	I	J	K	L	M	N
p	P	Q	R	S	T	U	V	W	X	Y	Z	A	B	C	D	E	F	G	H	I	J	K	L	M	N	O
q	Q	R	S	T	U	V	W	X	Y	Z	A	B	C	D	E	F	G	H	I	J	K	L	M	N	O	P
r	R	S	T	U	V	W	X	Y	Z	A	B	C	D	E	F	G	H	I	J	K	L	M	N	O	P	Q
s	S	T	U	V	W	X	Y	Z	A	B	C	D	E	F	G	H	I	J	K	L	M	N	O	P	Q	R
t	T	U	V	W	X	Y	Z	A	B	C	D	E	F	G	H	I	J	K	L	M	N	O	P	Q	R	S
u	U	V	W	X	Y	Z	A	B	C	D	E	F	G	H	I	J	K	L	M	N	O	P	Q	R	S	T
v	V	W	X	Y	Z	A	B	C	D	E	F	G	H	I	J	K	L	M	N	O	P	Q	R	S	T	U
w	W	X	Y	Z	A	B	C	D	E	F	G	H	I	J	K	L	M	N	O	P	Q	R	S	T	U	V
x	X	Y	Z	A	B	C	D	E	F	G	H	I	J	K	L	M	N	O	P	Q	R	S	T	U	V	W
y	Y	Z	A	B	C	D	E	F	G	H	I	J	K	L	M	N	O	P	Q	R	S	T	U	V	W	X
z	Z	A	B	C	D	E	F	G	H	I	J	K	L	M	N	O	P	Q	R	S	T	U	V	W	X	Y

维吉尼亚方阵的基本阵列是一个 26 行、26 列的方阵。方阵的第一行是从 a 到 z 按正常顺序排列的字母表，第二行是第一行左移循环一位得到的，第三行又是第二循环左

移 1 位得到的，依此类推，得到方阵的其余各行。然后在基本方阵的最上方附加一行，最左侧附加一列，分别依序写上从 a 到 z 共 26 个字母，表的第一行与附加列上的字母 a 相对应，表的第二行与附加列上的字母 b 相对应，依此类推，最后一行与附加列上的字母 z 相对应。如果把上面的附加行看作是明文序列，那么下面的 26 行就分别构成了左移 0 位、1 位、2 位、…、25 位的 26 个单表替换加法同余密码的密文序列。

下面介绍下维吉尼亚密码加密和解密的原理。

维吉尼亚密码加密变换的原则是以密钥字母选择行，以明文字母选择列，两者的交点就是加密生成的密码文字母。即加密时，按照密钥字的指示，决定采用哪一个单表。例如：密钥字是 cipher 加密时，明文的第一个字母用与附加列上字母 c 相对应的密码表进行加密，明文的第二个字母用与附加列的字母 i 相对应的密码表进行加密，依此类推。另外，在维吉尼亚密码体制中，当密钥的长度比明文短时，密钥可以周期性地重复使用，直至完成明文中每个字母的加密。

维吉尼亚密码解密变换的原则是以密码字母选择行，从中找到密文字母，密文字母所在列的列名即为明文字母。

下面用一个实例来说明维吉尼亚密码加密和解密的原理。

【例 3.8】设待加密的明文消息 m 为 information security，选择密钥字为 cipher，请用维吉尼亚密码对其进行加密，然后再进行解密。

解法1：由于密钥字比明文短，所以要重复书写密钥字，以得到与明文长度相等的密钥序列。

现在按表 3-8 依据前面的加密变换原则对明文进行加密替换。第一个密钥字母是 c，对第一个明文字母 i 进行加密时，选用左边附加列上的字母 c 对应的那一行作为替换密码表，查出与 i 列相对应的密文字母是 K(这一步骤的操作示例如图 3-1 所示)；第二个密钥字母是 i，用附加列上字母 i 所对应的一行作为替换密码表，与明文 n 列进行替换，对应的密文是 V。其余的依此类推，将所有的密文字母替换完毕就可以得到表 3-9 中所示的密文。

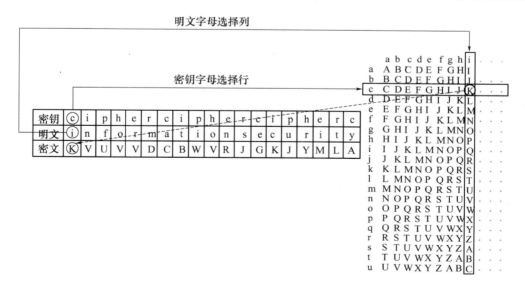

图 3-1　维吉尼亚密码加密过程操作示例

表 3-9　维吉尼亚密码加密示例

密钥	c	i	P	h	e	r	c	i	p	h	e	r	c	i	p	h	e	r	c
明文	i	n	F	o	r	m	a	t	i	o	n	s	e	c	u	r	i	t	y
密文	K	V	U	V	V	D	C	B	W	V	R	J	G	K	J	Y	M	L	A

解密的过程较简单，请读者根据前面介绍的维吉尼亚密码解密变换的原则进行练习，从而又可以验证加密的结果是否正确。

比起传统的凯撒密码,维吉尼亚密码在移位密码带来的字符出现频率上，具有更多迷惑性。在上述加密变换中，明文的每个字母是按照密钥字的指示，选用不同的加法同余密码替换而成的。多表替换，意味着不同字母移位替换时，遇到不同的密钥(偏移量)，可能得到相同的密文；当然，相同的明文经过加密也可能获得不同的密文。例如，上例明文中有三个 i，但是由于这同一个字母 i 在明文中的位置不同而分别对应三个不同的密文字母 K、W、M；反之，密文中的两个相同字母 K 却分别对应明文中的两个不同字母 c 和 i。

在这种密码体制中，所用到的单表数目与所用的密钥字长有关，并按密钥字长对这些单表轮流使用，因而可呈现固定的周期性，周期长度就是密钥字长。显然，密钥字越长，破译时就越困难。虽然使用现代计算机能够轻易破译具有很长周期的多表替换密码，但是在古代，靠手工计算是很难破译的。

为了便于用数学变换和计算机编程对维吉尼亚密码进行加密和解密，这里引入维吉尼亚密码加密和解密的数学模型。

设明文空间 $M = \{a,b,c,\cdots,z\}$、密文空间 $C = \{A,B,C,\cdots,Z\}$ 和密钥空间 K 满足 $M = C = K = \{0,1,2,\cdots,25\} = Z_{26}$，则可建立 26 个英文字母与模 26 的整数剩余 $0,1,2,\cdots,$ 25 的一一对应关系，如前面表 3-3 所示。

设明文是 n 个字母组成的字符串即 $m = m_1 m_2 \cdots m_n$，密钥字周期性地延伸就给出了明文加密所需的工作密钥 $k = k_1 k_2 \cdots k_n$，那么对明文 $m = m_1 m_2 \cdots m_n$ 的加密变换定义如下：

$$E_k(m) = c_1 c_2 \cdots c_n$$

式中，$c_i = (m_i + k_i)(\mathrm{mod}\,26)(i = 1,2,\cdots,n)$。

对密文 $c = (c_1 c_2 \cdots c_n)$ 的解密变换定义为

$$D_k(c) = m_1 m_2 \cdots m_n$$

式中，$m_i = (c_i - k_i)(\mathrm{mod}\,26)(i = 1,2,\cdots,n)$。

现在使用数学变换的方法来求解例 3.8。

解法 2：

(1) 由于选择的密钥的长度小于明文的长度，所以首先要周期性地扩展密钥，使密钥的长度与明文的长度相等。

(2) 将明文分解为步长为 6 的序列，即按密钥的长度每 6 个字母为一组进行分组，并将这些明文字母和密钥字母都转换为相应的数字。

(3) 对于每一个明文字母分别计算 $c_i = (m_i + k_i)(\mathrm{mod}\,26)(i = 1,2,\cdots,n)$，求得该明文字母对应的密文数字。

(4) 对求得的密文数字根据前面表 3-3 转换为对应的密文字母。

上述维吉尼亚密码的数学加密过程可如表 3-10 所示。

表 3-10　维吉尼亚密码的数学加密过程示例

密钥	c	i	p	h	e	r	c	i	p	h	e	r	c	i	p	h	e	r	c
	2	8	15	7	4	17	2	8	15	7	4	17	2	8	15	7	4	17	2
明文	i	n	f	o	r	m	a	t	i	o	n	s	e	c	u	r	i	t	y
	8	13	5	14	17	12	0	19	8	14	13	18	4	2	20	17	8	19	24
密文	10	21	20	21	21	3	2	1	23	21	17	9	6	10	9	24	12	10	0
	K	V	U	V	V	D	C	B	W	V	R	J	G	K	J	Y	M	L	A

即加密后的密文为 KVUVVDCBWVRJGKJYMLA。

解密使用相同的密钥，但用 mod26 的减法代替 mod26 加法，请读者根据前面介绍的维吉尼亚密码解密变换的数学方法自行练习，从而又可以验证加密的结果是否正确。

在上面的例子中，由于密钥的长度$|K|$=6，所以其密钥空间为 26^6，如果利用穷举攻击需要花费相当长的时间(因为一个字母可以映射成$|K|$=6 个字母)。

可以看出，越安全的密码使用起来越复杂，因此，在有些场合还可以看到单码替换密码，但是随着破译单码密码的技术提高，使得维吉尼亚密码技术逐渐被各国使用。在维吉尼亚密码诞生的几百年以来，人们一直认为维吉尼亚密码技术是坚不可破的，其安全性是相当高的。1854 年，首次被 Charles Babbage 攻破，但没有公开。Friedrich Kasiski 于 1863 年攻破并发表了此密码的各种变形被沿用到 20 世纪。

维吉尼亚密码虽然改变了字母的频率，增大了算法的安全性，但是它本质上是分组移位密码，各个分组相同位置上的字母仍然具有相同的密文，它依然保留了字母频率的某些统计信息，所以，对密文移位进行对照，计算重合指数就可以确定其分组的大小，也就是说破解维吉尼亚密码的一个途径是如果密文足够长，其间会有大量重复的密文序列出现。通过计算重复密文序列间距的公因子，分析者可能猜出密钥词的长度(因为密钥词是重复使用的)。然后，按照相同位置，将分组组成具有相同移位次数的新的分组，进一步对各个分组移位差异进行配对试验，消除移位差，最后就可以得到同一个移位替换的移位替换密文，进而就可以轻易破译维吉尼亚密码(有兴趣的读者可以自行查阅相关参考书)。

但是，对于一般的多表替换密码，如果替换表足够多(最多是 26!≈4×1026 张)，即使现代密码分析技术也不能够破译，但是维吉尼亚密码最多只有 26 张，因而，重合指数法总是能够破译的。

因此，为了使得维吉尼亚密码技术的安全性进一步提高还可以通过将明文序列和密钥序列之间变为较复杂的运算关系(如通过乘法、置换等方式)，得到密文序列，从而使得维吉尼亚密码技术的安全性进一步提高。

3．弗纳姆密码

弗纳姆密码(Vernam Cipher)技术也称为 Vernam 密码技术，是美国电报电话公司(American Telephone & Telegraph，AT&T)的 G. W. Vernam 在 1917 年发明的，其加密方法是选择二元随机序列作为密钥，用 $k = k_1 k_2 \cdots k_i$ $(k_i \in \mathrm{GF}(2))$ 表示。明文字母在变换成二进制以后也可以表示成一个二元序列 $m = m_1 m_2 \cdots m_i (m_i \in \mathrm{GF}(2))$，那么对明文

$m = m_1 m_2 \cdots m_i (m_i \in GF(2))$ 的加密变换定义如下：

$$c = E_k(m) = c_1 c_2 \cdots c_i (c_i \in GF(2))$$

式中，$c_i = (m_i \oplus k_i)(\bmod 2)(i = 1,2,3,\cdots)$，即加密运算就是将 k 和 m 的相应位逐位相加，这里的 $\oplus$ 表示模 2 加法。

对密文 $c = c_1 c_2 \cdots c_i (c_i \in GF(2))$ 的解密变换定义为

$$m = D_k(c) = m_1 m_2 \cdots m_i (m_i \in GF(2))$$

式中，$m_i = (c_i \oplus k_i)(\bmod 2)(i = 1,2,3,\cdots)$，即解密运算就是将密文序列与密钥序列逐位模 2 加。由模 2 加法的性质可知，弗纳姆密码技术的解密方法和加密时一样，只是将明文和密文的位置调换了一下。

这种加密方式若使用电子器件实现，就是一种序列密码。

若明文字母为 b，相应密钥序列 $k = 10011$，则有：

$$m = 11001$$
$$k = 10011$$

加密过程为：$c = m \oplus k = (11001) \oplus (10011) \quad = 01010$。

解密过程为：$m = c \oplus k = (01010) \oplus (10011) = 11001$。

4．普莱费尔密码

普莱费尔密码(Playfair Cipher)，也称作 Playfair 密码，是由英国科学家 Charles Wheatstone 于 1854 年发明，以其好友 Baron Playfair 的名字命名。

普莱费尔密码是最著名的多表多字母古典加密体制，它将明文中的双字母组合作为一个单元对待，并将这些单元转换为密文双字母组合。

下面分别讨论普莱费尔密码的加密过程和解密过程。

1) 加密过程

普莱费尔密码的加密过程可以分为构造普莱费尔密钥方阵、整理明文、生成密文这三个步骤来进行。

第一步，构造普莱费尔密钥方阵。

普莱费尔算法基于使用一个 5×5 字母矩阵，该矩阵是使用一个关键词构造的：从左至右、从上至下填入该关键词的字母(去除重复字母)，然后再以字母表顺序将余下的字母填入矩阵剩余空间。字母 I 和 J 被算作一个字母，可以根据使用者的意愿在形成密文时确定用 I 或者 J。这里有一个例子，如表 3-11 所示，是由 Lord Peter Wimsey 在 Dorothy Sayer 的书 "Have His Carcase" 中解答的。在这里，该关键词是 monarchy。

表 3-11　普莱费尔密码的密钥矩阵

M	O	N	A	R
C	H	Y	B	D
E	F	G	I/J	K
L	P	Q	S	T
U	V	W	X	Z

第二步，整理明文。

普莱费尔密码是将明文每两个字母组成一对进行加密或者解密的，因此：

① 如果成对后有两个相同字母紧挨在一起，就在这两个字母之间插入一个无效的填

充字母 x(或者 Q)进行分割。例如，communist 应被整理为 co mx mu ni st。同理，balloon 应被整理为 ba lx lo on。

② 如果明文信息共有奇数个字母，那么最后一个字母肯定是单个的，这时候需要在最后一个字母后面插入一个无效的填充字母 x(或者 Q)进行凑对。

第三步，生成密文。

普莱费尔密码对明文加密规则如下：

① 如果一对明文消息 m_1、m_2 在同一行，则对应的密文 c_1、c_2 分别是紧靠明文消息 m_1、m_2 右端的字母。其中第一列被看作是最后一列的右方。即属于该矩阵相同行的明文字母将由其右边的字母替代，而行的最后一个字母由行的第一个字母代替。例如，按照表 3-11 中构造的普莱费尔密码的密钥矩阵，ar 被加密为 RM。

② 如果一对明文消息 m_1、m_2 在同一列，对应密文 c_1、c_2 分别是紧靠明文消息 m_1、m_2 下方的字母。其中第一行被看作是最后一行的下方，即属于相同列的明文字母将由它下面的字母代替，而列的最后一个字母由列的第一个字母代替。例如，mu 被加密为 CM。

③ 如果一对明文消息 m_1、m_2 不在同一行，不在同一列，则 c_1、c_2 是由明文消息 m_1、m_2 确定的矩形的其他两角的字母(至于横向替换还是纵向替换要事先约好，或自行尝试)，其中 c_1 和 m_1、c_2 和 m_2 分别在同一行。例如，hs 成为 BP，ea 成为 IM(或 JM，这可根据加密者的意愿而定)。

· 2) 解密过程

普莱费尔解密算法首先将密钥填写在一个 5×5 的矩阵中(去除重复字母和字母 j)，矩阵中其他未用到的字母按顺序填在矩阵剩余位置中，根据替换矩阵由密文得到明文。

对密文解密规则如下：

① 如果密文 c_1、c_2 在同一行，对应明文消息 m_1、m_2 分别是紧靠密文 c_1、c_2 左端的字母。其中最后一列看作是第一列的左方。

② 如果密文 c_1、c_2 在同一列，对应明文消息 m_1、m_2 分别是紧靠密文 c_1、c_2 上方的字母。其中最后一行看作是第一行的上方。

③ 如果密文 c_1、c_2 不在同一行，不在同一列，则明文消息 m_1、m_2 是由密文 c_1、c_2 确定的矩形的其他两角的字母。

解密相对于加密来说，其实就是反其道而行之。

普莱费尔密码与简单的单一字母替代法密码相比有了很大的进步。虽然仅有 26 个字母，但有 26×26＝676 种双字母组合(字母对)，因此，识别字母对要比单个字母困难得多。此外，一个明文字母有多种可能的代换密文字母，也就是说各个字母组的相对频率要比双字母组合呈现大得多的范围，从而使得频率分析困难得多(例如，hs 成为 BP，hq 成为 YP)。普莱费尔密码有一些不太明显的特征：密文的字母数一定是偶数；任意两个同组的字母都不会相同，如果出现这种字符必是乱码和虚码。它使用方便而且可以让频度分析法毫无作用。由于这些原因，普莱费尔密码过去长期被认为是不可破的，在 1854—1855 年的克里米亚战争和 1899 年的布尔战争中有广泛应用。普莱费尔密码被英国陆军在第一次世界大战中作为陆军的标准加密体制使用。第二次世界大战中仍被美国陆军和其他同盟国大量使用作为加密通信工具。尽管对其安全性具有自信，普莱费尔密码还是相对容易攻破，因为它仍然使许多明文语言的结构保存完好。几百字的密文通常就足够了。

5．希尔密码

希尔密码(Hill Cipher)是运用基本矩阵论原理的线性替换密码，由 Lester S. Hill 在 1929 年发明。希尔密码体制的重要性在于它表明数学方法在密码学中的地位是不容置疑的，带给人们关于密码学的很多新的启发。

希尔密码算法的基本思想是将 n 个明文字母通过线性变换，将它们转换为 n 个密文字母。解密只需做一次逆变换即可。密钥就是变换矩阵本身，即

$$m = m_1 m_2 \cdots m_n$$

$$E_k(m) = c_1 c_2 \cdots c_n$$

式中，
$$\begin{cases} c_1 = k_{11} m_1 + k_{12} m_2 + \cdots + k_{1n} m_n \bmod 26 \\ c_2 = k_{21} m_1 + k_{22} m_2 + \cdots + k_{2n} m_n \bmod 26 \\ \vdots \\ c_n = k_{n1} m_1 + k_{n2} m_2 + \cdots + k_{nn} m_n \bmod 26 \end{cases}$$

或者明文与密文的关系可以用向量矩阵来表示，记为

$$C = K \cdot M \bmod 26$$

其中，K 为算法的密钥，$K = \{Z_{26}$ 上的 $n \times n$ 可逆矩阵$\}$，也就是说，K^{-1} 为 K 在模 26 上的逆矩阵，满足：$K K^{-1} = K^{-1} K = I (\bmod 26)$，这里 I 为单位矩阵。

K 与 M 相乘，将密文表示为明文的线性组合，再将得出的结果执行模 26 运算。这里明文 M 与密文 C 均为 n 维向量，即

$$M = \begin{pmatrix} m_1 \\ m_2 \\ \vdots \\ m_n \end{pmatrix}, C = \begin{pmatrix} c_1 \\ c_2 \\ \vdots \\ c_n \end{pmatrix}, K = (k_{ij})_{n \times n} = \begin{bmatrix} k_{11} & k_{12} & \cdots & k_{1n} \\ k_{21} & k_{22} & \cdots & k_{2n} \\ \vdots & \vdots & \ddots & \vdots \\ k_{n1} & k_{n2} & \cdots & k_{nn} \end{bmatrix}$$

注意用作加密的矩阵(即密钥 K)在 Z_{26} 上必须是可逆的，否则就不能解密。根据线性代数的相关知识，只有矩阵的行列式和 26 互素，这样的矩阵才是可逆的。将矩阵 K^{-1} 应用于密文 C，就可以恢复出明文 M。所以，希尔密码可以表示为

$$C = E_K(M) = K \cdot M \bmod 26$$

$$M = D_K(C) = K^{-1} \cdot C = K^{-1} \cdot K \cdot M \bmod 26 = M$$

希尔密码的特点如下：

① 希尔密码相对于前面介绍的移位密码以及放射密码而言，其最大的好处就是隐藏了字符的频率信息，从而可以较好地抑制自然语言的统计特性，不再有单字母替换的一一对应关系，使得传统的通过字频来破译密文的方法失效。因此，希尔密码比普莱费尔密码对抗"唯密文攻击"有更高的安全强度。

② 尽管希尔密码在唯密文攻击中的强度较高，但是如今已被证实希尔密码不是足够安全的，它却比较容易被已知明文攻击和选择明文攻击所破译。希尔密码是一个线性密码，利用这一点，在已知明文攻击下，利用解线性方程组就可以容易地破译它，这也告诉我们，在密码设计中必须引入非线性运算。关于希尔密码的破解不在本书范围内，有

兴趣的读者可以研读相关书籍以了解相关破译方法。

③ 密钥空间较大，在忽略密钥矩阵 K 可逆限制条件下，$|K|=26^{n\times n}$。

6. 转轮机密码

转轮机密码(Rotor Machines Cipher)是一组转轮或者接线编轮码(Wired Code Wheel)所组成的机器，用以实现长周期的多表替换密码。它是机械密码时代最杰出的成果，曾广泛应用于军事通信中。

20世纪20年代，随着机械和机电技术的成熟，以及电报和无线电需求的出现，引起了密码设备方面的一场革命——发明了转轮密码机(Rotor Machines，简称转轮机)，转轮机的出现是密码学发展的重要标志之一。

美国人 Edward Hebern 认识到：通过硬件卷绕实现从转轮机的一边到另一边的单字母代替，然后将多个这样的转轮机连接起来，就可以实现几乎任何复杂度的多个字母代替。

转轮机由一个键盘和一系列转轮组成，每个转轮是26个字母的任意组合。转轮被齿轮连接起来，当一个转轮转动时，可以将一个字母转换成另一个字母。照此传递下去，当最后一个转轮处理完毕时，就可以得到加密后的字母。

为了使转轮密码更安全，人们还把几种转轮和移动齿轮结合起来，所有转轮以不同的速度转动，并且通过调整转轮上字母的位置和速度为破译设置更大的障碍。

使用转轮密码机通信时，发送方首先要调节各个转轮的位置(这个转轮的初始位置就是密钥)，然后依次键入明文，并把显示器上灯泡闪亮的字母依次记下来，最后把记录下的闪亮字母按照顺序用正常的电报方式发送出去；接收方收到电文后，只要也使用同样一台转轮机，并按照原来的约定，把转轮的位置调整到和发送方相同的初始位置上，然后依次键入收到的密文，显示器上自动闪亮的字母就是明文。

1918年，德国发明家 Arthur Scherbius 用20世纪的电气技术来取代已经过时的铅笔加纸的加密方法。他研究的结果就是被尊为转轮机经典的恩格尼玛(ENIGMA)。ENIGMA转轮机的基本结构由一个键盘、若干灯泡和一系列转轮组成，如图3-2所示。

图 3-2　ENIGMA 转轮机

ENIGMA 首先是作为商用加密机器得到应用的。它的专利在 1918 年在美国得到确认。售价大约相当于现在的 30000 美元 。

第二次世界大战中德国军队大约装备了 3 万台 ENIGMA。在第二次世界大战开始时，德军通信的保密性在当时世界上无与伦比。ENIGMA 在德国第二次世界大战初期的胜利中起到的作用是决定性的。

ENIGMA 是第二次世界大战中德国使用的密码机，曾称为"不可破解"的密码机。它帮助德国实现了二战初期的胜利又将德国带入灭亡。

波兰人在 1934 年,研究出了破译 ENIGMA 的方法。德国人在 1938 年底又对 ENIGMA 作了大幅度改进。1939 年 7 月 25 日，波兰情报部门邀请英国和法国的情报部门共商合作破译 ENIGMA。1939 年 7 月，英国情报部门在伦敦以北约 80km 的一个叫布莱奇利的地方征用了一所庄园。一个月后，鲜为人知的英国政府密码学校迁移到此。不久，一批英国数学家也悄悄来到这所庄园，破译 ENIGMA 密码的工作进入了冲刺阶段。在这里刚开始时只有 500 人，战争结束时已经增加到了 7000 人。为了破译 ENIGMA，英国人将国内最优秀的数学家悉数招进庄园。其中就有从剑桥来的图灵，正是他打破了 ENIGMA 不可战胜的神话。虽然英国人成功地破译了 ENIGMA，但是他们极好地隐藏了这一点，使得战争的进程大大加速。

由于现代 VLSI 电路可以实现周期更长、更复杂的密码，所以转轮机已经逐步退出了历史舞台。

3.2.3 一次一密密码体制

有一种理想的加密方案，称为一次一密乱码本(One-time Pad)，也称为一次一密密码体制。它是由 Major Joseph Mauborgne 和 AT&T 公司的 Gilbert Vernam 在 1917 为电报通信设计的一种密码，所以又称为 Vernam 密码。Vernam 密码在对明文加密前首先将明文编码为(0，1)序列，然后再进行加密变换。实际上，一次一密乱码本是一种特殊情况。一般来说，一次一密乱码本不外乎是一个大的真正随机且不重复的密钥字母集，这个密钥字母集被写在几张纸上，并被粘成一个乱码本。它最初的形式是用于电传打字机。发送者用乱码本中的每一个明文字符和一次一密乱码本密钥字符的模 26 加法。因为它的每个密钥仅使用一次。发送者对所发送的消息加密，然后销毁乱码本中用过的一页或磁带部分。接收者有一个同样的乱码本，并依次使用乱码本上的每个密钥去解密密文的每个字符。接收者在解密消息后销毁乱码本中用过的一页或磁带部分。新的消息则用乱码本中新的密钥加密。

在应用 Vernam 密码时，如果对不同的明文使用不同的随机密钥，也就是说用户不重复使用密钥，或者说如果加密信息的用户能够使用无限长的真随机密钥序列，这时 Vernam 密码就是一次一密密码。

由于每一密钥序列都是等概率随机产生的，攻击者没有任何信息用来对密文进行密码分析。破译一次一密密码的唯一方法就是获取一份相同的密码本。香农(Claude Shannon)从信息论的角度证明了这种密码体制在理论上是不可破译的。

但如果重复使用同一个密钥加密不同的明文，则这时的 Vernam 密码就较为容易破译。若攻击者获得了一个密文 $c = c_1 c_2 \cdots c_i (c_i \in GF(2))$ 和对应明文 $m = m_1 m_2 \cdots m_i (m_i \in GF(2))$

时，就很容易得出密钥 $k = k_1 k_2 \cdots k_i (k_i \in GF(2))$，其中 $c_i = (m_i \oplus k_i)(\bmod 2)(i = 1,2,3,\cdots)$。

所以，如果重复使用密钥，该密码体制就很不安全。

一次一密有两个突出的优点：

① 面对一条待破译的密文，攻击者能够找到很多个与密文等长的密钥，使得破译出的明文符合语法结构的要求，因为密钥本身是随机的，是没有规律的。

② 就算在这些可能的密钥中存在真正的密钥，攻击者也无法在这些可能的密钥中确定真正的密钥，因为密钥只是用一次，攻击者无法用其他密文来验证这个密钥，因此是无法攻破的。

实际上 Vernam 密码属于序列密码，加密解密方法都使用模 2 加法，这使软硬件实现都非常简单。但是，这种密码体制虽然理论上是不可破译的，然而在实际应用中，真正的一次一密系统却受到很大的限制，其主要原因在于该密码体制要求：

① 密钥是真正的随机序列。

② 密钥长度大于等于明文长度，如果每次加密都用与明文一样长的真随机密钥，将是最安全的。

③ 每个密钥只用一次(一次一密)，这是无法破解的根本原因。

因此，一次一密密码体制的代价比较高。首先，大量的密钥必须通过安全的信道在通信双方之间进行传递，并在传输过程中确保密钥的绝对安全是很困难的；其次，如何生成真正的随机序列也是一个非常棘手的现实问题。再次，大量密钥的安全存储以及在网络状态下建立双方的密钥同步等都比较困难。在一次一密密码体制中，一定要确保发方和收方完全同步，一旦收方或者发方有一比特的偏移(或者一些比特在传送过程中丢失了而又没有被及时发现)，那么接收到的消息解密后就变成了乱码；如果某些比特在传送中出现差错，则这些比特就不能正确解密。鉴于以上情况，人们放弃理论上的安全密码系统转而寻求实际上不被攻破的密码系统。但是，由于一次一密密码体制在保密强度上具有不可替代的优点，因而受到政府和军方的青睐，被广泛应用于军事、外交等部门的点对点保密通信环境。

3.3　置换密码

置换密码(Permutation Cipher) 又称为换位密码(Transposition Cipher)，它的原理是不改变原来明文消息的字符集，而是按照某一规则重新排列消息中的比特或字符顺序，从而实现明文信息的加密。这种密码早期在一些使用拼音文字的国家中应用得比较广泛。

与前面讨论的替换密码不同，置换密码只是通过调整明文消息中字母的顺序来保密，并不替换原有的字母。而在前面的替代密码中，则可以认为是保持明文的符号顺序，但是将它们用其他符号来替换。

置换只不过是一个简单地换位，它是对明文消息中字母的位置进行重新排列，而每个字母本身并不改变，因此，每个置换都可以用一个置换矩阵 E_k 来表示。每个置换都有一个与之对应的逆置换 D_k 用来进行解密。置换密码的特点是仅有一个发送方和接收方知道的加密置换(用于加密)及对应的逆置换(用于解密)。

下面讨论几种典型的置换密码算法。

3.3.1 周期置换密码

周期置换密码是将明文字符按密钥长度进行分组,把每组中的字符按 1,2,…,n 的一个置换 π 重排位置次序来得到密文的一种加密方法。其中的密钥就是置换 π,在 π 的描述中包含了分组长度的信息。

解密时,对密文字符按长度 n 分组,并按 π 的逆置换把每组字符重排位置次序来得到明文。

周期置换密码可描述如下:

设 n 为一个固定的正整数,$P = C = (Z_{26})^n$,K 是由 $\{1,2,\cdots,n\}$ 的所有置换构成。对任一个置换 $\pi \in K$(密钥),定义:

加密变换

$$c = (c_1, c_2, \cdots, c_n) = E_\pi(m_1, m_2, \cdots, m_n) = (m_{\pi(1)}, m_{\pi(2)}, \cdots, m_{\pi(n)})$$

解密变换

$$m = (m_1, m_2, \cdots, m_n) = D_\pi(c_1, c_2, \cdots, c_n) = (c_{\pi(1)^{-1}}, c_{\pi(2)^{-1}}, \cdots, c_{\pi(n)^{-1}})$$

式中,π^{-1} 为 π 的逆置换。

注意,这里的加密与解密变换仅仅用了置换,无代数运算。

例如,设 $n=5$,那么加密时,使用密钥 π 对明文消息做如下置换:

$$E_\pi = \begin{pmatrix} 0 & 1 & 2 & 3 & 4 \\ 1 & 4 & 3 & 0 & 2 \end{pmatrix}$$

其中,第一行表示明文字母的位置编号;第二行为经过 π 置换后,明文字母位置的变化,即原来位置为 0 的字母经过置换后排在第 1 位,原来位于第 1 位的字母经过置换后排在第 4 位,依此类推。

相应地,解密时,使用 π 的逆置换 π^{-1} 对密文消息进行如下的置换:

$$D_\pi = \begin{pmatrix} 0 & 1 & 2 & 3 & 4 \\ 3 & 0 & 4 & 2 & 1 \end{pmatrix}$$

其中,第一行表示密文字母的位置编号;第二行为经过 π 的逆置换 π^{-1} 置换后字母的新位置。对比两次置换,可以发现,经过逆置换 π^{-1} 置换后,明文字母又回到了 π 的逆置换之前自己原来的位置了。

为了使得产生的密钥便于记忆,置换密码的密钥一般使用一个单词或者短语产生。为了保证置换的可逆性,单词中不能包括重复字母(如果单词中有重复字母,可以先去掉这些重复字母,或者对单词中重复出现的字母进行特殊处理,比如可以按出现的先后次序进行从小到大的编号),单词中字母的个数为 n,根据单词中字母个数的大小定义置换。一般地,选择最小的字母作为第 1 列,次小的字母为第 2 列,其余的依次类推,就可以得到一个易用易记的置换 π。

例如,对于单词 computer,字母的次序的大小排列为

$$
\begin{array}{lcccccccc}
\text{字母} & c & o & m & p & u & t & e & r \\
\text{次序} & 0 & 3 & 2 & 4 & 7 & 6 & 1 & 5
\end{array}
$$

则得到的置换为

$$
\begin{array}{lcccccccc}
\text{密钥} & s & e & c & u & r & i & t & y \\
\text{列序} & 0 & 3 & 2 & 4 & 7 & 6 & 1 & 5
\end{array}
$$

于是，可以使用密钥 π 对明文消息做如下置换进行加密：

$$
E_\pi = \begin{pmatrix} 0 & 1 & 2 & 3 & 4 & 5 & 6 & 7 \\ 0 & 3 & 2 & 4 & 7 & 6 & 1 & 5 \end{pmatrix}
$$

【例 3.9】给定一明文消息为 information security，试用密钥 $\pi = \begin{pmatrix} 0 & 1 & 2 & 3 & 4 \\ 1 & 4 & 3 & 0 & 2 \end{pmatrix}$

的置换密码对其进行加密，然后再对密文进行解密。

解：(1) 密钥长度是 5，所以按周期长度 5 对明文消息分组：infor matio nsecu rityx。最后一组长度不足 5 则使用字母 x 填充。

(2) 将各组位置下标按下述置换表进行置换：

$$
E_\pi = \begin{pmatrix} 0 & 1 & 2 & 3 & 4 \\ 1 & 4 & 3 & 0 & 2 \end{pmatrix}
$$

即 E_π(infor) = (oirfn)；E_π(matio) = (imota)；E_π(nsecu) = (cnues)；E_π(rityx) = (yrxti)，所以最后得到的密文消息为：oirfnimotacnuesyrxti。

显然由加密置换可求出进行解密的逆置换如下：

$$
E_\pi = \begin{pmatrix} 0 & 1 & 2 & 3 & 4 \\ 1 & 4 & 3 & 0 & 2 \end{pmatrix} \Longrightarrow D_\pi = \begin{pmatrix} 0 & 1 & 2 & 3 & 4 \\ 3 & 0 & 4 & 2 & 1 \end{pmatrix}
$$

根据密文和逆置换即可将密文进行解密，求出明文。

本题中，密钥的长度 n=5，所以密钥量为 $|K| = n! = 5! = 120$。

3.3.2 列置换密码

列置换密码的加密方法就是将明文按行填写到一个列宽固定(设宽度为 m)的表格或矩阵中；然后按(1，2，$\cdots$，m)的一个置换 π 交换列的位置次序，再按列读出即得密文。

列置换密码简单地说就是把明文按行写入，按列读出。置换 π 可看成是算法的密钥，它包含三方面的信息：行高、列宽和读出顺序。

解密时，将密文按列填写到一个行数固定(设宽度也为 m)的表格或矩阵中，按置换 π 的逆置换交换列的位置次序，然后按行读出即得到明文。

【例 3.10】给定一明文消息为 cryptography is an applied science，密钥字为 encry，请使用置换密码对该明文消息进行加密。

解：先把明文消息按行写入表格 3-12，然后再根据密钥字 encry 所确定的顺序，按列写出该矩阵中的字母，就可以得到密文为 yripdn cohnii rgyaee paspsc tpalce。

表 3-12 置换表

密钥字	e	n	c	r	y
密钥序号	2	3	1	4	5
明文	c	r	y	p	t
	o	g	r	a	p
	h	y	i	s	a
	n	a	p	p	l
	i	e	d	s	c
	i	e	n	c	e

从例 3.10 可以看到，明文消息经过列置换密码加密后，字母的位置被重新排列，解密的过程执行其逆操作即可。

在上面的例子中，每次被换位的对象是一个字母，在对二进制数据的加密中，被换位的对象常常是一个位。

我国古代文学中的藏头诗、回文诗等采用的就是置换密码方法。

由于置换密码只需打乱原明文字符的排列顺序形成乱码来实现加密变换，因此，置换的方法还有很多，例如，图形置换密码就是先按一定的方向把明文输入到某种预先规定的图形中，再按另一种方向输出密文字符，不足部分填入随机字符，这里不再一一列举。

3.4 古典密码的安全性分析

古典密码体制分为替换密码和置换密码两种。下面分别简要讨论这两种密码的安全性。

3.4.1 替换密码的安全性

1. 单表替换密码

对于单表替换密码，加法密码和乘法密码的密钥量比较小，可利用穷举密钥的方法进行破译。仿射密码、多项式密码的密钥量也只有成百上千，古代密码分析者企图用穷举全部密钥的方法破译密码可能会有一定困难，然而计算机出现后这就很容易了。

单表替换密码在本质上来说，密文字母表是明文字母表的一种排列。但企图使用计算机穷举一切密钥来破译密钥词组替换密码也是计算不可行的。因为对于一般的单表替换密码的密钥空间 K 很大，一般为 $|K|=26! \approx 4 \times 10^{26}$，对于这么高数量级的密钥空间要想进行穷举搜索计算显然是不可行的，然而，穷举密钥攻击并不是破译密码的唯一方法。

单表替换密码中的替换表的变换是按一定的规则进行的，经过加密变换后的密文成为了一串毫无意义的字符串，显然掩盖了原来明文信息的真实面目，然而，单表替换并不是没有留下任何对破解有利的蛛丝马迹，其实单表替换密码的本质是改变字符表，所以单字符单表替换密码技术中明文的字母与密文中的字母的对应关系是固定的，致使明文中的字母统计特性在密文中没有得到掩盖或者改变，从这个意义上说，单表替换加密法本质上是"没有进行加密"，因而，易于用统计分析的方法进行破译，同时，由于人类语言所固有的统计特性。例如：自然语言的字母使用频率，双字母、三字母的组合规律以及前后连缀关系等都没有改变，所以人们可以简单地使用频率分析以及自然语言的统计规律对单表替换密码进行分析和破译。

从大量非技术性的英文书籍、报刊或者文章中摘取足够长度的章节进行统计分析，发现英文字母出现的频率有惊人的相似之处。通过对大量英文语言的研究可以发现，每个字母出现的频率不一样，e 出现的频率最高，其他的如 t，a，o，n，i 等出现较多，而 x 则出现得较少，几乎处处如此。如果所统计的文献足够长，便可发现各字母出现的频率比较稳定。表 3-13 是 Beker 和 Piper 给出的英文字母出现的频率统计表(表中字母出现频率为字母出现次数除以文本字母总数)。

表 3-13　26 个英文字母出现频率统计表

字 母	出现频率	字 母	出现频率
a	0.0856	n	0.0707
b	0.0139	o	0.0797
c	0.0279	p	0.0199
d	0.0378	q	0.0012
e	0.1304	r	0.0677
f	0.0289	s	0.0607
g	0.0199	t	0.1045
h	0.0528	u	0.0249
i	0.0627	v	0.0092
j	0.0013	w	0.0149
k	0.0042	x	0.0017
l	0.0339	y	0.0199
m	0.0249	z	0.0008

为了更清楚地看清、对比英语文本中每个字母的频率分布情况，可以把上面的表格转换为频率分布图，如图 3-3 所示。

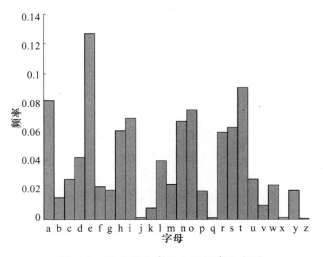

图 3-3　26 个英文字母出现频率分布图

从表 3-13 和图 3-3 中可以看出，不少字母出现的频率非常相近或相等，为了使用方便，Beker 和 Piper 将 26 个英文字母按频率分为五类，如表 3-14 所示。

表 3-14 26 个英文字母按频率分类表

分类	频率分类字母集合	该类所占的概率
Ⅰ类	极高频率字母集合：{e}	0.130
Ⅱ类	次高频率字母集合：{t, a, o, i, n, s, h, r}	0.06~0.09
Ⅲ类	中等频率字母集合：{d, l}	0.04
Ⅳ类	低频率字母集合：{c, u, m, w, f, g, y, p, b}	0.015~0.023
Ⅴ类	次低频率字母集合：{v, k, j, x, q, z}	<0.01

通过统计发现，不仅是单个字母出现的频率存在统计规律，而且就连双字母、三字母甚至高维字母集以及以及字母之间的连缀关系等也都存在统计特性。在密码分析中，熟练掌握这些信息对于破译密码是非常有用的。

出现频率最高的 30 个双字母组合依次是

th he in er an re ed on es st en at to nt ha

nd ou ea ng as or ti is et it ar te se hi of

出现频率最高的 20 个三字母组合依次是

the ing and her ere ent tha nth was eth

for dth hat she ion int his sth ers ver

特别地，在三个字母的组合中，排在第一位的 the 出现的频率几乎是排在第二位的 ing 的 3 倍，因此，能从密文中较快地发现 the 的等价组，这在密码分析中很有用。分析中还可以利用更高阶字母组的统计特性和其他的统计特性。例如，统计资料还表明：英文单词以 e，s，d，t 字母结尾的超过 1/2；英文单词以 t，a，s，w 为起始字母的约占 1/2。

以上这些统计数据是通过非专业性文献中的字母进行统计得到的。对于密码分析者来说，这些都是十分有用的信息。除此之外，密码分析者对明文相关知识的掌握对破译密码也是十分重要的。

字母和字母组的统计数据对于密码分析者是十分重要的。因为它们可以提供有关密钥的许多信息。

对于字母 e 比其他字母的频率都高得多，而在单表替换中，字母的频率分布信息不变，只是符号变了，因此，如果是单表替代密码，可以预计大多数密文都将包含一个频率比其他字母都高的字母。当出现这种情况时，猜测这个字母所对应的明文字母为 e(对于移位密码，这一信息就可以将移位字母表完全确定，对于一般的单表替换也将使得可能的密钥量由原来的 26! 降为 25!)，然后再进一步比较密文和明文的各种统计数据及其分布，便可确定出密钥，从而破译单表替代密码。

关于如何借助于英文语言的统计规律来破译单表替换密码的具体方法和详细过程，限于篇幅，本书不再过多讨论，请感兴趣的读者自行参阅相关文献和书籍。

2．多表替换密码

在单表替换下，字母的频率、重复字母的模式、字母结合方式等统计特性，除了字母名称改变之外，都没有发生变化。依靠这些隐含不变的统计特性就能很容易地破译单表替换密码。在多表替换中，原来明文中的这些统计特性通过多个表的平均作用而被隐藏起来了。多表替换与单表替换不同，相同的明文可以对应不同的密文，反之也成立，即相同的密文也可以对应不同的明文，因此，相比单表替换密码，多表替换密码从一定程度上隐藏了明文消息的一些统计特征，增大了密码的破译难度，相比移位密码和单表密码具有更好的安全性。

但是从另外一个角度考虑，多表替换的平均结果，会使得密文的统计特性明显不同，而且随着多表替换周期的加大，这种差别也就更加明显，因而多表替换的破译比单表替换的破译要困难得多，破译过程也比较复杂。

在多表替代密码的分析中，首先要确定密钥的长度，也就是要确定所使用的加密表的个数，然后再分析确定具体的密钥。如何准确地确定多表替换中密钥的长度，是破译多表替换密码的关键，分析密钥长度的常用方法两种，即 Kasiski 测试法(Kasiski Test)和重合指数法(Index of Coincidence)。

关于多表替换更深入的内容，限于篇幅，本书不再过多讨论，请感兴趣的读者自行参阅相关文献和书籍。

3.4.2 置换密码的安全性

置换密码不论多么复杂，都只不过是原来字母、数字或者符号的一个重新排列而已，它既不改变原来字母、数字或者符号的形状，也不可能改变原来字母、数字或者符号出现的频率。在对密文进行统计分析之后，很容易判断出该密文是否使用了置换密码加密方案。

由于置换密码只不过是原来明文信息的一个排列而已，这种简单的技巧对于密码分析者来说是微不足道的。因此，置换密码利用穷举法或统计分析法就可以很容易破解。因此，置换密码很难单独构成保密的密码系统，但是置换密码通常作为密码编码的一个环节，这种密码与替换密码共同工作，是现代电子技术、通信技术和计算机密码中常用的编码方案，所以，置换密码对于人们来说仍然具有重要的学习和研究价值。

第4章 对称密码体制

4.1 序列密码

本章中主要介绍序列密码的基本概念、基本思想、几种常见的模型和序列密码体制的分类及其工作方式等内容。

4.1.1 序列密码概述

序列密码也称为流密码(Stream Cipher)，它是对称密钥密码体制的一种，是密码学的一个重要分支。1949年，香农证明了只有一次一密的密码体制是绝对安全的，是牢不可破的。因为密文与明文统计独立，所以即使拥有无限计算能力都无法猜测出信息比特，这给序列密码技术的研究和应用提供了强大的动力和理论的支持，序列密码方案的发展是模仿一次一密系统的尝试，或者说"一次一密"的密码方案是序列密码的雏形。

序列密码是手工和机械密码时代的主流。20世纪50年代，由于数字电子技术的发展，使得密钥序列可以很方便地利用移位寄存器为基础的电路来产生，这促使线性和非线性移位寄存器理论迅速发展，加上香农关于一次一密密码体制的理论支持和指导，以及有效的数学工具，如代数和普分理论的引入等诸多因素，使得序列密码理论迅速发展和走向成熟阶段。同时，由于序列密码具有实现简单、便于硬件实施、加解密处理速度快、没有或只有有限的错误传播等特点，因此在实际应用中，特别是专用或机密机构中保持着优势，与分组密码相比，序列密码受政治的影响很大，目前，序列密码典型的应用领域主要还是在政府、军事和外交等国家重要部门的保密通信以及各种移动系统(无线系统)中。

序列密码涉及到大量的理论知识，提出了众多的设计原理，也得到了广泛的分析，但许多研究成果并没有完全公开，这也许是因为序列密码目前主要应用于军事和外交等机密部门的缘故。虽然也有公开设计和研究成果发表，但是序列密码的大多设计与分析成果还是保密的。目前可以公开见到、较有影响的序列密码方案包括 A5、SEAL、RC4、PIKE 等。人们已经提出多种类型的序列密码，但大多是以硬件实现的专用算法，目前，密码学界还无标准的序列密码算法。

对称密码体制根据对明文消息加密方式的不同分为序列密码(流密码)和分组密码。

序列密码也称为流密码(Stream Cipher)，它是对称密钥密码体制的一种，是密码学的一个重要分支。所谓序列密码就是指对明文消息按字符逐位地进行加密的密码体制。更确切地说，序列密码是将明文划分成字符(如单个字符)，或者其编码的基本单元(如 0，1 数字)，字符分别与密钥流作用进行加密，解密时以同步产生的同样的密钥流实现。

分组密码(Block Cipher)简单地说就是一组一密钥的运算过程，它是建立在对明文进行分组的基础之上。在分组密码中，首先按一定长度(如 64bit，128bit)对明文消息进行分组，然后以组为单位，在密钥的控制下，来产生固定长度的密文分组。这部分内容将在 4.2 节详细介绍。

4.1.2　序列密码的基本思想及其模型

序列密码的工作原理非常直观。在序列密码中，假设一段待加密的明文消息序列(一般是二进制 0，1 序列)为 $M=m_1m_2\cdots m_i$；密钥序列发生器(Keystream Generator，KG，也称为滚动密钥发生器)输出一系列密钥序列为：$K=k_1k_2\cdots k_i$，密钥序列(也称为滚动密钥)是一个与明文消息序列等长的二元(伪)随机序列；加密后的密文序列为：$C=c_1c_2\cdots c_i$。

加密算法为

$$C = c_1c_2\cdots c_i = E_{k_1}(m_1)E_{k_2}(m_2)\cdots E_{k_i}(m_i)$$

其中，$E_{k_i}(m_i)$ 是密钥序列中的第 i 个元素 k_i 对明文消息中的第 i 个元素 m_i 进行加密所得的密文。

解密算法为

$$M = m_1m_2\cdots m_i = D_{k_1}(c_1)D_{k_2}(c_2)\cdots D_{k_i}(c_i)$$

其中，$D_{k_i}(c_i)$ 是密钥序列中的第 i 个元素 k_i 对密文消息中的第 i 个元素 c_i 进行解密所得的明文。

则理论上序列密码的保密通信模型如图 4-1 所示。

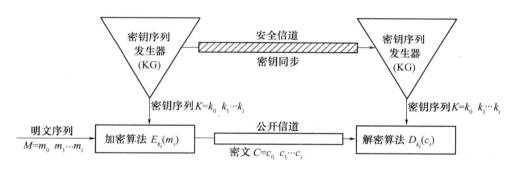

图 4-1　序列密码的保密通信模型

序列密码的加密变换 $E_{k_i}(m_i)$ 可以有多种选择，只要保证变换是可逆的即可。实际上使用的序列密码的保密通信系统一般都是二元系统，因此，在有限域 GF(2) 上讨论的二元加法序列密码体制的保密通信模型是目前最为常用的序列密码体制。

加法序列密码体制的工作过程非常直观。在加法序列密码体制中，假设一段待加密的明文消息序列(一般是二进制 0，1 序列)为 $M=m_1m_2\cdots m_i$；密钥序列发生器输出一系列密钥序列为 $K=k_1k_2\cdots k_i$，密钥序列(也称为滚动密钥)是一个与明文消息序列等长的二元(伪)随机序列；加密后的密文序列为：$C=c_1c_2\cdots c_i$。

加密算法为

$$C = c_1c_2\cdots c_i = (m_1 \oplus k_1)(m_2 \oplus k_2)\cdots E_{k_i}(m_i \oplus k_i)$$

即

$$c_i = (m_i \oplus k_i) \ (i = 1, 2, \cdots)$$

其中，$(m_i \oplus k_i)$ 是密钥序列中的第 i 个元素 k_i 对明文消息中的第 i 个元素 m_i 进行异或(模 2 加)所得的密文。

解密算法和加密算法一样，在解密端，密文序列与完全相同的密钥序列异或运算恢复出明文序列为

$$M = m_1 m_2 \cdots m_i = (c_1 \oplus k_1)(c_2 \oplus k_2) \cdots (c_i \oplus k_i)$$

其中，$(c_i \oplus k_i)$ 是密钥序列中的第 i 个元素 k_i 对密文消息中的第 i 个元素 c_i 进行异或(模 2 加)所得的明文。

显然，$m_i \oplus k_i \oplus k_i = m_i$，所以，该加密/解密方式是正确的。

于是图 4-1 的序列密码的保密通信模型可以简化为如图 4-2 所示的加法序列密码体制的保密通信模型。

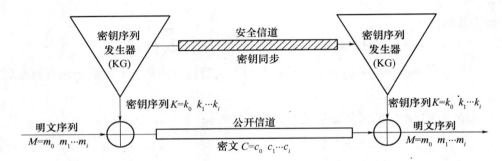

图 4-2　加法序列密码体制的保密通信模型

为了读者能更好地理解加法序列密码体制的工作过程，下面给出一个加法序列密码加密和解密过程具体示例。

设明文 m 一串二进制数据：$m = (10001101)_2$，密钥 k 也是一串同样长度的二进制数据：$k = (01100111)_2$。发送方为 Alice，接收方为 Bob，发送方 Alice 首先通过安全信道(如采用人工信使等可靠方式)把密钥 k 送给接收方 Bob，现在 Alice 要把明文 m 通过公开信道传送给 Bob，加密和解密过程如图 4-3 所示。

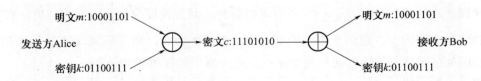

图 4-3　序列密码加密、解密过程示例

发送方 Alice 首先对明文 m 按如下操作进行加密变换，得到密文 c，即

$$\begin{aligned}
c = E_k(m) = m \oplus k &= (10001101)_2 \oplus (01100111)_2 \\
&= (1 \oplus 0)(0 \oplus 1)(0 \oplus 1)(0 \oplus 0)(1 \oplus 0)(1 \oplus 1)(0 \oplus 1)(1 \oplus 1) \\
&= (11101010)_2
\end{aligned}$$

接收方 Bob 收到 Alice 发来的消息后，用事先 Alice 传送给他的密钥 k 进行解密，即

$$m = D_k(c) = c \oplus k = (11101010)_2 \oplus (01100111)_2$$
$$= (1 \oplus 0)(1 \oplus 1)(1 \oplus 1)(0 \oplus 0)(1 \oplus 0)(0 \oplus 1)(1 \oplus 1)(0 \oplus 1)$$
$$= (10001101)_2$$

从而 Bob 获得明文 m。而任何仅获得密文 c 的密码分析者由于没有密钥 k，因此，也就无法获得正确的明文。

如果密钥序列发生器输出的随机密钥序列经过 l 个符号以后重复，那么就称这个序列密码是周期性的，否则，就称为是非周期性的。一次一密密码是非周期的，这是一种非常理想的序列密码体制，但是这种非常理想的序列密码在实际中是不存在的。因为如果它是一个完全随机的非周期序列，则可用它来实现一次一密密码体制，但这需要有无限存储单元和复杂的逻辑函数 f。实用中的序列密码大多是采用有限存储单元和确定性算法，因此，可用有限状态自动机(Finite State Automation，FA)来描述。

密钥序列发生器实际上是一给定的算法，产生的密钥序列通常是 0-1 数据流，流密码的名称也是由此产生。在此仅考虑 0-1 序列，即密钥、明文是由 0、1 构成的比特流。比特流的随机性直观上就是序列中的 0、1 分布的随机性。数学上，所谓的随机比特序列可以描述为：随机变量序列 $\xi_1 \xi_2 \cdots \xi_i$(其中 $i = 1, 2, \cdots$) 是相互独立的，等概率取值 0、1 的随机变量。现在这种随机性只有理论意义，密码应用中不可能产生这种绝对的随机序列。事实上，不但不可能产生真正的随机序列，也不可能产生无限长序列。也就是说，实际使用的序列都是周期性的，因为在实际应用中的密钥序列都是使用有限存储和有限复杂的逻辑电路来产生的，即用有限状态机来实现的。而一个有限状态机在确定逻辑连接下不可能产生一个真正的随机序列，它迟早要步入周期状态。因而，也不可能用它来实现一次一密密码体制。如果序列密码的周期不大，它将非常类似于维吉尼亚密码。所以，一般人们希望密钥序列有尽可能大的周期，至少应该和明文的长度相等，并且具有随机性，使得密码分析者对它无法预测。也就是说，即便截获其中的一段，也无法推测后面是什么。事实上，如果密钥序列是周期性的，要完全做到随机这一点是有困难的。严格地说，这样的序列不可能做到随机。但是，只要密钥序列的周期足够大，序列的随机性足够好(这其实很难寻找)，而且保证截获比周期短的一段时不会泄露更多的信息，就已经满足密码技术应用的要求了，这样的序列称为伪随机序列(Pseudorandom Sequence)。所以，人们转而研究一种所谓的伪随机性序列来作为密钥序列。这种伪随机序列一般使用多级移位寄存器来构成。

好在鉴于目前的技术，人们可以使密钥序列发生器产生的序列周期足够长(现在周期小于 10^{10} 的序列很少被采用，而周期长达 10^{50} 的序列也不罕见)，而且其随机性又相当好，从而可以方便地近似实现人们所追求的一次一密的理想体制。自 20 世纪 50 年代以来，以有限自动机为主流的理论和方法得到了迅速的发展。近年来虽然出现了不少新的产生密钥序列的理论和方法，如混沌密码、胞元自动机密码、热流密码等，但在有限精度的数字实现的条件下最终都归结为用有限自动机来描述，因此，研究这类序列产生器的理论是序列密码中最重要的基础。

系统的安全性完全取决于密钥序列发生器的内部。如果密钥序列发生器输出的值是

恒为 0(或者恒为 1)的序列，那么密文与明文将完全一致，即密文就是明文，这样的序列密码系统一文不值，整个操作过程也毫无价值。如果密钥序列发生器输出的是一个周期性的 16 位模式，那么该算法成为一个完全没有任何安全性的简单的异或运算。如果密钥发生器输出的是一系列无穷无尽的随机密钥序列(是真正的随机，不是伪随机)，那么就是真正实现了理想的一次一密密码体制，具有非常完美的安全性。

实际的序列密码算法的安全性依赖于简单的异或运算和一次一密密码体制——理想上非常接近于一次一密密码体制，但是永远也不可能达到一次一密密码体制的理想状态。密钥发生器产生看似随机的密钥序列，但它其实是一个在解密时完全再生的确定的密钥序列。密钥发生器输出的密钥序列越接近随机序列，对密码分析者来说就越困难。

但是，如果密钥序列发生器每次都生成同样的密钥序列，那么，对攻击者来说，破译该算法就很容易了。

假设攻击者 Eve 得到了一份密文和相应的明文，她就可以将两者异或恢复出密钥序列。或者，如果她有两个用同一个密钥序列加密的密文，她就可以让两者异或得到两个明文互相异或而成的消息。这是很容易破译的，接着她就可以用明文与密文异或得出密钥序列。

现在，无论她再拦截到什么密文消息，都可以用她所拥有的密钥序列进行解密。另外，她还可以解密，并阅读以前截获到的任何消息。一旦攻击者 Eve 得到一明文—密文对，她就可以读懂任何内容。

这就是为什么所有序列密码都有密钥 K，一般称为初始密钥或者种子(Seed)密钥的原因。图 4-4 说明了如何将种子密钥 K 添加到序列密码系统中。密钥序列发生器的输出是种子密钥 K 的函数或者说密钥序列的发生器是受种子密钥 K 控制的函数。这样，攻击者 Eve 有一个明文—密文对，但她只能读到用特定密钥加密的消息。一旦更换密钥序列发生器的种子密钥 K，攻击者就不得不重新分析。

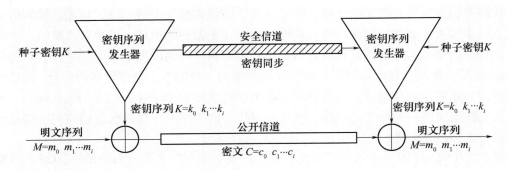

图 4-4 带种子密钥的加法序列密码体制的保密通信模型

由于需对每个消息更换种子密钥，序列密码往往不适合于加密离散的消息，而更适用于加密永不结束的、无穷的通信数据序列流，例如，两台计算机之间的 T-1 连接。

综上所述，无论是一次一密密码体制还是一般的序列密码体制，其安全强度完全依赖于密钥序列产生器所生成的密钥序列的随机性 (Randomness) 和不可预测性 (Unpredictable)，其核心问题是密钥序列产生器的设计。因而，什么样的伪随机序列是安全可靠的密钥序列、如何构造这种序列，就是序列密码研究中的关键问题。实用的序列密码以少量的、一定长度的种子钥经过逻辑运算产生周期较长、可用于加解密运算的伪随机序列。

目前已有许多产生优质密钥序列的算法。为了产生出随机性好而且周期足够长的密钥序列，密钥序列产生算法都采用带存储的时序算法，其理论模型为有限自动机，其实现电路为时序电路。

从上述模型可以看出，序列密码体制的安全强度完全取决于密钥序列的安全。

如何保持收发两端密钥序列的精确同步是实现可靠解密的关键技术。

4.1.3 序列密码的分类及其工作方式

根据密钥序列发生器的内部状态是否依赖于明文消息，可以将序列密码进一步划分成同步序列密码和自同步序列密码两类。

1. 同步序列密码

同步序列密码(Synchronous Stream Cipher，SSC)是指密钥序列发生器的内部状态与明文消息无关，同步密钥序列是独立于明文消息序列而产生的，也就是说如果密钥序列产生算法与明文(密文)无关(相互独立)，则所产生的密钥序列也与明文(密文)无关，一般称这类序列密码为同步序列密码。同步序列密码通信模型如图 4-5 所示。

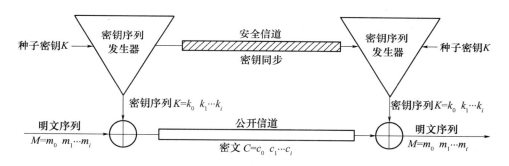

图 4-5　同步序列密码通信模型

1) 同步序列密码的特点

同步序列密码一般具有如下特点：

(1) 序列密码是一个随时间变化的加密变换，但对于明文而言，这类加密变换是无记忆的。每一步的密钥序列都是不同的，序列密码是有状态的，与加密到第几步有很大关系，也叫状态密码。

(2) 密钥序列仅仅依赖于种子密钥和密钥序列发生器的结构，而与明文序列(或密文序列)无关。也就是说，对于同步序列密码，只要通信双方的密钥序列产生器具有相同的种子密钥和相同的初始状态，就能产生相同的密钥序列。

(3) 密钥序列发生器的周期性的要求。如果密钥序列完全随机产生且长度至少和明文序列一样长，则可实现绝对安全的"一次一密"。但实际上，这很难做到。

由于密钥序列发生器在加密端和解密端必须产生同样的输出，因此，必须是确定的。由于它以有限状态机(计算机)实现，序列最终总归重复。这种密钥序列发生器称为周期性的。除了一次一密，所有的密钥序列发生器都是周期性的。

密钥序列发生器的一个重要设计目标是周期要长，比更换密钥之间产生的输出的位数要长得多。加密一个连续的 T-1 连接的密钥序列发生器每天要加密 2^{37} 位数据，即使密钥每天更换，密钥序列发生器的周期必须大于该数量级，如果周期足够长，密钥只需每周甚至每月更换一次。

(4) 无差错传播(No Error Propagation)。因为密钥序列独立于明文(密文)序列，即密钥序列与明文(密文)串无关，所以同步序列密码中的每个密文 c_i 不依赖于之前的明文 m_{i-1}，m_{i-2}，$\cdots$，m_1。从而，同步序列密码的一个重要优点就是无错误传播：在传输期间一个密文字符产生了错误(如 0 变成 1，或 1 变成 0)，不会对其他字符产生影响，也就是说个别密文的传输错误不会影响下一个密文的解密。

(5) 为了保障接收端能够正确进行解密，要求收、发双方必须严格同步。在保密通信过程中，通信的双方必须保持精确的同步，用同样的密钥且该密钥操作在同样的位置时收方才能正确解密，如果失去同步，收方将不能正确解密。例如，如果在传输过程中密文字符有插入或删除导致同步丢失，密文与密钥序列将不能对齐，则收方的解密将一直错误，要正确还原明文，密钥序列必须再次同步。直到重新同步为止收方才能正确解密。这是同步序列密码的一个主要缺点。与同步序列密码相反，自同步序列密码有错误传播现象，但可以自行实现同步。

(6) 对主动攻击时异常敏感而有利于检测主动攻击。正是由于同步序列密码对失去同步的敏感性，使人们能够在系统失去同步时而立即发现，因此，容易检测插入、删除、重播等主动攻击。同步序列密码同样可防止密文中的插入和删除，然而，它却不能避免单个位被窜改。

2) 同步序列密码的工作方式

按照内部操作方式的不同，同步序列密码的工作方式可以分为两种：输出反馈方式和计数器方式。

(1) 输出反馈方式(Output Feedback，OFB)。输出反馈方式的密钥序列发生器如图 4-6 所示。在输出反馈方式的序列密码中，种子密钥 K 影响下一状态函数，输出函数不依赖于种子密钥 K，而是经常简单地使用内部状态的某一位的值或者多位的异或值。该方式的密码复杂性在于下一状态函数，该函数依赖于种子密钥 K。这种方法也称为内部反馈，因为反馈机制在密钥生成算法的内部。

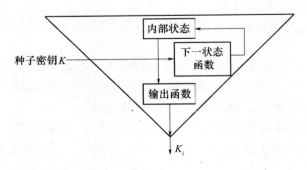

图 4-6 输出反馈方式的密钥序列发生器

在这种方式的一个变形形式中，种子密钥 K 只决定密钥序列发生器的内部状态，在密钥设置好发生器的内部状态后，发生器从此可以"安静、稳定"地运行，密钥序列发生器将不再受到干扰。

(2) 计数器方式(Counter Mode)。计数器方式的密钥序列发生器结构如图 4-7 所示。计算器方式的序列密码中，种子密钥 K 影响输出函数，在这种方式中，输出函数因为要依赖于种子密钥 K 因此比较复杂，而下一状态函数不依赖于种子密钥 K，因此比较简单。下一状态函数简单到就像一个计数器一样，只要在前一个状态的基础上简单地加 1 即可。计数器方式序列密码的密码复杂性在于输出函数。

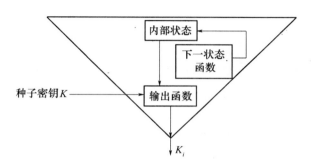

图 4-7　计数器方式的密钥序列发生器结构

使用计数器方式的序列密码算法，具有可直接产生第 i 个密钥位 K_i 的优点，而不必为了产生第 i 个密钥位 K_i 需要先产生前面所有的 $i-1$ 个密钥位。在这种方式中，如果要产生第 i 个密钥位 K_i，只需要简单地手工设置计数器到第 i 个内部状态，然后产生该位即可。这在保密随机访问数据文件时非常有用。不用解密整个文件就可以很方便地直接解密某个特殊数据分组。

2．自同步序列密码

自同步序列密码(Self-Synchronous Stream Cipher，SSSC)也叫异步序列密码，是指这样一种序列密码，即其中密钥序列的产生并不是独立于明文序列和密文序列的。通常第 i 个密钥字的产生不仅与种子密钥 K 有关，而且与前面已经产生的若干个密文字有关。也就是说，如果密钥序列产生算法与明文(密文)相关，则所产生的密钥序列也与明文(密文)相关，称这类序列密码为自同步序列密码。

自同步序列密码通信模型如图 4-8 所示。

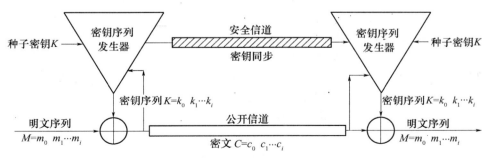

图 4-8　自同步序列密码通信模型

自同步密钥序列发生器的工作原理如图 4-9 所示。

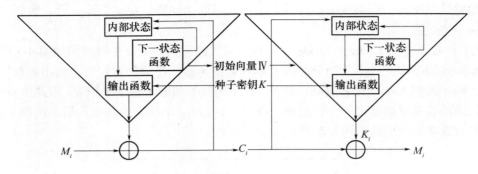

图 4-9　自同步密钥序列发生器的工作原理

在图 4-9 中，密钥序列不仅依赖于种子密钥和密钥序列产生器的结构，还与密文序列(或明文序列)有关。初始向量IV在这里相当于初始密文的作用，要求收、发双方必须相同。

下面讨论下自同步序列密码的优点和缺点。

自同步序列密码的优点：

(1) 自同步密码具有自同步能力。在自同步序列密码中，由于密钥序列 k 的产生取决于种子密钥 K 和固定个数的以前的若干位的密文。所以，在失去同步(如密文出现插入或删除等非法攻击时)后，密码的自同步性就会体现出来：只要接收端连续接收到一定数量的正确密文后，通信双方的密钥序列产生器便会自动地恢复同步解密，自动同步后的密文是可以被正确解读的，因此被称为自同步序列密码。采用这种密码方式，在同步性遭到破坏时，可以自动地重建正确的解密，因而收、发双方不再需要外部同步。而且仅有固定数量的明文字符不可恢复。

(2) 具有明文统计扩散功能，强化了其抗统计分析的能力。在自同步序列密码中，由于密钥序列 k 的产生取决于种子密钥 K 和固定个数的以前的若干位的密文。因此，可以理解为：某位密文的生成受前面若干位明文的影响。即一位明文可能影响到当前位和之后的若干位密文的产生。这就是明文统计扩散，即明文的统计学特征被扩散到了密文中。因此，自同步序列密码在抵抗利用明文冗余度而发起的攻击方面要强于同步序列密码，强化了其抗统计分析的能力。

自同步密码的缺点：主要是有 n 位长的差错传播。

因为密钥序列与密文序列有关，所以如果自同步序列密码中一个密文传输错误会影响后面有限个密文的解密运算，也就是说，由于自司步序列密码的密钥序列与明文(密文)相关，所以加密时如果某位明文出现错误(如 0 变成 1，或 1 变成 0)，就会影响后续的密文也发生错误。解密时如果某位密文出现错误，就会影响后续的明文也发生错误，从而造成错误传播。具体的加解密错误传播长度与其密钥序列产生算法的结构有关。等到该错误移出寄存器后寄存器才能恢复同步，因而一个错误至多影响 n 个符号。在 n 个密文字符之后，这种影响将消除，密钥序列自行实现同步。

在自同步序列密码算法中，由于密文序列(从而明文序列)参与了密钥序列的生成，使得密钥序列的理论分析复杂化，目前的序列密码研究结果大部分都是关于同步序列密码的，因为这些序列密码的密钥序列的生成独立于消息序列，从而使它们的理论分析相对较为容易些。但是自同步序列密码的特点(例如，抵抗密文搜索攻击、具有认证功能等) 使相关的研究同样具有重要的意义。

4.1.4　密钥序列发生器的组成和分类

从上述讨论可知，序列密码体制的安全强度完全取决于密钥序列的安全。所以序列密码的关键是设计一个好的密钥序列发生器。

密钥序列发生器设计的主要目标是设计出一个滚动密钥生成器，使得种子密钥 K 经其扩展成的密钥序列具有如下性质：极大的周期、良好的统计特性、抗线性分析、抗统计分析。

但是设计一个好的密钥序列发生器是不容易的，好在过去几年已经做了大量的工作，积累了大量的资料和经验。

首先，来看一下密钥序列发生器内部的逻辑结构和内部处理机制，如图 4-10 所示。

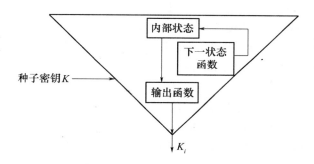

图 4-10　密钥序列发生器内部的逻辑结构和内部处理机制

密钥序列发生器在逻辑上由三个基本部分构成：内部状态、下一状态函数、输出函数。内部状态描述的是密钥序列发生器的当前状态，如果两个密钥序列发生器具有相同的种子密钥和内部状态，那么就会产生出相同的密钥序列。输出函数根据内部状态产生和输出密钥序列。下一状态函数根据当前的内部状态产生新的内部状态。

为了便于讨论密钥序列发生器的设计，可以将上面的密钥序列发生器看成是一个参数为种子密钥 K 的有限状态自动机，如图 4-11 所示。

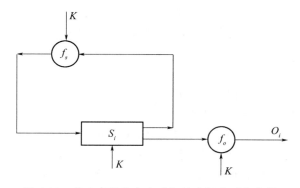

图 4-11　作为有限状态自动机的密钥序列发生器

65

密钥序列发生器由一个输出符号集 O、一个状态集 S、一个状态转移函数 f_s、一个输出函数 f_o 以及一个初始状态 S_0 组成。

其中，状态转移函数 f_s 的作用是将当前状态 S_i 转换为一个新的状态 S_{i+1}。

输出函数 f_o 的作用是将密钥发生器内部经过运算得到的当前的内部状态的值 S_i 添加到输出符号集 O，并将其作为输出结果 O_i 进行输出。

因此，密钥序列发生器设计的关键在于找出合适的状态转移函数 f_s 和输出函数 f_o 使得输出的密钥序列满足应有的性质，并要求在设备上是节省的和容易实现的。为了实现这一目标，必须采用非线性函数来进行设计。

然而，由于目前具有非线性函数的有限状态自动机理论还很不完善，所以，当状态转移函数为非线性时，相应的密钥序列发生器的分析受到很大的限制。而如果只是采用线性函数又不能很好地实现设计目标，则考虑把二者结合起来进行设计，即同时采用线性的状态转移函数和非线性的输出函数，这样将能够进行深入的分析并得到好的生成器。Ruppiel 在 1986 年给出了一个非常科学的密钥序列生成器的结构图，将其分成两个主要组成部分，如图 4-12 所示，即驱动器部分和非线性组合器组成部分。这两部分构成刚好与香农早期提出的两条密码原则——扩散和混淆是一致的。

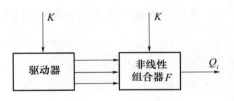

图 4-12　密钥序列发生器的组成

(1) 驱动部分。驱动部分控制生成器的状态序列 S_1，S_2，$\cdots$，S_n 的生成和转移，它是采用一个或者多个长周期的线性反馈移位寄存器构成，可以用来控制密钥序列发生器的周期和统计特性，并为非线性组合部分提供统计性能良好的序列。驱动部分将实际密钥 K 扩散成周期很大的驱动序列。

(2) 非线性部分。非线性部分将驱动部分所提供的序列组合成密码特性好的、满足设计要求的密钥序列，控制和提高密钥序列发生器的统计特性、线性复杂度和不可预测性等，以保证输出密钥序列的密码强度。这样可隐蔽驱动序列与密钥 K 之间过分明显的依赖关系，这其实就是混淆的方法。

为了保证输出密钥序列的密码强度，对组合函数 F 有如下的要求：

(1) 组合函数 F 将驱动序列变换为滚动密钥序列，当输入为二元随机序列时，输出也为二元随机序列。

(2) 对于给定周期的输入序列，构造的组合函数 F 使输出序列的周期尽可能大。

(3) 对于给定复杂度的输入序列，构造的组合函数 F 使输出序列的复杂度尽可能大。

(4) 组合函数 F 的信息泄露极小化，从而可以防止攻击者从输出提取有关密钥序列生成器的结构信息。

(5) 组合函数 F 应易于工程实现，速度快，工作效率高。

(6) 在需要时，组合函数 F 易于在密钥控制下工作。

驱动器一般利用线性反馈移位寄存器(Linear Feedback Shift Register，LFSR)，特别是利用最长或者 m 序列发生器来实现。非线性移位寄存器(Not Linear Feedback Shift Register，NLFSR)输出的密钥序列的密码特性要比线性反馈移位寄存器输出的密钥序列好得多。但是，同样由于分析上的困难性，目前所得的结果有限，从而限制了它的应用。

目前，最为流行和实用的密钥序列发生器大多基于线性反馈移位寄存器，如图 4-13(a)、(b)所示，其驱动部分是由一个或多个线性反馈移位寄存器组成。

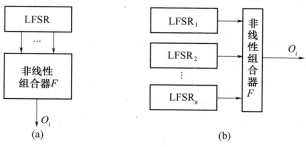

图 4-13　常见的两种密钥序列发生器

4.2　分组密码体制

4.2.1　分组密码概述

对称密码体制根据对明文消息加密方式的不同分为序列密码(流密码)和分组密码。

分组密码(Block Cipher)简单地说就是一组一密钥的运算过程，它是建立在对明文进行分组的基础之上。在分组密码中，首先按一定长度(如 64bit、128bit)对明文消息进行分组，然后以组为单位，在密钥的控制下，来产生固定长度的密文分组。

1．分组密码模型

分组密码是将明文消息分组(每组含有多个字符)，逐组地进行加密的对称密码算法，例如：将明文消息编码表示后的数字序列 m_0，m_1，$\cdots$，m_i 划分成长为 r 的组 $M=m_0m_1\cdots m_{r-1}$，各组(长为 r 的向量)分别在密钥 $K=k_0k_1\cdots k_{t-1}$ 控制下变换成等长的输出数字序列 $C=c_0c_1\cdots c_{s-1}$(长为 s 的向量)。分组的大小可以是任意长度，但通常是每组的大小大于等于 64bit(分组大小为 1bit 时，分组密码就变为了序列密码体制)。

一个分组密码系统(Block Cipher System，BCS)可以用一个五元组来表示，记为 BCS={M，C，K，E，D}，其中，M，C，K，E，D 分别代表明文空间、密文空间、密钥空间、加密算法、解密算法。分组密码的模型如图 4-14 所示。

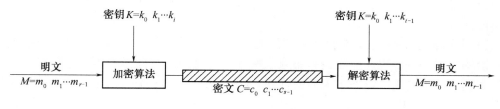

图 4-14　分组密码模型

在分组密码系统中，根据明文分组和密文分组的长度的关系，一般可以把分组密码分为以下几种：

如果 $r=s$，表示明文分组长度等于密文分组长度，这是人们通常使用的分组密码，这种情况通常用于加密功能；

如果 $r>s$，表示明文分组长度大于密文分组长度，称其为有数据压缩的分组密码，这种情况通常用于认证功能；

如果 $r<s$，表示明文分组长度小于密文分组长度，称其为有数据扩展的分组密码，这种情况也是通常用于认证功能。

如果将明文 M 看作 r 维向量空间 $GF\{0，1\}^r$ 中的向量，密文 C 看作 s 维向量空间 $GF\{0，1\}^s$ 中的向量，密钥 K 看作 t 维向量空间 $GF\{0，1\}^t$ 中的向量，则加密过程和解密过程可以分别简单表示为 $C=E_K(M)$，$M=D_K(C)$，其中 E_K 和 D_K 分别表示在密钥 K 作用下的加密和解密变换，并且互为逆变换。

其中加密函数 E_K 可看作 $V_r \times K \rightarrow V_s$ 的一种映射，即 $GF\{0，1\}^r \times GF\{0，1\}^t \rightarrow GF\{0，1\}^s$ 的一种映射，而 D_K 可以看作 E_K 的逆映射 $D：V_s \times K \rightarrow V_r$，即 $GF\{0，1\}^s \times GF\{0，1\}^t \rightarrow GF\{0，1\}^r$。

2．分组密码的作用

在许多密码系统中，单钥分组密码是系统安全的一个重要组成部分，分组密码的主要作用可归纳如下：

(1) 数据加密功能，支持软件和硬件实现。这是分组密码最基本的功能。

(2) 可以用来构成其他密码功能的基本模块：

① 构造伪随机数生成器。用于产生性能良好的随机数，特别是适合产生少量随机数。

② 构造流密码。速度比移位寄存器(适用硬件)慢得多，但软件实现方便，可以采用适当的分组链接模式(CFB 或 OFB)实现。

③ 消息认证和数据完整性保护。可以通过用于构造消息认证码(MAC)和散列函数等来实现对消息的认证和数据的完整性保护。

在二元情况下，明文 m 和密文 c 均为二元数字序列，它们的每个分量 $m_i, c_i \in GF(2)$。本章将主要讨论二元情况，这也是当前分组密码研究的主流。

3．分组密码的设计应满足的要求

分组密码设计在于找到一种算法，能在密钥控制下从一个足够大且足够好的置换子集中，简单而迅速地选出一个置换，用来对当前输入的明文数字组进行加密变换。为了保证分组密码的安全强度，一般来说，分组密码的算法设计应该满足以下几个要求：

(1) 分组长度 n 要足够大，使分组代换字母表中的元素个数 2^n 足够大，防止明文穷举攻击法奏效。

(2) 密钥量要足够大(即置换子集中的元素足够多)，同时需要尽可能消除弱密钥并使所有密钥同等地好，以防止密钥穷举攻击奏效。但是由于对称密码体制存在密钥管理问题，密钥也不能过大，以便于密钥的管理。DES 采用 56bit 密钥，按照现在的技术条件来看，显然太短。IDEA 采用 128bit 密钥，够用。据估计，在今后 30～40 年内采用 80bit 密钥是足够安全的。

(3) 由密钥确定置换的算法要足够复杂，充分实现明文与密钥的扩散和混淆，没有简单的关系可循，能抗击各种已知的攻击，如差分攻击、线性攻击、边信道攻击等；还要有高的非线性阶数，实现复杂的密码变换，从而使得攻击者在破译时除了用穷举法之外找不到其他更有效的攻击方法。

(4) 加密和解密运算简单，易于软件和硬件高速实现。

① 使用子块和简单的运算。如将分组 n 划分为子段，每段长为 8、16 或者 32。在软件实现时，应选用简单的运算，使作用于子段上的密码运算易于以标准处理器的基本运算，如加、乘、移位等实现，避免用软件难于实现的逐比特置换。

② 加解密算法应具有相似性。为了便于硬件实现，加密和解密过程之间的差别应仅在于由秘密密钥所生成的密钥表不同而已。这样，加密和解密就可用同一器件实现。

③ 设计的算法采用规则的模块结构，如多轮迭代等，以便于软件和 VLSI 快速实现。

多轮迭代是乘积密码的特例，指同一基本加密结构的多次执行。若以一个简单函数 f 进行多次迭代，就称其为迭代密码。每次迭代称作一轮(Round)。相应函数 f 称作轮函数。每一轮输出都是前一轮输出的函数，即 $y(i)=f[y(i-1), k(i)]$，其中 $k(i)$ 是第 i 轮迭代用的子密钥，由秘密密钥 k 通过密钥生成算法产生。

④ 差错传播和数据扩展要尽可能地小。

(5) 数据扩展。一般无数据扩展，在采用同态置换和随机化加密技术时(如公钥密码)可以引入数据扩展。

(6) 差错传播尽可能地小。

要求 1bit 的传输错误不会影响更多比特的正确解密，也就是说，加密或解密某明文或密文分组出错，对后续密文解密影响尽可能小。

要实现上述几点要求并不容易。首先，要在理论上研究有效而可靠的设计方法，而后进行严格的安全性检验，并且要易于实现。

4．设计分组密码的基本方法

下面介绍设计分组密码的两个基本方法：扩散和混淆。

扩散(Diffusion)和混淆(Confusion)是由香农提出的设计密码系统的两个基本方法，目的是抗击敌手对密码系统的统计分析。如果敌手知道明文的某些统计特性，如消息中不同字母出现的频率、可能出现的特定单词或短语，而且这些统计特性以某种方式在密文中反映出来，那么敌手就有可能得出加密密钥或其一部分，或者得出包含加密密钥的一个可能的密钥集合。香农在理想密码的密码系统中，密文的所有统计特性都与所使用的密钥独立。然而，目前这种系统是不实用的。

香农是现代信息理论的鼻祖。他既精通通信又精通数学，将数理知识和工程很好地融合在一起。他把深奥和抽象的数学思想和概括而又很具体的对关键技术问题的理解结合起来。他被认为是最近几十年最伟大的工程师之一，同时也被认为是最伟大的数学家之一。

扩散：为了避免密钥分析者对密钥逐段破译，分组密码的设计应该能够保证在将明文分组依靠密钥变换到密文分组时，明文的统计结构特性被扩散消失到密文的统计特性之中，实现方式是使得明文的每个比特影响到密文许多比特的取值，也等价于每个密文比特被许多明文比特影响。

例如，待加密的英文消息 $M=m_0m_1m_2m_3\ldots$ 由若干个字符构成，加密时用了平均操作：

$$c_n = \mathrm{char}\left(\sum_{i=1}^{k} \mathrm{order}(m_{n+i})(\mathrm{mod}\,26)\right)$$

式中，$\mathrm{order}(m_i)$ 表示求字母 m_i 对应的序号；$\mathrm{char}(i)$ 是求其序号 i 对应的字母。

用上述方法求得的密文字母 c_n 是有连续 k 个字母模 26 相加而得。可以证明其中的统计特性已经消失，所有密文中各个字母的出现频率比明文中更接近平均。因而每一字母在密文中出现的频率比在明文中出现的频率更接近于相等，双字母及多字母出现的频率也更接近于相等。

对于二进制的分组密码，可以重复使用某种置换，并对置换结果再运用某些函数来实现扩散。同样可以使得明文中不同位置的多个比特共同影响密文中的一个比特。例如，后面将要详细介绍的典型分组密码(DES)就是这样实现的。

扩散的目的就是使得明文和密文之间的统计关系尽量复杂，以使攻击者无法得到密钥。

混淆是使用复杂的代换算法，使得密文和密钥之间的统计关系变得尽可能复杂，这样即使攻击者能得到密文的一些统计关系，但由于用密钥产生密文的方式非常复杂，导致密文和密钥之间的统计关系相应地也非常复杂，致使攻击者难以从中推测出密钥。由此可见代换算法的设计是非常重要的，简单的线性代换函数是起不到混淆效果的，为了达到预期的混淆效果，一般应该尽量使用复杂的代换算法。

扩散和混淆的目的都是为了挫败推出密钥的尝试，从而抗统计分析。由于扩散和混淆成功地抓住了实现分组密码必须具备的本质属性，所以，它们成为现代分组密码设计的两种基本方法。在设计实际的密码算法的时候，一定要巧妙地运用这两个基本方法。

香农曾经使用"揉面团"的过程来形象地比喻"扩散"和"混淆"的概念。但是与"揉面团"的过程不同的是，在利用扩散和混淆这两种方法将明文和密钥进行"混合"作用时，还必须要满足两个条件：一是变换必须是可逆的(这样做是为了保证可以对密文进行解密运算)，并非任何扩散和混淆的方法都能做到这一点；二是变换和反变换的过程应当简单易行。乘积密码有助于实现扩散和混淆，选择某个简单有效的密码变换，在密钥的控制下以多次迭代的方式利用它进行加密变换，就可以实现预期的扩散和混淆效果。特别是一定要结合预定的实现方式(如是通过硬件方式还是通过软件方式来实现)来进行综合考虑。通过硬件实现分组密码具有加密解密速度快、效率高的特点。由于在分组密码算法中加密算法与解密算法是完全相同的，这时，加密过程与解密过程可以使用同样结构的器件来实现。特别是为了适用当今大规模和超大规模集成电路的实现方式，分组密码应该具有标准的组件结构，从而便于推广和进行批量生产。通过软件实现分组密码算法具有灵活、代价小的特点，这就要求分组密码尽量采用运算简单的子模块，这些子模块的大小应该能够适应编程软件的特点，同时，这些运算也应该是软件编程容易实现的运算(例如一些标准的加法、乘法、移位等级别指令)。

当代提出的各种分组密码算法，例如美国商用数据加密标准(DES)及其各种变形、国际数据加密算法(IDEA)、GHOST、RC4、RC5 等都在一定程度上体现了香农构造密码的这些重要思想。

分组密码是现代密码学中的一个重要研究分支，其诞生和发展有着广泛的实用背景和重要的理论价值。国内外许多专家学者都一直致力于与分组密码算法相关的安全分析，预计将会推出一些新的攻击方法，这无疑将进一步推动分组密码的发展。目前这一领域还有许多理论和实际问题有待继续研究和完善。这些问题包括：如何设计可证明安全的密码算法；如何加强现有算法及其工作模式的安全性；如何测试密码算法的安全性；如何设计安全的密码组件，例如 S 盒、扩散层及密钥扩散算法等。

5．分组密钥与序列密码的区别

下面介绍下分组密钥与序列密码不同之处：

(1) 分组加密。分组密码输出的每一位数字不是只与相应时刻输入的明文数字有关，而是与一组长度为 r 的明文数字有关。

(2) 无记忆性。序列密码与分组密码的最大不同之处在于，序列密码具有记忆性，分组密码没有记忆性。序列密码是一个随时间变化的加密变换，每一步的密钥序列都是不同的，序列密码是有状态的，与加密到第几步有很大关系，也叫状态密码，而分组密码使用的是一个不随时间变化的固定变换，没有记忆性。分组密码的每个分组的加密密钥都是一样的，在相同的密钥下，分组密码对于长度为 r 的输入明文组所实施的变换是等同的，这是分组密码的重要特点之一，所以只需研究对任一组明文数字的变换规则。这种密码实质上是字长为 r 的数字序列的代换密码。如果对分组密码的密钥产生加入记忆模块，那么就变成了序列密码。

(3) 实现方式。

① 序列密码是逐位进行加密，由于位操作速度比较慢，因此，序列密码并不适合于使用软件来实现，而更适用于采用硬件来高效实现(使用硅材料可以非常有效地实现序列密码)。由于分组算法可以避免耗时的位操作，并且易于处理计算机界定大小的数据分组，所以，分组算法则可以很容易地使用软件来实现。从实际应用来看，分组密码的应用更为普遍，一般来说分组密码的算法更为坚固些。

② 对数字通信信道上的硬件加密设备来说，没经过一位数据就立刻加密一位，这样非常有价值，这正是这些设备的长处。反之，使用软件加密设备加密每个分离的单个位就不像前者那样具有价值。也有一些特殊的场合，例如，在一个计算机系统中，对于键盘和 CPU 之间的通信进行加密的话，如果采用 64 位的分组密码算法显然并不合适，这时候必须进行逐位、逐字节的加密。但是一般来说，加密分组至少是数据总线的宽度。例如，计算机磁盘中的数据是以扇区为单位整块读写的，这对分组加密算法是很理想的。

(4) 理论支持。序列密码易于从数学角度来进行分析。而分组密码更多是应用扩散和混淆的方式来实现的。

(5) 错误扩散。两者之间很重要的一个区别在于错误扩散。在序列密码中，篡改一位明文只会影响到一位密文。而在分组密码中，即使只是一位明文发生错误也至少是相当于篡改了一组数据，这在各种反馈方式的分组密码中更为严重。有的场合为了发现错误需要有足够的扩散，而有些场合却绝不能有错误扩散。

下面介绍下分组密码算法的优点和缺点。

分组密码的优点是：

(1) 容易标准化。在现代的信息系统中，信息通常是采用分组的方式进行处理和传输的。

(2) 便于软硬件实现。由于分组密码大多都运用了置换、替代等多种密码技术，算法结构紧凑，条理清楚，而且加密与解密算法类似，因此，非常便于采用硬件或者软件方式来进行工程实现。现在全球已有许多关于分组密码算法的成熟的软件和硬件产品，以及以分组密码算法为基础的密码系统。

(3) 不需要同步。一个密文分组的传输错误不会影响其他分组，即使丢失一个明/密文分组也不会对随后分组的解密产生影响。

也正是由于分组密码具有不要求同步的特点，因而，使得分组密码算法在现代分组交换网中有着广泛的用途。

分组密码的缺点是：

(1) 不能隐蔽数据模式。即相同的密文蕴含着相同的明文组。

(2) 不能抵抗组的重放、嵌入和删除等攻击。

但是，上述缺陷可以通过在加密处理中引入少量记忆加以克服。例如，可以通过密码分组链接方式(CBC)来克服这些缺陷。

当前使用的绝大部分对称加密算法都是基于分组密码结构，而且人们在研究分组密码上所作的努力程度和具有的热情也远远超过了序列密码。分组密码的应用范围也要比序列密码广泛得多，绝大部分基于网络的常规加密都使用了分组密码。因此，本书接下来将重点介绍分组密码的相关情况。

4.2.2　数据加密标准

常见的对称密码算法有：美国的数据加密标准(Data Encryption Standard，DES)及其各种变形(比如 Triple DES)、高级数据加密标准(Advanced Encryption Standard，AES)等；欧洲的国际数据加密标准(International Data Encryption Algorithm，IDEA)；日本的 RC5 等。其中，美国 DES 是迄今为止世界上最为广泛使用和最为流行的一种加密算法，也是一种最有代表性的分组加密体制。本节将重点介绍 DES 加密算法。

1．DES 算法产生的历史背景

DES 是最典型、最著名的分组密码。它的产生被认为是 20 世纪 70 年代信息技术发展史上的两大里程碑之一。

通信与计算机相结合是人类步入信息社会的一个阶梯，它始于 20 世纪 60 年代末，完成于 20 世纪 90 年代初。计算机通信网的形成与发展，要求信息处理标准化，安全保密亦不例外。只有标准化，才能真正实现网络安全，才能推广使用加密手段，以便于训练、生产和降低成本。

1972 年，美国国家标准局(National Bureau of Standards，NBS)，即现在的美国国家标准与技术研究所(National Institute of Standards and Technology，NIST)，拟订了一个旨在保护计算机和通信数据的计划。作为该计划的一部分，他们想开发一个单独的标准密码算法。

1973 年 5 月 15 日，美国国家标准局在《联邦纪事》(Federal Register)上发布公告，公开征求一种标准算法用于对计算机数据在传输和存储期间实现加密保护的密码算法。同时，美国国家标准局确定了一系列有关技术、经济和兼容性的设计准则：

① 算法必须提供较高的安全性。

② 算法必须完全确定且易于理解。

③ 算法的安全性必须依赖于密钥，而不应依赖于算法。

④ 算法必须对所有的用户都有效。

⑤ 算法必须适用于各种应用。

⑥ 用以实现算法的电子器件必须很经济。

⑦ 算法必须能有效使用。

⑧ 算法必须能验证。

⑨ 算法必须能出口。

公众的回答表明大家对密码标准具有相当大的兴趣，但对这个领域的专业知识知之甚少。所提交的算法都与要求相差甚远。

1974 年 8 月 27 日，美国国家标准局第二次发布征集标准密码算法公告。

IBM 提交了一个良好的候选算法，这个算法由 IBM 的工程师(W. Tuchman 和 C. Meyer)在 1970 年初开发的一个叫 LUCIFER 算法基础上发展起来，LUCIFER 密码算法是 Horst Feistel 在 1971 年开始设计的，于 1971—1972 年研制成功。

1975 年 3 月 17 日，美国国家标准局接受了美国国际商业机器公司(International Business Machines Corporation，IBM) 推荐的密码算法，并在《联邦纪事》上向全国公布，随后发表通知，征求对采用该算法作为美国信息加密标准的意见。

1976 年，美国国家标准局指派了两个专题小组进行评价所提出的整个标准。第一个专题小组讨论算法的数学问题及安放陷门的可能性；第二个专题小组讨论增加算法密钥长度的可能性。讨论会邀请了算法的设计者、评估者、实现者、零售商、用户和批评者。从所有的报道看来，讨论会开得非常热烈。

1976 年 11 月 23 日，采纳为联邦标准，批准用于非军事场合的各种政府机构。

美国国家安全局(National Security Agency，NSA)参与了美国国家标准局制定数据加密标准的过程。美国国家标准局接受了美国国家安全局的某些建议，对算法做了修改，并将密钥长度从 LUCIFER 方案中的 128 位压缩到 56 位。

经过大量的公开讨论后，DES 于 1977 年 1 月 15 日被正式批准为美国联邦信息处理标准，即 FIPS PUB 46，同年 7 月 15 日开始生效，这标志着美国国家标准局正式采用该算法作为美国数据加密标准。

1979 年，美国银行协会批准使用 DES。

1980 年，美国国家标准研究所(American National Standards Institute，ANSI)赞同 DES 作为私人使用的标准，称之为数据加密算法(Data Encryption Algorithm，DEA)(ANSI X.392)。

1981 年，美国国家标准研究所批准 DES 作为私营部门的数据加密标准，称为 DEA，有关文件 ANSIX3.92(DEA)，ANSIX3.106(DEA 工作方式)，ANSIX3.105(网络加密标准)等相继公布。

1983 年，国际化标准组织(International Organization for Standardization，ISO)赞同 DES 作为国际标准，并将 DES 称为 DES-1，准备作为国际标准。

1984 年 2 月，ISO 成立的数据加密技术委员会(SC20)在 DES 基础上制定数据加密的国际标准工作。

1984 年 9 月，美国总统签署 145 号国家安全决策令(NSDD)，命令美国国家安全局着手发展新的加密标准，用于政府系统非机密数据和私人企事业单位。

美国国家安全局宣布每隔 5 年由美国国家安全局作出评估，并重新批准它是否继续作为联邦加密标准，并计划十年后采用新标准。最后一次评估是在 1994 年 1 月，已决定 1998 年 12 月以后，不再重新批准 DES 为联邦加密标准。

为了抵抗对 DES 的各种攻击，产生了强化版的三重 DES。三重 DES 的安全强度高于

DES，但似乎不够简洁。

1997 年 1 月，美国国家标准与技术研究所(NIST)着手进行新的美国联邦加密标准的研究，成立了标准工作室。新的美国联邦加密标准称为高级加密标准(Advanced Encryption Standard，AES)。美国国家标准与技术研究所广泛征集并进行了几轮评估、筛选，2001年 Rijndael 数据加密算法最终获胜，被批准为高级加密标准(AES)，来作为新的加密标准。这样才使DES 基本上完成了自己的历史使命。

虽然 DES 已有替代的数据加密标准算法，但是DES 曾经对于推动密码理论的发展和应用起了重大的作用，对于掌握分组密码的基本理论、设计思想以及今后设计使用的密码算法仍然具有重要的参考价值，是密码学领域中的一个光辉的里程碑。

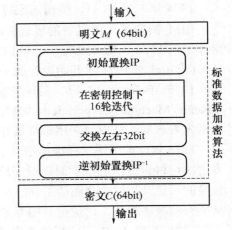

图 4-15　DES 算法总体结构图

2. DES 加密算法的基本原理

1) DES 算法的加密过程

DES 加密算法分为初始置换 IP、在密钥的控制下进行 16 轮迭代、逆初始置换 IP^{-1} 三个部分来实现。DES 算法总体结构图如图 4-15 所示。

为了更好地体现第二个阶段"在密钥的控制下进行 16 轮迭代"，DES 算法总体结构图也可以进一步细化成如图 4-16 所示的 DES 加密算法框图。

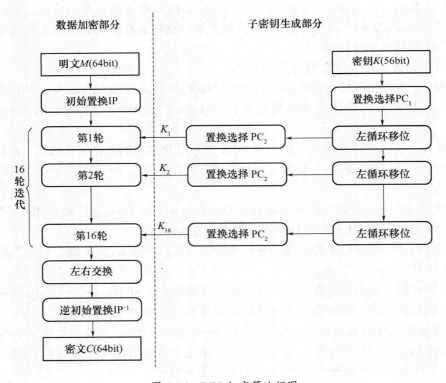

图 4-16　DES 加密算法框图

从图 4-16 中可以看到 DES 是一种二元数据加密的分组密码算法，它是使用 64 位密钥(DES 加密算法中使用的密钥虽然号称是 64 位，但是其中有 8 位被用于奇偶校验，因此，实际上有效的密钥位数只有 56 位)对 64bit 的数据分组(二进制数据)进行加密，产生等长的 64 位密文数据。

DES 加密算法是一个对称密码体制，加密和解密使用同一密钥，解密和加密使用同一算法。

图 4-16 的左边是 DES 算法对明文信息加密的处理过程，可以分为三个阶段来实现：

第一个阶段，初始置换 IP。用于重排明文分组的 64bit 数据。在一个初始置换 IP 后明文组被分成左、右两部分，每部分均为 32bit。

第二个阶段，在一组子密钥的控制下进行 16 轮迭代(这里的迭代也称为乘积变换 f，它将数据和密钥结合起来了)。在子密钥的控制下按一定的规则进行相同功能的 16 轮变换，每轮中都有置换和代换运算，第 16 轮变换的输出分为左右两半，并被交换次序。

第三个阶段，最后再经过一个逆初始置换 IP^{-1}(为 IP 的逆)，从而产生 64bit 的密文。

图 4-16 的右边是使用 56bit 密钥的方法。密钥首先通过置换选择 1(一个置换函数 PC-1，稍后介绍)，然后，对加密过程的每一轮，通过一个左循环移位和一个置换选择 2(一个置换函数 PC-2，稍后介绍)产生一个子密钥。虽然其中每轮的置换都相同，但由于密钥被重复迭代，所以产生的每轮子密钥不相同。

首先重点介绍图 4-16 的左半部分：DES 算法对明文信息的加密处理过程；然后再介绍图 4-16 的右半部分：子密钥的生成和使用。

为了能更好地介绍 DES 加密算法的具体加密过程，把图 4-16 的左半部分进一步细化成如图 4-17 所示的 DES 加密算法流程。

从图 4-17 中可以看出，DES 加密算法的具体过程可以分为三个步骤。

第一步：变化明文。

输入的 64bit 的明文数据 M，首先通过一个固定的初始置换 IP 来重新排列 M 中的各位数据，并化分成左右两部分，左半部分(前面 32 位，即 1~32 位)记为 L_0，右半部分(后面 32 位，即 33~64 位)记为 R_0，M_0=IP(M)=L_0R_0。

第二步：进行 16 轮迭代。

把 R_0 与密钥发生器产生的密钥 K_1 进行运算，得到结果 $f(R_0，K_1)$，再与 L_0 进行异或运算(用符号 $\oplus$ 表示)，将其结果记为 $L_0\oplus f(R_0，K_1)$。然后把 R_0 记为 L_1 放在左边，把 $L_0\oplus f(R_0，K_1)$ 记为 R_1 放在右边，从而完成第一次(第一轮)迭代运算。在此基础上，重复上述迭代过程，一直迭代到第 16 轮，所得的第 16 轮迭代结果不再进行左右交换，即将 $L_{15}\oplus f(R_{15}，K_{16})$ 记为 R_{16} 放在左边，将 R_{15} 记为 L_{16} 放在右边，作为预输出结果。

以上的文字叙述可以使用数学语言简洁的描述如下：

第 i 次迭代是按照下面的规则进行迭代(16 轮迭代的计算方法相同，如图 4-18 所示)：

$$\begin{cases} L_i = R_{i-1} \\ R_i = L_{i-1} \oplus f(R_{i-1}, K_i) \end{cases} \quad (i=1,2,\cdots,16)$$

其中，符号 $\oplus$ 表示数学上的"异或"运算，也就是模 2 加，它与二进制加法类似，但不

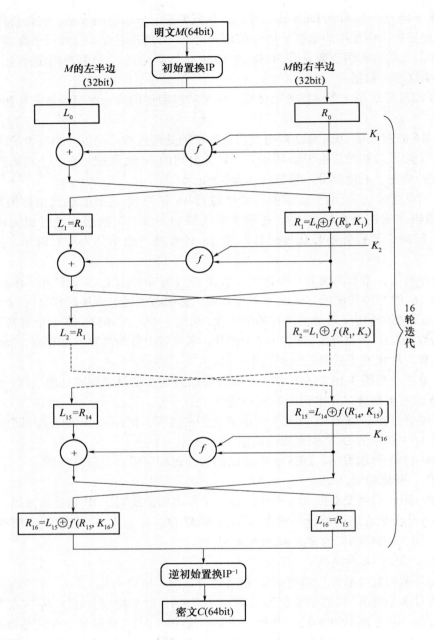

图 4-17 DES 加密算法流程

进位，一般是按位做不进位加法运算，其运算规则为

$$1 \oplus 0 = 0 \oplus 1 = 1$$
$$0 \oplus 0 = 1 \oplus 1 = 0$$

函数 f 是 DES 加密算法的关键，函数 f 有两个输入：32bit 的 R_{i-1} 和 48bit 的子密钥 K_i，f 的输出结果是 32bit，函数 f 核心的部分是由 8 个 S 盒置换构成。

子密钥 $K_i (1 \leqslant i \leqslant 16)$ 是一些由密钥编排函数产生的，它是作为密钥 K(56 位)的函数而计算出的。

第三步：输出 64 位密文数据。

对预输出结果 $L_{16}R_{16}$ 利用逆初始置换 IP^{-1}(初始置换的逆置换)运算后就可以得到最终的输出结果，即生成 64 位密文数据，可以表示为 $C=IP^{-1}(R_{16}L_{16})$。

下面对图 4-18 所示的 DES 加密算法 i 次迭代(也就是图 4-16 的左半部分：DES 加密算法对明文信息的加密处理过程)所涉及的一些关键要素和基本算法(如初始置换 IP、逆初始置换 IP^{-1}、函数 f、S 盒、选择扩展运算 E、置换运算 P 等)进行详细的介绍。

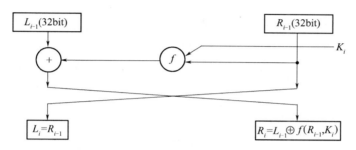

图 4-18　DES 加密算法第 i 次迭代

(1) 初始置换 IP 与逆初始置换 IP^{-1}。DES 的置换包括初始置换(Initial Permutation, IP)和逆初始置换 IP^{-1} 两种，表 4-1(a)和表 4-1(b)分别给出了初始置换和逆初始置换的定义。这两种置换都只是简单的比特移位。通过观察可以发现这两个置换是互逆的。例如由表 4-1(a)得 $X=IP(M)$，如果再取逆初始置换由表 4-1(b)得 $Y=IP^{-1}(X)=IP^{-1}(IP(M))=M$，可以看出，$M$ 各位的初始顺序将被恢复。

表 4-1　DES 的置换表

(a) 初始置换表(IP)

初始置换表(IP)							
58	50	42	34	26	18	10	2
60	52	44	36	28	20	12	4
62	54	46	38	30	22	14	6
64	56	48	40	32	24	16	8
57	49	41	33	26	17	9	1
59	51	43	35	27	19	11	3
61	53	45	37	29	21	13	5
63	55	47	39	31	23	15	7

(b)逆初始置换表(IP^{-1})

逆初始置换表(IP^{-1})							
58	50	42	34	26	18	10	2
60	52	44	36	28	20	12	4
62	54	46	38	30	22	14	6
64	56	48	40	32	24	16	8
57	49	41	33	25	17	9	1
59	51	43	35	27	19	11	3
61	53	45	37	29	21	13	5
63	55	47	39	31	23	15	7

对表 4-1 的几点说明：

① 表 4-1(a)中的数字表示原先输入的数值进行调整后的位置，也可以理解为该值的下标，例如，58 表示结果中位于第 1 个位置的值，等于原文中第 58 个位置的值。对于

表 4-1(b)也可以做类似的理解。

② 表中的一格代表 1bit，共有 64bit，即 8B。64bit 的明文 M 以 8bit 为一行，共 8 行，以行顺序编号。

③ 初始置换 IP(如表 4-1(a)所示)，它的作用是将原始的输入数据进行乱序处理。为了弄清初始置换 IP 的执行过程，可以分两步来进行理解。

第一步，对于给定的 64bit 的原始明文输入(如果数据长度不足 64 位，应该将其扩展为 64 位，如补零)的位置进行置换(即将原来输入的第 58 位换到第 1 位，第 50 位换到第 2 位，……，依此类推，最后一位是原来的第 7 位)，得到一个乱序的 64bit 的明文组。这里的初始置换 IP 相当于是对原先输入的 64bit 明文的一个排列。若记明文为 $M=M_0M_1\cdots M_{64}$，其中 M_i=0，1，…，64，则 $IP(M)=M_{58}M_{50}\cdots M_{15}M_7$，即对明文位置作如图 4-19 所示的替换。

原始明文输入位置									经过初始置换后的位置							
1	2	3	4	5	6	7	8		58	50	42	34	26	18	10	2
9	10	11	12	13	14	15	16		60	52	44	36	28	20	12	4
17	18	19	20	21	22	23	24	初始置换	62	54	46	38	30	22	14	6
25	26	27	28	29	30	31	32	→	64	56	48	40	32	24	16	8
33	34	35	36	37	38	39	40		57	49	41	33	25	17	9	1
41	42	43	44	45	46	47	48		59	51	43	35	27	19	11	3
49	50	51	52	53	54	55	56		61	53	45	37	29	21	13	5
57	58	59	60	61	62	63	64		63	55	47	39	31	23	15	7

图 4-19　初始替换示意图

通过仔细观察可以发现初始置换 IP 中各列元素位置号数相差为 8，相当于将原明文各字节按列写出，各列比特经过偶采样和奇采样置换后，再对各行进行逆序。将阵中元素按行读出构成置换输出。

第二步，将置换后的结果分为 L_0、R_0 左右两部分输出，每部分均为 32bit。其中 L_0 是输出的左 32 位，也就是开始的 32 位，R_0 是右 32 位，也就是最后的 32 位。例如，设置换前的输入值为 $D_1D_2D_3\cdots D_{64}$，则经过初始置换后的结果为 $L_0=D_{58}D_{50}\cdots D_8$；$R_0=D_{57}D_{49}\cdots D_7$。

④ 初始置换 IP 是在第一轮运算之前进行。逆初始置换 IP^{-1}(初始置换的逆置换)也称为末置换，是在进行完第 16 轮迭代运算之后进行的，是对 16 轮迭代后给出的 64bit 组进行置换(将第 40 位经过逆置换后处于第 1 位，第 8 位经过逆置换后处于第 2 位，……，依此类推，最后一位是逆置换前的第 25 位)，得到输出的密文组。相当于将原明文各字节按列写出，输出为阵中元素按行读得的结果。

⑤ 初始置换 IP 与初始逆置换 IP^{-1} 在密码意义上作用不大，它们的作用在于打乱原来输入明文消息 M 的 ASCII 码字划分关系 并将原来明文的校验位变成置换输出的一个字节。

最后给出初始置换 IP 与逆初始置换 IP^{-1} 在 DES 中的应用方式，分别如图 4-20 和图 4-21 所示。

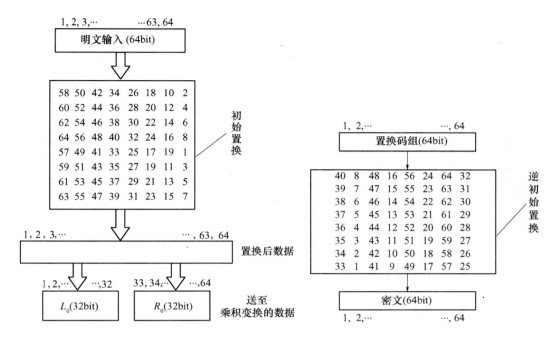

图 4-20 初始置换 IP 在 DES 中的应用　　　　图 4-21 逆初始置换 IP^{-1} 在 DES 中的应用

(2) 函数 f。函数 f(function f)是 DES 加密算法的关键，从图 4-18 可以看出，函数 f 有两个输入：32bit 的 R_{i-1} 和 48bit 的子密钥 K_i，f 的输出结果是 32bit，为了能更清楚地看到函数 f 所处的地位、作用和结构，我们把图 4-18 "DES 加密算法第 i 次迭代" 进一步细化成如图 4-22 所示的 DES 加密算法第 i 次迭代的结构图。

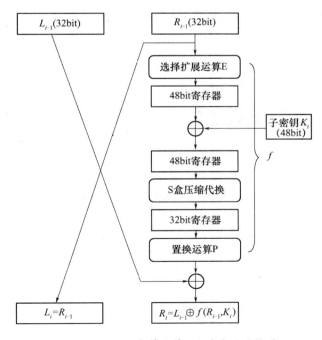

图 4-22 DES 加密算法第 i 次迭代的结构图

从图 4-22 可以看出，函数 f 主要由以下四个步骤(运算)组成：选择扩展运算 E、密钥加密运算 $\oplus$、选择压缩运算 S(S 盒压缩代换)和置换运算 P 组成。

由于函数 f 核心的部分是由 8 个 S 盒置换构成，为了便于介绍函数 f 的结构，我们给出了如图 4-23 所示的 DES 加密算法的函数 f 处理流程图。

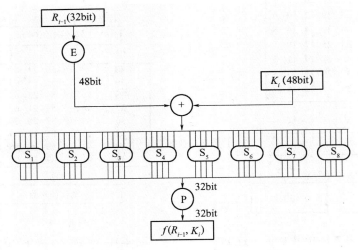

图 4-23　DES 加密算法的函数 f 处理流程图

(3) 选择扩展运算 E。选择扩展运算(Expansion ，E)，也称为 E 盒或简称 E 变换，即将 f 前一轮迭代的结果 R_{i-1} 作为 32bit 的输入扩展成 48bit 的输出。扩展置换改变了位的次序，重复了某些位(其中有 16bit 出现了两次)。

选择扩展运算 E 的工作过程，也就是扩展排列过程，如图 4-24 所示。

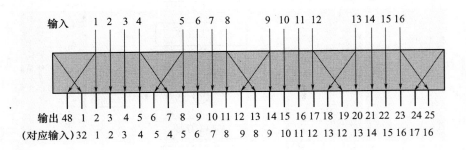

图 4-24　选择扩展运算 E 的工作过程

图 4-24 中定义了选择扩展运算 E 的扩展排列过程，给出了部分输入分组的工作过程示意图。设每一个 4 位输入组成一个小分组，那么选择扩展运算 E 中总共有 8 个小分组，对于每一个 4 位输入小分组，第 1 位和第 4 位表示输出组中的 2 位，而第 2 位和第 3 位表示输出组中的 1 位。例如，输入组中的第 3 位移到输出组中的第 4 位，输入组中的第 21 位成为输出的第 30 位和 32 位。按照这个过程进行推算，得到的结果就是选择扩展运算 E 的变换表，如表 4-2 所示。

表 4-2 选择扩展运算 E 的变换表

32	01	02	03	04	05
04	05	06	07	08	09
08	09	10	11	12	13
12	13	14	15	16	17
16	17	18	19	20	21
20	21	22	23	24	25
24	25	26	27	28	29
28	29	30	31	32	01

从表 4-2 中可以看出，1、4、5、8、9、12、13、16、17、20、21、24、25、28、29、32 这 16 个位置上的数据被读了两次。

选择扩展运算 E 扩展置换规则是中间为原先 R_{i-1} 的 32bit，两边为扩展位，扩展后为 48bit。将扩展后表中数据按行读出得到 48bit 输出。

选择扩展运算 E 扩展的特点如图 4-25 所示：令 s 表示 E 原输入数据比特的下标，则 E 的输出是将原下标 $s\equiv 0$ 或 $1(\bmod 4)$ 的各比特重复一次得到的，即对原第 32、1、4、5、8、9、12、13、16、17、20、21、24、25、28、29 各位都重复一次，实现数据扩展。

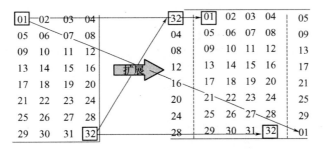

图 4-25 选择扩展运算 E 扩展的特点

最后给出选择扩展运算 E 在 DES 中的应用方式，如图 4-26 所示。

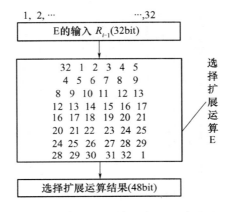

图 4-26 选择扩展运算 E 在 DES 中的应用

81

选择扩展运算 E 有以下三方面的目的:

① 产生与密钥同长度的数据以使用密钥进行异或运算。

② 提供更长的结果,使得在选择压缩运算 S(S 盒压缩代换)时能够进行压缩。

③ 不过以上两个目的并不是扩展的主要目的,在达到以上两个结果后,选择扩展运算 E 的真正目的就是要实现最终的密文与所有的明文相关(扩散)。通过选择扩展运算 E 可以使得输入的一位影响下一步的两个替换,使得输出对输入的依赖性传播得更快,这样密文的每一位都依赖于明文的每一位。

(4) 密钥加密运算。将子密钥产生器输出的压缩后的 48bit 的二进制子密钥 K_i(由 56bit 的密钥 K 生成,产生子密钥的方法稍后会详细介绍)与选择扩展运算 E 输出的 48bit 的数据即 $E(R_{i-1})$,按位模 2 相加。输出仍然是 48bit,分成 8 组,每组 6bit,分别作为 8 个 S 盒的输入。

(5) 选择压缩运算 S。选择压缩运算 S 也称为 S 盒代替(Substitution box,S-box)或者 S 盒压缩代换。因为 S 盒内部原理至今仍然没有完全公开,所以 S 盒压缩代换也称为黑盒变换。从图 4-23 中可以看到,压缩后的 48 位子密钥与经过 E 盒扩展后的 48 位分组异或以后得到 48 位的运算结果,将这 48 位的数据自左至右分成 8 组,每组为 6bit。然后并行送入 8 个 S 盒,进行代替运算。代替运算由 8 个不同的代替盒(S 盒)完成。每个 S 盒为一个非线性代换网络,由于每个 S 盒有 6 位输入、4 位输出,所以 48 位的输入被分为 8 个 6 位的分组,每一分组对应一个 S 盒代替操作,其变换关系如表 4-3 所示。通过观察可以发现 S 表中每一行的元素都是 0~15 这 16 个数构成,只是每一天的排列方式不同而已。

表 4-3 DES 的 8 个 S 盒定义

S盒序号	行号 输出值 列号	0	1	2	3	4	5	6	7	8	9	10	11	12	13	14	15
S_1	0	14	4	13	1	2	15	11	8	3	10	6	12	5	9	0	7
	1	0	15	7	4	14	2	13	1	10	6	12	11	9	5	3	8
	2	4	1	14	8	3	6	2	11	5	12	9	7	3	10	5	0
	3	15	12	8	2	4	9	1	7	5	11	3	14	10	0	6	3
S_2	0	15	1	8	14	6	11	3	4	9	7	2	13	12	0	5	10
	1	3	13	4	7	15	2	8	14	12	0	1	10	6	9	11	5
	2	0	14	7	11	10	4	13	1	5	8	12	6	9	3	2	15
	3	13	8	10	1	3	15	4	2	11	6	7	12	0	5	14	9
S_3	0	10	0	9	14	6	3	15	5	1	13	12	7	11	4	2	8
	1	13	7	0	9	3	4	6	10	2	8	5	14	12	11	15	1
	2	13	6	4	9	8	15	3	0	11	1	2	12	15	10	5	7
	3	1	10	13	0	6	9	8	7	4	15	14	3	11	5	2	12
S_4	0	7	13	14	3	0	6	9	10	1	2	8	5	11	12	4	15
	1	13	8	11	5	6	15	0	3	4	7	2	12	1	10	14	9
	2	4	2	1	11	10	13	7	8	15	9	12	5	6	3	0	14
	3	3	15	0	6	10	1	13	8	9	4	5	11	12	7	2	14

(续)

S盒序号	输出值 列号 ╲ 行号	0	1	2	3	4	5	6	7	8	9	10	11	12	13	14	15
S_5	0	2	12	4	1	7	10	11	6	8	5	3	15	13	0	14	9
	1	14	11	2	12	4	7	13	1	5	0	15	10	3	9	8	6
	2	4	2	1	11	10	13	7	8	15	9	12	5	6	3	0	14
	3	11	8	12	7	1	14	2	13	6	15	0	9	10	4	5	3
S_6	0	12	1	10	15	9	2	6	8	0	13	3	4	14	7	5	11
	1	10	15	4	2	7	12	9	5	6	1	13	14	0	11	3	8
	2	9	14	15	5	2	8	12	3	7	0	4	10	1	13	11	6
	3	4	3	2	12	9	5	15	10	11	14	1	7	6	0	8	13
S_7	0	4	11	2	14	15	0	8	13	3	12	9	7	5	10	6	1
	1	13	0	11	7	4	9	1	10	14	3	5	12	2	15	8	6
	2	1	4	11	13	12	3	7	14	10	15	6	8	0	5	9	2
	3	6	11	13	8	1	4	10	7	9	5	0	15	14	2	3	12
S_8	0	13	2	8	4	6	15	11	1	10	9	3	14	5	0	12	7
	1	1	15	13	8	10	3	7	4	12	5	6	11	0	14	9	2
	2	7	11	4	1	9	12	14	2	0	6	10	13	15	3	5	8
	3	2	1	14	7	4	10	8	13	15	12	9	0	3	5	6	11

经过 8 个 S 盒代替，形成 8 个 4 位分组，即每个 S_i 盒的输入为 6bit，输出为 4bit，这个过程如图 4-27 所示。

在图 4-27 中，S_i 盒的输入为 6bit，即 $b_1b_2b_3b_4b_5b_6$；输出为 4bit，即 $S(b_1b_6, b_2b_3b_4b_5)$。S 盒的 6bit 输入到 4bit 的输出之间是由其内部计算方式决定的。下面来介绍 S 盒输入输出之间的内部计算方式。

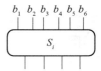

图 4-27　S_i 盒示例

在 S 盒中，输入位以一种非常特殊的方式确定了 S 盒中的某一项。对每个盒 S_i，其 6bit 输入中，第 1 个和第 6 个比特组成的一个 2 位二进制数用来确定行，中间 4 位二进制数用来确定列。相应行、列交叉位置的十进制数的 4 位二进制数表示作为 S 盒的输出。也就是说，假定将 S_i 盒的 6 位输入分别标记为 b_1、b_2、b_3、b_4、b_5、b_6，则：

① S_i 盒的 6 位输入中 b_1 和 b_6 组合构成了一个 2 位的二进制数即对应十进制数的 0～3，它对应着表中的一行。

② S_i 盒的 6 位输入中从 b_2 到 b_5 构成了一个 4 位的二进制数即对应十进制数的 0～15，对应着表中的一列。

③ 行列交叉处的数就是 S_i 盒的输出值，即在 S_i 表中找出 b_1b_6 行、$b_2b_3b_4b_5$ 列的元素：$S_i(b_1b_6, b_2b_3b_4b_5)$，然后把这个十进制形式的数化成以 4 位二进制形式表示的数，便是 S_i 盒的输出，如图 4-28 和表 4-4 所示。

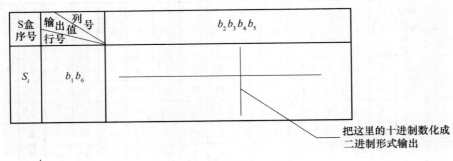

图 4-28 S_i 盒的输入/输出

表 4-4 S 盒变换关系

序号	$b_2b_3b_4b_5$ / b_1b_6	0	1	2	3	4	5	6	7	8	9	10	11	12	13	14	15
S_1	00	14	4	13	1	2	15	11	8	3	10	6	12	5	9	0	7
	01	0	15	7	4	14	2	13	1	10	6	12	11	9	5	3	8
	10	4	1	14	8	13	6	2	11	15	12	9	7	3	10	5	0
	11	15	12	8	2	4	9	1	7	5	11	3	14	10	0	6	13
S_2	00	15	1	8	14	6	11	3	4	9	7	2	13	12	0	5	10
	01	3	13	4	7	15	2	8	14	12	0	1	10	6	9	11	5
	10	0	14	7	11	10	4	13	1	5	8	12	6	9	3	2	15
	11	13	8	10	1	3	15	4	2	11	6	7	12	0	5	14	9
S_3	00	10	0	9	14	6	3	15	5	1	13	12	7	11	4	2	8
	01	13	7	0	9	3	4	6	10	2	8	5	14	12	11	15	1
	10	13	6	4	9	8	15	3	0	11	1	2	12	5	10	14	7
	11	1	10	13	0	6	9	8	7	4	15	14	3	11	5	2	12
S_4	00	7	13	14	3	0	6	9	10	1	2	8	5	11	12	4	15
	01	13	8	11	5	6	15	0	3	4	7	2	12	1	10	14	9
	10	10	6	9	0	12	11	7	13	15	1	3	14	5	2	8	4
	11	3	15	0	6	10	1	13	8	9	4	5	11	12	7	2	14
S_5	00	2	12	4	1	7	10	11	6	8	5	3	15	13	0	14	9
	01	14	11	2	12	4	7	13	1	5	0	15	10	3	9	8	6
	10	4	2	1	11	10	13	7	8	15	9	12	5	6	3	0	14
	11	11	8	12	7	1	14	2	13	6	15	0	9	10	4	5	3
S_6	00	12	1	10	15	9	2	6	8	0	13	3	4	14	7	5	11
	01	10	15	4	2	7	12	9	5	6	1	13	14	0	11	3	8
	10	9	14	15	5	2	8	12	3	7	0	4	10	1	13	11	6
	11	4	3	2	12	9	5	15	10	11	14	1	7	6	0	8	13

(续)

序号	$b_2b_3b_4b_5$ \ b_1b_6	0	1	2	3	4	5	6	7	8	9	10	11	12	13	14	15
S_7	00	4	11	2	14	15	0	8	13	3	12	9	7	5	10	6	1
	01	13	0	11	7	4	9	1	10	14	3	5	12	2	15	8	6
	10	1	4	11	13	12	3	7	14	10	15	6	8	0	5	9	2
	11	6	11	13	8	1	4	10	7	9	5	0	15	14	2	3	12
S_8	00	13	2	8	4	6	15	11	1	10	9	3	14	5	0	12	7
	01	1	15	13	8	10	3	7	4	12	5	6	11	0	14	9	2
	10	7	11	4	1	9	12	14	2	0	6	10	13	15	3	5	8
	11	2	1	14	7	4	10	8	13	15	12	9	0	3	5	6	11

下面以 S_1 盒为例说明其功能。在 S_1 盒中，共有 4 行数据，分别命名为 0、1、2、3 行；每行有 16 列，分别命名为 0、1、2、3、…、14、15 列。

现假设 S_1 盒的输入为 101100，则：

① 计算行号。$b_1=1$，$b_6=0$，$b_1b_6=(10)_2=2$;

② 计算列号。$(b_2b_3b_4b_5)_2=(0110)_2=6$。

③ 查表(表 4-3 或表 4-4)。行号和列号组成的坐标为(2，6)，然后在 S_1 盒中查对应坐标(2，6)的行列交叉处的数为 2，然后把这个十进制形式的数化成以 4 位二进制形式表示的数为 0010，所以这里 S_1 盒的输出为 0100。这个过程可以用图形形象地表示出来，如图 4-29 所示。其他的同理。

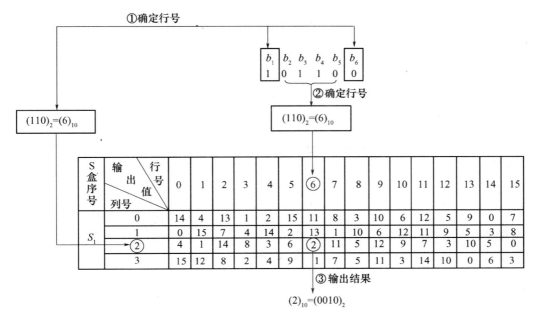

图 4-29 S 盒的输入/输出实例

S 盒是函数 f 的核心所在，同时，也是 DES 算法的关键步骤。实际上除了 S 盒以外，DES 的其他运算都是线性的，而 S 盒是非线性的，它决定了 DES 算法的安全性。但是由于官方一直没有公开 S 盒的内部结构，所以 S 盒运算也称为黑盒变换。

48 位的比特串(分为 8 个 6 位分组)在经过 8 个 S 盒进行代替运算后，得到 8 个 4 位的分组，它们重新组合在一起形成一个 32 位的比特串。这个比特串将进行下一步运算：置换运算 P。

(6) 置换运算 P。置换运算(Permutation，P) 也称为 P 盒置换，它是将上一步 S 盒代替运算后的 32 位输出依照 P 盒进行置换(也可以称为换位，它是打乱原来的次序后进行重新排列)。置换运算 P 将每一输入位根据固定的置换 P 映射到输出位。任一位不能被映射两次，也不能被略去。它也称为直接置换(Straight Permutation)。置换运算 P 的定义如表 4-5 所示。

表 4-5 置换运算 P

16	7	20	21	29	12	28	17
1	15	23	26	5	18	31	10
2	8	24	14	32	27	3	9
19	13	30	6	22	11	4	25

从表 4-5 中可以看出，若 P 盒原先输入的 32bit 的数据为 $D=D_1D_2\cdots D_{32}$。那么经过 P 盒置换后的输出为 $P(D)=D_{16}D_7D_{20}D_{21}\cdots D_{11}D_4D_{25}$。

置换运算 P 的功能是把 S 盒输出的 32bit 的数据进行 P 盒置换，得到 32bit 的加密函数 f 的输出结果 $f(R_{i-1}，K_i)$。$f(R_{i-1}，K_i)$ 也是 32bit，如图 4-30 所示。

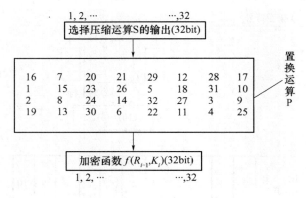

图 4-30 置换运算 P 的应用

置换运算 P 输出的 32bit 数据与左边的 32bit 即 R_{i-1} 进行异或，所得到的 32bit 运算结果将作为下一轮迭代用的右边的输入数据，并将 R_{i-1} 并行送到左边的寄存器作为下一轮迭代用的左边的输入数据。

置换运算 P 的目的是提供雪崩效应。明文或密钥的一点小的变动应该使密文发生一个大的变化。特别地，明文或密钥的某一位发生变化，会导致密文的很多位发生变化，期望的结果是 50%以上的比特都发生了变化，这称为雪崩效应(Avalanche Effect)。DES

算法显示了很强的雪崩效应。

2) DES 解密算法

由于 DES 是对称密码体制，所以 DES 算法既可用于加密又可用于解密，而且 DES 的解密算法与加密算法完全一样，所不同的就是解密时子密钥的使用顺序与加密时子密钥的使用顺序恰好相反，即加密时，输入的明文 M，子密钥的输入顺序是 K_1，K_2，…，K_{16}，最终的输出结果是密文 C，而解密时，输入的是密文 C，子密钥的输入顺序是 K_{16}，K_{15}，…，K_1，最终的输出结果是明文 M。这样做的原因是加密过程中最终使用的末置换 IP^{-1} 是初始置换 IP 的逆置换。

DES 的解密过程可以使用如下的数学公式来描述：

$$\begin{cases} R_{i-1} = L_i \\ L_{i-1} = R_i \oplus f(L_i, K_i) \end{cases} \quad (i = 16, 15, \cdots, 1)$$

至此为止，我们把图 4-18 "DES 加密算法第 i 次迭代"(也就是图 4-16 的左半部分：DES 加密算法对明文信息的加密处理过程)所涉及的一些关键要素和基本算法(如初始置换 IP、逆初始置换 IP^{-1}、函数 f、S 盒、选择扩展运算 E、置换运算 P 等)进行了详细的介绍。但是前面提到 DES 加密算法每一次迭代都是在一组子密钥的控制下进行的。那么 DES 加密算法每一次迭代和子密钥的生成及使用这两部分到底是怎么配合的呢？为了更好地介绍这个问题，这里把图 4-22 中涉及到子密钥的部分进一步细化，如图 4-31 所示。

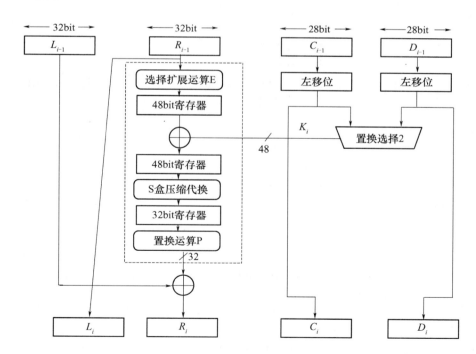

图 4-31　DES 加密算法第 i 次迭代的结构图(图 4-22)的细化

下面介绍下图 4-31 的右半部分：DES 加密算法的子密钥的生成过程。

3) DES 加密算法的子密钥的生成过程

DES 加密算法的 16 轮迭代中所用到的 16 个 48bit 的子密钥 K_1，K_2，…，K_{16} 都是由用户给定的 64bit 的初始密钥 K 变换得来的。图 4-32 给出了 DES 加密算法中子密钥的生成过程。

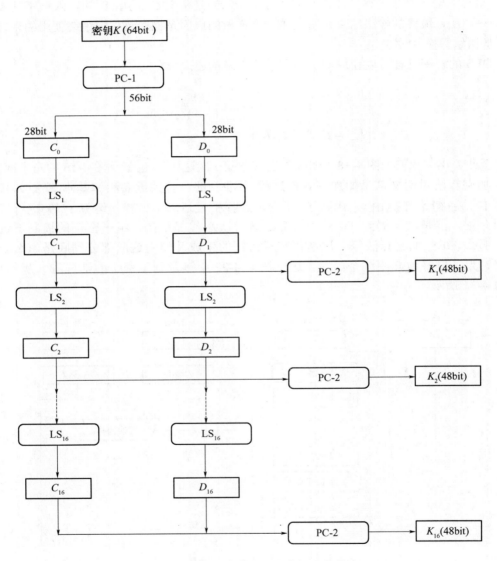

图 4-32　DES 加密算法的子密钥的生成过程

下面来介绍如何根据用户给的 64bit 的初始密钥 K 来推导出 16 轮变换所需的 16 个 48bit 的子密钥 K_i 的具体过程。

(1) 进行置换选择 1(PC-1)。首先，对用户给定的 64bit 的初始密钥 K，应用置换选择 1(Permuted Choice 1，PC-1)进行置换选择。置换选择 1(PC-1)如表 4-6 所示。

表 4-6　置换选择 1(PC-1)

置换选择 1(PC-1)						
57	49	41	33	25	17	9
1	58	50	42	34	26	18
10	2	59	51	43	35	27
19	11	3	60	52	44	36
63	55	47	39	31	23	15
7	62	54	46	38	12	22
14	6	61	53	45	37	29
21	13	5	28	20	30	4

注意：经过 PC-1 置换选择后的结果只有 56 位，不是 64 位。这是因为在 PC-1 表中不出现 8、16、24、32、40、48、56、64 这 8 个比特数据，所以实际上用户给出的 64bit 的密钥只有其中的 56bit 有效，也可以理解为虽然用户输入的初始密钥是 64bit，但是只从中选择 56bit，其他的 8 个比特的数据即第 8、16、24、32、40、48、56、64 位舍去，因为这 8 个比特的数据本来就是用作奇偶校验位的。通过观察发现，经过 PC-1 置换选择后的结果不仅是替换了奇偶校验位，只有 56 位，而且其他各位的位置也都发生了变化，将原来的 57 位换到了第 1 位，原来的第 49 位换到了第 2 位，依此类推。同时还将经过置换后 56bit 的密钥分成了各为 28bit 的左、右两半，分别记为 C_0 和 D_0。其中 C_0 为前半部分，D_0 为后半部分，即

$$C_0 = K_{57}K_{49}K_{41} \cdots K_{32}K_{44}K_{36}$$
$$D_0 = K_{63}K_{55}K_{47} \cdots K_{20}K_{12}K_4$$

这一步可以用公式记为 PC-1$(K) = C_0 D_0$。

(2) 从 $i = 1$ 开始，循环执行 16 次下面的操作步骤，每次循环得到一个子密钥 K_i。

① 对 C_i 和 D_i 分别进行相同位数的循环左移，得到 C_i 和 D_i。每次循环左移的位数由循环左移移位表(简称 LS 移位表)给出，如表 4-7 所示。

表 4-7　循环左移移位表(LS 移位表)

轮数	1	2	3	4	5	6	7	8	9	10	11	12	13	14	15	16
移位	1	1	2	2	2	2	2	2	1	2	2	2	2	2	2	1

下面对循环左移移位表的用法说明如下：

设当前 C_0 和 D_0 的值分别为 $C_0 = c_1 c_2 \cdots c_{28}$ 和 $D_0 = d_1 d_2 \cdots d_{28}$，那么刚开始进行第一次迭代，根据表 4-7 知应该循环左移 1 位，所以得

$$C_1 = c_2 \cdots c_{28} c_1, \quad D_1 = d_2 \cdots d_{28} d_1$$

然后进行第二次迭代，根据表 4-7 知仍然是应该循环左移 1 位，所以得

$$C_2 = c_3 \cdots c_{28} c_1 c_2, \quad D_2 = d_3 \cdots d_{28} d_1 d_2$$

然后进行第三次迭代，根据表 4-7 知应该是循环左移 2 位，所以得

$$C_2 = c_5 \cdots c_{28} c_1 c_2 c_3 c_4 \text{ 和 } D_2 = d_5 \cdots d_{28} d_1 d_2 d_3 d_4$$

其余的依此类推。

这一步可以用公式记为

$$C_i=LS_i(C_{i-1}), \quad D_i=LS_i(D_{i-1}) \ (1\leqslant i\leqslant 16)$$

其中 LS_i 表示一个或者两个循环左移移位，根据表 4-7 可知，LS_1、LS_2、LS_9 和 LS_{16} 是循环左移 1 位的变换，其余的 LS_i 都是循环左移 2 位的变换。

② 连接 C_i 和 D_i，应用置换选择 2((Permuted Choice 2，PC-2)进行置换选择，从 56 位中选择 48 位作为子密钥进行输出。置换选择 2(PC-2)如表 4-8 所示。

表 4-8　置换选择 2(PC-2)

置换选择 2(PC-2)					
14	17	11	24	1	5
3	28	15	6	21	10
23	19	12	4	26	8
16	7	27	20	13	2
41	52	31	37	47	55
30	40	51	45	33	48
44	49	39	56	34	53
46	42	50	36	29	32

这一过程剔除了 C_i 和 D_i 中的部分位(即剔除了 C 中的第 9、18、22、25 位和 D 中的第 7、9、15、26 位)，将其由 56bit 压缩到 48bit，并将这剩余的 48bit 数字按照表 PC-2 置换位置后输出作为第 i 次迭代时所用的子密钥 K_i。

这一步可以用公式记为

$$K_i=\text{PC-2}(C_iD_i) \quad (1\leqslant i\leqslant 16)$$

③ $i=i+1$，转第①步，直到生成全部 16 个 48bit 的子密钥为止。

至此，图 4-16 的左、右两部分都分别介绍完了，为了给读者留下一个完整的印象，这里给出一个 DES 加密算法的完整的、详细的结构图，如图 4-33 所示。

以上系统地介绍了 DES 算法的基本原理。很显然，DES 算法很具有规律性，因而，很容易用软件来实现，有兴趣的读者可以自己编写实现 DES 算法的程序，或者到互联网上去搜索下载 DES 算法的源代码。

3. DES 加密算法的安全性

DES 的出现是密码学史上的一个创举。以前任何设计者对于密码体制及其设计细节都是严加保密的。而 DES 则公开发表，任何人都可以对它进行测试、分析和研究，无需通过许可就可以制作 DES 的芯片和以 DES 为基础的保密设备。DES 算法的安全性完全依赖于其所用的密钥，与算法本身没有关系，因此，DES 的加密算法是公开的。

由于 DES 运用了置换、替代、代数等多种密码技术，算法结构紧凑，条理清楚，而且加密与解密算法类似，因此，非常便于工程实现。

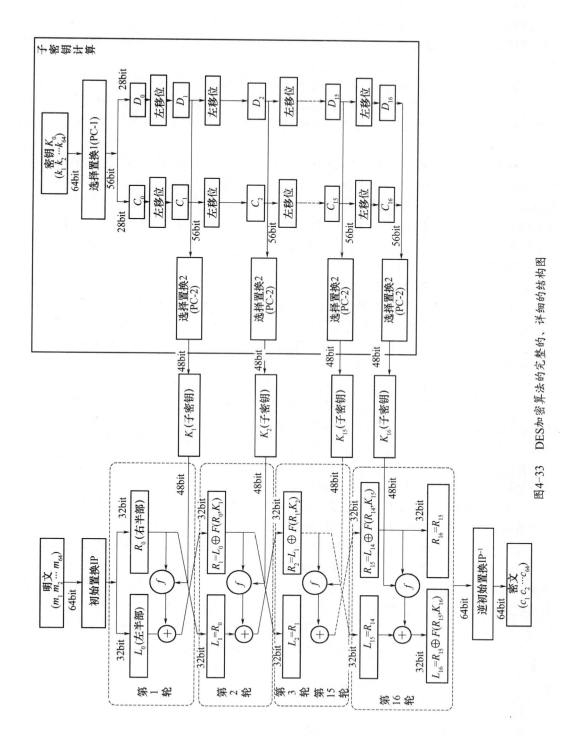

图4-33　DES加密算法的完整的、详细的结构图

现在全球已有许多关于 DES 的成熟的软件和硬件产品，以及以 DES 为基础的密码系统，DES 算法在硬件方面实现是高效率的，其中由数字设备公司(DEC)开发出来的 DES 芯片速度最快，它支持 ECB 和 CBC 方式，其加密和解密速度高达 1GB/s，相当于 1560 万组/s。

然而从 DES 诞生之日起人们就对它的安全性持怀疑态度，并就此展开了激烈的争论，一直持续到现在。人们对 DES 的密钥长度、迭代次数和 S 盒的设计等存在诸多疑虑。随着科技的发展，DES 的缺点越来越多。目前，针对 DES 的批评主要集中在以下几个方面：

1) 密钥长度

IBM 最初提交的建议方案中，密钥的长度是 112bit，但是，最终公布的 DES 却是 56bit，坚持使用 56bit 的短密钥是国家安全局的意见。这就使得人们更加相信 DES 的陷门之说。Coopersmith 则对此持否定意见，认为 56bit 密钥已经足够了，选择长的密钥会使加密的成本提高、运行速度降低。如果要对 DES 进行密钥搜索破译，分析者在得到一组明文—密文对的条件下，可以对明文用不同的密钥进行加密，直到得到的密文与已知的明文—密文对中的相符，就可以确定所用的密钥了。密钥搜索所需的时间取决于密钥空间的大小和执行一次加密所需的时间。

虽然已发表的针对 DES 的密码分析的研究文章多于所有其他的分组密码，但是到目前为止，最实用的攻击方法仍然是暴力攻击。暴力破解对于一切密码而言，最基本的攻击方法是暴力破解法——依次尝试所有可能的密钥，即穷尽密钥搜索。密钥长度决定了可能的密钥数量，因此也决定了这种方法的可行性。

DES 算法具有比较高的安全性，到目前为止，除了用穷举搜索法对 DES 算法进行攻击外，还没有发现更有效的办法。而 DES 加密算法的 56 位密钥的穷举空间为 $2^{56} \approx 7 \times 10^{16}$，这意味着即使是使用每秒钟检测一百万个密钥的大型计算机，则它搜索完全部密钥就需要将近 2285 年的时间，可见，这是难以实现的。当然，随着科学技术的发展，硬件设备的计算能力与速度也在大幅度地发展。当出现超高速计算机后，可考虑把 DES 密钥的长度再增长一些，以此来达到更高的保密程度。

DES 用软件进行解码需要用很长时间，而用硬件解码速度非常快，但幸运的是当时大多数黑客并没有足够的设备制造出这种硬件设备。

1977 年，Diffie 和 Hellman 曾建议制造一个每秒能测试 100 万个密钥的 VLSI 芯片。每秒测试 100 万个密钥的机器并行操作搜索整个密钥空间大约需要 1 天时间。如果这样的搜索机可以制造出来，将会对 DES 造成实际威胁。Diffie 等估计，按 10 美元/片计算，他们估计制造这样的机器大约需要 2000 万美元，功耗为 2MW，平均一个解的花费为 5000 美元。但国家安全局组织的专门小组研究认为，在 1990 年要制造这样的穷搜索机需要耗资 7200 万美元，功耗为 12MW。此外，要把这么多的芯片连在一起工作，其平均故障时间(MTBF)太短，一般不会超过几个小时。因此，在当时构造这类穷搜索机是不现实的。所以，当时 DES 被认为是一种十分强壮的加密方法。

目前，硬件实现方法逐步接近 Diffie & Hellman 专用机的速度。1984 年制造出 25.6 万次/s 加密的 DES 芯片，1987 年又研制出 51.2 万次/s 加密的 DES 芯片，并研制出每秒搜索 100 万个密钥的芯片。而 1993 年设计的密钥搜索机(价值 100 万美元)每秒搜索 5 千万个密钥芯片，平均 3.5h 就能完成 DES 的穷举攻击。

在对 DES 安全性的批评意见中，较一致的看法是 DES 的密钥太短，其长度 56bit，致使密钥量仅为 $2^{56}=7.2×10^{16}=72057594037927936≈10^{17}$，不能抵抗穷搜攻击，事实证明的确如此。

下面介绍几个密钥穷举攻击的成功案例。

(1) 网络分布式穷举攻击。1997 年 1 月 28 日，美国 RSA 数据安全公司在 RSA 安全年会上发布了一项称作"秘密密钥挑战"的竞技赛，破解一段加密的密文，分别悬赏 1000 美元、5000 美元和 10000 美元用于攻破不同长度的 RC5 密码算法，同时还悬赏 10000 美元破译密钥长度为 56bit 的 DES。RSA 公司发起这场挑战赛是为了调查在互联网上分布式计算的能力，并测试不同密钥长度的 RC5 算法和密钥长度为 56bit 的 DES 算法的相对强度。计划公布后，得到了许多网络用户的响应。结果是：密钥长度为 40bit 和 48bit 的 RC5 算法被攻破；美国克罗拉多州的程序员 R. Verser 设计了一个可以通过互联网分段运行的密钥搜索程序，组织了一个名为 DESCHALL 的搜索行动，成千上万的志愿者加入到计划中。从 1997 年 3 月 13 日起用了 96 天的时间，在 Internet 上数万名志愿者的协同工作下，于 1997 年 6 月 17 日晚上 10 点 39 分，即计划公布后的第 140 天，美国盐湖城 Inetz 公司职员 M.Sanders 成功地找到了 DES 的密钥，破解了用 DES 加密的一段信息，解密出明文为："Strong cryptography makes the world a safer place"（高强度密码技术使世界更安全）。因此，DESCHALL 小组获得了 RSA 公司颁发的 10000 美金的奖励。这一事件表明，依靠 Internet 的分布式计算能力，用穷搜方法破译 DES 已成为可能。因此，随着计算机能力的增强与计算技术的提高，必须相应地增加密码算法的密钥长度。

(2) 专用密钥搜索机。1998 年 7 月，RSA 数据安全公司提出了"第二届 DES 挑战者打赛(DES Challenge II)"，在电子前沿基金会(Electronics Frontier Foundation，EFF)使用一台 25 万美元的计算机改装成的专用解密机，仅用 56h 就成功破译了 56bit 密钥的 DES。把破解 DES 的时间缩短到了只需 56h，打破了以往的历史记录。

1999 年 1 月 RSA 数据安全会议期间，在 RSA 数据安全公司提出了"第三届 DES 挑战者打赛(DES Challenge III)"，电子前沿基金会 EFF 用 DES Crack (内含 1856 块芯片)和网络分布式计算，把破解 DES 的时间缩短到了只需 22h15min。

2) 关于 S 盒的设计准则

因为 DES 算法中的参数都是固定的，人们担心若在算法中嵌入了陷门，可使 NSA 使用一个简单的方法就可以对消息进行解密。在这些争议中，对 S 盒的设计准则的质疑最为强烈。

S 盒是许多密码算法的唯一非线性部件，且 S 盒不易于分析，它提供了更好的安全性，它的密码强度决定了整个算法的安全强度，所以，S 盒是算法的关键所在。因为除了 S 盒以外，DES 中的所有运算都是线性的(如计算两个输出的异或，先形成两个输入的异或计算，输出结果都是相同的)。DES 设计的基本原理之一就是重复交替使用选择函数 S 和置换运算 P 两种变换来实现混淆和扩散的目的。

混淆：使密文与明文的统计关系复杂化，使得输出是输入的非线性函数，用于掩盖明文和密文间的关系。通过替换法实现，如 S 盒。

扩散：使每位明文尽可能影响多位密文，扩展输出对输入的相关性，尽量使密文的每一位受明文中多位影响。通过换位法实现，如 P 盒。

总之，在 DES 算法中，用 S 盒实现小块的非线性变换，达到混乱目的；用置换 P 实现大块的非线性变换，达到扩散目的。因此，S 盒是 DES 算法的核心。S 盒作为 DES 的非线性组件对安全性是至关重要的。

在 DES 的算法公布之初，S 盒的设计准则并没有予以公布，这使得许多密码专家都担心 S 盒中可能隐含有陷门(Hidden Trapdoors)，使得只有他们才知道破译算法，但没有证据能表明这一点。但是这种 DES 算法的半公开性显然是不符合我们前面提出的 Kerckhoff 密码设计原则。除此之外，批评者还指出，不公布这些数据，会使设计者在密码分析方面占有优势，不能使人信服 IBM 和国家安全局关于 DES 是安全的这个结论。在差分分析公开后，1992 年 IBM 公布了几条 S 盒的设计准则：

① 没有一个 S 盒是它输入变量的线性函数；

② S 盒的每一行是整数 0，1，2，…，15 的一个置换；

③ 改变 S 盒的一个输入位至少要引起两位的输出改变；

④ 对任何一个 S 盒和任何一个输入 X，$S(X)$ 和 $S(X \oplus 001100)$ 至少有两个比特不同(这里 X 是长度为 6 的比特串)；

⑤ 对任何一个 S 盒，任何一个输入对 e，f 属于 $\{0, 1\}$，$S(X) \neq S(X \oplus 11ef00)$；

⑥ 对任何一个 S 盒，如果固定一个输入比特，来看一个固定输出比特的值，这个输出比特为 0 的输入数目将接近于这个输出比特为 1 的输入数目；

⑦ 对于任何输入之间的非零的 6 位差值，具有这种差值的输入 32 对中有不超过 8 对的输出相同。

P 盒是为了混合 8 个 S 盒的输出，使得各个 S 盒之间相互影响，增强扩散性，它也有相应的准则。

由于 S 盒的设计准则还没有完全公开，其中可能留有隐患。人们仍然不知道 S 盒的构造中是否使用了进一步设计的准则。这也使人们的疑虑无法得到消除，关于 S 盒的争议仍在继续。DES 的设计准则除了极少数被公布外，其余的仍然是保密的。目前，人们仍然不知道 DES 中是否存在陷门。所谓陷门，通俗地讲，就是在算法的设计中设计者留了一个后门，知道某一秘密的人可进入这一后门获得使用该算法的用户的秘密密钥。

关于 S 盒的设计，密码学家在这方面做出了许多工作，发表了大量的文献，大家可以参考一些文献获得进一步的知识。

3) 迭代次数

在 DES 中，迭代的次数控制因换位而产生的扩散量，如果 DES 迭代的次数不够，一个输出位就会只依赖于少数几个输入位。A.Konheim 指出：经过 5 轮迭代后，密文的每一位基本上是所有明文和密钥位的函数，而经过 8 轮迭代后，密文基本上是所有明文和密钥位的随机函数。根据目前的计算技术和 DES 的分析情况，16 次迭代的 DES 仍然是安全的，但不要使用低于 16 次迭代的 DES，特别是迭代 10 次以下的 DES。由以色列学者 Eli Biharn 和 Adi Shamir 发明的对分组密码进行分析的最佳手段之一的差分密码分析方法已经证明：通过已知明文的攻击，任何少于 16 次迭代的 DES 算法都可以用比穷举搜索法更有效的方法破译。因此，DES 算法选取 16 次迭代是适宜的，既不增加加密的难度，又恰好能抵抗差分分析的攻击。

4) DES 算法的密码理论分析攻击

除去穷尽密钥搜索，DES 的另外两种最重要的密码攻击是差分密码攻击和线性密码分析。对 DES 而言，线性攻击更加有效。在 1994 年，一个实际的线性密码分析由其发明者 Matsui 提出。这是一个使用 2^{43} 对明文—密文的已知明文攻击，所有这些明文—密文对都用同一个未知的密钥加密。他用了 40 天左右来产生这 2^{43} 对明文—密文，又用了 10 天左右找到密钥。这个密码分析并未对 DES 的安全性产生实际的影响，由于使用这个方法需要攻击者掌握数目极端庞大的明文—密文对，在现实世界中一个攻击者很难积攒下用同一个密钥加密的如此众多的明文—密文对，否则对 DES 不能攻击。

5) 密钥分配与管理问题

此外，由于 DES 属于对称密码体制，DES 是对称的分组密码算法。对称的分组密码算法最主要的问题是：由于加解密双方都要使用相同的密钥，因此在发送、接收数据之前，必须完成密钥的分发。因而，密钥的分发便成了该加密体系中的最薄弱、风险最大的环节，各种基本的手段均很难保障安全地完成此项工作，从而使密钥更新的周期加长，给他人破译密钥提供了机会。在对称算法中，尽管由于密钥强度增强，跟踪找出规律破获密钥的机会大大减小了，但密钥分发的困难问题几乎无法解决。例如，设有 n 方参与通信，若 n 方都采用同一个对称密钥，一旦密钥被破解，整个体系就会崩溃；若采用不同的对称密钥则需要 $n(n-1)/2$ 个密钥，密钥数与参与通信人数的平方数成正比，这便使大系统密钥的管理几乎成为不可能。

4．DES 的软硬件实现及其应用

虽然关于 DES 算法的描述很长、很复杂，但是由于 DES 算法仅使用最大为 64 位的标准算术和逻辑运算，运算速度快，密钥生产容易，适合于在当前大多数计算机上用软件方法实现，同时也适合于在专用芯片上实现。

DES 算法在硬件方面实现是高效率的。自 DES 正式颁布以后，世界上许多公司都设计并推出了它们自己实现的 DES 的有关软件产品。DES 算法在硬件方面实现是高效率的，到目前为止，DES 芯片速度的最快纪录保持者是由数字设备公司开发的，它支持 ECB 和 CBC 方式，其加密和解密速度高达 1GB/s，相当于 1560 万组/s。

表 4-9 列出了一些商用 DES 芯片的描述。由于芯片内部管线的不同，它们在时钟频率和数据速率上存在差异。一个芯片中可能有多个并行工作的 DES 模块。

表 4-9 商用 DES 芯片

制造商	芯 片	制造日期	时钟/MHz	数据速率/(Mb/s)	可用性
AMD	Am9518	1981	3	1.3	否
AMD	Am9568	?①	4	1.5	否
AMD	AmZ8086	1982	4	1.7	否
AT&T	T7000A	1985	?	1.9	否
CE-Infosys	Super Crypt CE99C003	1992	20	12.5	是
CE-Infosys	SuperCrypt CE99C0003A	1994	30	20	是
Cryptech	Cry12C102	1989	20	2.8	是
Newbridge	CA20C03A	1991	25	3.85	是

制造商	芯　片	制造日期	时钟/MHz	数据速率/(Mb/s)	可用性
Newbridge	CA20C03W	1992	8	0.64	是
Newbridge	CA95C68/18/09	1993	33	14.67	是
Pijinenburg	PCC100	?	?	2.5	是
Semaphore Communication	Roadrunner284	?	40	35.5	是
VLSI	VM007	1993	32	32	是
VLSI	VM009	1993	33	33	是
VLSI	6868	1995	32	32	是
Western Digital	WD2001/2002	1984	3	0.23	否

①表中问号表示不详、没有确切数据

给人印象最深的 DES 芯片是 VLSI 的 6868(正式的称法为 Gatekeeper)。它不仅可以在 8 个时钟周期内完成 DES 加密，而且可以在 25 个时钟周期内完成 ECB 方式加密，在 35 个时钟周期内完成 OFB 或 CBC 方式加密。这听起来简直不可思议，但它确实如此。

而 DES 的软件实现方法是，在 IBM3090 大型计算机实现了每秒钟能够完成加密运算 32000 次。就算在微型计算机上实现 DES 的加密运算要稍微慢一点，但速度仍然是相当快的。表 4-10 列出了采用软件实现在不同微处理器上的 DES 运算速度的比较，主要是给出了在 Intel 和 Motorola 的几种微处理器上运算的结果和估计。

表 4-10　DES 在不同微处理器上的实现速度

处 理 器	速度/MHz	DES 分组/ s⁻¹	处 理 器	速度/MHz	DES 分组/ s⁻¹
8088	4.7	370	68040	40	23000
68000	7.6	900	80486	66	43000
80286	6	1100	Sun ELC	/	26000
68020	16	3500	HyperSparc	/	32000
68030	16	3900	RS6000-350	/	53000
80286	25	5000	Sparc10/52	/	84000
68030	50	10000	DEC Alpha4000/610	/	154000
68040	25	16000	HP9000/887	125	196000

DES 自诞生之日起的近 20 多年的时间里,被广泛应用于美国联邦和各种商业信息的安全保密工作中,经受住了各种密码分析和攻击,没有发现严重的安全缺陷,体现出了令人满意的安全性,为确保信息安全做出了不可磨灭的贡献。

1994 年,美国决定 1998 年 12 月以后不再使用 DES 算法,目前 DES 已被更为安全的 Rijndael 算法取代。虽然这样,但是目前还无法将 DES 加密算法彻底地破解掉,而且 DES 算法的加/解密过程非常快,仍是目前使用最为普遍的对称密钥加密算法。目前除了一些敏感的政府部门以外,DES 在许多政府部门及非政府部门都得到了广泛的应用。目前在国内，随着三金工程尤其是金卡工程的启动，DES 算法在 POS、ATM、磁卡及智能卡(IC 卡)、加油站、高速公路收费站等领域被广泛应用，以此来实现关键数据的保密，如信用卡持卡人的 PIN 码加密传输，IC 卡与 POS 间的双向认证、金融交易数据包的 MAC 校验等，均用到 DES 算法。其中 ATM 中的应用，PIN 的安全性是至关重要的，因为它是客户最保密的信息，这也是为什么 ATM PIN 安全性是所有 ATM 网络中最紧要的。一个攻击者(Hacker)可能通过两种途径取得 ATM PIN，他在取款机把 PIN 送给 ATM 服务器是从网络窃取数据，或者进入 ATM 服务器和 PIN 主机提取用户的 PIN 信息。现在 ATM 系统早已避开了这些威胁。为了防止在传输中被窃听，PIN 在从取款机向 ATM 服务器传输之前已经进行了 DES 或者 3DES 加密，共享的密钥分别存在取款机和 ATM 服务器上，这个密钥也用加密算法进行加密存储，防止被从计算机存储器中窃取。

另外在应用 DES 算法的过程中，要特别注意 DES 算法在应用上的误区。

由前面 DES 算法介绍可以看到：DES 算法中只用到 64 位密钥中的 56 位，而第 8，16，24，…，64 位 8 个位并未参与 DES 运算，这一点提出了一个应用上的要求，即 DES 的安全性是基于除了 8，16，24，…，64 位外的其余 56 位的组合变化 2^{56} 才得以保证的。因此，在实际应用中，应避开使用第 8，16，24，…，64 位作为有效数据位，而使用其他的 56 位作为有效数据位，才能保证 DES 算法安全可靠地发挥作用。如果不了解这一点，把密钥的 8，16，24，…，64 位作为有效数据使用，将不能保证 DES 加密数据的安全性，对运用 DES 来达到保密作用的系统产生数据被破译的危险，留下了被人攻击、破译的极大隐患，这正是 DES 算法在应用上的误区，需要掌握 DES 密钥的各位专业技术人员以及各级领导使用 DES 加密算法的"雷区"，是绝对应该避免的。

4.2.3 数据加密算法的变型

数据加密算法(DES)是世界上第一个公认的实用密码算法标准，在确保信息安全方面占有重要地位。但是由于传统上使用的单重 DES 加密技术，DES 密钥总共才为 64 位，然后又去除了 8 位奇偶校验位，剩下的 56 位密钥实在太短。特别是随着现代科学技术的迅猛发展，计算机运算能力的增强，使得 DES 加密算法的密钥长度变得容易被暴力破解，已经完全不能适合于当今的形势。

这时候摆在人们面前的有两种方案：一个方案是重新设计一种全新的加密算法，但是这种方案的代价比较大；另外一个方案是在现有的 DES 加密算法的基础上进行改进，设法增强 DES 的安全强度。多重 DES 就是设计用来提供一种相对简单的方法，用 DES 进行多次加密，且使用多个密钥，即通过设法增加 DES 的密钥长度来避免穷举的攻击，而不是设计一种全新的分组密码算法。这样做既可以提高系统的安全性，还可以充分利用现有的实现 DES 加密算法的各种软硬件资源，可将 DES 算法在多密钥下多重使用，既能提高安全性，又能兼顾成本。

多重 DES 一般又可以分为二重 DES 和三重 DES 两种。对已使用 DES 算法软件和硬件的公司，尽管还有使用 DES 的其他选择，但到目前为止，三重 DES 加密技术是最实用的解决方案。

1. 二重 DES

二重 DES 是多重使用 DES 时最简单的形式，也是人们最容易想到的、非常自然的一种方式，如图 4-34 所示。其中明文为 M，两个加密密钥为 K_1 和 K_2，DES_{K_i} 表示采用 DES 算法使用密钥 K_i 进行 DES 加密，$\mathrm{DES}_{K_i}^{-1}$ 表示采用 DES 解密算法(与加密算法完全相同)使用密钥 K_i 进行 DES 解密。

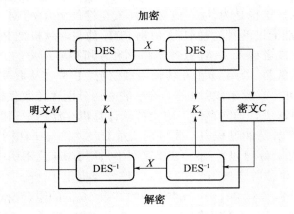

图 4-34　二重 DES 加密解密示意图

加密时首先用密钥 K_1 对明文 M 加密，然后再使用密钥 K_2 进行加密，其密文为

$$C = \mathrm{DES}_{K_2}[\mathrm{DES}_{K_1}[M]]$$

解密时，首先使用 K_2 进行解密，然后再使用密钥 K_1 进行解密，即解密时的密钥顺序与加密时的密钥顺序正好相反：

$$M = \mathrm{DES}_{K_1}[\mathrm{DES}_{K_2}[C]]$$

二重 DES 是使用 DES 算法进行两次加密，但这是否就意味着二重 DES 加密的强度等价于 56×2=112 bit 密钥的密码的强度？答案是否定的。下面来详细分析下二重 DES 加密的安全性。

1) 二重 DES 是否会与单重 DES 等价

对任意两个密钥 K_1 和 K_2，如果能够找出另一密钥 K_3，使得 $\mathrm{DES}_{K_2}[\mathrm{DES}_{K_1}[M]] = \mathrm{DES}_{K_3}[M]$，即这时候的二重 DES 与 56bit 密钥的单重 DES 等价，那么，二重 DES 以及多重 DES 实际上都没有意义，好在这种假设对 DES 并不成立。

可以将 DES 加密过程中 64bit 分组到 64bit 分组的映射看作是一个代换，如果考虑 2^{64} 个所有可能的分组，那么在密钥给定以后，DES 的加密只能把每个输入分组代换到一个唯一的输出分组，即一一映射。否则，如果有两个不同的输入分组被代换到同一个输出分组，那么解密过程就根本无法实施。因此，对 2^{64} 个可能的输入分组到 2^{64} 个可能的密文分组的总映射个数为 $(2^{64})! > (10^{10^{20}})$。

另一方面，对每个不同的密钥，DES 都定义了一个映射，总映射数为 $2^{56} < 10^{17} \ll (10^{10^{20}})$。因此，可假定用两个不同的密钥两次使用 DES，得一个新映射，而且这一新映射不出现在单重 DES 定义的映射中。这一假定已于 1992 年被证明。所以使用二重 DES 产生的映射不会等价于单重 DES 加密。这一分析过程如图 4-35 所示。

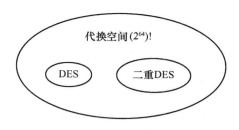

图 4-35　二重 DES 映射示意图

2) 中间相遇攻击法

二重 DES 会有以下一种称为中间相遇攻击(Meet-in-the-Middle Attack)的方案可以攻击它。该种攻击不依赖于 DES 的任何特性，可用于攻击任何分组密码。中途相遇攻击法是由 Diffie 和 Hellman 在 1997 年最早提出，可以降低搜索量。

二重 DES 中间相遇攻击法如图 4-36 所示，基本思想是：

如果有 $C = \mathrm{DES}_{K_2}[\mathrm{DES}_{K_1}[M]]$，那么可得

$$X = \mathrm{DES}_{K_1}[M] = \mathrm{DES}_{K_2}[C]$$

因为

$$X = \mathrm{DES}_{K_1}[M] \quad (\text{加密过程})$$

$$X = \mathrm{DES}_{K_2}[C] \quad (\text{解密过程})$$

所以

$$X = \mathrm{DES}_{K_1}[M] = \mathrm{DES}_{K_2}[C] \qquad \text{成立。}$$

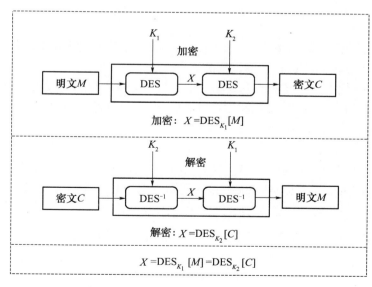

图 4-36　二重 DES 中间相遇攻击示意图

若给出两个已知的明文—密文对 (M, C) 和 (M', C')，可以按以下方法进行攻击：

(1) 以密钥 K_1 的所有 2^{56} 个可能的取值对明文 M 加密，并将所得的密文存入一个表

并对表按 X 排序。

(2) 以密钥 K_2 的所有 2^{56} 个可能的取值中依照任意次序选出一个对给定的密文 C 的解密，并将每次解密结果在上述表中查找与 C 解密结果相匹配的值，如果找到，则记下相应的两个密钥 K_1 和 K_2。

(3) 再用一新的明文—密文对(M'，C')检验上面找到的 K_1 和 K_2，用 K_1 和 K_2 对 M' 两次加密，若结果等于 C'，就可确定 K_1 和 K_2 是所要找的密钥。

对于给定明文 M，以两重 DES 加密将有 2^{64} 个可能的密文，而可能的密钥数为 2^{112} 个。所以，平均来说，在给定明文下，将有 $2^{112}/2^{64}=2^{48}$ 个密钥能产生给定的密文。即一轮攻击可将对(M，C)的密钥可能空间缩小为 2^{48}，误报率为 2^{48} 个。

而再经过另外一对明文—密文的检验，误报率将下降到 $2^{48-64}=2^{-16}$。所以在实施中途相遇攻击时，如果已知两个明文—密文对，则找到正确密钥的概率为 $1-2^{-16}$。

对另一个已知的明文，平均有 $2^{48}/2^{64}=2^{-16}$ 个密钥可产生已知的密文，即有的密文在 2^{48} 个密钥空间中没有对应密钥，平均不到 1 个，所以通过两个明文—密文对，几乎可以确定密钥。

注意：在实施中途相遇攻击时，如果仅有一个明文—密文对，不能给出解密是否正确的判定信息，需要多个明文—密文对。

这一攻击法所需的存储量为 2^{56} 个 64 位分组，或者 10^{17} 个字节，这是一个非常大的存储空间。

使用中间相遇攻击法可将原为 112bit 的有效密钥长度降为 56bit。这种攻击法，并非像原先用暴力攻击手段需要进行 n^2 次计算才能破解，而是 $2n$ 次计算再加上比较，即最大试验的加密次数 $2 \times 2^{56}=2^{57}$，这说明破译双重 DES 的难度为 2^{57} 量级。这也就是为什么不采取二重 DES 的原因。

2. 三重 DES

三重加密的 DES，或者简称三重 DES(Triple DES，通常写成 3DES 或者 TDES)是 DES 的新版本，在 DES 基础上进行了很大的改进。

三重 DES 加密根据加/解密的方式和使用密钥的顺序不同，主要有 DES-EEE3 模式、DES-EDE3 模式、DES-EEE2 模式和 DES-EDE2 模式这四种不同的模式。这四种模式各有不同的优缺点，各有各的用途。下面分别介绍如下：

1) DES-EEE3 模式

使用三个互不相同的密钥 K_1、K_2、K_3，其加密实现方式依次为加密—加密—加密算法，简记为 EEE(Encrypt-Encrypt-Encrypt)。密钥分别为 K_1、K_2、K_3，最终的密文为

$$C = \text{DES}_{K_3}[\text{DES}_{K_2}[\text{DES}_{K_1}[M]]]$$

解密时，其实现方式依次为解密—解密—解密，密钥顺序与加密密钥顺序正好相反，即

$$M = \text{DES}_{K_3}^{-1}[\text{DES}_{K_2}^{-1}[\text{DES}_{K_1}^{-1}[M]]]$$

抵抗中途相遇攻击的一种方法是使用 DES-EEE3 模式，如图 4-37 所示，即三个不同的密钥做三次加密，从而可使已知明文攻击的代价增加到 2^{112}。然而，这样又会使密钥长度增加到 $56 \times 3=168$bit，因而过于笨重。

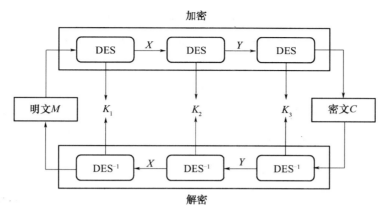

图 4-37　DES-EEE3 模式

2) DES-EDE3 模式

使用三个互不相同的密钥 K_1、K_2、K_3，其加密实现方式依次为加密—解密—加密算法，简记为 EDE3(Encrypt-Decrypt-Encrypt)，如图 4-38 所示。密钥分别为 K_1、K_2、K_3，最终的密文为

$$C = \mathrm{DES}_{K_3}[\mathrm{DES}_{K_2}^{-1}[\mathrm{DES}_{K_1}[M]]]$$

解密时，其实现方式依次为解密—加密—解密，密钥顺序与加密密钥顺序正好相反，即

$$M = \mathrm{DES}_{K_3}^{-1}[\mathrm{DES}_{K_2}[\mathrm{DES}_{K_1}^{-1}[M]]]$$

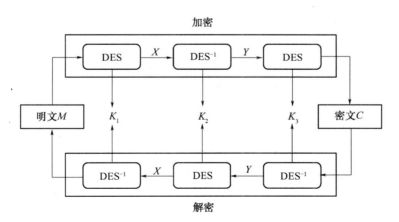

图 4-38　DES-EDE3 模式

DES-EDE3 模式中，如果令 $K_3=K_2$ 或 $K_1=K_2$ 则三重 DES 方案退化为一重 DES。三个密钥的三重 DES 已在因特网的许多应用(如 PGP 和 S/MIME)中被采用。

3) DES-EEE2 模式

使用两个互不相同的密钥 K_1、K_2，其加密实现方式依次为加密—加密—加密算法，简记为 EEE2 (Encrypt-Encrypt-Encrypt)，如图 4-39 所示。其中，第 1 次和第 3 次加密时使用的密钥相同，即 $K_1=K_3$，因此，依次使用的密钥分别为 K_1、K_2、K_1，最终的密文为

$$C = \text{DES}_{K_1}[\text{DES}_{K_2}[\text{DES}_{K_1}[M]]]$$

解密时，其实现方式依次为解密—解密—解密，密钥顺序与加密密钥顺序正好相反，即

$$M = \text{DES}_{K_1}^{-1}[\text{DES}_{K_2}^{-1}[\text{DES}_{K_1}^{-1}[M]]]$$

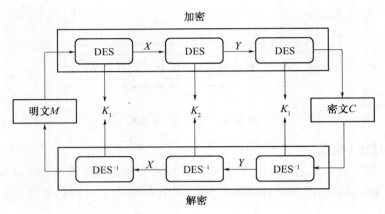

图 4-39　DES-EEE2 模式

4) DES-EDE2 模式

使用两个互不相同的密钥 K_1、K_2，其加密实现方式依次为加密—解密—加密算法，简记为 EDE2(Encrypt-Decrypt-Encrypt)，如图 4-40 所示。其中，第 1 次和第 3 次加密时使用的密钥相同，即 $K_1=K_3$，因此，依次使用的密钥分别为 K_1、K_2、K_1，最终的密文为

$$C = \text{DES}_{K_1}[\text{DES}_{K_2}^{-1}[\text{DES}_{K_1}[M]]]$$

解密时，其实现方式依次为解密—加密—解密，密钥顺序与加密密钥顺序正好相反，即

$$M = \text{DES}_{K1}^{-1}[\text{DES}_{K_2}[\text{DES}_{K_1}^{-1}[M]]]$$

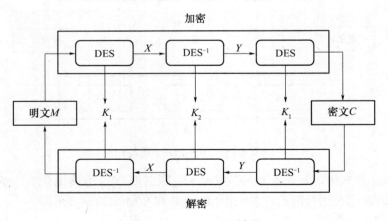

图 4-40　DES-EDE2 模式

DES-EDE2 模式，是一种比较实用的方法，这个模式最早是由 Tuchman 设计的，其中第二步解密的目的仅在于使得用户可对一重 DES 加密的数据解密。通常取密钥 $K_1=K_3$，

这样做是为了保证三重 DES 方案的密钥空间是 2^{112}，而不是 DES 的 2^{56}，因此，三重 DES 的安全性远大于标准的 DES 算法。此方案已在密钥管理标准 ANS X.917 和 ISO 8732 中被采用，并在保密增强邮件(PEM)系统中得到利用。破译它的穷举密钥搜索量为 $2^{112}≈5×10^{35}$ 量级，那么由于搜索空间太大，这实际上是不可行的。而如果采用差分分析破译的方法，相对于单一 DES 来说复杂性以指数形式增长，也要超过 10^{52} 量级。此方案仍有足够的安全性。到目前为止，还没有人给出攻击三重 DES 的有效方法。

为了提高安全性和适应不同情况的需求而设计了多种应用 DES 的方式，即 DES 的变型有很多种，除了前面介绍的多重 DES(二重 DES 和三重 DES)以外，还有使用独立子密钥的 DES 方式、DESX、CRYPT(3)、S 盒可变的 DES、RDES、GDES 等。限于篇幅，关于这些 DES 变型更详细的内容请读者参阅的王育民教授与刘建伟博士合著的著作《通信网的安全——理论与技术》一书中"4.4.5 节 DES 的变型"的相关内容。

第 5 章　公钥密码体制

5.1　公钥密码体制概述

5.1.1　公钥密码体制产生的背景

本书前面介绍的古典密码体制和对称密码体制(序列密码和分组密码)，它们共同的特点是加密密钥与相应的解密密钥相同(或者由加密密钥很容易推导出与之对应的解密密钥，例如 DES 解密等同于加密，但是密钥方案是相反的)。换句话说，也就是双方只有一个共同的密钥，而且这个密钥既可以用来加密，也可以用来解密。这看上去似乎很实用很方便，但是通信双方任何一方泄露密钥都会导致系统不安全。一般来说，以上的密码体制存在以下的缺陷：

1．密钥的分配和管理问题

在传统密码体制中，由于加密运算与解密运算使用的是同样的密钥，所以要求通信双方必须在密文传输之前，先要通过秘密的安全信道协商或者传输加密密钥，但是在公开的计算机网络上，安全地传送和保管密钥是一个很严峻的问题。传统的密码体制最初的设计目标是适用于封闭系统，系统中的用户大多是属于同一组织并且相互信任的，它所要防范的主要是系统外的攻击。因此，最初的设计目标并不是面向计算机网络环境的。由于计算机网络最初设计时的开放性和共享性，使得实际的网络环境中传输信道的安全性并不理想，所以密钥在传输过程中被暴露的风险很大，因而这种安全信道很难实现，因此，传统密码体制的封闭性与现代网络的开放性、共享性之间最大的矛盾体现在密钥上：一方面从安全的角度考虑，密钥要求保密；另一方面从应用的角度考虑，密钥需要通信各方共享，使得传统的密码体制在网络环境中的应用存在诸多困难。

虽然可以考虑用人工的方式传送双方最初共享的秘密密钥，但这种方法成本很高，而且还完全依赖于信使的可靠性。

在通信网中，如果只有个别用户想进行保密通信，密钥的人工发送还是可行的。然而如果所有用户都要求支持加密服务，则任意一对希望通信的用户都必须有一对共享密钥。如果有 n 个用户，则密钥数目为 $n(n-1)/2$。当用户量增大时，密钥量呈非线性增长，密钥空间也急剧增大，密钥分配和管理的代价非常大，密钥的人工发送是不可行的。

2．数字签名和认证问题

由于传统密码体制的密钥至少是两个人共享，没有明显的个人特征和区别，因而难于实现为数字化的消息或文件提供一种类似于书面文件手书签字的方法，因而无法实现抗否认需求的数字签名问题。

公钥密码体制的概念正是在解决单钥密码体制中最难解决的密钥的分配和管理以及数字签名和认证这两个问题时提出的。

1976 年，Diffie 和 Hellman 在现代密码学的奠基性论文"New Direction in Cryptography"(密码学的新方向)中首次公开提出了公钥密码体制(Public Key Cryptosystem)的概念(公钥密码体制通常简称为公钥体制)。这是一个与单钥密码体制截然不同的方案，使得密钥的分配、交换和管理变得非常容易，而且还可以实现数字签名等。可以说公钥密码体制的出现是具有几千年历史密码学史上迄今为止最大的、最有革命性的成果，开创了密码学的新纪元。近几十年来，公钥密码体制获得了极大的发展，它不仅消解了传统的秘密密钥体制存在的一些困难，解决了信息安全的一些问题，而且大大推动了包括电子商务、电子政务等在内的一大批网络应用的深入和发展，具有非常广阔的应用前景。

5.1.2　公钥密码体制的基本原理

公钥密码算法的最大特点是将密钥一分为二，采用两个相关密钥将加密和解密能力分开，公钥密码体制在加密和解密时使用不同的密钥，之所以叫做公开密钥算法，是因为加密密钥能够公开，可以被任何人知道，即陌生者能用加密密钥加密消息，但是只有用相应的解密密钥才能解密消息。其中加密密钥是公开的，称为公开密钥(Public Key，PK，简称公钥)；解密密钥是为用户专用，因而是保密的，称为私人密钥(Private Key 或者 Secret Key，PK 或者 SK，简称私钥)。因此公钥密码体制也称为双钥密码体制。这种算法有以下重要特性：两个密钥是不相同的；已知密码算法和加密密钥(公钥)，求解密密钥(私钥)在计算上是不可行的，因而将公钥公开不会损坏私钥的安全性。

公钥密码体制有三种基本模型：加密模型、认证模型和认证加密模型。

在公钥密码体制中，每一个用户都有一对选定的密钥(PK，SK)，其中 PK 是公钥，SK 是私钥。PK、SK 在数学上相关，在功能上不同。

1. 公钥密码体制的加密模型

1) 加密过程的步骤

在公钥密码体制的加密模型(见图 5-1)中，加密过程有以下几步：

(1) 要求接收消息的一方，产生一对用来加密和解密的密钥，如图 5-1 中的接收方 Bob，产生一对密钥 PK_B、SK_B，其中 PK_B 是公钥，SK_B 是私钥。

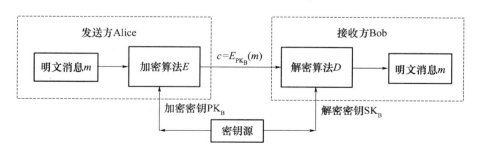

图 5-1　公钥密码体制的加密模型

(2) 接收方 Bob 将加密密钥(如图 5-1 中的 PK_B)予以公开。另一密钥则被保密(图 5-1 中的 SK_B)。

(3) 发送方 Alice 要想向接收方 Bob 发送明文消息 m，则使用接收方 Bob 的公钥加密明文消息 m，表示为 $c = E_{PK_B}[m]$，其中，c 是密文，E 是加密算法。

(4) 接收方 Bob 收到密文 c 后，用自己的秘钥 SK_B 解密，恢复出明文消息 m，表示为 $m = D_{SK_B}[c]$，其中，D 是解密算法。

2) 公钥密码体制的加密模型的特点

通过以上过程，我们可以分析出公钥密码体制的加密模型的几个特点：

(1) 在公钥密码体制(非对称密钥密码体制)中，它强调密码系统的非对称本质。提供安全的负担主要落在了接收方的肩上(本例中就是 Bob)。接收方 Bob 需要创建两个密钥：一把私钥和一把公钥。Bob 负责在组织中分配公钥，这可以通过公钥分配信道来完成。有关公钥分配的问题在第 9 章中讨论，现在先假定这样的一个信道是存在的。

(2) 在公钥密码体制(非对称密钥密码体制)中，通信各方均可以访问公钥，而私钥是各通信方在本地产生的，不进行分配。只要控制了私钥，通信就是安全的。在任何时候，用户可以改变其私钥并公布相应的公钥以代替原来的公钥。

(3) 公钥密码体制(非对称密钥密码体制)表明发送方 Alice 和接收方 Bob 不能在双向通信中使用相同的密钥。组织中的每一个实体都应当创建其自己的一对私钥和公钥。图 5-1 所示的就是发送方 Alice 运用接收方 Bob 的公钥 PK_B 给 Bob 发送加密信息的方法。如果 Bob 要求应答，那么 Alice 就需要建立她自己的私钥和公钥。

(4) 公钥密码体制(非对称密钥密码体制)表明接收方 Bob 只要有一把私钥就可以解密来自任何发送方的密文，因为只有 Bob 知道解密密钥 SK_B，所以其他人都无法对密文 c 解密。但是发送方 Alice 要有 n 把公钥才能与组织中的 n 个实体进行通信，每一个人都要用一把公钥。也就是说，发送方 Alice 需要一个公钥环。

2．公钥密码体制的认证模型

一般理解保护信息就是保证消息传递过程中的保密性，但信息的保密性仅仅是现代密码学的主题的一个方面，很多时候人们都需要对消息的来源和消息的完整性进行认证，这是现代密码学中非常重要的另一个方面的应用。公钥密码体制对这两方面的问题都给出了出色的答案，并在此基础上产生了许多新的思想和方案。

为了使发送方 Alice 发给接收方 Bob 的消息具有认证性，可以将公钥密码体制的公钥和私钥反过来用，如图 5-2 所示。

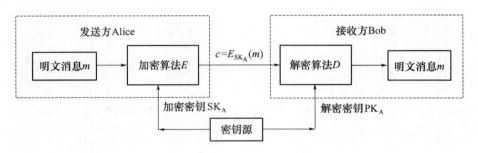

图 5-2　公钥密码体制的认证模型

在公钥密码体制中的认证模型中，认证过程有以下几步：

(1) 要求发送消息的一方，产生一对用来加密和解密的密钥，如图 5-2 中的发送方 Alice，产生一对密钥 PK_A、SK_A，其中 PK_A 是公钥，SK_A 是私钥。发送方 Alice 用自己的秘钥 SK_A 对消息 m 进行加密，表示为 $c = E_{PK_A}[m]$，然后将密文 c 发给接收方 Bob。

(2) 接收方 Bob 收到密文 c 后，用发送方 Alice 的公钥 PK_A 对密文 c 进行解密，恢复明文消息 m，表示为 $m = D_{PK_A}[c]$。

因为从 m 得到 c 是经过 Alice 的秘密钥 SK_A 加密，由于只有发送方 Alice 知道其自身的私钥，所以其他发送者均不能生成用 Alice 的公钥解密的消息，只有 Alice 才能做到，由此可以确定此消息确实来源于发送方 Alice。因此 c 可当作 Alice 对 m 的数字签名。另一方面，任何人只要得不到 Alice 的秘密钥 SK_A 就不能篡改 m，所以以上过程获得了对消息来源和消息完整性的认证。

以上认证过程中，由于消息是由用户自己的私钥加密的，所以消息不能被他人篡改，但却能被他人窃听。这是因为任何人都能用发送方的公钥对消息解密，因此该过程不提供保密性。为了同时提供认证功能和保密性，可使用双重加/解密。

· 3．公钥密码体制的认证加密模型

公钥密码体制中的认证加密模型，如图 5-3 所示，其认证加密过程有以下几步：

(1) 发送方 Alice 首先用自己的私钥 SK_A 对明文消息 m 加密，用于提供数字签名。再用接收方 Bob 的公钥 PK_B 进行二次加密，表示为 $c = E_{PK_B}[E_{SK_A}[m]]$。

(2) 解密过程为 $m = D_{PK_A}[D_{SK_B}[c]]$，即接收方 Bob 先用自己的私钥 SK_B，再用发送方的公钥 PK_A 对收到的密文两次解密。

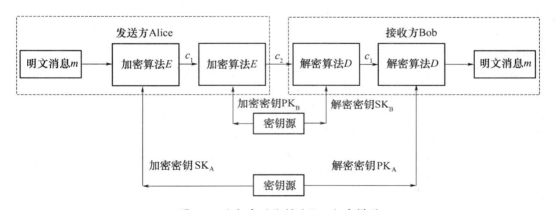

图 5-3　公钥密码体制的认证加密模型

公钥密码体制的认证加密模型可以同时提供认证功能和保密性，但是该方案的缺点是在每次通信中要执行四次复杂的公钥算法。

5.1.3　对称密码体制和公钥密码体制的比较

表 5-1 对对称密码体制和公钥密码体制的特征进行了对比。

表 5-1 对称密码体制和公钥密码体制的比较

序号	对称密码体制	公钥密码体制
1	加密和解密使用相同的密钥	加密和解密使用不同密钥
2	密钥必须保密存放	私钥保密存放，公钥公开存放
3	通信前，收发双方必须实现密钥共享	通信前，收发双方无需实现密钥共享
4	主要应用于数据加/解密，可以实现数据保密性等安全服务	可应用于数据加/解密、数字签名、密钥交换等方面，实现数据保密、认证、数据完整性、不可否认性等安全服务
5	加/解密速度快，效率高	加/解密速度慢，效率低

如果一个有 n 个用户的系统，需要实现两两之间通信，分别采用对称密码体制和公钥密码体制所需要的密钥数量，可参见表 5-2。

表 5-2 n 个用户两两通信在对称密码体制和公钥密码体制所需要的密钥数量

用户序号	对称密码体制	公钥密码体制
用户 1	$K_{1-2}, K_{1-3}, \cdots, K_{1-n}$	n 个用户公钥，用户 1 自己的私钥
用户 2	$K_{2-1}, K_{2-3}, \cdots, K_{2-n}$	n 个用户公钥，用户 2 自己的私钥
$\vdots$	$\vdots$	$\vdots$
用户 n	$K_{n-1}, K_{n-2}, \cdots, K_{n(n-1)}$	n 个用户公钥，用户 n 自己的私钥

从表 5-2 可以看出，n 个用户进行两两通信，如果采用对称密码体制，那么需要的密钥总数目为 $C(n, 2)=n(n-1)/2$。当用户量增大时，密钥空间急剧增大。但是如果采用公钥密码体制，那么 n 个用户之间实现两两通信，只需要 n 个公钥和 n 个私钥就可以了。可见，公钥密码体制与对称密码体制相比，大大减少了密钥数量，从而大大简化了密钥分配和管理。

虽然公钥密码体制在很多方面比对称密码体制有很大的优势，但是一个非常重要的事实有时会被误解：公钥 (非对称密钥)密码系统的出现并不会取代对称密钥(密钥)密码系统。原因就是非对称密钥密码系统是用数学函数进行加密和解密，比对称密钥密码系统要慢得多。对于大信息的加密，对称密钥密码系统还是需要的。另一方面，对称密钥密码系统在速度方面的优势也不能成为取消非对称密钥密码系统的理由。在公证、数字签名和密钥交换等方面还是需要非对称密钥密码系统的。这就表明，今天为了能够利用安全的各个方面，既需要对称密钥密码系统也需要非对称密钥密码系统。这两个系统是相互补充的。

5.1.4 公钥密码算法应满足的条件

假设消息的发送方为 Alice，要发送的明文消息为 m，消息接收方为 Bob。那么公钥密码算法应满足以下条件：

① 接收方 Bob 产生密钥对(公开钥 PK_B 和秘密钥 SK_B)在计算上是容易的。

② 发送方 Alice 用收方的公钥对消息 m 加密以产生密文 c，即 $c = E_{PK_B}[m]$ 在计算上

是容易的。

③ 接收方 Bob 用自己的秘钥对 c 解密，即 $m = D_{SK_B}[c]$ 在计算上是容易的。

④ 攻击者在窃密时即使知道 Bob 的公钥 PK_B，那么他由 Bob 的公钥 PK_B 求解 Bob 的私钥 SK_B 在计算上也是不可行的。

⑤ 攻击者在窃密时即使知道密文 c 和 Bob 的公钥 PK_B，那么攻击者由密文 c 和 Bob 的公钥 PK_B 恢复明文 m 在计算上也是不可行的。

⑥ 加密、解密的顺序可以交换，即

$$E_{PK_B}[D_{SK_B}(m)] = D_{SK_B}[E_{PK_B}(m)]$$

其中最后一条虽然非常有用，但并不是所有的算法都满足这个要求，目前已知的 RSA、椭圆密码体制都满足这个要求。

以上要求的本质之处在于要求一个陷门单向函数。所谓单向函数，人们认为有许多函数正向计算上是容易的，但其求逆计算在计算上是不可行的，也就是很难从输出推算出它的输入。即已知 x，我们很容易计算 $f(x)$。但已知 $f(x)$，却难于计算出 x。然而，一旦给出 $f(x)$ 和一些秘密信息 y，就很容易计算 x。在公开密钥密码中，计算 $f(x)$ 相当于加密，陷门 y 相当于私有密钥，而利用陷门 y 求 $f(x)$ 中的 x 则相当于解密。单向函数不能用作加密。因为用单向函数加密的信息是无人能解开它的。但可以利用具有陷门信息的单向函数构造公开密钥密码。陷门单向函数是一族可逆函数 f_k，满足以下特性：

① $Y=f_k(X)$ 易于计算(当 k 和 X 已知时)。

② $X=f_k^{-1}(Y)$ 易于计算(当 k 和 Y 已知时)。

③ $X=f_k^{-1}(Y)$ 计算上是不可行的(当 Y 已知但 k 未知时)。

因此，研究公钥密码算法就是要找出合适的陷门单向函数。

在物质世界中，这样的例子是很普遍的，如将挤出的牙膏弄回管子里要比把牙膏挤出来困难得多；燃烧一张纸要比使它从灰烬中再生容易得多；把盘子打碎成数千片碎片很容易，把所有这些碎片再拼成一个完整的盘子则很难。类似地，将许多大素数相乘要比将其乘积因式分解容易得多。数学上有很多函数看起来像单向函数，我们能够有效地计算它们，但至今未找到有效的求逆算法。人们把离散对数函数、RSA 函数作为单向函数来使用，然而，目前还没有办法从理论上通过严格的数学证明来表明这些所谓的单向函数的确为单向函数这一结论，即单向函数是否存在还是未知的。

公钥密码体制根据其所依据的数学难题，一般分为三类，这三类数学难题目前被国际公认为是安全和有效的：

① 大整数分解问题(Integer Factorization Problem，IFP)类，其中最典型的代表是 RSA 公钥密码体制。

② 离散对数问题(Discrete Logarithm Problem，DLP)类，如 ElGamal 公钥密码体制。

③ 椭圆曲线离散对数问题(Elliptic Curve Discrete Logarithm Problem，ECDLP)类，如 ECC 公钥密码体制。有时也把椭圆曲线离散对数问题类归为离散对数问题类。

自公钥加密问世以来，学者们提出了许多种公钥加密方法，它们的安全性都是基于上面几类复杂的数学难题。对某种数学难题，如果利用通用的算法计算出秘钥的时间越长，那么基于这一数学难题的公钥加密系统就被认为越安全。

人们已经研究出的公钥密码算法：基于大整数分解问题的公钥密码体制、基于有限域中的离散对数问题、基于代数编码系统的 Mceliece 公钥密码算法、基于有限自动机的公开密钥技术、基于椭圆曲线的公开密钥密码技术。其中，除了椭圆曲线公钥密码算法是在椭圆曲线上进行运算之外，其余各公钥密码算法均在有限域上进行。

5.1.5　公钥密码体制的安全性分析

和对称密码体制一样，公钥密码体制不是无条件安全的，这里只研究公钥体制的计算安全性。

公钥密码体制的安全性基于一些陷门单向函数(如大整数分解问题、离散对数问题、椭圆曲线离散对数问题)，如果不知道陷门，那么这些单向函数的求逆在计算上是不可行的。

和对称密码体制一样，公钥密码体制如果密钥太短，那么它也容易受到穷搜索攻击(Exhaustive Search)。穷搜索在理论上是能够破解公钥密码的。因此，公钥密码体制的密钥必须足够长才能有效地抗击穷搜索攻击。然而，另一方面，由于公钥密码体制所使用的可逆函数的计算复杂性与密钥长度常常不是呈线性关系，因此，公钥密码体制与对称密码体制相比，公钥加/解密的速度比较慢，它们可能要比同等强度的对称密码算法慢 10~100 倍。当加密较短的消息时，这种速度上的差异表现得并不十分明显，但若加密较长的消息，公钥密码加/解密的速度是无法忍受的。要想让公钥算法取得与对称密钥算法相同的安全强度，就必须使用更长的密钥。事实上，每种密码算法都需要特定长度的密钥才能达到一定的安全级别，然而如果密钥的长度太大会导致计算量急剧增大，使得加解密运算太慢而不实用。因此公钥密码体制目前主要用于小规模的数据加密、数字签名和密钥管理。

5.2　RSA 密码体制

5.2.1　RSA 算法概述

1978 年，美国麻省理工学院(MIT)的研究小组成员：李维斯特(Rivest)、沙米尔(Shamir)、艾德曼(Adleman)(见图 5-4)发表了著名的论文 "A Method for Obtaining Digital Signature and Public-Key Cryptosystems"(获得数字签名和公开密钥密码系统的一种方法)，并提出了一种基于公钥密码体制的优秀加密算法——RSA 算法。RSA 是由他们名字的首字母的组合命名，以他们对公开密钥密码的贡献而载入密码学的史册。2003 年的图灵奖授予 RSA 算法的三位发明人，是对他们贡献的再一次褒奖。在 RSA 算法中，它使用广为公开的公钥进行加密通信，密文只能被持有与之相配的私钥的人解开。

RSA 算法是一种分组密码体制算法，其理论基础是一种特殊的可逆模指数运算，其安全性基于数论中大整数分解的困难性。大整数分解问题可以被表述为：已知整数 n 是某两个素数的积，即 $n=p \cdot q$，求解 p、q 的值。RSA 的安全性依赖于大整数的因子分解，但并没有从理论上证明破译 RSA 的难度与大数分解难度等价。也就是说 RSA 算法存在着一个重大的缺陷，其安全性一直未能得到理论上的证明，但也不能否定其安全性，因为大整数分解是计算上困难的问题，目前还不存在一般性的有效解决算法。

图 5-4　RSA 算法的三位发明者

　　RSA 算法是第一个既能用于数据加密也能用于数字签名的算法,它易于理解和操作。RSA 是被研究得最广泛的公钥算法,从提出到现在已经 30 多年,经历了各种攻击的考验,逐渐为人们接受,RSA 是迄今理论上最为成熟完善的一种公钥密码体制,得到了世界上的最广泛的应用。RSA 密码体制发表后,RSA 的三个创始人申请了专利,并于 1982 年在美国利福利尼州红杉市正式成立了自己的公司——RSA Data Security(数据安全有限公司),是全球信誉卓著的网络安全服务提供商。这是全球第一家研发公钥密码产品的公司,并成为公钥密码产品行业的领头企业,在密码学界产生了极大的影响。从 1991 年起,他们相继推出了一系列公开密钥密码标准(Public-Key Cryptography Standards,PKCS),被引为业界标准,如 IETF、ANSI 标准都兼容了 PKCS。值得一提的是,由于美国国家安全局一直没有介入公钥密码的标准化工作,所以 PKCS 已经成为事实上的美国国家标准和国际标准。ISO 在 1992 年颁布的国际标准 X.509 中,将 RSA 算法正式纳入国际标准,目前多数公司使用的是 RSA 公司的 PKCS 系列。1999 年美国参议院已通过了立法,规定电子数字签名与手写签名的文件、邮件在美国具有同等的法律效力。

5.2.2　RSA 算法描述

　　在 RSA 密码体制中,每个用户都拥有两个密钥:公钥 PK={e, n}和私钥 SK={d, n}。公钥 PK={e, n}用于加密,也称为加密密钥,可以在网络、电话簿等媒体上进行公布。私钥 SK={d, n}用于解密,也称为解密密钥,必须保密。每个用户把加密密钥 PK 公开,使得系统中的任何其他用户都可以使用,而对解密密钥 SK 中的 d 则必须严格保密。

1．密钥生成

下面讨论 RSA 公钥密码体制中的每个参数是如何计算的。

(1) 选取两个保密的大素数 p 和 q (p 和 q 一般为 100 位以上的十进制数)。

(2) 计算 $n=p \times q$。n 称为 RSA 算法的模数。

(3) $\phi(n)=(p-1)(q-1)$,其中 $\phi(n)$ 是 n 的欧拉函数值。

(4) 选取一个随机整数 e(即加密密钥),使之满足 $1<e<\phi(n)$,且 $\gcd(\phi(n)$, $e)=1$。

(5) 计算解密密钥 d,满足 $d*e \equiv 1 \bmod \phi(n)$,即 d 是 e 在模 $\phi(n)$ 下的乘法逆元,因 e

与 $\phi(n)$ 互素，由模运算可知，它的乘法逆元一定存在。

(6) 以 PK=$\{e, n\}$ 为公钥并公布，SK=$\{d, n\}$ 为私钥并保留。此时，p, q 不再需要，可以销毁。

2. 加密

加密时首先将明文比特串分组，使得每个分组对应的十进制数小于 n，即分组长度小于 $\log_2 n$。然后对每个明文分组 m_i 做一次加密运算，所有分组的密文构成的序列即是原始消息的加密结果。即 m_i 满足 $0 \leq m_i < n$，设 c_i 为分组信息 m_i 加密后的密文，则加密算法为

$$c_i = m_i^e \bmod n$$

c_i 为密文，且 $0 \leq c_i < n$。

3. 解密

解密时对每一个密文分组 $c_i (0 \leq c_i < n)$ 的解密算法为

$$m_i = c_i^d \bmod n$$

下面证明 RSA 算法中解密过程的正确性。

证明：由加密过程知 $c \equiv m^e \bmod n$，所以

$$c^d \bmod n \equiv m^{ed} \bmod n \equiv m^{1 \bmod \phi(n)} \bmod n \equiv m^{k\phi(n)+1} \bmod n$$

下面分两种情况：

(1) m 与 n 互素，则由欧拉定理得

$$m^{\phi(n)} \equiv 1 \bmod n, \quad m^{k\phi(n)} \equiv 1 \bmod n, \quad m^{k\phi(n)+1} \equiv m \bmod n$$

即 $c^d \bmod n \equiv m$。

(2) $\gcd(m, n) \neq 1$，先看 $\gcd(m, n)=1$ 的含义，由于 $n=pq$，所以 $\gcd(m, n)=1$ 意味着 m 不是 p 的倍数也不是 q 的倍数。因此 $\gcd(m, n) \neq 1$ 意味着 m 是 p 的倍数或 q 的倍数，不妨设 $m=cp$，其中 c 为一正整数。此时必有 $\gcd(m, q)=1$，否则 m 也是 q 的倍数，从而是 pq 的倍数，与 $m<n=pq$ 矛盾。

由 $\gcd(m, q)=1$ 及欧拉定理得

$$m^{\phi(q)} \equiv 1 \bmod q$$

所以

$$m^{k\phi(q)} \equiv 1 \bmod q, \quad [m^{k\phi(q)}]^{\phi(p)} \equiv 1 \bmod q, \quad m^{k\phi(n)} \equiv 1 \bmod q$$

因此存在一整数 r，使得 $m^{k\phi(n)}=1+rq$，两边同乘以 $m=cp$ 得

$$m^{k\phi(n)+1}=m+rcpq=m+rcn$$

即 $m^{k\phi(n)+1} \equiv m \bmod n$，所以 $c^d \bmod n \equiv m$。

5.2.3 RSA 的安全性分析

RSA 的安全性是基于数论中大整数分解的困难性的假定，之所以为假定是因为至今还未能证明分解大整数就是 NP 问题，也许存在大整数分解的多项式时间分解算法，但至今为止人们尚未发现任何有效的大整数分解算法。如果 RSA 的模数 n 被成功地分解为 $p \times q$，则立即获得 $\phi(n)=(p-1)(q-1)$，从而能够确定 e 模 $\phi(n)$ 的乘法逆元 d，即 $d \equiv e-1 \bmod \phi(n)$，因此攻击成功。RSA 的安全性取决于大整数模 n 分解因子的困难性，虽然人们还

从消息破译、密钥空间选择等角度提出了一些针对 RSA 算法的不用分解模数 n 的其他攻击方法，比如公模攻击、低加密指数攻击、定时攻击等，但这些算法攻击成功的概率非常低。特别要说明的是，共模攻击和低指数攻击并不是因为 RSA 算法本身存在缺陷，而是由于参数选择不当而造成的。

随着人类计算能力的不断提高，原来被认为是不可能分解的大数已被成功分解。例如，RSA-129(n 为 129 位十进制数，约 428bit)已在网络上通过分布式计算历时 8 个月于 1994 年 4 月被成功分解；RSA-130 已于 1996 年 4 月被成功分解；RSA-140 已于 1999 年 2 月被成功分解；RSA-155(512bit)已于 1999 年 8 月被成功分解，得到了两个 78 位(十进制)的素数。 对于大整数的威胁除了人类的计算能力外，还来自分解算法的进一步改进。分解算法过去都采用二次筛法，如对 RSA-129 的分解。而对 RSA-130 的分解则采用了一个新算法，称为推广的数域筛法，该算法在分解 RSA-130 时所做的计算仅比分解 RSA-129 时多 10%。将来也可能还有更好的分解算法，总之，随着硬件资源的迅速发展和因数分解算法的不断改进，为保证 RSA 公开密钥密码体制的安全性，最实际的做法是不断增加模 r 的位数。因此在使用 RSA 算法时对其密钥的选取要特别注意其大小。估计在未来一段比较长的时期，密钥长度介于 1024～2048bit 之间的 RSA 是安全的。就目前的计算机水平用 1024 位的密钥是安全的，2048 位是绝对安全的。RSA 实验室认为，512 位的 n 已不够安全，应停止使用，现在的个人需要用 668 位的 n，公司要用 1024 位的 n，极其重要的场合应该用 2048 位的 n。

如果用 MIPS 年来表示每秒钟执行一百万条指令的计算机计算一年时间的计算量，表 5-3 给出了不同比特长度的整数的因子分解所需要的时间。

为了保证 RSA 算法的安全性，一般对 p 和 q 提出以下要求：

① p、q 长度差异尽量小一些，即$|p-q|$必须很小。

② $p-1$ 和 $q-1$ 都应该有大素数因子。

③ $\gcd(p-1,\ q-1)$应很小。

表 5-3 不同比特长度的整数的因子分解所需要的时间

密钥长度/bit	所需时间/MIPS 年
512	3×10^4
768	2×10^8
1024	3×10^{11}
2048	3×10^{20}

满足这些条件的素数称作安全素数。此外，研究结果表明，如果 $e<n$ 且 $d<n^{1/4}$，则 d 能被很容易地确定。

RSA 的缺点主要有：

(1) 产生密钥很麻烦，受到素数产生技术的限制，因而难以做到一次一密。

(2) 分组长度太大，为保证安全性，n 至少也要 600bit 以上，使运算代价很高，尤其是速度较慢，较对称密码算法慢几个数量级；且随着大数分解技术的发展，这个长度还在增加，不利于数据格式的标准化。目前，SET(Secure Electronic Transaction)协议中要求 CA 采用 2048bit 长的密钥，其他实体使用 1024bit 的密钥。

(3) RSA 的速度由于进行的都是大数计算，使得 RSA 最快的情况也比 DES 慢 100 倍，无论是软件还是硬件实现，速度一直是 RSA 的缺陷。一般来说只用于少量数据加密。RSA 与 DES 的优缺点正好互补。RSA 的密钥很长，加密速度慢，而采用 DES，正好弥补了 RSA 的缺点。即 DES 用于明文加密，RSA 用于 DES 密钥的加密。由于 DES 加密速度快，适合加密较长的报文；而 RSA 可解决 DES 密钥分配的问题。美国的保密增强邮件(PEM)就是采用了 RSA 和 DES 结合的方法，目前已成为 E-mail 保密通信标准。

5.2.4　RSA 算法应用举例

为了使读者更好地理解 RSA 的工作原理，下面通过一个完整的实例来说明 RSA 加密、解密的全过程。

为了便于计算，在以下实例中只选取小数值的素数 p，q 以及 e，假设用户 Alice 需要将明文"beijing"通过 RSA 算法加密后传递给用户 Bob，过程如下：

1．密钥生成阶段，计算公钥(e, n)和私钥(d, n)

用户 Bob 选取 $p=3$，$q=11$，得出 $n=p \times q=3 \times 11=33$；$\phi(n)=(p-1)(q-1)=2 \times 10=20$；选取一个随机整数 $e=3$(满足 $1<e<\phi(n)$，且 $\gcd(\phi(n), e)=1$)，则 $e \times d \equiv 1 \bmod \phi(n)$，即 $3 \times d \equiv 1 \bmod 20$。因为 $7 \times 3=21=1 \times 21+1$，所以 d 为 7。因此，公钥为 PK=$\{e, n\}$=$\{3, 33\}$，并通过公共媒体公开。私钥为 SK=$\{d, n\}$=$\{7, 33\}$，用户 Bob 自己保留。此时，p，q 不再需要，可以销毁。

2．英文数字化

将明文信息数字化，并将每块两个数字分组。假定明文英文字母编码表为按字母顺序排列数值，如表 5-4 所示。

表 5-4　明文英文字母编码表

字母	a	b	c	d	e	f	g	h	i	j	k	l	m
码值	01	02	03	04	05	06	07	08	09	10	11	12	13
字母	n	o	p	q	r	s	t	u	v	w	x	y	z
码值	14	15	16	17	18	19	20	21	22	23	24	25	26

则得到分组后明文"beijing"的信息为：02，05，09，10，09，14，07。

3．明文加密

用户 Alice 通过公开媒体查询到用户 Bob 的公钥(加密密钥)PK= $\{3, 33\}$，将数字化明文分组信息加密成密文。由 $c \equiv m^e (\bmod n)$ 得

$$c_1 \equiv E_{PK_{Bob}}(m_1) = m_1^{\ e}(\bmod n) = 02^3(\bmod 33) = 8$$

$$c_2 \equiv E_{PK_{Bob}}(m_2) = m_2^{\ e}(\bmod n) = 05^3(\bmod 33) = 26$$

$$c_3 \equiv E_{PK_{Bob}}(m_3) = m_3^{\ e}(\bmod n) = 09^3(\bmod 33) = 3$$

$$c_4 \equiv E_{PK_{Bob}}(m_4) = m_4^{\ e}(\bmod n) = 10^3(\bmod 33) = 10$$

$$c_5 \equiv E_{PK_{Bob}}(m_5) = m_5^{\ e}(\bmod n) = 09^3(\bmod 33) = 3$$

$$c_6 \equiv E_{PK_{Bob}}(m_6) = m_6^{\ e}(\bmod n) = 14^3(\bmod 33) = 5$$

$$c_7 \equiv E_{PK_{Bob}}(m_7) = m_7^{\ e}(\bmod n) = 07^3(\bmod 33) = 13$$

则 $c \equiv E_{PK_{Bob}}(m) = (08\ 26\ 03\ 10\ 03\ 05\ 13)$，它对应的密文为 c=hzcjcem，然后 Alice 把这个密文发送给 Bob。

4．密文解密

用户 Bob 收到 Alice 发送来的密文，若将其解密，只需要利用他自己知道的私钥计算 $m \equiv c^d (\bmod\, n)$，即

$$m_1 \equiv D_{\mathrm{SK_{Bob}}}(c_1) = c_1^d (\bmod\, n) = 08^7 (\bmod\, 33) = 2$$

$$m_2 \equiv D_{\mathrm{SK_{Bob}}}(c_2) = c_2^d (\bmod\, n) = 26^7 (\bmod\, 33) = 5$$

$$m_3 \equiv D_{\mathrm{SK_{Bob}}}(c_3) = c_3^d (\bmod\, n) = 03^7 (\bmod\, 33) = 9$$

$$m_4 \equiv D_{\mathrm{SK_{Bob}}}(c_4) = c_4^d (\bmod\, n) = 10^7 (\bmod\, 33) = 10$$

$$m_5 \equiv D_{\mathrm{SK_{Bob}}}(c_5) = c_5^d (\bmod\, n) = 03^7 (\bmod\, 33) = 9$$

$$m_6 \equiv D_{\mathrm{SK_{Bob}}}(c_6) = c_6^d (\bmod\, n) = 05^7 (\bmod\, 33) = 14$$

$$m_7 \equiv D_{\mathrm{SK_{Bob}}}(c_7) = c_7^d (\bmod\, n) = 13^7 (\bmod\, 33) = 7$$

则 $m \equiv D_{\mathrm{SK_{Bob}}}(c) = (02\ 05\ 09\ 10\ 09\ 14\ 07)$，根据上面的编码表将其转换为英文，又得到了恢复后它对应的明文为 $c =$ beijing，解密成功。

上面通过一个简单的例子来讲解了 RSA 算法的工作原理，但是在实际运用中要比这复杂得多，由于 RSA 算法的公钥、私钥的长度(模长度)要到 1024bit 甚至 2048bit 才能保证安全，因此，p、q、e 的选取以及公钥、私钥的生成，加密解密模指数运算等计算量往往非常大，都需要依靠高速的计算机通过一定的计算程序来完成。

5.3　椭圆曲线密码体制

5.3.1　椭圆曲线产生的数学背景、定义和运算

椭圆曲线的研究来自于椭圆积分：

$$\int \frac{\mathrm{d}x}{\sqrt{E(x)}}$$

的求解，其中 $E(x)$ 是 x 的三次多项式或者四次多项式，这样的积分不能用初等函数来表达，从而引出了椭圆曲线函数。

一般来讲，椭圆曲线即三次平滑代数平面曲线(Smooth Algebraic Plane Curve)，可在适当的坐标下，表达成 Weierstrass(维尔斯特拉斯，Karl Theodor Wilhelm Weierstrass，1815—1897)方程式：

$$y^2 + axy + by = x^3 + cx^2 + dx + e \tag{5-1}$$

其中，系数 a，b，c，d，e 可以定义在某个基域 F 上(这里的基域 F 可以是理数域、实数域、复数域，还可以是有限域 $\mathrm{GF}(p)$，椭圆曲线密码体制中用到的椭圆曲线都是定义在有限域上的)。同时定义中还包括一个称为无穷点或者零点的特殊元素，记为 O。图 5-5 是椭圆曲线的两个例子。

另外，需要特别指出的是，椭圆曲线的形状实际上并非完全是椭圆的，之所以称为椭圆曲线是因为它的曲线方程与计算椭圆周长的方程类似。

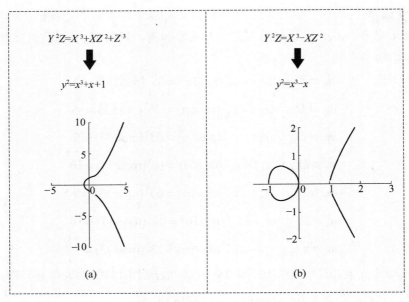

图 5-5　椭圆曲线示例

5.3.2　椭圆曲线的相关运算

1．基于实数域上的椭圆曲线及其相关运算

下面首先研究实数域上椭圆曲线的相关运算，并给出其相应运算的几何描述。

基于椭圆曲线上的实数域，通常用 F_R 表示，其中 F 表示域，R 表示实数。

椭圆曲线上的加法运算定义如下：如果椭圆曲线上的三个点位于同一直线上，那么它们的和为 O。O 也就等价于加法群中的单位元——零点。

在实数域下，椭圆曲线上的所有点，再加上一个无穷远点——零点，就构成一个加法群。阿贝尔 (Abel) 发现了椭圆函数的加法定理，也称为阿贝尔加法群。

从这个定义出发，可以定义椭圆曲线的加法律 (加法法则) 如下：

(1) 与零点相加。O 为加法的单位元，对任意给定的实数 P (对应于椭圆曲线上的任何一点 P)，有 $P+O=P$。

(2) 与逆元相加。对任意给定的实数 $P=(x, y)$ (对应于椭圆曲线上的任何一点 $P=(x, y)$，它的加法逆元 (点 P 的对称点) 为 $-P=(x, -y)$。注意到这里有 $(-P)+P=P+(-P)=P-P=O$。它的几何意义如图 5-6 所示。

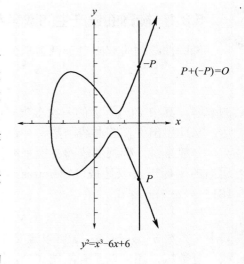

图 5-6　椭圆曲线加法的
几何意义 (与逆元相加)

我们可以得到这样一个结论，过点 $P=(x, y)$ 和对称点 $-P=(x, -y)$ 作直线 L，直线 L 与

116

y轴平行，与曲线相交于无穷远点。

这是因为 P_1、P_2 的连线延长到无穷远时，得到椭圆曲线上的另一点 O，即椭圆曲线上的三点 P_1、P_2、O 共线，所以 $P_1+P_2+O=O$，$P_1+P_2=O$，即 $P_2=-P_1$。由 $O+O=O$，还可得 $O=-O$。

(3) 两点相加。对于任意两点 P、Q，且 P、$Q \in E(F_R)$，如果 $P=(x_1, y_1)$，$Q=(x_2, y_2)$，$P+Q=(x_3, y_3)$，则有

$$\begin{cases} x_3 = \lambda^2 - x_1 - x_2 \\ y_3 = \lambda(x_1 - x_3) - y_1 \end{cases}$$

其中

$$\lambda = \begin{cases} \dfrac{y_2 - y_1}{x_2 - x_1} & (P \neq Q) \\[2mm] \dfrac{3x_1^2 + a}{2y_1} & (P = Q) \end{cases}$$

下面分两种情况 $P=Q$ 或 $P \neq Q$ 介绍 (x_3, y_3) 的求法。

① 当 $P \neq Q (x_1 \neq x_2)$ 时，两点的加法运算如图 5-7 所示，椭圆曲线 E 为 $y^2=x^3+ax+b$，直线 L 过点 $P=(x_1, y_1)$，$Q=(x_2, y_2)$，直线 L 的方程为 $y = \lambda x + n$，则有

$$\lambda = \frac{y_2 - y_1}{x_2 - x_1}$$
$$n = y_1 - \lambda x_1$$

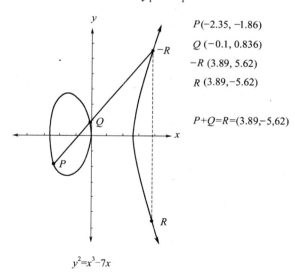

$P(-2.35, -1.86)$
$Q(-0.1, 0.836)$
$-R(3.89, 5.62)$
$R(3.89, -5.62)$

$P+Q=R=(3.89, -5,62)$

$y^2=x^3-7x$

图 5-7　椭圆曲线加法的几何意义(两个不同点相加)

代入 $y^2=x^3+ax+b$ 的椭圆曲线，并对上式整理得

$$x^3 - (\lambda x + n)^2 + ax + b = 0$$

设一元三次方程 $x^3 - (\lambda x + n)^2 + ax + b = 0$ 的三个根为 x_1、x_2、x_3，根据方程系数与其根的关系有

$$x_1 + x_2 + x_3 = \lambda^2$$

对上式进行整理得

$$x_3 = \lambda^2 - x_1 - x_2$$

将 $x_3 = \lambda^2 - x_1 - x_2$ 代入直线方程 $y = \lambda x + n$ 得

$$y_3 = \lambda(x_1 - x_3) - y_1$$

它的几何意义如图 5-7 所示 。

② 当 $P=Q(x_1 = x_2$ 且 $y_1 = y_2)$ 时，也称为点的自加，即点与自身相加。如图 5-7 所示，在图像上表示就是过点曲线的切线，则可求得椭圆曲线的切线方程，即可以通过以下步骤求得 λ。

对椭圆曲线 $y^2 = x^3 + ax + b$ 对 x 求导数得

$$2y\frac{\mathrm{d}y}{\mathrm{d}x} = 3x^2 + a$$

所以有

$$\frac{\mathrm{d}y}{\mathrm{d}x} = (3x^2 + a)/(2y)$$

得

$$\frac{\mathrm{d}y}{\mathrm{d}x}\Big|_{x=x_1} = (3x_1^2 + a)/(2y_1)$$

设过 P 点的切线方程 $y=\lambda x + n$，则有

$$\lambda = \frac{3x_1^2 + a}{2y_1}$$

当 $P=Q$ 时，$P+Q=2P$，即 $P+P=2P$。它的几何意义如图 5-8 所示。

(4) 倍点规则。在 P 点做椭圆曲线的一条切线，设切线与椭圆曲线交于点 S，定义 $2P=P+P=-S$。类似地可定义 $P+P+P= 2P+P=3P$(它的几何意义如图 5-9 所示)，等等。

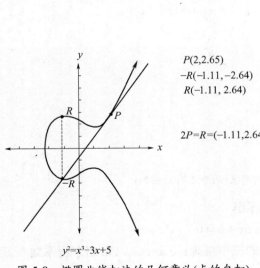

$P(2,2.65)$
$-R(-1.11,-2.64)$
$R(-1.11, 2.64)$

$2P=R=(-1.11,2.64)$

$y^2=x^3-3x+5$

图 5-8　椭圆曲线加法的几何意义(点的自加)

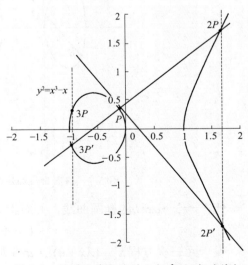

$y^2=x^3-x$

图 5-9　椭圆曲线加法的几何意义(点的倍加)

若有 k 个相同的点 P 相加，则称作点的倍加，记作 kP，即

$$\underbrace{P + P + \cdots + P}_{k\text{个}} = kP$$

以上定义的加法具有加法运算的一般性质，如交换律、结合律等。

【例 5.1】判断点 (4，7) 是否是椭圆曲线 $y^2 = x^3 - 5x + 5$ 方程所定义的实数范围内的点。

解：因为

$$(7)^2 = (4)^3 - 5 \times 4 + 5$$
$$49 = 64 - 20 + 5$$
$$49 = 49$$

所以点 (4，7) 是椭圆曲线上的点。

【例 5.2】设 $P = (x_1，y_1) = (0，-4)$，$Q = (x_2，y_2) = (1，0)$ 是在椭圆曲线 $y^2 = x^3 - 17x + 16$ 的点，试求 $P + Q = (x_3，y_3)$。

解：因为 $P \neq Q$

$$\lambda = (y_2 - y_1)/(x_2 - x_1) = (0 - (-4))/(1 - 0) = 4$$
$$x_3 = \lambda^2 - x_2 - x_1 = 16 - 1 - 0 = 15$$
$$y_3 = -y_1 + \lambda(x_1 - x_3) = 4 + 4(0 - 15) = -56$$

所以
$$(x_3，y_3) = P + Q = (15，-56)$$

【例 5.3】设 $P = (4，3.464)$ 是椭圆曲线 $y^2 = x^3 - 17x + 16$ 上的点，试求 $2P = (x_2，y_2)$。

解：因为

$$\lambda = (3x_1^2 + a)/(2y_P) = [3 \times 4^2 + (-17)]/(2 \times 3.464) = 31/6.928 = 4.475$$
$$x_2 = \lambda^2 - 2x_1 = (4.475)^2 - 2 \times 4 = 20.022 - 8 = 12.022$$
$$y_2 = \lambda(x_1 - x_2) - y_1 = -3.464 + 4.475(4 - 12.022) = -3.464 - 35.898 = -39.362$$

所以

$$(x_2，y_2) = 2P = (12.022，-39.362)$$

基于实数域的椭圆曲加法往往产生循环小数，精度不高且产生运算错误。

在实际的加密运算中，需要精度高，运算速度快，所以在实际的加密运算中人们是利用基于有限域或二进制域来实现加密。

2．基于有限域上的椭圆曲线及其相关运算

在密码学中普遍采用的是基于有限域的椭圆曲线，基于有限域的椭圆曲线是指曲线方程定义式(5-1)中，所有系数都是某一有限域 GF(p) 中的元素(其中，p 为一大素数)。其中最为常用的是由方程：

$$y^2 \equiv (x^3 + ax + b)(\bmod p) \qquad (a，b \in GF(p)，(4a^3 + 27b^2)(\bmod p) \neq 0) \qquad (5\text{-}2)$$

所定义的曲线。

例如，$p = 23$，$a = 1$，$b = 0$，$(4a^3 + 27b^2)(\bmod 23) \equiv 4 \neq 0$，式(5-2)为 $y^2 \equiv x^3 + x$，其图形是连续曲线。然而我们感兴趣的是曲线在第一象限中的整数点。设 $E_p(a，b)$ 表示式(5-2)所定义的椭圆曲线上的点集 $\{(x，y)|0 \leqslant x < p，0 \leqslant y < p，$ 且 $x，y$ 均为整数$\}$ 并上无穷远点 O。

【例 5.4】已知椭圆曲线方程 $y^2 = (x^3 + x)(\bmod p)$，则：

(1) 判断该方程是否满足域 GF(23)。

(2) 判断点(9，5)是否满足该方程。

(3) 满足该方程上的所有点 $E_{23}(1，0)$。

解：(1) 因为

$$p=23，a=1，b=0$$

所以

$$(4a^3+27b^2)(\bmod 23)\equiv(4\times1^3+27\times0^2)\bmod23=4\neq0$$

因此该方程不满足域 GF(23)。

(2) 由 $y^2 \bmod p =(x^3 + x) \bmod p$ 可得

$$5^2 \bmod 23 = (9^3 + 9)\bmod 23$$
$$25 \bmod 23 = 738 \bmod 23$$
$$2 = 2$$

所以点(9，5)满足方程。

(3) 首先判断对每一$x(0\leqslant x<p$ 且 x 为整数)计算$(x^3-ax+b)(\bmod p)$ 的值在模 p 下是否有平方根。计算结果如表 5-5 所示。

表 5-5　计算结果

x	(x^3+x) mod 23	是否为二次剩余	y
0	0	否	0
1	2	是	5, 18
2	10	否	
3	7	否	
4	22	否	
5	15	否	
6	15	否	
7	5	否	
8	14	否	
9	2	是	18, 10
10	21	否	
11	8	是	10, 13
12	15	否	
13	2	是	5, 18
14	21	否	
15	9	是	3, 20
16	18	是	8, 15
17	8	是	10, 13
18	8	是	10, 13
19	1	是	1, 22
20	16	是	4, 19
21	13	是	6, 17
22	21	否	
23	0	否	

满足该方程上的所有点的点集，可以记为 $E_{23}(1，0)$。本例中满足该方程总共有 24 个点(含无穷远点)，那么点集 $E_{23}(1，0)$ 可由表 5-6 和图 5-10 给出。

表 5-6　椭圆曲线上的点集 $E_{23}(1，0)$

(0，0)	(1，5)	(1，18)	(9，5)	(9，18)	(11，10)	(11，13)	(13，5)
(13，18)	(15，3)	(15，20)	(16，8)	(16，15)	(17，10)	(17，13)	(18，10)
(18，13)	(19，1)	(19，22)	(20，4)	(20，19)	(21，6)	(21，17)	无穷远点 O

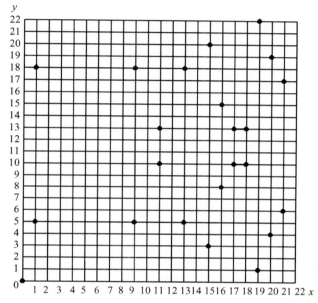

图 5-10　椭圆曲线上的点集 $E_{23}(1，0)$

一般来说，$E_p(a，b)$ 可由以下步骤产生：

① 对每-x($0 \leqslant x < p$ 且 x 为整数)，计算 $(x^3 + ax + b) \pmod p$。

② 决定①中求得的值在模 p 下是否有平方根，如果不存在，则曲线上没有与这-x 相对应的点；如果存在，则求出两个平方根($y=0$ 时只有一个平方根)。

与定义在实数域上的椭圆曲线的加法运算类似，可以将定义在有限域上的椭圆曲线 $E_p(a，b)$ 上的加法定义如下：

设 $P，Q \in E_p(a，b)$，则

① $P + O = P$。

② 如果 $P = (x，y)$，那么 $(x，y) + (x，-y) = O$，即 $(x，-y)$ 是 P 的加法逆元，表示为 $-P$。

由 $E_p(a，b)$ 的产生方式知，$-P$ 也是 $E_p(a，b)$ 中的点，如前述，$P = (9，2) \in E_{23}(1，0)$，$-P = (9，-2)$，而 $-2 \bmod 23 \equiv 21$，所以 $-P = (9，21)$，也在 $E_{23}(1，0)$ 中。

③ 设 $P = (x_1，y_1)$，$Q = (x_2，y_2)$，$P \neq -Q$，则通过代数方法可具体算出 $P + Q = (x_3，y_3)$，由以下规则确定

$$x_3 \equiv \lambda^2 - x_1 - x_2 \pmod p$$
$$y_3 \equiv \lambda(x_1 - x_3) - y_1 \pmod p$$

其中

$$\lambda = \begin{cases} \dfrac{y_2 - y_1}{x_2 - x_1} & (P \neq Q) \\[2mm] \dfrac{3x_1^2 + a}{2y_1} & (P = Q) \end{cases}$$

【例 5.5】已知有椭圆曲线 $E_{11}(1，6)$，设 $P=(2，7)$，$Q=(5，2)$，计算(1)$P+Q$；(2)$2P$。

解：因为

$$\lambda = \frac{y_2 - y_1}{x_2 - x_1} = \frac{7-2}{2-5}(\bmod 11) = 2$$
$$x_3 = 2^2 - 5 - 2(\bmod 11) = 8$$
$$y_3 = 2(5-8) - 2(\bmod 11) = 3$$

所以 $P+Q=(8，3)$，仍为 $E_{11}(1，6)$ 中的点。

另外，若求 $2P$，则

$$\lambda = \frac{3x_1^2 + a}{2y_1} = \frac{3 \cdot 2^2 + 1}{2 \cdot 7}(\bmod 11) = 8$$
$$x_3 = 8^2 - 2 - 2(\bmod 11) = 5$$
$$y_3 = 8(2-5) - 7(\bmod 11) = 2$$

所以 $2P=(5，2)$。

倍点运算仍定义为重复加法，如 $3P=P+P+P$，$4P=P+P+P+P$。

从例 5.5 看出，加法运算在 $E_{11}(1，6)$ 中是封闭的，且能验证还满足交换律。对一般的 $E_p(a，b)$，可证其上的加法运算是封闭的、满足交换律，同样还能证明其上的加法逆元运算也是封闭的，所以 $E_p(a，b)$ 是一个阿贝尔群。

5.3.3 椭圆曲线上的密码体制

椭圆曲线已经研究了很多年，积累了大量有价值的科研成果。1985 年，Neal Koblitz 和 V.S.Miller 分别提出将椭圆曲线用于公钥密码体制的设计。他们并没有发明有限域上使用椭圆曲线的新的密码算法，而是用椭圆曲线实现了已存在的公钥密码算法，如 Diffie-Hellman 算法。

椭圆曲线的吸引人之处在于提供了由"元素"和"组合规则"来组成群的构造方式。用这些群来构造密码算法具有完全相似的特性，但它们并没有减少密码分析的分析量。因为采用椭圆曲线就没有"平滑"的概念，也就是说，在一随机元素能以大的概率被一个简单算法表示的情况下，不存在小元素的集合。这样，离散对数算法的指数计算不起作用。有限域 GF(2^n) 和 GF(p) 上的椭圆曲线特别有趣，域上的算术运算器很容易构造，并且 n 在 130～200 位之间的实现相当简单。它们提供了一个更快的具有更小密钥长度的公开密钥密码系统。

椭圆曲线上的离散对数的计算要比有限域上的离散对数的计算更困难，能设计出密钥更短的公钥密码体制。它的根据是有限域上的椭圆曲线上的点群中的离散对数问题

(ECDLP)。这是比因子分解更难的问题，许多密码专家认为它是指数级的难度。从目前已知的最好求解算法来看，160bit 的椭圆曲线密码算法的安全性相当于 1024bit 的 RSA 算法。目前，国际上非常关注这类密码体制，一些研究机构和公司声称已经开发出了符合 IEEE P1363 标准的椭圆曲线公钥密码体制。

公钥密码算法总是要基于某个数学难题的。例如，RSA 算法依据的是大整数因子分解问题。同理，为了构造基于椭圆曲线的密码体制，就必须要找出椭圆曲线上的数学难题。

在椭圆曲线构成的阿贝尔群 $E_p(a, b)$ 上考虑方程 $Q=kG$，其中 G、Q 为椭圆曲线 $E_p(a, b)$ 上的点，$k<p$，则给定 k 和 G，根据加法法则，计算 Q 很容易。但反过来，给定 Q 和 G，求 k 就非常困难。

这就是椭圆曲线加密算法的数学依据，确保椭圆曲线可应用于公钥密码体制。

——点 G 称为基点(Base Point)或生成元。

—— $k(k<n)$ 为私有密钥。

—— Q 为公开密钥。

ElGamal 密码体制和 Diffie-Hellman 密钥交换是基于有限域上离散对数问题的公钥体制，下面考虑如何用椭圆曲线来实现这两种密码体制。

1. ElGamal 密码体制

1) ElGamal 密码体制的原理

密钥产生过程： 首先选择一素数 p 以及两个小于 p 的随机数 g 和 x，且 g 为模 p 的原根，计算 $y \equiv g^x \bmod p$。以(y, g, p)作为公开密钥，x 作为秘密密钥。

加密过程：设欲加密明文消息 M，随机选一与 $p-1$ 互素的整数 k，计算 $C_1 \equiv g^k \bmod p$，$C_2 \equiv y^k M \bmod p$，密文为 $C=(C_1, C_2)$。

解密过程：

$$M = \frac{C_2}{C_1^x} \bmod p$$

这是因为

$$\frac{C_2}{C_1^x} \bmod p = \frac{y^k M}{g^{kx}} \bmod p = \frac{y^k M}{y^k} \bmod p = M \bmod p$$

【例 5.6】假设 Alice 采用 ElGamal 密码体制，并选择素数 $p = 2579$，私钥 $x = 567$，且已知 GF(p) 的一个生成元 $g=2$。

(1) 计算 Alice 的公钥 y。

(2) 若 Bob 想秘密发送消息 $m = 1234$ 给 Alice，且他选择的随机数 $r = 359$，试给出 Bob 和 Alice 的加密和解密过程。

解：

(1) Alice 的公钥：

$$y = g^x \bmod p = 2^{567} \bmod 2579 = 633$$

(2) Bob 和 Alice 的加密和解密过程。

Bob 加密：

$$c_1 = g^r \bmod p = 2^{359} \bmod 2579 = 1514$$

$$c_2 = my^r \mod p = 1234 \times 633^{359} \mod 2579 = 1478$$

Alice 解密：

$$m = c_2(c_1{}^x)^{-1} \mod p$$
$$= 1478 \times (1514^{567})^{-1} \mod 2579$$
$$= 1478 \times (1623)^{-1} \mod 2579$$
$$= 1478 \times 116 \mod 2579$$
$$= 171448 \mod 2579$$
$$= 1234$$

2) 利用椭圆曲线实现 ElGamal 密码体制

首先选取一条椭圆曲线，并得 $E_p(a，b)$，将明文消息 m 通过编码嵌入到曲线上得点 P_m，再对点 P_m 做加密变换。具体的编码方法这里不做进一步介绍，请读者参考相关书籍。

取 $E_p(a，b)$ 的一个生成元 G，$E_p(a，b)$ 和 G 作为公开参数。

用户 A 选 n_A 作为秘密密钥，并以 $P_A = n_A G$ 作为公开密钥。任一用户 B 若想向 A 发送消息 P_m，可选取一随机正整数 k，产生以下点对作为密文：

$$C_m = \{kG，P_m + kP_A\}$$

A 解密时，以密文点对中的第二个点减去用自己的秘密密钥与第一个点的倍乘，即

$$P_m + kP_A - n_A kG = P_m + k(n_A G) - n_A kG = P_m$$

攻击者若想由 C_m 得到 P_m，就必须知道 n_A。而要得到 n_A，只有通过椭圆曲线上的两个已知点 G 和 $n_A G$，这意味着必须求解椭圆曲线上的离散对数，因此不可行。

【例 5.7】利用椭圆曲线实现 ElGamal 密码体制，取椭圆曲线 $E_{11}(1，6)$ 即椭圆曲线为 $y^2 \equiv x^3 + x + 6$ 的一个生成元 $G=(2，7)$，接收方 A 的密钥 $n_A = 7$，计算接收方 A 的公开密钥为 $P_A = n_A G = 7G = (7,2)$。假定发送方 B 已将欲发往 A 的消息嵌入到椭圆曲线上的点 $P_m=(10，9)$，B 选取随机数 $k=3$，那么发送方 B 可按如下步骤计算产生密文：

$$C_1 = kG = 3G = (8,3)$$
$$C_2 = P_m + kP_A = (10,9) + 3(7,2) = (10,2)$$

因此求得密文为

$$C_m = \{C_1, C_2\} = \{(8,3),(10,2)\}$$

接收方 A 从密文 C_m 恢复明文消息 P_m 的过程如下：

$$P_m = C_2 - n_A C_1 = (P_m + kP_A) - n_A(kG) = (10,2) - 7(8,3) = (10,9)$$

对 P_m 相应解码即可得到明文 m。

2. Diffie-Hellman 密钥交换方案

1) Diffie-Hellman 密钥交换方案的基本原理

密钥交换方案也称为密钥协商，它是指保密通信双方(或多方)通过公共信道的通信来交换信息，共同形成秘密密钥的过程。一个密钥交换(或协商)方案中，密钥的值是某个函数值，其输入量由两个(或多个)成员提供。密钥交换(或协商)的结果是参与交换(或协商)

的双方(或多方)都将得到相同的密钥,同时,所得到的密钥对于其他任何方都是不可知的。

Diffie-Hellman 密钥交换方案(Diffie–Hellman Key Exchange,迪菲-赫尔曼密钥交换方案,简称"D–H")是一种安全协议,也称为 Diffie-Hellman 密钥交换协议或 Diffie-Hellman 密钥分配方案,是 W. Diffie 和 M. Hellman 于 1976 年提出的第一个公钥密码算法,已在很多商业产品中得以应用。算法的唯一目的是使得素昧平生的通信双方能够在完全没有对方任何预先信息的条件下通过在不安全的公开信道中安全地交换密钥,得到一个共享的会话密钥,以便用于在后续的通信中作为对称密钥来加密通信内容,算法本身不能用于加密、解密。在 Diffie-Hellman 密钥交换方案中,通信双方不需要使用密钥分配中心(Key Distribution Center,KDC),就可以创建一个对称会话密钥。这个方案可以分成四个阶段来完成:

(1) 第一阶段,产生全局公开量。双方协商确定一个大素数 p 和一个模 p 的生成元。

在创建对称密钥之前,这两个机构要选择两个数 p 和 g。其中 p 是一个大素数,$g \in Z_p$ 是模 p 的本原根(生成元),p 和 g 作为全程公开的元素,不需要保密,它们可以通过互联网上的不安全信道发送,所有用户均可获取,并可为所有用户所共有。

(2) 第二阶段,双方各自选取密钥 X_A、X_B,并计算各自的公开密钥 Y_A、Y_B 的值。

① 用户 A 的密钥(公钥和私钥)产生:选择一个保密的随机大整数 X_A,$1 \leqslant X_A \leqslant p-1$,将 X_A 作为秘密密钥,然后计算 $Y_A = g^{X_A} (\bmod\, p)$。

② 用户 B 的密钥(公钥和私钥)产生:选择一个保密的随机大整数 X_B,$1 \leqslant X_B \leqslant p-1$,将 X_B 作为秘密密钥,然后计算 $Y_B = g^{X_B} (\bmod\, p)$。

(3) 第三阶段,双方交换公开密钥 Y_A、Y_B 的值。

① 用户 A:将前面的计算结果 Y_A 的值发送给用户 B。注意,用户 A 不发送保密随机数 X_A 的值,只是发送 Y_A 的值。

② 用户 B:将前面的计算结果 Y_B 的值发送给用户 A。注意,用户 B 不发送保密随机数 X_B 的值,只是发送 Y_B 的值。

(4) 第四阶段,求出会话秘钥。双方交换公开密钥之后,每个人计算共享的会话密钥如下:

① 用户 A 产生秘密密钥:计算 $K_A = Y_B{}^{X_A} (\bmod\, p)$。

② 用户 B 产生秘密密钥:计算 $K_B = Y_A{}^{X_B} (\bmod\, p)$。

可以证明,在第四阶段,用户 A 和用户 B 这两种计算所产生的结果是相同的,即 $K_A = K_B = K$ 计算出的结果就是用户 A 和用户 B 的共享的会话密钥。

证明如下:

$$
\begin{aligned}
K_A &= Y_B{}^{X_A} (\bmod\, p) \\
&= (g^{X_B} \bmod\, p)^{X_A} (\bmod\, p) \\
&= (g^{X_B})^{X_A} (\bmod\, p) \\
&= g^{X_B X_A} (\bmod\, p) \\
&= g^{X_A X_B} (\bmod\, p)
\end{aligned}
$$

$$= (g^{X_A})^{X_B} (\mathrm{mod}\ p)$$

$$= (g^{X_A} \mathrm{mod}\ p)^{X_B} (\mathrm{mod}\ p)$$

$$= (Y_A)^{X_B} (\mathrm{mod}\ p) = K_B = K$$

因此，K 是用户 A 和用户 B 计算出的一个共同的会话密钥，可以作为对称密码体制的密钥进行保密通信。用户 A 不知道用户 B 的秘密密钥 X_B，用户 B 也不知道用户 A 的秘密密钥 X_A，但是两个人求出来的会话密钥的值是相同的，至此，用户 A 和用户 B 完成了密钥的交换。

此外，由于用户 A 的秘密密钥 X_A 和用户 B 的秘密密钥 X_B 都是保密的，所以线路上的窃听者(攻击者)只能得到 p，g，Y_A，Y_B。攻击者要想得到 K，那么他必须要首先得到 X_A 或者 X_B 中的任何一个，而由 Y_A 求解 X_A 或者由 Y_B 求解 X_B，这就意味着攻击者需要求解离散对数问题，因此，攻击者求 K 是不可行的。

Diffie-Hellman 密钥交换算法的安全性依赖于这样一个事实：虽然计算以一个素数为模的指数相对容易，但计算离散对数却很困难。对于大的素数，计算出离散对数几乎是不可能的。

采用 Diffie-Hellman 密钥交换算法，通信双方根据各自的秘密信息计算出公开信息后，要把各自的公开信息传送给对方，再计算共享密钥。这个过程必须在保密通信前完成，也就是说双方在密文信息传送前要进行通信。其通信过程如图 5-11 所示。

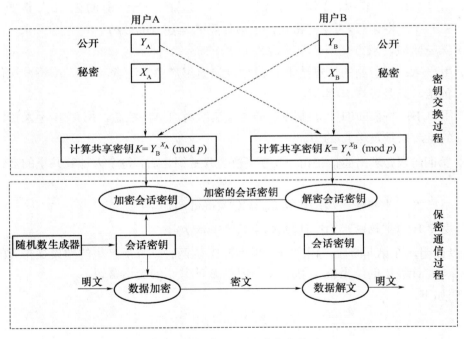

图 5-11　Diffie-Hellman 密钥交换过程

另外，需要特别指出的是，Diffie-Hellman 密钥交换方案必须结合实体认证才有用，否则会受到中间人侵入攻击。关于这方面的内容，请读者参考相关文献。

与用公钥加密的初始密钥分配方案相比，Diffie-Hellman 密钥分配方案的优点是限制

126

了密码系统遭遇的威胁对初始密钥的影响。如果用公钥加密，一旦密码系统被破解或初始密钥被威胁，那么所有被保护的初始密钥和所有被这些初始密钥保护的信息都将受到威胁。如果 Diffie-Hellman 方案分配的初始密钥受到威胁，那么只有用此初始密钥保护的信息受到威胁。

2）Diffie-Hellman 密钥交换方案示例

为了简单起见，我们在下面的例子中使用了很小的数字。

【例 5.8】设 $p=23$ 和 23 的一个本原元 $g=3$。用户 A 选择一个保密的随机数 $X_A = 6$ 作为秘密密钥，用户 B 选择一个保密的随机数 $X_B = 15$ 作为秘密密钥，然后按下列步骤求出会话密钥。

(1) 双方分别计算各自的公开密钥 Y_A、Y_B 的值。

用户 A：计算 $Y_A = g^{X_A} \bmod p = 5^6 \bmod 23 = 8$。

用户 B：计算 $Y_B = g^{X_B} \bmod p = 5^{15} \bmod 23 = 19$。

(2) 双方交换公开密钥 Y_A、Y_B 的值。

① 用户 A：将自己的公钥 Y_A 的值发送给用户 B。注意，用户 A 不发送保密随机数 X_A 的值，只是发送 Y_A 的值。

② 用户 B：将自己的公钥 Y_B 的值发送给用户 A。注意，用户 B 不发送保密随机数 X_B 的值，只是发送 Y_B 的值。

(3) 求出会话密钥。双方交换公开密钥之后，每个人计算共享的会话密钥如下：

① 用户 A：计算 $K_A = Y_B{}^{X_A} \bmod p = 19^6 \bmod 23 = 2$。

② 用户 B：计算 $K_B = Y_A{}^{X_B} \bmod p = 8^{15} \bmod 23 = 2$。

至此，通信双方 A 和 B 均采用 2 作为共享的会话密钥。而攻击从 $Y_A = 8$ 或者 $Y_B = 19$ 出发，计算出会话密钥 2 是很困难的。但是在这里为了讲解方便，所取的数字很小，因而，攻击者可以通过穷尽搜索得到。因此，为了使这个方案变得安全，必须使用非常大的 X_A、X_B 以及 p 的值，否则像本例中可以试验所有 $g^{X_A X_B} \bmod 23$ 的可能取值(总共有最多 22 个这样的值，就算 X_A 和 X_B 很大也无济于事)。 如果 p 是一个至少 300 位的质数，并且 X_A 和 X_B 至少有 100 位长，那么即使使用全人类所有的计算资源和当今最好的算法也不可能从 g、p 和 $g^{X_A} \bmod p$ 中计算出 X_A。这个问题就是著名的离散对数问题。注意，g 则不需要很大，通常只是个一位数，并且在一般的实践中通常是 2 或者 5。

3. 基于椭圆曲线的 Diffie-Hellman 密钥交换协议

前面讨论了关于 Diffie-Hellman 密钥交换协议的具体过程，下面介绍如何利用椭圆曲线来实现 Diffie-Hellman 密钥交换协议。

这个方案可以分成四个阶段来完成：

(1) 第一阶段，产生全局公开量 $E_p(a, b)$ 和 G。

首先取一个大素数和两个参数 a、b，则得式(5-2)表达的椭圆曲线及其上面的点构成的阿贝尔群 $E_p(a, b)$。然后，选取 $E_p(a, b)$ 的一个生成元 $G(x_1, y_1)$，要求 G 的阶是一个非常大的素数，G 的阶是满足 $nG=O$ 的最小正整数 n。$E_p(a, b)$ 和 G 作为公开参数。

(2) 第二阶段，双方各自选取密钥 n_A、n_B，并计算各自的公开密钥 P_A、P_B 的值。

① 用户 A 的密钥(公钥和私钥)产生：选择一个保密的随机整数 n_A，$1 \leqslant n_A \leqslant n$，将 n_A 作为秘密密钥，然后计算 $P_A = n_A G$ 产生 $E_p(a, b)$ 上的一点作为用户 A 的公开密钥。

② 用户 B 的密钥(公钥和私钥)产生：选择一个保密的随机整数 n_B，$1 \leqslant n_B \leqslant n$，将 n_B 作为秘密密钥，然后计算 $P_B = n_B G$ 产生 $E_p(a, b)$ 上的一点作为用户 B 的公开密钥。

(3) 第三阶段，双方交换公开密钥 P_A、P_B 的值。

① 用户 A：将自己的公开钥 P_A 的值发送给用户 B。注意，用户 A 不发送保密随机数 n_A 的值，只是发送公钥 P_A 的值。

② 用户 B：将自己的公钥 P_B 的值发送给用户 A。注意，用户 B 不发送保密随机数 n_B 的值，只是发送公钥 P_B 的值。

(4) 第四阶段，求出会话秘钥。双方交换公开密钥之后，每个人计算共享的会话密钥如下：

① 用户 A 产生秘密密钥：计算 $K_A = n_A P_B$。

② 用户 B 产生秘密密钥：计算 $K_B = n_B P_A$。

可以证明，在第四阶段，用户 A 和用户 B 这两种计算所产生的结果是相同的，即 $K_A = K_B = K$ 计算出的结果就是用户 A 和用户 B 的共享的会话密钥。

证明如下：

$$K_A = n_A P_B = n_A (n_B G) = n_B (n_A G) = n_B P_A = K_B = K$$

因此，K 是用户 A 和用户 B 计算出的一个共司的会话密钥，可以作为对称密码体制的密钥进行保密通信。用户 A 不知道用户 B 的秘密密钥 n_B，用户 B 也不知道用户 A 的秘密密钥 n_A，但是两个人求出来的会话密钥的值是相同的，至此，用户 A 和用户 B 完成了密钥的交换。

此外，由于用户 A 的秘密密钥 n_A 和用户 B 的秘密密钥 n_B 都是保密的，所以线路上的窃听者(攻击者)要想得到 K，那么他必须要首先得到 n_A 或者 n_B 中的任何一个，而由 P_A 求解 n_A 或者由 p_B 求解 n_B，这就意味着攻击者需要求解椭圆曲线上的离散对数问题，因此，攻击者求 K 是不可行的。

【例 5.9】设 $p=211$，$E_p(0，-4)$，即椭圆曲线为 $y^2=x^3-4$，$G=(2，2)$ 是 $E_{211}(0，-4)$ 的阶为 241 的一个生成元，即 $241G=O$。用户 A 选择一个保密的随机数 $n_A = 121$ 作为秘密密钥，用户 B 选择一个保密的随机数 $n_B = 203$ 作为秘密密钥，然后按下列步骤求出会话密钥：

(1) 双方分别计算各自的公开密钥 P_A、P_B 的值。

用户 A 的公钥：计算 $P_A = n_A G = 121(2,2) = (115,148)$。

用户 B 的公钥：计算 $P_B = n_B G = 203(2,2) = (130,203)$。

(2) 双方交换公开密钥 P_A、P_B 的值。

用户 A：将自己的公钥 P_A 的值发送给用户 B。注意，用户 A 不发送保密随机数 n_A 的值，只是发送 P_A 的值。

用户 B：将自己的公钥 P_B 的值发送给用户 A。注意，用户 B 不发送保密随机数 n_B 的值，只是发送 P_B 的值。

(3) 求出会话秘钥。双方交换公开密钥之后，每个人计算共享的会话密钥如下：

用户 A 产生秘密密钥：计算 $K_A = n_A P_B = 121(130,203) = (161,169)$ 。

用户 B 产生秘密密钥：计算 $K_B = n_B P_A = 203(115,148) = (161,169)$ 。

因此，$K_A = K_B = K = (161,169)$ 就是用户 A 和用户 B 共享的会话密钥。这个共享密钥是一对数。如果将这一密钥用作单钥加密的会话密钥，则可简单地取其中的一个，如取 x 坐标，或取 x 坐标的某一简单函数。

5.3.4 椭圆密码体制的优点

公钥密码体制根据其所依据的难题一般分为三类：大整数分解问题类、离散对数问题类、椭圆曲线类。有时也把椭圆曲线类归为离散对数类。

第六届国际密码学会议对应用于公钥密码系统的加密算法推荐了两种：基于大整数因子分解问题(IFP)的 RSA 算法和基于椭圆曲线上离散对数计算问题(ECDLP)的 ECC(椭圆密码体制)算法。RSA 算法的特点之一是数学原理简单、在工程应用中比较易于实现，但它的单位安全强度相对较低。目前用国际上公认的对于 RSA 算法最有效的攻击方法——一般数域筛(NFS)方法去破译和攻击 RSA 算法，它的破译或求解难度是亚指数级的。ECC 算法的数学理论非常深奥和复杂，在工程应用中比较难以实现，但它的单位安全强度相对较高。众所周知，解 DLP 有亚指数级算法，如通常的指标算法。而对于 ECDLP 而言，虽然经过许多优秀的数学家的努力，至今一直没有找到亚指数级算法用国际上公认的对于 ECC 算法最有效的攻击方法——Pollard rho 方法去破译和攻击 ECC 算法，它的破译或求解难度基本上是指数级的。正是由于 RSA 算法和 ECC 算法这一明显不同，使得 ECC 算法的单位安全强度高于 RSA 算法，也就是说，要达到同样的安全强度，选用 ECC 算法做加/解密以及数字签名时所需的密钥长度远比 RSA 算法低(见表 5-7 和图 5-12)。这就有效地解决了为了提高安全强度必须增加密钥长度所带来的工程实现难度的问题(见表 5-8)。

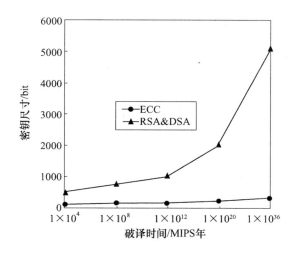

图 5-12 RSA&DSA 及 ECC 破译时间与密钥尺寸的关系

129

表 5-7　RSA 和 ECC 安全模长的比较

攻破时间/MIPS 年	RSA/DSA 密钥长度	ECC 密钥长度	RSA/ECC 密钥长度比
10^4	512	106	5：1
10^8	768	132	6：1
10^{11}	1024	160	7：1
10^{20}	2048	210	10：1
10^{78}	21000	600	35：1

表 5-8　RSA 和 ECC 速度比较

功　能	Security Builder 1.2 163 位 ECC(ms)	BSAFE3.0 1024 位 RSA(ms)
密钥对生成	3.8	4708.3
签名	2.1(ECNRA) 3.0(ECDSA)	228.4
认证	9.9(ECNRA) 10.7(ECDSA)	12.7
Diffie-Hellman 密钥交换	7.3	1654.0

5.3.5　椭圆密码体制的应用

随着大整数分解和并行处理技术的进展,当前采用的公钥体制必须进一步增长密钥,这将使其速度更慢、更加复杂。而 ECC 则可用较少的开销(所需的计算量、存储量、带宽、软件和硬件实现的规模等)和时延(加密和签字速度高)实现较高的安全性。特别适用于计算能力和集成电路空间受限(如 IC 卡)、带宽受限(如无线通信和某些计算机网络)、资源受限以及要求高速实现的情况。

ECC 特别适用于诸如:

(1) 无线 Modem 的实现:对分组交换数据网提供加密,在移动通信器件上运行 4MHz 的 68330CPU,ECC 可实现快速 Diffie-Hellman 密钥交换,并极小化密钥交换占用的带宽,计算时间从大于 60s 降到 2s 以下。

(2) Web 服务器的实现:在 Web 服务器上集中进行密码计算会形成瓶颈,Web 服务器上的带宽有限使带宽费用高,采用 ECC 可节省计算时间和带宽,且通过算法的协商较易于处理兼容性。

(3) 集成电路卡的实现:ECC 无需协处理器就可以在标准卡上实现快速、安全的数字签名,这是 RSA 体制难以做到的。ECC 可使程序代码、密钥、证书的存储空间极小化,数字帧最短,便于实现,大大降低了 IC 卡的成本。

5.3.6　椭圆密码体制安全性的实现

虽然目前对于 ECDLP 只有指数级算法,但是并非所有的椭圆曲线都能达到这一点。在具体将 ECC 用于实际中时,我们至少面临着如下的选择:

(1) 基本域的选择。通常只有两种考虑，即 $GF(2^n)$ 和 $GF(p)(p>3)$，由于最近出现了攻击 $GF(2^n)$ 上的 ECDLP 的方法，导致对 $GF(2^n)$ 中 n 的要求越来越严，例如，在 2000 年，Gaudry Hess 和 Smart 等人通过改进的 Weil 下降方法，使得对于 $GF(2^n)$ 上的 ECDLP，当 n 不是素数时，计算变得有效，基于这个理由，选择 $GF(p)$ 作为基本域。

(2) 如果选取 $GF(p)$ 作基域，如何选取 p。一般来说，为了算法实现的效率，p 可选取成梅森(Mersenne)素数或拟梅森素数。所谓拟梅森素数，即 $P=at+b$，其中 a，b 都是小整数。可以取其中一种，也可以选择随机素数 p。

(3) 曲线的选择。"好的"椭圆曲线才具有高度安全性，这是 ECC 的关键所在。大量的研究表明，特殊的椭圆曲线是有安全隐患的，因此，为了抗击各种攻击方法，曲线的选择至少要满足：

① E_p 不是超椭圆曲线($ap\neq0$)，这里的 ap 为 Frobenius 映射的迹。

② E_p 不是反常椭圆曲线($ap\neq1$)。

③ E_p 的阶(记为 $|E_p|$)包含有大的素因子(如要求大于 2160)。

④ $|E_p|$ 不能整除 $pk-1$(其中，$1\leqslant k\leqslant20$)。

上述对曲线的限制主要是由目前已知的攻击方法所决定的。这些攻击方法有：Pollig-Hellman 方法、Pollard 的 rho 方法、Weil 对和 Tate 对方法、Semeav-Satoh-Araki-Smart 方法、Mov 方法以及最近出现的 Gardry、Hess 和 Smart 等人的方法。这里，Pollig-Hellman 方法和 Pollard-rho 方法对于一般有限阿贝尔群上的离散对数问题都是有效的，但计算复杂度为指数级的。其它方法都只对特殊的椭圆曲线有效。比如，Mov 方法只对超椭圆曲线有效。在避免采用上述特殊的曲线后，为防范 Pollig-Hellman 方法和 Pollard-rho 方法的攻击，首先应有能力计算 E_p 的阶 $|E_p|$，最好将 $|E_p|$ 选为素数。

(4) 阶的计算。对于 $|E_p|$ 的计算有许多种方法。如：设 ap 为 Frobenius 映射的迹，对于任意的 $Q\in E_p$，由于 $|E_p|=p+1-ap$，可知 $(p+1)Q=apQ$，从上式出发，可以用 BSGS 方法计算出 ap 来，由于 $|ap|\leqslant2p1/2$；可知计算复杂度为 $O(p1/4+\varepsilon)$，当 $p>280$ 时，这一方法失效。

1985 年，Schoof 找到了计算 $|E_p|$ 的多项式算法，Schoof 方法的出发点为如下的公式：

$$\varphi^2 - ap\varphi + p = 0$$

式中，φ 为 Frobenius 映射。通过约化，利用除多项式的性质，Schoof 实现了他的算法，但是这一方法在实际计算中效率极低。其算法的复杂度为 $O(\log_8 p)$。从 1988 年至今，Atkin、Elkis 等人改进了 Schoof 算法，他们通过分析 E_p 上的同种映射，利用模多项式的性质，得出的方法称之为 SEA 方法，SEA 方法的概率复杂度为 $O(\log_6 p)$，因此，较之 Schoof 方法更为有效，Morain 等人利用这一方法，加之其他的改进措施，曾计算出 $p=10500$ 的 E_p 的阶来。

人们通过改进 SEA 方法，结合 BSGS 方法，对于计算 $|E_p|$ 作了许多工作，比如，当 p 为 160 位时，在 Pentium III 450 计算机上联网计算出 $|E_p|$ 来，所费时间为 10 多分钟，当然如果使用更多的技巧，还可以大大提高效率。

基于算阶方面的工作，选择的椭圆曲线具有如下的特点：

① 全随机的素数 p 和椭圆曲线。

② $|E_p|$ 为素数。

5.3.7 椭圆曲线国际标准

椭圆曲线密码系统已经形成了若干国际标准，它们涉及加密、签名、密钥管理等方面，包括：

(1) IEEE P1363 加密、签名、密钥协商机制。

(2) ANSI X9 椭圆曲线数字签名算法椭圆曲线密钥协商和传输协议。

(3) ISO/IEC 椭圆曲线 ElGamal 体制签名。

(4) IETF 椭圆曲线 DH 密钥交换协议。

(5) ATM Forum 异步传输安全机制。

(6) FIPS 186-2 美国政府用于保证其电子商务活动中的机密性和完整性。

第 3 部分

信息认证技术

第 1 章曾介绍过信息安全所面临的威胁主要来自两个方面：一方面是被动攻击，如对手通过侦听和截取等手段获取消息的内容、进行业务流分析等；另一方面是主动攻击，如对手通过对消息进行伪造、重放、篡改、乱序以及业务拒绝等。

相应地，在信息安全领域中，常见的信息保护手段大致可以分为加密和认证两类。加密是为了防止人获得机密信息，是用来抗击被动攻击的方法；认证(Authentication)即鉴别、确认，它是证实某事是否名副其实，或是否有效的一个过程，它是为了防止敌人的主动攻击的重要技术，对于保证开放环境中的各种信息系统的安全性具有重要的作用。认证注注是应用系统中安全保护的第一道防线，极为重要。认证的目的主要有两个：第一，验证信息的发送者是真实的，不是冒充的，这是实体认证，包括信源、信宿等的认证和识别；第二，验证信息的完整性，验证消息的内容是否遭到偶然或有意的篡改、消息的序号是否正确，消息到达的时间是否在指定的期限内。这种认证只在通信的双方之间进行，而不允许第三者进行上述认证。认证不一定实时，这就是消息认证，也就是验证数据在传送或者存储过程中没有被篡改、删除、插入、伪造、重放或者延迟等。

认证技术主要包括三个方面：消息认证、数字签名和身份认证。

(1) 消息认证(Message Authentication，也称为报文鉴别、消息鉴别)是一个过程，主要涉及验证消息的某个声称属性。它使得消息的接收者能够验证接收到的消息的来源的真实性(该消息是否的确是由它所声称的实体发送来的)和完整性(指验证所收到的消息和该消息被发送时是否相同，即是否被修改过，如消息是否未被篡改、插入和删除)，同时还可以验证消息的顺序性和时间性(指消息是否未被重排、重放和延迟)。

(2) 数字签名是一种取代手写签名的电子签名技术，它也是一种特殊的认证技术，数字签名模拟文件中的亲笔签名或印章以保证文件的真实性，在身份认证、数据完整性和不可否认性等方面有着不可替代的作用。

(3) 身份认证又称为身份鉴别、身份识别、实体认证等，是用于鉴别用户的身份是否是合法用户，验证主体的真实身份与其所声称的身份是否符合的过程，即证实某个人是否是他所声称的那个实体。这里的实体可以是一个人，也可以是一个进程(客户或者服务器等)。身份认证的目的是使其他成员(验证者)获得对声称者所声称的事实的信任。身份认证是获得系统服务所必须通过的第一道关卡。身份认证的结果只有两个：符合或者不符合。

　　数字签名和鉴别技术的一个最主要的应用领域就是身份认证。在当今的网络应用环境中，网络资源的安全性保障通常采用基于用户身份的资源访问控制策略。身份认证的作用是对用户的身份进行鉴别，是网络安全管理的重要基础之一。身份认证作为网络安全中的一种重要技术手段，能够保护网络中的数据和服务不被未授权的用户所访问。

　　本部分主要介绍了认证技术的三个方面：消息认证、数字签名和身份认证。

第6章 消息认证

6.1 消息认证概述

6.1.1 基本的认证系统模型

在早期,人们普遍认为保密和认证是内在关联的。但随着 Hash 函数和数字签名的发现,人们才意识到保密和认证同时是信息系统安全的两个方面,但它们是两个不同属性的问题,认证不能自动提供保密性,而保密性也不能自然提供认证功能。认证的主要目的是用以确保接收消息的接收者能够确认消息的真实性以及消息的完整性。一个基本的认证系统模型如图 6-1 所示。

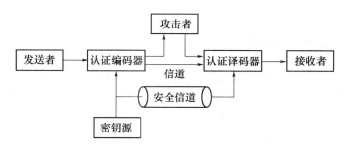

图 6-1 基本的认证系统模型

认证系统模型由认证编码器、密钥源和认证译码器三部分组成。认证编码器对发送的消息产生认证码。密钥源通常预先协商、通过安全信道分配密钥。认证译码器对接收到的消息进行验证。

消息认证过程:首先,由发送方的认证编码器对发出的消息生成认证信息,然后,发送者(信源)将消息和认证信息一起通过公开信道发送给接收方。接收者不仅要接收到消息本身,而且还要验证消息是否来自合法的发送者以及消息是否被篡改,因此,接收方收到消息和认证信息后,由认证译码器验证消息的合法性,如果消息合法便接收,否则将其丢弃。

实际应用中的认证系统还要防止收、发之间的相互欺诈,这些内容将在后面学习。

6.1.2 消息认证的定义

消息认证就是使意定的接收者能够检验收到的消息是否真实和完整。消息认证的内容应该包括:证实消息的信源和信宿;消息内容是否曾受到偶然或有意的篡改;消息的序号和时间性是否正确。

总之，消息认证使接收者能识别信息源、信息内容的真伪、时间性和意定的信宿。这种认证只是在相互通信的双方之间进行，而不允许第三者进行上述认证。认证不一定是实时的，如存储系统和电子邮件系统。

使用加密就可达到报文鉴别的目的。但由于加密的效率比较低，而且在网络应用中，许多消息并不需要加密。例如：通知网络上的所有用户有关网络的一些状况，或者网络控制中心的警告信号等。

在网络环境中，攻击者可能会发起以下攻击：冒充发送方发送一条虚假的消息、冒充接收方给信息的发送方发送收到或者未收到消息的应答，插入、删除或者修改消息的内容，修改消息的顺序以及延时或者重放消息等。因此，消息认证必须使得通信方能够验证每份消息的发送方、接收方、消息内容和时间性的真实性和完整性。也就是说，通信方应该能够确定消息是确实由意定的发送方发出的，消息传送给意定的接收方，在传送过程中消息的内容没有被篡改或者发生错误，消息按确定的次序正确接收了。如何能让信息的接收者来有效地认证没有加密的消息来源的真实性和完整性，这正是消息认证的目的和作用。

在网络的应用中，许多报文并不需要加密。应当使接收者能用很简单的方法鉴别消息的真伪。

6.1.3 消息认证的分类

从层次角度上来看，消息认证系统的功能一般可以划分成两个基本的层次。

(1) 认证算法：在较低的层次上，系统需要提供某种消息认证函数 f 来产生一个用于实现消息认证的认证符。认证符(Authenticator)，也称为识别码，是一个根据消息或者报文计算出来的值，信源端和目的端利用消息认证函数 f 来进行消息认证。一般由消息的发送方产生认证符，并传递给接收方。

(2) 认证协议：消息的接收者通过认证协议完成对接收到的消息的合法性鉴别和认证，底层的认证函数通常作为一个原语，为高层认证协议的各项功能提供服务。

由此可见，在消息认证系统中，系统的认证函数 f 是决定消息认证系统特性的主要因素。根据认证符的生成方式，在消息认证方案中所采用的认证函数可以分为三类：

① 消息加密函数(Message Encryption)：用完整信息的密文本身充当认证信息来实现信息的认证。

② 消息认证码(Message Authentication Code，MAC)：是明文消息在加密密钥的控制下对信源消息的一个编码函数。它是以消息和密钥作为输入的公开函数产生的认证信息，产生定长的输出，也称"消息摘要"或"报文摘要"，用以实现对消息的认证。

③ 散列函数 (Hash Function，也常写作 Hash 函数)：是一个公开的函数，它将任意长的信息映射成一个固定长度的信息(称为散列值)来作为认证信息(无需密钥)，并以散列值作为认证符。

相应的消息认证方案也可以分为三类：采用消息加密函数的消息认证方案、采用消息认证码的消息认证方案和采用散列函数的消息认证方案。

6.2 几种不同的消息认证的实现方案

下面来介绍下几种不同的消息认证的实现方案。

6.2.1 采用消息加密函数的消息认证方案

这是一种基于信息加密方式的消息认证方案。因为信息加密机制本身就能提供一定的鉴别和认证的能力。下面分别对对称密钥加密体制和公开密钥加密体制进行分析。

1. 基于对称密钥加密体制的消息认证方案

基于对称密钥加密体制的消息认证方案如图 6-2 所示，这种方案所提供的认证和鉴别能力是非常容易理解的。假定消息的发送方 Alice 和消息的接收方 Bob 共享加密和解密的共同密钥 K。采用对称密码体制直接进行加密的方法，消息的发送者 Alice 利用密钥 K 和加密函数 $E_K( )$ 对消息 M 进行加密，形成密文 $X = E_K(M)$，然后发送给消息的接收者 Bob。由于加密密钥仅由 Alice 和 Bob 共享，因此，它显然能提供很好的保密性，其他人不能解密得出消息的明文。另一方面，如果接收者 Bob 收到的密文 X 可以利用密钥 K 和解密函数 $D_K( )$ 正确解密，从而得到明文 $Y = D_K(X)$，那么接收方 Bob 就可以确信收到的消息确实是由 Alice 产生的，并且解密得到的明文 Y 就是原始的消息 M。这是因为密钥仅被 Alice 和 Bob 共享，Alice 是唯一拥有密钥 K 和生成正确密文的一方。如果密文 X 能够被正确恢复，Bob 就可以知道 M 中的内容没有被篡改，因为攻击者不知道密钥 K，他也就不知道如何改变密文中的信息位才能在明文中产生预期的改变。因此，可以说对称密钥加密体制同时提供保密性和消息认证的功能。但是这种方式不能提供数字签名功能，因为收发双方共享密钥 K，所以接收方可以伪造接收的消息，发送方可以否认发过的消息。

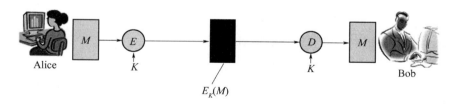

图 6-2 基于对称密钥加密体制的消息认证方案

但是，仅仅依靠这样的方法还是不够的。由于消息 M 的内容对于信息的接收者 Bob 来说是完全未知的，因此，问题就在于 Bob 如何才能判断接收到的密文 X 的合法性。如果消息 M 是具有某种语法结构或者特征的文本，那么接收者 Bob 利用解密函数 D 和密钥 K 得到明文 $Y = D_K(X)$ 以后，就可以根据解密后的明文是否具有合理的语法结构比较容易地分析和判断所收到的密文 X 是否合法，从而实现了消息认证。

但是在通信过程中，有时候发送的消息的内容明文本身并没有明显的语法结构或特征，例如二进制文件，因此很难确定解密后的消息就是明文本身还是毫无意义的二进制比特序列，从而也就无法认证消息来源的有效性。

解决这个问题的一种有效的办法是强制明文使其具有某种结构，这种结构易于识别、不能被复制，同明文相关，并且不依赖于加密。最简单的方法是在对明文消息 M 进行加密之前，在消息 M 上附加一个错误检测码，简称检错码(检错码的形式不唯一，如可以使用帧检验序列码或者帧校验和 FCS)。这样一来，整个系统的工作方式就变成了如下工作方式，如图 6-3 所示。

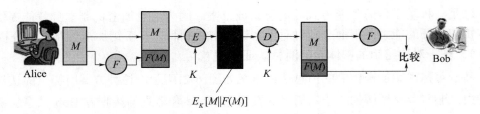

图 6-3　附加错误检测码的消息认证方案

1) 发送方 Alice

(1) 根据明文消息 M 和公开的校验函数 F 产生消息的错误检测码 $C=F(M)$(如 FCS 等)。

(2) 将产生的错误检测码 C 附加到原始明文消息 M 上，即把 M 和 FCS 合成新的明文 $[M\|C]=[M\|F(M)]$。并在一起加密，并发送给接收方。

(3) 利用密钥 K 对合成的新明文 $[M\|C]$ 进行加密，得到密文 $X=E_K(M\|C)$。

(4) 将密文 X 发送给接收方 Bob。

2) 接收方 Bob

接收密文 X，并利用密钥 K 解密得到明文 $Y=D_K(X)$，其中 Y 被视为附加错误检测码的消息，即 $Y=M'\|C'$；利用公开的校验函数 F 计算明文 Y 中消息部分的错误检测码 $F(M')$。若错误检测码相匹配，即 $F(M')=C'$，则可确认报文是可信的，M' 就是原始消息 M，并且可以确认该报文就是来自 Alice 的，因为任何随机的比特序列是不可能具有这种期望的数学关系的。

2．基于公开密钥加密体制的消息认证方案

在公开密钥密码体制中，如果直接使用非对称密钥加密方式只能提供保密，而不能提供认证和鉴别功能，如图 6-4 所示。消息的发送方 Allice 使用接收方 Bob 的公开密钥 PK_B 对明文消息 M 进行加密。由于只有接收方 Bob 拥有其对应的私有密钥 SK_B，因此，只有 Bob 能对加密的消息进行解密。但是这种方式不能提供认证和鉴别功能，因为任何人都可以使用 Bob 的公开密钥来加密明文消息 M，从而可以冒充 Alice，假称消息是发自 Alice 的。但是 Bob 也无法判断到底谁是真正的消息的发送者 Alice。

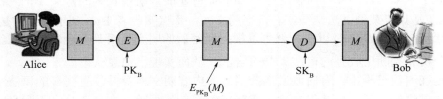

图 6-4　公开密钥密码体制提供的加密功能

为了提供认证功能，消息的发送方 Alice 可以使用其私有密钥 SK_A 对消息进行加密，而接收方 Bob 可以使用 Alice 的公开密钥 PK_A 进行解密。这种方式提供的认证功能的原理与对称密钥加密方式是非常类似的，如图 6-5 所示。

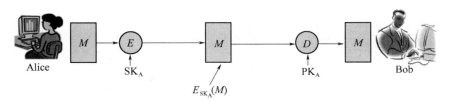

图 6-5　公开密钥密码体制提供的消息认证和签名功能

因为发送方 Alice 是唯一拥有消息加密密钥 SK_A 的用户，所以，如果密文 X 能够用发送方 Alice 的公开密钥 PK_A 进行解密，那么就说明密文 X 确实来自于发送方 Alice，因为只有 Alice 才能生成这样的密文。当然，在实际应用中需要在明文中附加一些特定的结构来提高其认证能力。而这些附加的结构中一般包含用户 A 的数字签名信息。

但是需要指出的是，上述方案仅仅提供消息认证和签名功能，不提供保密性。任何人只要找到发送方 Alice 的公开密钥，都可以对该密文进行解密。为了同时提供保密性和认证功能，发送方 Alice 可以先使用其私有密钥 SK_A 对明文消息 M 进行加密以提供数字签名，然后再使用接收方 Bob 的公开密钥 PK_B 进行加密来提供保密性。这种方式的实现过程如图 6-6 所示。但是这种方法的缺点是算法复杂，在每次通信需要执行 4 次加/解密过程。

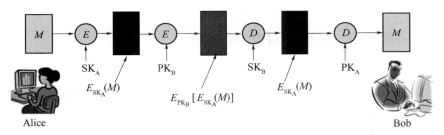

图 6-6　公开密钥密码体制提供的消息加密、认证和签名功能

表 6-1 归纳了前面图 6-2~图 6-6 中所介绍的四种消息加密方法在提供保密性和认证性方面的特点。

表 6-1　各种消息加密方法在提供保密性和认证性方面的特点

名　称	格　式	基　本　用　途
(1) 对称密钥加密体制(收发双方共享密钥 K)(见图 6-2)	Alice $\rightarrow$ Bob : $E_K(M)$	① 提供保密性(只有 Alice 和 Bob 共享密钥 K)； ② 提供认证(只能发自 Alice；消息传输中未被篡改；有时需要强制明文具有某种结构)； ③ 不能提供数字签名(接收方可以伪造接收的消息，发送方可以否认发过的消息)

名　　称	格　　式	基 本 用 途
(2) 公钥加密体制(消息的发送方 Alice 使用接收方 Bob 的公开密钥 PK_B 对明文消息 M 进行加密)(见图 6-4)	$Alice \rightarrow Bob: E_{PK_B}(M)$	① 仅提供保密性(只有接收方 Bob 拥有其公钥 PK_B 对应的私有密钥 SK_B); ② 不能提供认证性(任何人都可以使用 Bob 的公开密钥来加密明文消息 M,并假称是 Alice)
(3) 公钥加密体制(消息的发送方 Alice 可以使用其私有密钥 SK_A 对消息进行加密)(见图 6-5)	$Alice \rightarrow Bob: E_{SK_A}(M)$	① 提供认证和数字签名功能(只有 Alice 拥有加密密钥 SK_A,因此,只能发自 Alice;消息传输中未被篡改;有时需要强制明文具有某种结构); ② 不能提供保密性(任何人可以用 Alice 的公钥来解密文)
(4) 公钥加密体制(发送方 Alice 可以先使用其私有密钥 SK_A 对明文消息 M 进行加密以提供数字签名,然后再使用接收方 Bob 的公开密钥 PK_B 进行加密来提供保密性)(见图 6-6)	$Alice \rightarrow Bob: E_{PK_B}[E_{SK_A}(M)]$	① 提供认证和数字签名功能(只有 Alice 拥有加密密钥 SK_A,因此,只能发自 Alice;消息传输中未被篡改;有时需要强制明文具有某种结构); ② 提供保密性(只有 Bob 拥有解密密钥 PK_B,因此,只有 Bob 可以解密文)

6.2.2　采用消息认证码的消息认证方案

1. 消息认证码的基本使用方式

另外一种可行的消息认证技术是使用消息认证码(Message Authentication Code, MAC),也称为报文鉴别码或者消息鉴别码。

消息认证码是指消息在一个被密钥控制的公开函数作用后产生的一个固定长度的短数据块,并将该数据块加载到消息后面用作消息的认证符,也称为密码校验和。

由以上定义可得 MAC 的计算公式如下:$MAC = C_K(M)$,其中,M 是变长的明文消息,K 是仅由收发双方共享的密钥,$C_K(\cdot)$ 是一个被密钥控制的公开函数。

从上面的公式可知,MAC 有两个不同的输入,一个是变长的明文消息 M,另一个是收发双方共享的密钥 K。MAC 产生定长的输出。

有时使用 MAC(K,M)表示一个 MAC,表示为共享密钥 K 的主体消息 M 提供完整性服务,忽略其实现单向变换的细节。

综上所述,给出消息认证码(MAC)方法的一般模型,如图 6-7 所示。

由于 MAC 值是所有输入消息的函数值,只要输入消息的任何一位或多位有改变,就会导致 MAC 值的改变,因此 MAC 可用于消息认证。

该技术假定通信双方 Alice 和 Bob 共享一个共同的密钥 K。当发送方 Alice 要向接收方 Bob 发送明文消息 M 时,通信双方做如下工作:

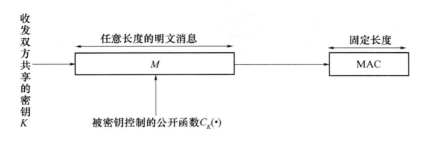

图 6-7　消息认证码(MAC)方法的一般模型

1) 发送方 Alice

(1) 根据明文消息 M、共同的密钥 K 和一个受密钥控制的公开函数 $C_K(\cdot)$ 计算消息认证码 MAC=$C_K(M)$。

(2) 将产生的消息认证码 MAC 附加到原始明文消息 M 上，即把 M 和 MAC 合成新的明文[M‖MAC]。并在一起发送给接收方 Bob。

2) 接收方 Bob

(1) Bob 收到后做与 Alice 相同的计算，即 Bob 使用与发送方 Alice 相同的密钥 K 和相同的密钥控制的公开函数 $C_K(\cdot)$，对收到的消息 M 执行相同的计算并求出一个新的消息认证码(MAC)。

(2) 将收到的 MAC 与通过计算求出的 MAC 进行比较。假定只有发送方和接收方知道密钥 K，同时如果收到的 MAC 与新计算出的 MAC 一致，那么就说明这一系统实现了如下的功能：接收方确信发送方发来的消息未被篡改，这是因为一个攻击者如果只是篡改了消息而没有更改 MAC，那么收方计算出的新 MAC 的值将与收到的 MAC 的值不一致，但是由于攻击者不知道密钥，所以不能够在篡改消息后相应地修改 MAC 的值来对应被篡改的消息。接收方确信发送方不是冒充的，这是因为除收发双方外再无其他人知道密钥，因此其他人不可能对自己发送的消息计算出正确的 MAC。

如果一个消息包括一个序号(如用于 HDLC，X.25 和 TCP)等控制信息，那么接收者也能够确信这些控制信息的正确性，因为攻击者不知道密钥，所以无法成功地更改该这些控制信息。

在普通的消息认证过程中，如图 6-8(a)所示，由于消息本身在发送过程中是明文形式，所以这一过程只提供认证性而未提供保密性。为提供保密性可在对消息使用 MAC 函数之后(见图 6-8(b))或之前(见图 6-8(c))进行一次加密，而且加密密钥也需被收发双方共享。显然，在这两种情况下都需要两个独立的密钥 K_1 和 K_2，每个密钥都需要由发送方和接收方共享。在第一种情况下，用消息 M 作为输入来计算出 MAC，然后 MAC 与消息 M 连接在一起作为一个整体再被加密，这种方式的执行过程如图 6-8(b)所示。而在第二种情况下，消息 M 首先被加密，接着使用加密后得出的密文计算出 MAC，然后再将 MAC 与密文连接在一起作为一个整体进行发送，这种方式的执行过程如图 6-8(c)所示。通常希望直接对明文进行认证，因此图 6-8(b)所示的使用方式更为常用。

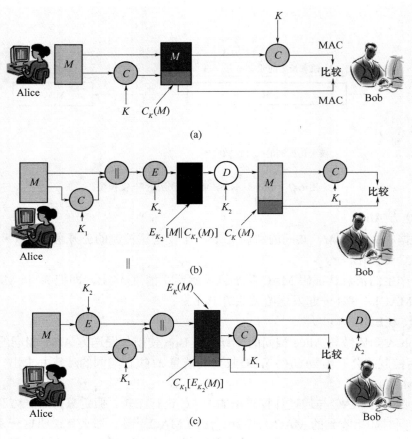

图 6-8   MAC 的基本使用方式

(a) 消息认证；(b) 消息认证性和保密性：对明文认证；(c) 消息认证性和保密性：对密文认证。

表 6-2 归纳了前面图 6-8(a)、(b)、(c)中所介绍的 MAC 的三种基本使用方式。

表 6-2   MAC 的三种基本的使用方式

名　称	格　式	基 本 用 途
(a)消息认证	$Alice \to Bob : M \parallel C_K(M)$	提供认证(只有 Alice 和 Bob 共享密钥 K)
(b)消息认证性和保密性：对明文认证	$Alice \to Bob : E_{K_2}[M \parallel C_{K_1}(M)]$	① 提供认证(只有 Alice 和 Bob 共享密钥 K_1) ② 提供保密性(只有 Alice 和 Bob 共享密钥 K_2)
(c)消息认证性和保密性：对密文认证	$Alice \to Bob : E_{K_2}[M \parallel C_{K_1}[E_{K_2}(M)]]$	① 提供认证(只有 Alice 和 Bob 共享密钥 K_1) ② 提供保密性(只有 Alice 和 Bob 共享密钥 K_2)

142

下面介绍需要使用消息认证码的几种常见情况。

有许多应用要求将相同的报文对许多终点进行广播，例如，通知用户目前网络不通或军用控制中心发出告警信息。仅使用一个终点负责消息的真实性这一方法既经济又可靠。这样，消息必须以明文加对应报文鉴别码的形式广播。负责鉴别的系统拥有相应的密钥，并执行鉴别操作。如果鉴别不正确，其他终点将收到一个一般的告警。

一方有繁重的处理任务，无法负担对所有收到消息进行解密的工作量，仅进行有选择的鉴别，对消息进行随机检查。

对明文形式的计算机程序进行鉴别是一项吸引人的服务。计算机程序每次执行时无需进行耗费处理机资源的解密。如果将报文鉴别码附加到该程序上，通过检查能随时确信该程序的完整性。

对某些应用，也许不关心报文的保密而更看重鉴别消息的真实性。例如，简单网络管理协议第 3 版(SNMPv3)，它将保密函数与鉴别函数分离。对于这种应用，通常鉴别收到的 SNMP 消息的真实性对被管系统更为重要，特别是如果该消息中包含改变被管系统命令时更是如此。在另一方面，它没有必要取消 SNMP 通信。

鉴别函数与保密函数的分离能提供结构上的灵活性。例如，可以在应用层完成鉴别而在更低层(如运输层)来实现保密功能。

用户也许期望在超过接收时间后继续延长保护期限，同时允许处理消息的内容。使用消息加密，当消息被解密后保护就失效了，因此消息仅能在传输过程中防止欺诈性的篡改，但在目标系统中却办不到。

2. MAC 函数与加密算法的区别与联系

(1) 两者类似，都需要密钥。

(2) 加密算法必须是可逆的，而 MAC 函数不必是可逆的，它可以是一个单向函数，MAC 鉴别函数的这个数学性质使得它比加密算法更不易被攻破。

例如，假设 MAC 的密钥长度为 k，而输出长度为 n，且 $k > n$。如果穷举攻击所有可能的 MAC 密钥，共有 2^k 个结果，但其中只有 2^n 个结果不同，平均而言，共有 2^{k-n} 个密钥会产生正确的 MAC。因此，攻击者为了唯一确定 MAC 密钥，必须反复穷举，缩小密钥空间。

(3) 在普通的消息认证过程中，由于消息本身在发送过程中是明文形式，所以这一过程中 MAC 函数只提供认证性而不能提供信息的保密性，信息的保密性可以通过对消息加密来提供。一般有两种方式：一是先计算 MAC 再加密；二是先加密再计算 MAC。这两种方式中都需要通信双方共享两个独立的密钥，一个用于计算 MAC，另一个供用户进行加密和解密。

(4) MAC 函数不能用于实现保密性。对于基于 MAC 的消息认证方式，其认证的过程独立于加密和解密过程，这与基于通过加密算法实现的认证方式是不同的，因此，两者也有着一些不同的应用场合。认证函数与保密函数的分离能提供结构上的灵活性。例如，可以在应用层完成认证功能而在更底层(如运输层)来实现保密功能，还可以将认证功能与保密功能分布到网络中的不同计算机节点上分别来实现。

(5) 在某些应用中，认证消息的真实性也许比消息的保密性更为重要。保密性与真实性是两个不同的概念。从根本上来讲，信息加密提供的是保密性而非真实性。在现实生活中，某些信息只需要真实性，不需要保密性，例如政府/权威部门的公告、网络管理信息等只需要真实性。虽然采用加密算法也可以实现消息的认证，但是加密算法的代价比较大，公钥密码算法的代价更大，特别是广播的信息，由于信息量太大难以使用加密算法实现消息认证功能。基于 MAC 的消息认证方式更适合不需要加密保护的消息的认证。

(6) 认证函数 MAC 并不能提供数字签名功能，这是因为收发双方共享相同的密钥。

3. MAC 的安全要求

MAC 中使用了密钥，这点和对称密钥加密一样，在不知道密钥的情况下，攻击者难以找到两个不同的消息具有相同的输出。如果密钥泄露了或者被攻击了，则 MAC 的安全性则无法保证。

使用加密算法(单钥算法或公钥算法)加密消息时，其安全性一般取决于密钥的长度。如果加密算法没有弱点，则攻击者只能使用穷搜索攻击以测试所有可能的密钥。如果密钥长为 $k$bit，则穷搜索攻击平均将进行 2^{k-1} 个测试。特别地，对唯密文攻击来说，攻击者如果知道密文 C，则将对所有可能的密钥值 K_i 执行解密运算 $P_i = D_{K_i}(C)$，直到得到有意义的明文。

对 MAC 来说，由于产生 MAC 的函数一般都为多到一映射，如果产生 $n$bit 长的 MAC，则函数的取值范围即为 2^n 个可能的 MAC，函数输入的可能的消息个数 $N \gg 2^n$，而且如果函数所用的密钥为 $k$bit，则可能的密钥个数为 2^k。如果系统不考虑保密性，即攻击者能获取明文消息和相应的 MAC，那么在这种情况下要考虑攻击者使用穷搜索攻击来获取产生 MAC 的函数所使用的密钥。

假定 $k > n$，且攻击者已得到 M_1 和 MAC_1，其中 $MAC_1 = C_{K_i}(M_1)$，攻击者对所有可能的密钥值 K_i 求 $MAC_i = C_{K_i}(M_1)$，直到找到某个 K_i 使得 $MAC_i = MAC_1$。由于不同的密钥个数为 2^k，因此将产生 2^k 个 MAC，但其中仅有 2^n 个不同，由于 $2^k > 2^n$，所以有很多密钥(平均有 $2^k/2^n = 2^{k-n}$ 个)都可产生出正确的 MAC_1，而攻击者无法知道进行通信的两个用户用的是哪一个密钥，还必须按以下方式重复上述攻击：

第 1 轮，已知 M_1、MAC_1，其中 $MAC_1 = C_K(M_1)$。对所有 2^k 个可能的密钥计算 $MAC_i = C_{K_i}(M_1)$，得 2^{k-n} 个可能的密钥。

第 2 轮，已知 M_2、MAC_2，其中 $MAC_2 = C_K(M_2)$。对上一轮得到的 2^{k-n} 个可能的密钥计算 $MAC_i = C_{K_i}(M_2)$，得 $2^{k-2 \times n}$ 个可能的密钥。

如此下去，如果 $k = an$，则上述攻击方式平均需要 a 轮。例如，密钥长为 80bit，MAC 长为 32bit，则第 1 轮将产生大约 248 个可能密钥，第 2 轮将产生 216 个可能的密钥，第 3 轮即可找出正确的密钥。

如果密钥长度小于 MAC 的长度，则第 1 轮就有可能找出正确的密钥，也有可能找出多个可能的密钥，如果是后者，则仍需执行第 2 轮搜索。

所以对消息认证码的穷搜索攻击比对使用相同长度密钥的加密算法的穷搜索攻击的代价还要大。然而有些攻击法却不需要寻找产生 MAC 所使用的密钥。

例如，设 $M = (X_1 \| X_2 \| \cdots \| X_m)$ 是由 64bit 长的分组 $X_i(i = 1, \cdots, m)$ 链接得到的，其消息认证码由以下方式得到：

$$\Delta(M) = X_1 \oplus X_2 \oplus \cdots \oplus X_m$$
$$C_K(M) = E_K[\Delta(M)]$$

其中，$\oplus$ 表示异或运算，加密算法是电码本模式的 DES。因此，密钥长为 56bit，MAC

长为 64bit，如果攻击者得到 $M \parallel C_K(M)$，那么攻击者使用穷搜索攻击寻找 K 将需做 2^{56} 次加密。然而攻击者还可用以下方式攻击系统：将 X_1 到 X_{m-1} 分别用自己选取的 Y_1 到 Y_{m-1} 替换，求出 $Y_m = Y_1 \oplus Y_2 \oplus \cdots \oplus Y_{m-1} \oplus \Delta(M)$，并用 Y_m 替换 X_m。因此攻击者可成功伪造一新消息 $M' = Y_1 \oplus Y_2 \oplus \cdots \oplus Y_m$，且 M' 的 MAC 与原消息 M 的 MAC 相同。

考虑到 MAC 所存在的以上攻击类型，可知一个安全的 MAC 函数应具有下列性质：

① 如果攻击者得到 M 和 $C_K(M)$，则构造一满足 $C_K(M') = C_K(M)$ 的新消息 M' 在计算上是不可行的。

② $C_K(M)$ 在以下意义下是均匀分布的：随机选取两个消息 M、M'，$P_r[C_K(M) = C_K(M')] = 2^{-n}$，其中 n 为 MAC 的长。

③ 若 M' 是 M 的某个变换，即 $M' = f(M)$，例如 f 为插入一个或多个比特，那么 $P_r[C_K(M) = C_K(M')] = 2^{-n}$。

第①个要求是针对上例中的攻击类型的，此要求是说攻击者不需要找出密钥 K，而伪造一个与截获的 MAC 相匹配的新消息在计算上是不可行的。第②个要求是说攻击者如果截获一个 MAC，则伪造一个相匹配的消息的概率为最小。最后一个要求是说函数 C 不应在消息的某个部分或某些比特弱于其他部分或其他比特，否则攻击者获得 M 和 MAC 后就有可能修改 M 中弱的部分，从而伪造出一个与原 MAC 相匹配的新消息。

4. 数据认证算法

数据认证算法是最为广泛使用的消息认证码中的一个，已作为 FIPS 出版(FIPS PUB 113)并被 ANSI 作为 X9.17 标准。

数据认证算法基于 CBC 模式的 DES 算法，其初始向量取为零向量。需被认证的数据(消息、记录、文件或程序)被分为 64bit 长的分组 D_1，D_2，$\cdots$，D_N，其中最后一个分组如果不够 64bit，可在其右边填充一些 0，然后按以下过程计算数据认证码(见图 6-9)：

$$O_1 = E_K(D_1)$$
$$O_2 = E_K(D_2 \oplus O_1)$$
$$O_3 = E_K(D_3 \oplus O_2)$$
$$\vdots$$
$$O_N = E_K(D_N \oplus O_{N-1})$$

式中，E 为 DES 加密算法；K 为密钥。

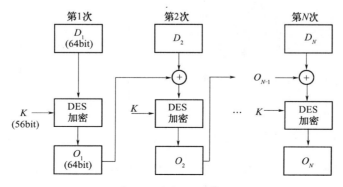

图 6-9 数据认证算法

145

数据认证码或者取为 O_N 或者取为 O_N 的最左 M 个比特，其中 $16 \leqslant M \leqslant 64$。

6.2.3　采用散列函数的消息认证方案

1.　散列函数的概念

散列函数也经常称为 Hash 函数或杂凑函数，它是一个公开函数，通常记为 H，用于将任意长度的输入消息 m 映射为较短的、固定长度的一个散列值 $H(m)$，作为认证符，经常称函数值 $H(m)$ 为散列值(Hash)、哈希值、杂凑值、杂凑码或消息摘要(Message Digest)、数字指纹(Digital Finger Print)、压缩(Compression)函数、紧缩(Contraction)函数、数据鉴别码(Data Authentication Code，DAC)、篡改检验码(Manipulation Detection Code，MDC)等。

从密码角度看，散列函数也可以看作是一种单向密码体制，即它从一个明文到密文是不可逆映射，只有加密过程，不能解密。

散列值是消息中所有比特的函数，因此提供了一种错误检测能力，即改变消息中任何一个比特或几个比特都会使散列值发生改变。函数的散列值是对明文的一种"指纹"或者"摘要"，可是视为对明文的签名，以发现对这些数据的修改，因此可用于消息认证。

在密码学和数据安全技术中，散列函数是实现有效、安全可靠认证和数字签名的重要工具，是安全认证协议中的重要模块。

Hash 函数的碰撞(Collision)的定义如下：

设 m、m' 是两个不同的消息，如果

$$H(m)=H(m')$$

则称 m 和 m' 是 Hash 函数 H 的一个(对)碰撞。

散列函数的目的是为需认证的数据产生一个"指纹"。为了能够实现对数据的认证，一个安全的散列函数应该满足以下条件：

(1) Hash 函数的输入是任意可变长度的消息 m，输出固定长度的消息摘要值 $H(m)$，Hash 函数是多对一映射，如图 6-10 所示。

(2) 对每一个给定的输入 m，计算 $H(m)$ 是很容易的，易于用硬件或软件实现，如图 6-11 所示。

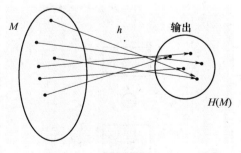

图 6-10　Hash 函数是多对一映射

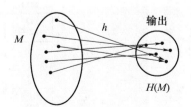

图 6-11　由 m 计算 $H(m)$ 容易

(3) 单向性(One-way)。由于散列函数值倒算出消息在计算上是不可行的，即给定 $H(m)$ 倒算出 m 在计算上是不可行的，这一性质称为函数的单向性。由于散列函数具有单向性

的属性，有时候也把 $H(m)$ 称为单向散列函数，如图 6-12 所示。

(4) 抗弱碰撞性(Weak Collision Resistance)。对于任何给定的消息 m 及其散列值，不可能找到另一个能映射出该散列值的消息 m'，即对于给定的 $H(m)$，若要找到一个 m'，使得 $H(m) = H(m')$ 在计算上是不可行的。如果单向散列函数满足这一性质，则称其为弱单向散列函数，如图 6-13 所示。

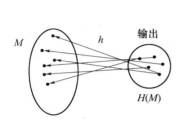

图 6-12　由 $H(m)$ 计算 m 不容易

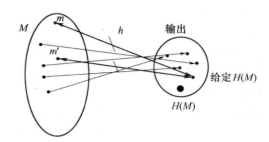

图 6-13　抗弱碰撞性

(5) 抗强碰撞性(Strong Collision Resistance)。对于任何两个不同的消息，它们的散列值必定不同，如果要找到两条消息 m 和 m'，使得 $H(m) = H(m')$，在计算上是不行的。如果单向散列函数满足这一性质，则称其为强单向散列函数，如图 6-14 所示。

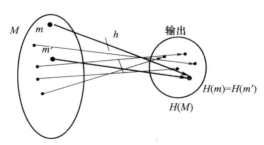

图 6-14　抗强碰撞性

性质(1)是将散列函数应用于消息认证的基本要求。

性质(2)和性质(3)是散列函数的单向性。即由给定的消息产生散列值计算很简单，但是要由给定的散列值不可能计算出对应的消息，也就是说正向计算容易，反向计算困难。

性质(4)保证无法找到一个替代消息，使得它的散列值与给定的消息产生的散列值相同。该性质能够防止伪造。

性质(5)指的是散列函数对已知的"生日攻击"的抵抗能力。

2. 散列函数与消息认证码的联系与区别

(1) 与密钥相关的单向散列函数通常称为 MAC，因此 MAC 需要密钥参与生成，MAC 计算速度慢。

(2) 散列函数是一种直接产生鉴别码的方法，与消息认证码 MAC 不同的是，Hash 码的产生过程中并不使用密钥，可以对任意长度的消息直接压缩产生定长的散列值(即生成固定长度的消息摘要)，且效率较高。消息认证码(MAC)是带密钥的，目前，最常用的 MAC 构造方法上通常基于某种散列函数(目前，常见的可以供选择的散列函数有 MD5、

SHA-1、RIPEMD-160 等)，比如 HMAC 等算法就是采用这种方式构造的。因此，MAC 可以看作是带密钥的 Hash 函数。当然，MAC 也可以基于分组密码算法(CBC)工作模式的构造方法构造 MAC，比如数据认证算法。

(3) 在普通的消息认证过程中，由于消息本身在发送过程中是明文形式，所以消息认证码的作用主要是提供认证性而未提供保密性。消息认证主要是使得消息的接收者能够认证消息来源的真实性和完整性：所谓消息来源的真实性是指该消息的确是由它所声称的实体发送来的；所谓消息的完整性是指验证所收到的消息和该消息被发送时是否相同，即是否被修改过，如消息是否被篡改、插入和删除。由于散列函数不使用密钥生成摘要，显然，散列函数更不能提供保密性，Hash 算法通常是公开的。例如，某一个大公司 A 想给它的客户发布一个新产品的广告，A 希望不对广告内容加密，但又希望其他公司不能修改广告内容或冒充公司 A 发布同样的广告，或者当广告内容被修改后能够发现。如果使用不带密钥的 Hash 函数，由于其他公司可能在修改广告内容后产生新的散列值，从而使 A 无法确认原广告是否被修改。

但是散列函数非常适合于认证和确保数据的完整性。UNIX 系统一直在使用散列函数进行认证，不以明文存储用户口令，而是使用存储口令的散列值(哈希值)或者口令的哈希的派生物。

综上所述，我们可以给出简单散列函数的一般模型，如图 6-15 所示。

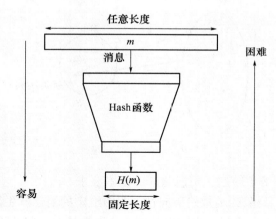

图 6-15　简单散列函数的一般模型

3. 散列函数的安全性

散列函数的安全性取决于其抗击各种攻击的能力，所谓对 Hash 函数的攻击是指寻找一对碰撞消息的过程。攻击者的目标是找到两个不同的消息映射为同一个散列值。一般假定攻击者知道散列算法，采用选择明文攻击法。那么对散列函数有下面三种基本攻击方法：

1) 穷举攻击法(Exhaustive Attack)

给定 $h=H(M)$，其中 H 为初值，攻击者在所有可能的 M 中寻求利用攻击者的消息 M'，使得 $H(M) = H(M')$，由于限制了目标 $H(M)$ 来寻找 $H(M')$，所以这种攻击方法又称为目标攻击。

148

在通常情况下，给定散列函数 H，若函数值为 m bit 的散列值，那么共有 $n=2^m$ 个可能的函数值。对特定的输入 x，其散列值为 $H(x)$。先考虑以下问题：任意选择 k 个随机输入构成 H 的输入集合 $Y=\{y_1, y_2, \cdots, y_k\}$，求 k 必须取什么值才能在 Y 中至少存在一个输入 y，使得 $H(y)=H(x)$ 的概率大于 0.5。显然，对于任何一个 y，$H(y)=H(x)$ 的概率为 $1/n$；集合 Y 中的 k 个元素都与 x 不匹配的概率为 $[1-(1/n)]^k$。容易推算出，在 n 足够大的情况下，集合 Y 中的元素个数必须大于 $n/2$（即 2^{m-1}），才能使 Y 中至少存在一个 y，使得 $H(y)=H(x)$ 的概率大于 0.5。因此，一般认为，使用了 64 位的散列值就会足够安全了。在采用散列值加密而报文不加密时，攻击者如果想伪造一个消息 M'，使得其散列值与原始消息 M 的散列值 $H(M)$ 匹配，那么它需要进行计算的数量级是 2^{64}。

2）生日攻击法(Birthday Attack)

穷举攻击法和生日攻击法都属于选择明文攻击。但是，如果攻击者采用生日攻击法，却可以使得攻击者需要计算的数量级相比穷举攻击法要大大降低。目前，对散列函数的碰撞攻击最重要的平凡攻击是生日攻击。

生日攻击的名字起源于所谓的生日悖论(Birthday Paradox)，严格来说，它并不是一个真正的悖论，只是一个令人吃惊的概率问题。

生日悖论是这样一个问题：假设每个人的生日是等概率的，每年有 365 天，在 k 个人中至少有两个人的生日相同的概率大于 1/2，问 k 最小应是多少？

绝大多数人回答这个问题时会认为是一个很大的数，事实上是非常小的一个数。

为了回答这一问题，下面给出计算方法。

k 人生日都不同的概率是：

$$\left(1-\frac{1}{365}\right)\left(1-\frac{2}{365}\right)\cdots\left(1-\frac{k-1}{365}\right)$$

k 人中至少有 2 人生日相同的概率为

$$P(365,k)=1-\left(1-\frac{1}{365}\right)\left(1-\frac{2}{365}\right)\cdots\left(1-\frac{k-1}{365}\right)$$

因此，概率为 $P(365，23)=0.5073$。即在 23 个人中至少有两个人生日相同的概率大于 0.5，这个数字比人们直观猜测的结果小得多，因而称为生日悖论。这就意味着在一个典型的标准小学班级(30 人)中，存在两人生日相同的可能性更高。对于 60 人或者更多的人，这种概率要大于 99%。若 k 取 100，则概率 $P(365，100)=0.9999997$，即获得如此大的概率。从引起逻辑矛盾的角度来说生日悖论并不是一种悖论，从这个数学事实与一般直觉相抵触的意义上，它才称得上是一个悖论。大多数人会认为，23 人中有 2 人生日相同的概率应该远远小于 50%。之所以有这样的结果，是因为在 k 个人中考虑的是任意两个人的生日是否相同，在 23 个人中可能的情况数为 $C_{23}^2 = 253$。计算与此相关的概率被称为生日问题，在这个问题之后的数学理论已被用于设计著名的密码攻击方法：生日攻击。

生日悖论原理可以用于构造对 Hash 函数的攻击。生日攻击是基于下述结论：

设单向散列函数 $Y=H(X)$，X、Y 都是有限长度的，并且 $|X| \geq 2|Y|$，记为 $|X| = n, |Y| = m$，那么散列函数 H 有 2^m 个可能的输出(即输出长度 m bit)，如果 H 的 k 个随机输入中至少

有两个产生相同输出的概率大于 0.5，则 $k \approx \sqrt{2^m} = 2^{m/2}$。

设 Hash 函数值有 n bit，m 是真消息，M 是伪造的假消息，分别把消息 m 和 M 表示成 r 和 R 个变形的消息。消息与其变形消息具有不同的形式，但有相同的含义。将消息表示成变形消息的方法很多，例如增加空格、使用缩写、使用意义相同的单词、去掉不必要的单词等。然后分别把消息 m 和 M 表示成 r 和 R 个变形的消息。如图 6-16 所示。

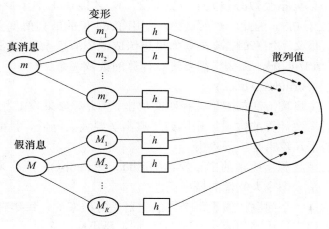

图 6-16　生日攻击示意图

计算真消息 m 的变形与假消息 M 的变形发生碰撞的概率：

由于 n bit 长的散列值共有 2^n 个，所以对于给定 m 的变形 m_i 和 M 的变形 M_j，m_i 与 M_j 不碰撞的概率是 $1-1/2^n$。由于 M 共有 R 个变形，所以 M 的全部变形都不与 m_i 碰撞的概率是 $(1-1/2^n)^R$。因为消息 m 共有 r 个变形，因此 m 的变形与 M 的变形都不碰撞的概率是：$(1-1/2^n)^{rR}$，所以 m 的变形与 M 的变形发生碰撞的概率是：

$$P(n) = 1 - \left(1 - \frac{1}{2^n}\right)^{rR} \approx 1 - \mathrm{e}^{-\frac{rR}{2^n}}$$

当 $r=R=2^{n/2}$ 时，$P(n)=1-\mathrm{e}^{-1}\approx 0.63$。对于 Hash 值长度为 64bit 的 Hash 函数，生日攻击的时间复杂度约为 $O(2^{32})$，那么 64bit 的散列函数对付生日攻击显然太小。所以是不安全的。

生日攻击方法没有利用 Hash 函数的结构和任何代数弱性质，因此，这种攻击方法不涉及散列函数的算法结构，可以用于攻击任何散列函数算法，它只依赖于消息摘要的长度，即 Hash 值的长度。这种攻击对 Hash 函数提出了一个必要的安全条件，即消息摘要必须足够长。为了抵抗生日攻击，建议 Hash 值长度至少为 128bit。

大多数的单向散列函数产生 128bit 的散列(如 MD5)，这样试图进行生日攻击的攻击者必须对 2^{64} 个随机消息进行散列运算才能找到散列值相同的消息。

目前 NIST 在其安全散列标准(SHS)中用的是 160 位的散列值(如 SHA-1)，这样生日攻击就更难进行，需要对 2^{80} 个随机消息进行散列运算。

3) 中间相遇攻击法(Meet in the Middle Attack)

中间相遇攻击是生日攻击的一种变形，它不比较 Hash 值，而是比较链中的中间变量。

这种攻击主要用于攻击一类具有特殊结构的 Hash 函数，适用于攻击具有分组链结构的 Hash 方案。它是分析 Hash 函数运算的中间值相等的概率。中间相遇攻击的基本原理为：将消息分成两部分，对伪造消息的第一部分从初试值开始逐步向中间阶段产生 r 个变量；对伪造消息的第二部分从 Hash 结果开始逐步退回中间阶段产生 R 个变量。在中间阶段有一个匹配的概率与生日攻击成功的概率一样。

下面简要讨论一类利用加密变换构造的 Hash 函数的中间相遇攻击方式，如图 6-17 所示。

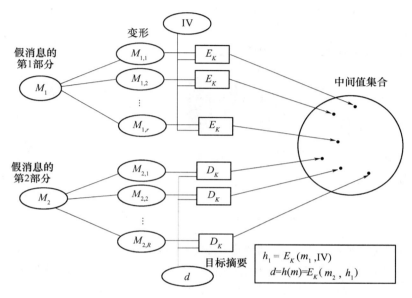

图 6-17　中间相遇攻击

假设攻击者要找出一个假消息 $M=(M_1, M_2)$，使得 M 与 m 是一个碰撞。设 m 的散列值都为 d。攻击者首先产生消息 M_1 的 r 个变形，消息 M_2 的 R 个变形。令

$$\{M_{1,i} \mid i=1,2,\cdots,r\}, \quad \{M_{2,j} \mid j=1,2,\cdots,R\}$$

计算

$$H_1 = \{h_{1,i} = E_K(M_{1,i},\mathrm{IV}) \mid i=1,2,\cdots,r\}$$
$$H_2 = \{h_{2,j} = D_K(M_{2,j},d) \mid j=1,2,\cdots,R\}$$

这里 D_K 是解密变换。假设加密变换 E_K 是随机的，那么可以使用生日攻击法来分析集合 H_1 和 H_2 中出现相同元素的概率。

如果集合 H_1 与 H_2 有相同元素，例如 $h_{1,i}=h_{2,j}=D_K(M_{2,j}, d)$，则有 $d=E_K(M_{2,j}, h_{1,i})$，即 M 与 m 有相同的散列值 d。即得：$h_1 = E_K(m_1, \mathrm{IV})$，$d=h(m)=E_K(m_2, h_1)$。

中间相遇攻击是一种选择明文/密文的攻击。用于迭代和级联分组密码体制，其概率同生日攻击。由于散列算法也可以采用迭代和级联结构，因而设计算法时必须能够抗击这类攻击。对于多级联方案所需的攻击次数为 $O(10^p \cdot 2^{n/2})$，其中 p 是级联级数。

4．采用散列函数的消息认证方案

下面介绍几种利用散列函数来实现消息认证的方案。

散列值(消息摘要)是消息中所有位的函数值,因此,具有差错检测能力,如果消息中任意一位或者若干位发生改变都将导致散列值发生变化。不同的散列值可以提供几种消息认证的方式,由此,可以得到散列函数的六种基本的使用方式,如图6-18~图6-23所示。

(1) 消息与散列值拼接后使用对称密码技术进行加密,如图6-18所示。认证的原理是:因为密钥K仅为收发双方 Alice 和 Bob 共享,所以可以判定消息m确实来自 Alice 且未被篡改。同时还由于消息与散列值拼接后作为一个整体被加密,因此,这种方式还提供了保密性。

可以参照图6-18调整下$H(m)$的位置。

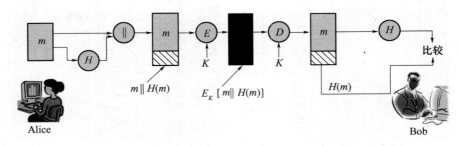

图6-18 消息与散列值拼接后使用对称密码技术进行加密

(2) 使用对称密码技术仅对散列值进行加密,如图6-19所示。这种方式适用于消息不要求保密性的情况,从而可以减少由于加密而增加的处理负担。由散列值$H(m)$与加密结果合并成为的一个整体函数实际上就是一个消息认证码。可以将$E_K[H(m)]$看作一个函数,函数的输入是变量消息m和密钥K,且它生成一个固定长度的输出,这种方式对不知道该密钥的攻击者来说是安全的。

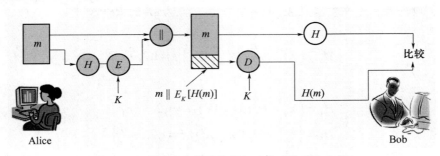

图6-19 使用对称密码技术仅对散列值进行加密

(3) 使用公钥密码技术和发送方的私钥仅对散列值进行加密,如图6-20所示。这种方式既能提供认证,又能提供数字签名。因为只有发送方才能产生加密的散列值。事实上,这就是数字签名的本质。

(4) 使用公钥密码技术和发送方的私钥仅对散列值进行加密后与消息进行拼接,然后再对拼接后的结果使用对称密码技术进行加密,如图6-21所示。这种方式能同时提供保密性和数字签名功能。

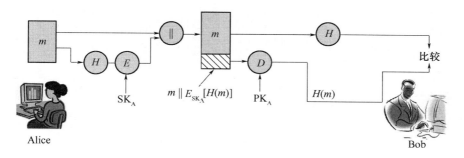

图 6-20　使用公钥密码技术和发送方的私钥仅对散列值进行加密

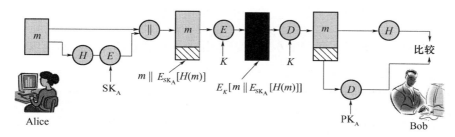

图 6-21　同时提供保密性和数字签名

(5) 通信双方共享一个公共秘密值 S 的散列值，如图 6-22 所示。该方法使用 Hash 值，但不对其加密。这种方式假定通信各方共享一个公共秘密值 S，发送方 Alice 对串接的消息 m 和 S 计算出散列值，并将得到的散列值附加在消息 m 后发送给接收方 Bob。因为秘密值 S 已经为通信双方共享，所以秘密值 S 本身并不被发送，攻击者无法更改中途截获的消息，从而也就无法产生假消息。同时，因为接收方 Bob 也拥有共享的秘密值 S，所以可重新计算散列值以对消息进行认证。这种方式仅能提供认证功能。

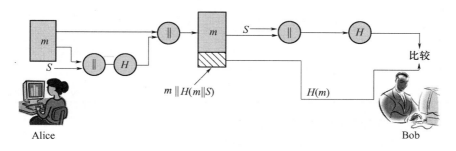

图 6-22　通信双方共享一个公共秘密值 S 的散列值

(6) 这种方式是通过对方法(5)中的消息与散列值拼接后再用对称密码技术进行加密，从而又可以提供保密性，如图 6-23 所示。

一般来说，在不需要数据保密功能的时候，只对散列值进行加密可以大大降低计算量，因此，在不要求保密性的情况下，方法(2)和(3)在降低计算量上要优于那些需要对整个消息进行加密的方法。然而，采用秘密值的方法避免了加密过程，因此，目前在实际应用中对避免加密的方法(5)越来越重视。这是由于实现加解密运算的速度较慢，代价较

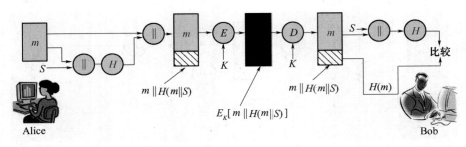

图 6-23 加密方法(5)的结果

高，而且很多加密算法还受到专利保护，加解密算法还容易受到政府出口的限制，特别是针对散列值这样的小分组数据，算法效率更低。有效地避免加密将有利于提供效率，降低成本。

表 6-3 归纳了前面图 6-18～图 6-23 中所介绍的散列函数的六种基本使用方式。

表 6-3   散列函数的六种基本使用方式

名　称	格　式	基 本 用 途
(1) 加密消息及散列值(图 6-18)	$Alice \rightarrow Bob : E_K[m \parallel H(m)]$	① 提供保密性(只有 Alice 和 Bob 共享密钥 K); ② 提供认证($H(m)$受密码保护)
(2) 加密散列值(共享的密钥)(图 6-19)	$Alice \rightarrow Bob : m \parallel E_K[H(m)]$	仅提供认证($H(m)$受密码保护)
(3) 加密散列值(发送方私钥)(图 6-20)	$Alice \rightarrow Bob : m \parallel E_{SK_A}[H(m)]$	① 提供认证($H(m)$受密码保护); ② 提供数字签名(只有 Alice 能产生 $E_{SK_A}[H(m)]$)
(4) 加密(3)的结果(共享的密钥)(图 6-21)	$Alice \rightarrow Bob : E_K[m \parallel E_{SK_A}[H(m)]]$	① 提供认证($H(m)$受密码保护); ② 提供数字签名(只有 Alice 能产生 $E_{SK_A}[H(m)]$); ③ 提供保密性(只有 Alice 和 Bob 共享密钥 K)
(5) 计算消息和秘密值 S 的散列值(图 6-22)	$Alice \rightarrow Bob : m \parallel [H(m) \parallel S]$	仅提供认证(只有 Alice 和 Bob 共享秘密值 S)
(6) 加密(5)的结果(图 6-23)	$Alice \rightarrow Bob : E_K[m \parallel [H(m) \parallel S]]$	① 提供认证(只有 Alice 和 Bob 共享秘密值 S); ② 提供数字签名; ③ 提供保密性(只有 Alice 和 Bob 共享密钥 K)

5. 迭代型散列函数的一般结构

近年来，有关散列算法密码分析攻击的研究工作取得了较大的进展，其成果是形成了一些具有代表性的安全散列函数的设计结构。目前使用的大多数散列函数如 MD5、SHA，其结构都是迭代型的，如图 6-24 所示。其中散列函数的输入消息 M 被分为 L 个固定长度的分组 Y_0，Y_1，…，Y_{L-1}(比如每一个分组的长度为 $b$bit)，如果最后一个数据块不满足输入分组长度要求，需要对其按照一定规则进行填充。最后一个分组中还包括整个散列函数输入的长度值，这样一来，将使得攻击者的攻击难度大大增加，即攻击者若想成功地产生假冒的消息，就必须保证假冒消息的散列值与原消息的散列值相同，而且假冒消息的长度也要与原消息的长度相等。

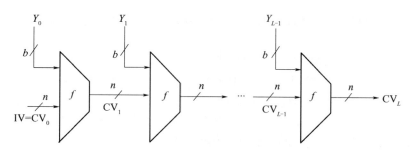

图 6-24 迭代型散列函数的一般结构

该散列函数反复使用一个压缩函数 f，压缩函数 f 有两个输入，一个是前一阶段的 n 为输入，另外一个源于消息的 $b$bit 分组，并产生一个 $n$bit 的输出，算法开始时需要一个初始变量 IV，最终的输出值通过一个输出变换函数 g 得到消息散列值，通常 $b>n$，故称 f 为压缩函数，如图 6-25 所示。

该压缩函数的算法可表达如下：

$$CV_0=IV=n\text{bit 长的初值}$$

$$CV_i=f(CV_{i-1},\ Y_{i-1})(1{\leqslant}i{\leqslant}L)$$

$$H(M)=CV_L$$

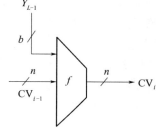

图 6-25 压缩函数基本结构

因此，安全散列函数的设计问题变为了抗冲突的压缩函数的设计问题。散列算法的核心技术是设计无碰撞的压缩函数 f，而攻击者对算法的攻击的重点在于分析 f 的内部结构，攻击者需要通过尝试来寻找压缩函数 f 产生冲突的高效办法。同时，攻击者还必须考虑算法的初值 IV。

然而，任何散列函数都必定存在冲突，因为消息被映射成长度较短的散列值，必然会存在冲突，算法设计的关键在于使得攻击者在寻找冲突时在计算上是不可行的。也就是说由于 f 是压缩函数，其碰撞是不可避免的，因此在设计 f 时就应保证找出其碰撞在计算上是不可行的。

6.3 散列算法的分类及其应用

6.3.1 散列算法的分类

最常用的散列函数主要可分为如下几类：

(1) MD(Message Digest)系列。MD 系列是由国际著名密码学家图灵奖获得者兼公钥加密算法(RSA)的创始人 Ronald L.Rivest 设计，包括 MD2(1989 年针对 8 位计算机上实现)、MD4(1990 年针对 32 位计算机上实现)和 MD5(1991 年提出，是对 MD4 的改进版，包括其散列值为 128 位)。

(2) SHA(Security Hash Algorithm)系列。美国专门制定密码算法的标准机构 NIST 和 NSA(国家安全局)，于 1993 年，在 MD5 基础上首先提出 SHA-0，1995 年 SHA-1 被提出(即美国的 FIPS PUB 180-1 标准)，消息散列为 160 位。现今 SHA-1 作为 DSA 数字

签名的标准，在 2003 年，相继对 SHA 系列算法进行扩展，提出 SHA-256、SHA-384、SHA-512。

(3) 其他散列算法。HAVAL 可以用来实现可变长的输出，RIPEMD-128、RIPEMD-160 是欧洲 MD5 和 MD4 算法的研究者提出的替代算法，Tiger 算法主要的设计思想是在 64 位和 32 位计算机上能够很好地使用 Hash 算法。

目前，在信息安全领域最常用的散列函数有两大系列：MD 系列和 SHA 系列，而 MD5、SHA-1 是当前国际通行的两大散列函数。

MD5 曾经是最广泛的摘要算法，直到在美国加州圣巴巴拉召开的国际密码学会议 (Crypto'2004)山东大学的王小云教授做了破译 MD5、HAVAL-128、 MD4 和 RIPEMD 算法 的报告，囊括了对 MD5、HAVAL-128、MD4 和 RIPEMD 四个著名 Hash 算法的破译结果。

2007 年，Marc Stevens，Arjen K. Lenstra 和 Benne de Weger 进一步指出通过伪造软 件签名，可重复性攻击 MD5 算法；2008 年，荷兰埃因霍芬技术大学科学家成功把 2 个 可执行文件进行了 MD5 碰撞，使得这两个运行结果不同的程序被计算出同一个 MD5； 同年 12 月一组科研人员通过 MD5 碰撞成功生成了伪造的 SSL 证书，这使得在 https 协 议中服务器可以伪造一些根 CA 的签名，因此 MD5 散列算法已不安全，不再推荐使用。

但是目前仍然在很多场合还在使用 MD5 算法，如 Linux 操作系统中的用户口令的验 证算法。

下面介绍几个重要的迭代型散列函数的实现，并对其安全性进行分析。

6.3.2　几种常见的散列算法

1. MD5 散列算法

MD5 散列算法在 RFC-1321 中进行了说明。MD5 散列算法由 RSA 的创始人之一、 麻省理工学院的 Ronald L. Rivest(RSA 算法中的第一个 "R")设计开发，能接收任意长度 的消息作为输入，并为其生成 128bit 散列值。

MD5 散列算法总体结构如图 6-26 所示。在这个总 体结构图中，MD5 散列函数总共两组输入：512bit 明 文分块和上一组 128bit 的输出块(或 IV 初始变量)。 MD5 以 512bit 分组(数据块)来处理输入的信息，且每一 分组又被划分为 16 个 32bit 子分组。

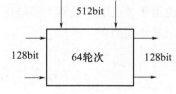

图 6-26　MD5 散列算法总体结构图

输入的 128bit 分别存储在四个缓存 A、B、C、D， 每个分块总共四个步骤，每步骤计算 16 次，合计 64 轮次，算法中需要加入 sin(x)非线性 函数参数值。

经过了一系列的处理后，算法的输出由四个 32bit 分组组成，将这四个 32bit 分组连 接后将生成一个 128bit 散列值(消息摘要)。

注意：每组的长度由原来的 512bit 减至 128bit，位数是原来的 1/4，不是指所有信息 的长度，是指每组的 512bit 被缩减到原来的 1/4，原始消息可以是任意长度。

MD5 散列算法采用图 6-26 描述的迭代型散列函数的一般结构，使用 MD5 散列算法 产生消息摘要的算法结构图如图 6-27 所示。算法的输入为任意长的消息(图 6-27 中为 K bit)，分为 512bit 长的分组，输出为 128bit 的散列值(消息摘要)。

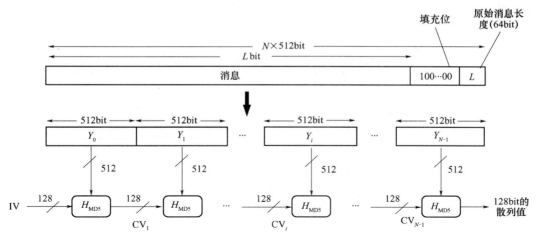

图 6-27 MD5 算法结构图

具体来说，MD5 散列算法包括以下几个步骤。

1) 填充消息

对原始输入的 K 为长度(以 bit(比特)为单位)的消息进行填充，使得其填充之后消息的长度模 512 等于 448($K \bmod 512 = 448$)，即填充后消息的长度为 512 的某一倍数减 64，留出的 64bit 准备第 2)步使用。步骤 1)是必需的，即使消息长度已满足要求，仍需填充。例如，消息长为 448bit，则需填充 512bit，使其长度变为 960bit，因此填充的比特数大于等于 1 而小于等于 512。消息填充的过程如图 6-28 所示。

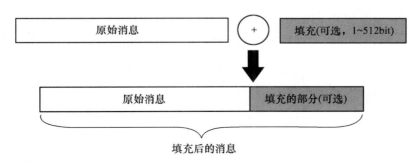

图 6-28　消息填充的过程

填充方式是固定的，即第 1 位为 1，其后各位全部为 0。

如果记补零的个数 $d=(447-|m|) \bmod 512$($|m|$为原始消息长度值)，原始消息填充之后消息可表达为 $m\|1\|0^d$ (0^d 表示为 d 个 0)。

例如消息由 704 位二进制组成，那么在其末尾添加 256 位($255=(447-704) \bmod 512$，即 1 个 "1" 后面 255 个 "0")，消息扩展到 960 位($950 \bmod 512=448$)；再例如消息由 448 位二进制组成，那么末尾添加 512 位($511=(447-448) \bmod 512$，即 1 个 "1" 后面 511 个 "0")，消息扩展到 960 位($950 \bmod 512=448$)。

2) 附加消息的长度

在对消息增加填充位以后，下一步要计算消息原长，这个消息的原长表示为 64

位二进制值，将其添加到前面进行填充后的消息的后面。附加消息长度的过程如图6-29所示。

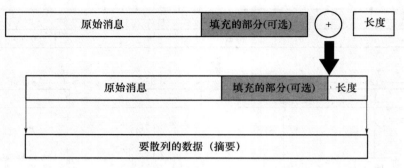

图 6-29　附加消息长度的过程

如果存储的方式是 Little-endian，表示字节存储的顺序是按照低位字节优先的顺序进行存储，即是指按数据的最低有效字节(Byte)(或最低有效位)优先的顺序存储数据，即将最低有效字节(或最低有效位)存于低地址字节(或位)。相反的存储方式称为 Big-endian 方式，即高字节优先的方式。

注意：这里消息的原长指的是原始消息的长度(增加填充位前的长度)，不包括填充位。例如，如果原消息为 1000 位，则填充 472 位，使其变成比 512 的倍数(1536)少 64 位，但消息的原始长度为 1000，而不是 1472。另外，如果消息的原始长度超过 64 位所能表示的数据长度的范围(即因为消息太长，无法用 64 位来表示)，那么就仅取长度的最低 64 位，即等于计算长 mod 2^{64}。

3) 划分分组(将输入分成 512 位的数据块)

执行完步骤 1)和步骤 2)后，消息的长度已经为 512 的倍数(设为 L 倍)，则可将消息表示为分组长为 512 的一系列分组 Y_0，Y_1，…，Y_{L-1}，如图 6-30 所示。而每一分组又可表示为 16 个 32bit 长的字，这样消息中的总字数为 $N=L\times16$，因此消息又可按字表示为 $M[0，1，…，N-1]$。

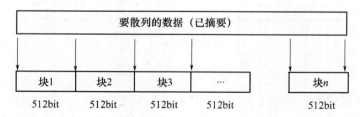

图 6-30　将输入分成 512 位的数据块

例如若原始消息长度为 704 位二进制组成，则长度 704 变换为二进制为 1011000000，则需要在左边补 54 个 0，达到 64 位，并把它添加到消息的末尾，其结果是最后原始消息扩充到一个 1024 位的消息，可以看出 MD5 算法中，无论原始消息多长，补足长度之后的消息扩展为至少 2 个分组，即扩展后消息的二进制长度至少是 512 的 2 倍。

4) 对 MD 缓冲区进行初始化

算法使用一个 128bit 长的 MD 缓冲区用来存储运算的中间结果和最终 Hash 函数的

结果(散列值)。这个 MD 缓冲区可以表示为 4 个 32bit 长的寄存器(A，B，C，D)。每个寄存器都以低字节优先的方式存储数据，其初值取为以下 32bit 长的十六进制数值(以存储方式)，其存储方式如表 6-4 所示(十六进制形式)。

表 6-4 MD5 算法的数据的存储方式

寄存器	0	1	2	3
A	01	23	45	67
B	89	ab	cd	ef
C	fe	dc	ba	98
D	76	54	32	10

由于上述 MD 缓冲区中 A、B、C、D 四个寄存器初始化的值是以小数在前的格式存储，即按照低位字节优先的顺序进行存储，把字的低位字节放在低地址字节上。因此，实际上，MD 缓冲区中 A、B、C、D 四个寄存器的初始值分别为

$$A = 0x67452301$$
$$B = 0xefcdab89$$
$$C = 0x98badcfe$$
$$D = 0x10325476$$

5) 数据处理

这个步骤主要是使用压缩函数 H_{MD5} 对每个以 512bit 的分组为单位对消息进行循环散列计算。

经过前面几个步骤的处理后，消息以 512bit 为单位，分成 N 个分组，用 Y_0，Y_1，…，Y_{N-1}。MD5 对每个分组进行 4 轮散列处理。每一轮的处理会对(A，B，C，D)进行更新。处理算法的核心是 MD5 的压缩函数 H_{MD5}。H_{MD5} 压缩函数有 4 轮处理过程。这 4 轮处理过程是由 4 个结构相似循环组成，但是每次循环所使用的基本逻辑函数不同，分别表示为 F，G，H 和 I。处理一个 512bit 的分组 Y_q，每轮的输入为当前处理的 512bit 的消息分组 Y_q 和 128bit 的缓冲区的当前值 A、B、C、D，输出仍放在缓冲区中，并修改缓冲区的内容以产生新的 A、B、C、D。每轮又要进行 16 步迭代运算，4 轮共需 64 步完成。第四轮的输出与第一轮的输入(CV_q)相加，产生 CV_{q+1}，相加的结果即为压缩函数 H_{MD5} 最后的输出。这里的相加是指缓冲区中的 4 个字分别与 CV_q 中对应的 4 个字以模 2^{32} 相加。

处理每个消息块(512 位 ＝16 个 32 位字)，可分为 16 个字，记为 $M[0]$，$M[1]$，…，$M[15]$。

在 MD5 算法中 4 轮循环，每一轮访问的数据的次序有所变动。MD5 每轮访问消息处理块的次序如下：

① 第一轮 16 回合，$M[k]$ 的访问次序为：$M[0]$ 为初始值，依次访问下标 k 等于加 1 模 16 的值：$M[0]$，$M[1]$，$M[2]$，$M[3]$，$M[4]$，$M[5]$，$M[6]$，$M[7]$，$M[8]$，$M[9]$，$M[10]$，$M[11]$，$M[12]$，$M[13]$，$M[14]$，$M[15]$；

② 第二轮 16 回合，$M[k]$ 的访问次序为：$M[1]$ 为初始值，依次访问下标 k 等于加 5 模 16 的值：$M[1]$，$M[6]$，$M[11]$，$M[0]$，$M[5]$，$M[10]$，$M[15]$，$M[4]$，$M[9]$，$M[14]$，

$M[3]$，$M[8]$，$M[13]$，$M[2]$，$M[7]$，$M[12]$；

③ 第三轮 16 回合，$M[k]$的访问次序为：$M[5]$为初始值，依次访问下标 k 等于加 3 模 16 的值：$M[5]$，$M[8]$，$M[11]$，$M[14]$，$M[1]$，$M[4]$，$M[7]$，$M[10]$，$M[13]$，$M[0]$，$M[3]$，$M[6]$，$M[9]$，$M[12]$，$M[15]$，$M[2]$；

④ 第四轮 16 回合，$M[k]$的访问次序为：$M[0]$为初始值，依次访问下标 k 等于加 7 模 16 的值：$M[0]$，$M[7]$，$M[14]$，$M[5]$，$M[12]$，$M[3]$，$M[10]$，$M[1]$，$M[8]$，$M[15]$，$M[6]$，$M[13]$，$M[4]$，$M[11]$，$M[2]$，$M[9]$。

单个 512bit 的 MD5 数据分组的处理过程如图 6-31 所示。

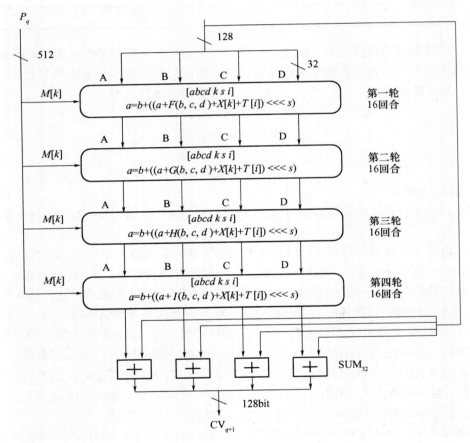

图 6-31　单个 512bit 的 MD5 数据分组的处理过程

在单个 512bit 的 MD5 数据分组的处理过程中,每一轮使用 64 元素表 $T[1,2\cdots,64]$(简称 T 表,它是 MD5 运算中使用的常量值)中的 1/4。其中 T 表由正弦函数 $\sin$ 构造而成。T 的第 i 个元素表示为 $T[i]$,其值等于 $2^{32}\times abs(\sin i)$,其中 i 是弧度。由于 $abs(\sin(i))$ 是一个 $0\sim 1$ 之间的数,T 的每一个元素是一个可以表示成 32 位的整数。

例如，计算 $T[1]$：

$x=\sin(1)=0.8414709848078965066525023216303$

$y=2^{32}=4294967296$

$$z=x*y=232*\sin(1)=3614090360.282828338625143 9079649$$

所以 $$T[1]=\text{int}(z)=3614090360=\text{oxD76AA478}$$

根据上述计算方法，由 sin 函数构造成的 T 常数表如表 6-5 所示。T 表提供了随机化的 32bit 模板，消除了在输入数据中的任何规律性的特征。

表 6-5　由 sin 函数构造成的 T 常数表

$T[1]$= d76aa478	$T[17]$= f61e2562	$T[33]$= fffa3942	$T[49]$= f4292244
$T[2]$= e8c7b756	$T[18]$= c040b340	$T[34]$= 8771f681	$T[50]$= 432aff97
$T[3]$= 242070db	$T[19]$= 265e5a51	$T[35]$= 6d9d6122	$T[51]$= ab9423a7
$T[4]$= c1bdceee	$T[20]$= e9b6c7aa	$T[36]$= fde5380c	$T[52]$= fc93a039
$T[5]$= f57c0faf	$T[21]$= d62f105d	$T[37]$= a4beea44	$T[53]$= 655b59c3
$T[6]$= 4787c62a	$T[22]$= 02441453	$T[38]$= 4bdecfa9	$T[54]$= 8f0ccc92
$T[7]$= a8304613	$T[23]$= d8a1e681	$T[39]$= f6bb4b60	$T[55]$= ffeff47d
$T[8]$= fd469501	$T[24]$= e7d3fbc8	$T[40]$= bebfbc70	$T[56]$= 85845dd1
$T[9]$= 698098d8	$T[25]$= 21e1cde6	$T[41]$= 289b7ec6	$T[57]$= 6fa87e4f
$T[10]$= 8b44f7af	$T[26]$= c33707d6	$T[42]$= eaa127fa	$T[58]$= fe2ce6e0
$T[11]$= ffff5bb1	$T[27]$= f4d50d87	$T[43]$= d4ef3085	$T[59]$= a3014314
$T[12]$= 895cd7be	$T[28]$= 455a14ed	$T[44]$= 04881d05	$T[60]$= 4e0811a1
$T[13]$= 6b901122	$T[29]$= a9e3e905	$T[45]$= d9d4d039	$T[61]$= f7537e82
$T[14]$= fd987193	$T[30]$= fcefa3f8	$T[46]$= e6db99e5	$T[62]$= bd3af235
$T[15]$= a679438e	$T[31]$= 676f02d9	$T[47]$= 1fa27cf8	$T[63]$= 2ad7d2bb
$T[16]$= 49b40821	$T[32]$= 8d2a4c8a	$T[48]$= c4ac5665	$T[64]$= eb86d391

6) 输出散列值

所有 L 个 512bit 分组(数据块)都被处理完毕后，最后一个 HMD5 的输出即最后一轮得到的 A，B，C，D 四个缓冲区的值，就是整个消息的 128bit 的散列值(消息摘要)，这也是最终的输出结果，它保存在 A，B，C，D 四个缓冲区中。

MD5 算法可以形式化描述为：

—— 设置初始值 $CV_0=IV$；

—— 对 $q=1$，2，…，L 计算；

—— $CV_{q+1}=CV_q+RF_I[Y_q, RF_H[Y_q, RF_G[Y_q, RF_F[Y_q, CV_q]]]]$；

—— $MD=CV_L$。

式中　IV——MD 缓冲区中 A，B，C，D 四个寄存器初始化的值(参见第 4)步)；

Y_q——消息的第 q 个 512bit 的数据分组(数据块)；

L——消息中的分组数(数据块数)；

CV_q——处理消息的第 q 个分组时输入的链接变量(即前一个压缩函数的输出)；

RF——是一个循环函数，是使用基本逻辑函数 x 的轮函数，分别为 F，G，H，I；

+——分别对 4 个缓存寄存器 A，B，C，D 按 32 位计算的模 2^{32} 的加法；

MD——消息最终的散列值。

MD5 算法的核心是压缩函数算法 H_{MD5}，压缩函数是由 4 个循环(对应 4 轮处理过程)构成。下面详细介绍下 MD5 的压缩函数 H_{MD5} 的实现。

为了对实现数据的压缩，正在处理的 512bit 数据分组 Y_q 被进一步划分成 16 个 32bit 的小段，用 $X[k]$ 来表示($k = 0$，1，…，15)。

压缩函数 H_{MD5} 算法中有 4 轮处理过程，每轮又需要对 4 个缓冲区 A，B，C，D 进行 16 步迭代运算，每一步的运算通用形式为(见图 6-32)

$$a = b + ((a + g(b, c, d) + X[k] + T[i]) <<< s)$$

式中，a、b、c、d 为缓冲区 A、B、C、D 中的 4 个字，运算完成后再右循环一个字，即得这一步迭代的输出；$g( )$ 为基本逻辑函数，分别为 F、G、H、I 中的一个；$<<< s$ 为对 32bit 字进行循环左移 s 位，s 的取值由表 6-6 给出；$X[k]=M[q\times16+k]$，即消息第 q 个分组 Y_q 中的第 k 个 32bit 字($k=1$，2，…，16)；$T[i]$ 为表示常数表 T 中的第 i 个元素；+为加法，均为 32bit 的加法，即表示模 2^{32} 加法。

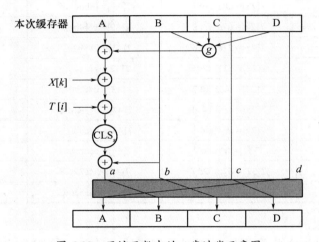

图 6-32　压缩函数中的一步迭代示意图

表 6-6　压缩函数每步左循环移位的位数

轮数 \ 步数	1	2	3	4	5	6	7	8	9	10	11	12	12	14	15	16
1	7	12	17	22	7	12	17	22	7	12	17	22	7	12	17	22
2	5	9	14	20	5	9	14	20	5	9	14	20	5	9	14	20
3	4	11	16	23	4	11	16	23	4	11	16	23	4	11	16	23
4	6	10	15	21	6	10	15	21	6	10	15	21	6	10	15	21

4 轮处理过程中，每轮以不同的次序使用 16 个字，其中在第一轮以字的初始次序使用。第二轮到第四轮分别对字的次序 i 做置换后得到一个新次序，然后以新次序使用 16 个字。3 个置换分别为

$$\rho_2(i)=(1+5i) \bmod 16$$
$$\rho_3(i)=(5+3i) \bmod 16$$

$$\rho_4(i)=7i \bmod 16$$

4 轮处理过程分别使用不同的基本逻辑函数 F、G、H、I，所有基本逻辑函数的输入都是 3 个 32bit 的字(分别用 a，b，c，d 表示)，输出是一个 32bit 的字，其中的运算为逐比特的逻辑运算，即输出的第 n 个比特是 3 个输入的第 n 个比特的函数，函数 F 是条件函数：如果 b 则 c，否则 d。类似地，函数 G 也可以描述为：如果 d 则 b，否则 c。函数 H 产生一个校验位。四个基本逻辑函数的定义由表 6-7 给出。逻辑操作是 AND(逻辑与)、OR(逻辑或)、NOT(逻辑非)、XOR(异或)，在表 6-7 中分别用符号 $\wedge$，$\vee$，$^-$，$\oplus$ 表示。这四个函数的说明：如果 a、b 和 c 的对应位是独立和均匀的，那么结果的每一位也应是独立和均匀的。

若考虑 C 语言的实现，也可以将表 6-7 中的位逻辑操作采用 C 语言中的符号：&，|，~，^，分别来表示按位的与、或、非和异或操作。这种表示方式的定义如表 6-8 所示。

表 6-7 四个基本逻辑函数的定义

轮 数	基本逻辑函数	$g(b,c,d)$
1	$F(b,\ c,\ d)$	$(b \wedge c) \vee (\overline{b} \wedge d)$
2	$G(b,\ c,\ d)$	$(b \wedge d) \vee (c \wedge \overline{d})$
3	$H(b,\ c,\ d)$	$b \oplus c \oplus d$
4	$I(b,\ c,\ d)$	$c \oplus (b \vee \overline{d})$

表 6-8 四个基本逻辑函数的定义
(C 语言表示)

循 环	对应的原始函数	函数输出
1	$F(b,\ c,\ d)$	$(b\&c)|(\sim b\&d)$
2	$G(b,\ c,\ d)$	$(b\&d)|(c\&\sim d)$
3	$H(b,\ c,\ d)$	$b\textasciicircum c\textasciicircum d$
4	$I(b,\ c,\ d)$	$c\textasciicircum(b\&\sim d)$

表 6-7、表 6-8 中定义的四个基本逻辑函数对应的真值表如表 6-9 所示。

表 6-9 基本逻辑函数的真值表

b	c	d	F	G	H	I
0	0	0	0	0	0	1
0	0	1	1	0	1	0
0	1	0	0	1	1	0
0	1	1	1	0	0	1
1	0	0	0	0	1	1
1	0	1	0	1	0	1
1	1	0	1	1	0	0
1	1	1	1	1	1	0

【例 6.1】计算字符串"abc"的 MD5 散列值。

解:首先将字符串"abc"的二进制表示为 01100001 01100010 01100011(因为'a'=97，'b'=98，'c'=99)，共 24 位长度。

MD5 散列算法的处理步骤如下：

(1) 填充消息：消息长 $l=24$，先填充 1 位 1，然后填充 423 位 0，再用消息长 24，即 0x00000000 00000018 填充，则

$M[0]=61626380$ $M[1]=00000000$ $M[2]=00000000$ $M[3]=00000000$

$M[4]=00000000$ $M[5]=00000000$ $M[6]=00000000$ $M[7]=00000000$

M[8]=00000000 M[9]=00000000 M[10]=00000000 M[11]=00000000

M[12]=00000000 M[13]=00000000 M[14]=00000000 M[15]=00000018

即

01100001 01100010 01100011 **10000000** 00000000 00000000 00000000 00000000

00000000 00000000 00000000 00000000 00000000 00000000 00000000 00000000

00000000 00000000 00000000 00000000 00000000 00000000 00000000 00000000

00000000 00000000 00000000 00000000 00000000 00000000 00000000 00000000

00000000 00000000 00000000 00000000 00000000 00000000 00000000 00000000

00000000 00000000 00000000 00000000 00000000 00000000 00000000 00000000

00000000 00000000 00000000 00000000 00000000 00000000 00000000 00000000

00011000 00000000 00000000 00000000 00000000 00000000 00000000 00000000

注意上面最后一行= 0x00000000 00000018(十六进制)。本例中只有一个分组。

(2) 初始化:

A: 01 23 45 67

B: 89 ab cd ef

C: fe dc ba 98

D: 76 54 32 10

(3) 主循环:本例只有一个字块(分组),按照算法进行四轮散列处理,具体的计算请读者参照前面讲述的内容自行计算。

(4) 输出结果:

消息摘要=90015098   3cd24fb0   d6963f7d   28e17f72

"Message Digest Algorithm MD5"(《消息摘要算法第五版》)。为计算机安全领域广泛使用的一种散列函数,用以提供消息的完整性保护。该算法的文件号为RFC-1321(R.Rivest,MIT Laboratory for Computer Science and RSA Data Security Inc.,1992,4.)。

如果用[*abcd k s i*]表示压缩函数的一步操作,那么,MD5 算法的压缩函数的算法可以描述如下(参见 RFC-1321):

/* 处理数据原文 */

For i = 0 to N/16-1 do

/*每一次,把数据原文存放在 16 个元素的数组 X 中 */

For j = 0 to 15 do Set X[j] to M[i*16+j].

end   /*结束对 J 的循环*/

/* Save A as AA,B as BB,C as CC,and D as DD. */

AA = A

BB = B

CC = C

DD = D

/* 第 1 轮:用基本逻辑函数 F,执行下面的 16 步操作*/

/* 以 [*abcd k s i*]表示如下操作 $a = b + ((a + F(b,c,d) + X[k] + T[i]) <<< s)$ */

/* Do the following 16 operations. */

[ABCD F   0   7   1]
[DABC F   1   12   2]
[CDAB F   2   17   3]
[BCDA F   3   22   4]
[ABCD F   4   7   5]
[DABC F   5   12   6]
[CDAB F   6   17   7]
[BCDA F   7   22   8]
[ABCD F   8   7   9]
[DABC F   9   12   10]
[CDAB F   10   17   11]
[BCDA F   11   22   12]
[ABCD F   12   7   13]
[DABC F   13   12   14]
[CDAB F   14   17   15]
[BCDA F   15   22   16]

/* 第 2 轮：用基本逻辑函数 G，执行下面的 16 步操作*/

/* 以 [abcd k s i]表示如下操作 $a = b + ((a + G(b，c，d) + X[k] + T[i]) <<< s)$ */

/* Do the following 16 operations. */

[ABCD G   1   5   17]
[DABC G   6   9   18]
[CDAB G   11   14   19]
[BCDA G   0   20   20]
[ABCD G   5   5   21]
[DABC G   10   9   22]
[CDAB G   15   14   23]
[BCDA G   4   20   24]
[ABCD G   9   5   25]
[DABC G   14   9   26]
[CDAB G   3   14   27]
[BCDA G   8   20   28]
[ABCD G   13   5   29]
[DABC G   2   9   30]
[CDAB G   7   14   31]
[BCDA G   12   20   32]

/* 第 3 轮：用基本逻辑函数 H，执行下面的 16 步操作*/

/* 以 [abcd k s i]表示如下操作 $a = b + ((a + H(b，c，d) + X[k] + T[i]) <<< s)$ */

/* Do the following 16 operations. */

[ABCD H 5 4 33]

[DABC H 8 11 34]

[CDAB H 11 16 35]

[BCDA H 14 23 36]

[ABCD H 1 4 37]

[DABC H 4 11 38]

[CDAB H 7 16 39]

[BCDA H 10 23 40]

[ABCD H 13 4 41]

[DABC H 0 11 42]

[CDAB H 3 16 43]

[BCDA H 6 23 44]

[ABCD H 9 4 45]

[DABC H 12 11 46]

[CDAB H 15 16 47]

[BCDA H 2 23 48]

/* 第 4 轮：用基本逻辑函数 I，执行下面的 16 步操作*/

/* 以 [abcd k s i]表示如下操作 $a = b + ((a + I(b，c，d) + X[k] + T[i]) <<< s)$ */

/* Do the following 16 operations. */

[ABCD I 0 6 49]

[DABC I 7 10 50]

[CDAB I 14 15 51]

[BCDA I 5 21 52]

[ABCD I 12 6 53]

[DABC I 3 10 54]

[CDAB I 10 15 55]

[BCDA I 1 21 56]

[ABCD I 8 6 57]

[DABC I 15 10 58]

[CDAB I 6 15 59]

[BCDA I 13 21 60]

[ABCD I 4 6 61]

[DABC I 11 10 62]

[CDAB I 2 15 63]

[BCDA I 9 21 64]

/* 然后进行如下操作，更新 4 个缓存寄存器 A，B，C，D 的值 */

A = A + AA

B = B + BB

C = C + CC

D = D + DD

end

/* 结束对 *I* 的循环*/

/* MD5 压缩算法结束*/

最后，输出结果。消息的散列值产生后的形式为：A，B，C，D。也就是低位字节 A 开始，高位字节 D 结束。至此完成了对 MD5 算法的完整描述。

MD5 算法的核心处理是重复进行位逻辑运算，使得最终输出的摘要中每一位与输入消息中所有位相关，因此达到很好的混淆效果，具有雪崩现象。即便是相关性很强的两个消息输入也很难产生相同的输出。

从以上 MD5 算法的描述过程中可以看到，在一个循环的一步中，16 个 32bit 的分段 $X[i]$ 均被使用一次。但是在不同的循环中，$X[i]$ 被使用的顺序是不同的。常数表 T 中 64 个 32 位元素中的每一个也只被使用一次。此外应注意在每一步中，只有缓存器 A，B，C，D 的 4 个字节中的一个被更新，因此，该缓存的每个字节在这次循环中将被更新 4 次，然后在第 5 次产生这个分组的最后输入。最后，各个缓存器还要加上各自的初始值，产生最后的输出结果。注意，每一次循环都要使用 4 个不同的循环左移，且在不同的循环中使用的不同。所有这些复杂操作的意义在于要使产生冲突(两个 512 位分组产生相同的输出)的概率变得非常小。

在本书的附录 A 中给出了 MD5 算法的伪代码与标准 C 语言形式的程序实现。

通过前面对 MD5 算法的分析可以得到 MD5 算法的一条性质：算法的输出结果 128 位散列值(即消息摘要 MD)中的每一位都是输入信息中所有比特的函数，因此，获得了很好的混淆效果，从而可以使得不可能随机选择两个具有相同散列值的消息。MD5 算法中使用的基本逻辑函数(F，G，H 和 I)中复杂的重复性操作将使得输入的内容充分混合。对于随机选取的信息，即使它们有相似的规律性，也很难产生相同的散列值。在算法提出的初期，Rivest 猜想 MD5 采用 128 位的散列值，其安全性被认为是足够强的。例如，如果要想采用纯强力攻击方法找出具有相同散列值的两个信息需要执行 2^{128} 数量级的操作，如果用每秒可试验 1000000000 个消息的计算机需时 1.07×10^{22} 年。若采用生日攻击法，找出具有相同散列值的两个信息需要执行 2^{64} 数量级的操作。如果用每秒可试验 1000000000 个消息的计算机需时 585 年。差分攻击对 MD5 的安全性不构成威胁。

目前，对 MD5 算法的攻击取得了很大的进展。

如果两个输入串的 Hash 函数的值一样，则称这两个串是一个碰撞(Collision)。既然是把任意长度的字符串变成固定长度的字符串，所以，必有一个输出串对应无穷多个输入串，碰撞是必然存在的。

2004 年 8 月 17 日，美国加州圣巴巴拉召开国际密码学会议，山东大学王小云教授公布了快速寻求 MD5 算法碰撞的算法。王小云教授成功地找出了 MD5 的碰撞，发生碰撞的消息是由两个 1024bit 长的串 M、N_i 构成，设消息 $M\|N_i$ 的碰撞是 $M'\|N_i'$，在 IBM P690 上找 M 和 M' 花费时间大约是 1h，找到 M 和 M' 后，则只需要 15s～5min 就可以找到 N_i 和 N_i'。

此国际密码学会议安排了三场关于杂凑函数的特别报告。在国际著名密码学家 Eli Biham 和 Antoine Joux 相继做了对 SHA-1 的分析与给出 SHA-0 的一个碰撞之后，山东大学王小云教授做了破译 MD5、HAVAL-128、 MD4 和 RIPEMD 算法的报告。报告由王小云、冯登国、来学嘉、于红波四人共同完成，囊括了对 MD5、HAVAL-128、 MD4 和 RIPEMD 四个著名 Hash 算法的破译结果。王小云毕业于山东大学数学系，师从于著名数学家潘承洞、于秀源教授，是一位外表普通却充满自信的中国女性。在会场上，当她公布了 MD 系列算法的破解结果之后，报告被激动的掌声打断。王小云教授的报告轰动了全场，得到了与会专家的赞叹。报告结束时，与会者长时间热烈鼓掌，部分学者起立鼓掌致敬，这在密码学会议上是少见的盛况。王小云教授的报告缘何引起如此大的反响？因为她的研究成果作为密码学领域的重大发现宣告了固若金汤的世界通行密码标准 MD 5 的堡垒轰然倒塌，引发了密码学界的轩然大波。会议总结报告这样写道："我们该怎么办？MD5 被重创了；它即将从应用中淘汰。SHA-1 仍然活着，但也见到了它的末日。现在就得开始更换 SHA-1 了。"

果然，2005 年初，王小云就宣布，已经成功破解 SHA-1。

2005 年 2 月 7 日，美国国家标准与技术研究院(NIST)发表申明，SHA-1 没有被攻破，并且没有足够的理由怀疑它会很快被攻破，开发人员在 2010 年前应该转向更为安全的 SHA-256 和 SHA-512 算法。而仅仅在一周之后，王小云教授就宣布了破译 SHA-1 的消息。因为 SHA-1 在美国等国家有更加广泛的应用，密码被破的消息一出，在国际社会的反响可谓石破天惊。美国《新科学家》立即发表了《崩溃！密码学的危机》文章，美国的 NIST 也宣布，美国政府 5 年内将不再使用 SHA-1。换句话说，王小云的研究成果表明了从理论上讲电子签名可以伪造，必须及时添加限制条件，或者重新选用更为安全的密码标准，以保证电子商务的安全。

2. 安全散列算法

安全散列算法(Secure Hash Algorithm，SHA)由美国的 NIST 提出的，于 1993 年作为联邦信息处理标准(FIPS PUB 180)公布。SHA-0 是 SHA 的早期版本，SHA-0 被公布后，NIST 很快就发现了它的缺陷，1995 年算法被修改，修改后的版本称为 SHA-1，简称为 SHA。这个版本是当前使用最广泛的散列算法，它在数字签名标准中被要求使用。

SHA 是基于 MD4 算法的基础上改进而成的，其结构与 MD4 非常类似。SHA-1 在算法设计上很大程度上模仿 MD4，它接受输入消息的最大长度为 2^{64}bit，生成 160bit 的消息摘要，与 MD5 相似，这个算法操作划分为 32 位字的 512 位的长度块为处理单位，包含四轮运算，每一轮 20 个阶段，总共 80 步。

1) SHA-1 算法原理

SHA-1 算法的输入为小于 2^{64}bit 长的任意消息，输出为 160bit 长的消息摘要。算法的框图如图 6-33 所示。SHA-1 算法计算时是按照 512bit 长的分组进行处理的，但散列值的长度和链接变量的长度均为 160bit。

具体来说，SHA-1 算法的处理过程包括以下几个步骤：

(1) 填充消息。末尾添加一些额外的位来填充消息，与 MD5 填充方式完全相同，对消息进行填充，使得其位消息长度的值模 512 等于 448(448 刚好等于 512 减去 64)，即使原始消息长度正好是模 512 为 448，也要增加 512bit 填充，也就是说最少要填充 1 个 512 块。

具体填充方法描述如下：第一位为 1，其余全部为 0(具体过程参见 MD5 填充过程)。

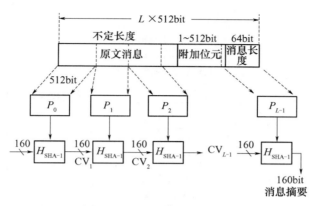

图 6-33　SHA-1 算法原理框图

(2) 补足长度。在填充的消息的末尾添加 64 位的块，该 64 位块是原始消息二进制的长度，如果消息长度变换为二进制块的位的个数小于 64，则在左边补 0，使得块的长度刚好等于 64 位。

例如，若原始消息长度为 704 位二进制组成，则长度 704 变换为二进制为 1011000000，则需要在左边补 54 个 0，达到 64 位，并把它添加到消息的末尾，其结果是最后原始消息扩充到一个 1024 位的消息。

(3) 初始化消息摘要(MD)缓存器。初始化 SHA-1 的初始输出放在 5 个 32 位寄存器 A、B、C、D、E 中，这些寄存器随后将用于保持散列函数的中间结果和最终结果，SHA-1 的 5 个寄存器初始值为 160bitIV 初值变量(十六进制)：

A=67452301；B=EFCDAB89；C=98BADCFE；D=10325476；E =C3D2E1F0

为了记忆方便，SHA-1 初始变量 IV 设定方法有如下规律，如图 6-34 所示。

可以把十六进制的数从 0，1，2，…，e，f，每两个数一组，如 01，23，45，67，89，ab，cd，ef，那么寄存器 A 的值为前 4 组的反序 67 45 23 01，即图 6-34 中上半圈顺时针两个数一组的反序。寄存器 B 为后 4 组反序 ef cd ab 89，即图 6-34 中下半圈顺时针两个数一组的反序。而寄存器 C 为寄存器 B 的值的反序 98 ba dc fe，寄存器 D 为寄存器 A 的值的反序 10 32 54 76，寄存器 E 的值则可以按照图 6-34 中所示左半圈从下向上取值 c3 d2 e1 f0。

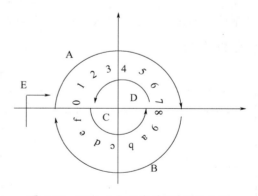

图 6-34　SHA-1 初始变量 IV 设定方法

(4) 数据处理。每个 512bit 消息块和 SHA-1 初始变量 IV 作为初始输入，进入 4 轮循环。每一分组 Y_q 都经一压缩函数处理，压缩函数由 4 轮处理过程构成，如图 6-35 所示。每一轮又由 20 步迭代组成，总共 80 个迭代步。

169

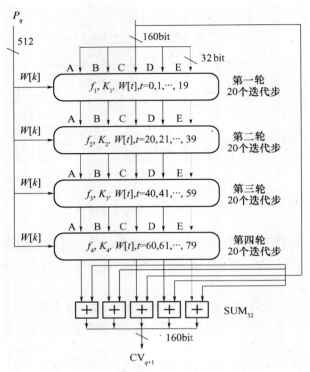

图 6-35　SHA 算法处理过程

4 轮处理过程结构一样，但所用的基本逻辑函数不同，分别表示为 f_1，f_2，f_3，f_4。每轮的输入为当前处理的消息分组 Y_q 和缓冲区的当前值 A，B，C，D，E，输出仍放在缓冲区以替代 A，B，C，D，E 的旧值，每轮处理过程还需加上一个加法常量 K_t，其中 $0 \leqslant t \leqslant 79$ 表示迭代的步数。80 个常量中实际上只有 4 个不同取值，如表 6-10 所示，其中 $\lfloor x \rfloor$ 为 x 的整数部分。

表 6-10　SHA 的加法常量

迭代步数 t	常量 K_t(十六进制)	K_t(十进制)
$0 \leqslant t \leqslant 19$	5A827999	$\lfloor 2^{30} \times \sqrt{2} \rfloor$
$20 \leqslant t \leqslant 39$	6ED9EBA1	$\lfloor 2^{30} \times \sqrt{3} \rfloor$
$40 \leqslant t \leqslant 59$	8F1BBCDC	$\lfloor 2^{30} \times \sqrt{5} \rfloor$
$60 \leqslant t \leqslant 79$	CA62C1D6	$\lfloor 2^{30} \times \sqrt{10} \rfloor$

第 4 轮的输出(第 80 步迭代的输出)再与第 1 轮的输入 CV_q 相加，以产生 CV_{q+1}，其中加法是缓冲区 5 个字中的每一个字与 CV_q 中相应的字模 2^{32} 相加。

(5) 输出结果。消息的 L 个 512 位分组(数据块)都被处理完毕后，最后一个分组的输出就是最终的输出结果，即为 160bit 的消息摘要。

SHA 算法可以形式化描述为：

—— 设置初始值 $CV_0 = IV$;

—— 对 $q = 1$，2，…，L 计算；

—— $CV_{q+1} = SUM_{32}(CV_q，ABCDE_q)$;

—— $MD = CV_L$。

式中，IV——MD 缓冲区中 A，B，C，D 四个寄存器初始化的值(参见第(3)步)；

Y_q——消息的第 q 个 512bit 的数据分组(数据块)；

L——消息中的分组数(数据块数)；

CV_q——处理消息的第 q 个分组时输入的链接变量(即前一个压缩函数的输出)；

$ABCDE_q$——第 q 个消息分组经过最后一轮处理过程处理后的输出；

SUM_{32}——分别对 4 个缓存寄存器 A，B，C，D 按 32 位计算的模 2^{32} 的加法；

MD——消息最终的散列值。

2) SHA 的压缩函数

如上所述，SHA 的压缩函数由 4 轮处理过程组成，每轮处理过程又由对缓冲区 ABCDE 的 20 步迭代运算组成，每一步迭代运算的形式为(见图 6-36)

$$A，B，C，D，E \leftarrow (E + f_t(B，C，D) + CLS_5(A) + W_t + K_t)，A，CLS_{30}(B)，C，D$$

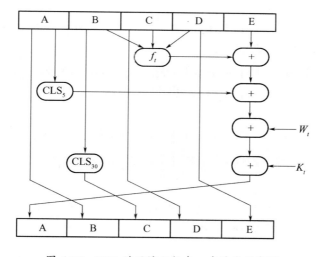

图 6-36　SHA 的压缩函数中一步迭代示意图

其中，A，B，C，D，E 为缓冲区的 5 个字，t 是迭代的步数($0 \leq t \leq 79$)，$f_t(B，C，D)$ 是第 t 步迭代使用的基本逻辑函数，CLS_5 为左循环移 5 位，W_t 是由当前 512bit 长的分组导出的一个 32bit 长的字(导出方式见后面内容)，K_t 是加法常量，"+"是模 2^{32} 加法。

基本逻辑函数的输入为 3 个 32bit 的字，输出是一个 32bit 的字，其中的运算为逐比特逻辑运算，即输出的第 n 个比特是 3 个输入的相应比特的函数。函数的定义如表 6-11 所示。表中 $\land$，$\lor$，$\bar{}$，$\oplus$ 分别是与、或、非、异或 4 个逻辑运算，函数的真值表如表 6-12 所示。

表 6-11　SHA 中基本逻辑函数 f_t 的定义

轮	基本函数	函数值
1	$f_1(B, C, D)$	$(B \wedge C) \vee (\bar{B} \wedge D)$
2	$f_2(B, C, D)$	$B \oplus C \oplus D$
3	$f_3(B, C, D)$	$(B \wedge C) \vee (B \wedge D) \vee (C \wedge D)$
4	$f_4(B, C, D)$	$B \oplus C \oplus D$

表 6-12　SHA 中基本逻辑函数的真值表

B	C	D	f_1	f_2	f_3	f_4
0	0	0	0	0	0	0
0	0	1	1	1	0	1
0	1	0	0	1	0	1
0	1	1	1	0	1	0
1	0	0	0	1	0	1
1	0	1	0	0	1	0
1	1	0	1	0	1	0
1	1	1	1	1	1	1

下面说明如何由当前的输入分组(512bit 长)导出 W_t(32bit 长)。消息划分成 512bit 的块，每个块由 16 个 32bit 字组成，利用下面方法，通过混合和移位，块中的 16 个 32bit 字被扩充为 80 个 32bit 字，存放在 $W[k](k=0，1，\cdots，79)$ 中。

前 16 个值$(W_0，W_1，\cdots，W_{15})$直接取为输入分组的 16 个相应的字，其余值(即 W_{16}，W_{17}，$\cdots$，W_{79})取为

$$W[t] = \mathrm{CLS}_1(W[t-16] \oplus W[t-14] \oplus W[t-8] \oplus W[t-3])$$

以上方法可以进一步描述如下：

① 初始块 512bit 划分为 16 个 32bit 字依次存放在 $W[0] \sim W[15]$

② $W[16]$ 以后的字的填入方式：

$$W[t] = \mathrm{CLS}_1(W[t-16] \oplus W[t-14] \oplus W[t-8] \oplus W[t-3])$$

式中，$t = 16，17，\cdots，79$；CLS_1 表示循环向左移位一个位。

例如：

$$W[16] = \mathrm{CLS}_1(W[0] \oplus W[2] \oplus W[8] \oplus W[13])$$

$$W[17] = \mathrm{CLS}_1(W[1] \oplus W[3] \oplus W[9] \oplus W[14])$$

$$\vdots$$

$$W[79] = \mathrm{CLS}_1(W[63] \oplus W[65] \oplus W[71] \oplus W[76])$$

SHA-1 数据扩充方法如图 6-37 所示。

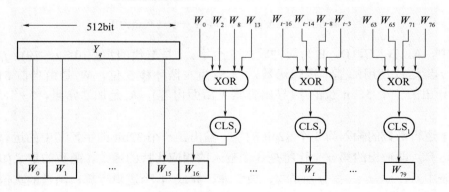

图 6-37　SHA-1 数据扩充方法

与 MD5 比较，MD5 直接用一个消息分组的 16 个字作为每步迭代的输入，而 SHA 则将输入分组的 16 个字扩展成 80 个字以供压缩函数使用，从而使得寻找具有相同压缩值的不同的消息分组更为困难。

下面回顾下 SHA-1 散列算法的处理步骤：

步骤 1，将输入明文(512 bit)以每 32bit 为单位，分别存入 $M[k]$ 中，其中，$k =0$，1，2，…，15，W_t 由 $M[k]$ 扩展。

步骤 2，初始化 A、B、C 与 D 寄存器如下：

A：67452301；B：EFCDAB89；C：98BADCFE；D：10325476；E：C3D2E1F0

步骤 3，进入第一轮次运算，执行 20 回合：

A，B，C，D，E→(E+f_1(t，B，C，D)+CLS$_5$(A)+W_t+K_t)，A，CLS$_{30}$(B)，C，D

步骤 4，进入第二轮次运算，执行 20 回合：

A，B，C，D，E→(E+f_2(t，B，C，D)+ CLS$_5$ (A) + W_t+K_t)，A，CLS$_{30}$(B)，C，D

步骤 5，进入第三轮次运算，执行 20 回合：

A，B，C，D，E →(E+f_3(t，B，C，D)+ CLS$_5$ (A) + W_t+K_t)，A，CLS$_{30}$(B)，C，D

步骤 6，进入第四轮次运算，执行 20 回合：

A，B，C，D，E →(E+f_4(t，B，C，D)+ CLS$_5$ (A) + W_t+K_t)，A，CLS$_{30}$(B)，C，D

步骤 7，输出消息摘要，执行 SUM$_{32}$ 计算。

【例 6.2】计算字符串"abc"的 SHA-1 散列值。

解:首先将字符串"abc"的二进制表示为：01100001 01100010 01100011(因为'a'=97，'b'=98，'c'=99)，共 24 位长度。

SHA-1 散列算法的处理步骤如下：

(1) 按照 SHA-1 要求，填充数据：

512-64-24＝424(填充 1 个"1"(界符)、423 个"0"，即 1000···000)

512 位的输入数据为(十六进制表示)：61626380 00000000，…，00000018。

而 W_0= 61626380，$W_1=W_2=\cdots=W_{14}$=00000000，W_{15}=00000018。本例中只有一个分组。

(2) 初始化缓存器中五个寄存器 A、B、C 、D 与 E 如下：

　　A：67 45 23 01；　　　　B：EF CD AB 89；　　　　C：98 BA DC FE；

　　D：10 32 54 76；　　　　E ：C3 D2 E1 F0

(3) 进入第一轮次运算，执行 20 回合。

根据下面的运算：

A，B，C，D，E←(E+f_t(B，C，D)+CLS$_5$(A)+W_t+K_t)，A，CLS$_{30}$(B)，C，D

得 A，B，C，D 的值：

$$f_1 = f(t,\mathrm{B,C,D}) = (\mathrm{B}\wedge\mathrm{C})\vee(\overline{\mathrm{B}}\wedge\mathrm{D}) \qquad 0\leqslant t\leqslant 19$$

$$f(\mathrm{efcdab89,98badcfe,10325476}) = (\mathrm{efcdab89}\wedge\mathrm{98badcfe})\vee$$

$$\overline{(\mathrm{efcdab89}\wedge\mathrm{10325476})} = 98\mathrm{badcfe}$$

$$\mathrm{CLS}_5(\mathrm{A})= \mathrm{CLS}_5(67452301)=\mathrm{e8a4602c}$$

$$W_0 = 61626380, K_0 = 5\mathrm{a}827999$$

所以 $A = (\mathrm{c3d2e1f0} + 98\mathrm{badcfe} + \mathrm{e8a4602c} + 61626380 + 5\mathrm{a}827999)\bmod 2^{32} = 0116\mathrm{fc}33$

$$B=A=67452301$$
$$C=CLS_{30}(B)= CLS_{30}(efcdab89)=7bf36ae2$$
$$D=C=98badcfe$$
$$E=D=10325476$$

SHA-1 散列算法后面的步骤与步骤(3)类似计算，进一步的计算请读者自行完成。

下面给出最后得到的结果为

$$A=67452301+42541B35=A9993E36$$
$$B=EFCDAB89+5738D5E1=4706816A$$
$$C=98BADCFE+21834873=BA3E2571$$
$$D=10325476+681E6DF6=7850C26C$$
$$F=C3D2E1F0+D8FDF6AD=9CD0D89D$$

于是得

SHA-1("abc")= A9993E36 4706816A　BA3E2571　7850C26C　9CD0D89D,共 160 位，20 个字节。

3) SHA-1 的安全性

SHA-1 与 MD5 相似，它们都是 MD4 演化而来，所以两个算法极为相似，其强度和其他特性也是很相似的。我们可以通过 SHA-1 与 MD4、MD5 的比较来讨论 SHA-1 算法的安全性，如表 6-13 所示。

表 6-13　SHA-1 与 MD4、MD5 的特性比较

	MD4	SHA-1	MD5
散列值	128bit	160bit	128bit
分组处理长	512bit	512bit	512bit
基本字长	32bit	32bit	32bit
步数	48(3×16)	80(4×20)	64(4×16)
消息长	$\leq 2^{64}$bit	$\leq 2^{64}$bit	不限
基本逻辑函数	3	3(第 2，4 轮相同)	4
常数个数	3	4	64
速度	—	约为 MD4 的 3/4	约为 MD4 的 1/7

(1) 抗穷搜索攻击的强度。由于 SHA 和 MD5 的消息摘要长度分别为 160 和 128，所以用穷搜索攻击寻找具有给定消息摘要的消息分别需做 $O(2^{160})$和 $O(2^{128})$次运算，而用穷搜索攻击找出具有相同消息摘要的两个不同消息分别需做 $O(2^{80})$和 $O(2^{64})$次运算。因此 SHA 抗击穷搜索攻击的强度高于 MD5 抗击穷搜索攻击的强度。

(2) 抗击密码分析攻击的强度。由于 SHA 的设计准则未被公开，所以它抗击密码分析攻击的强度较难判断，似乎高于 MD5 的强度。

(3) 速度方面。由于两个算法的主要运算都是模 2^{32} 加法，因此都易于在 32 位系统结构的计算机上实现。但比较起来，SHA 的迭代步数(80 步)多于 MD5 的迭代步数(64 步)，所用的缓冲区(160bit)大于 MD5 使用的缓冲区(128bit)，因此在相同硬件上实现时，SHA

的速度要比 MD5 的速度慢。

(4) 简洁与紧致性。SHA-1 算法与 MD5 算法一样，算法描述简单，易于实现，都不需要冗长的程序或者很大的替换表。

(5) 数据的存储方式。MD5 使用低位字节在前的方式，SHA 使用高位字节在前的方式。这两种方式相比，没有本质的差异，看不出哪个更具优势，之所以使用两种不同的存储方式是因为设计者最初实现各自的算法时，使用的机器的存储方式不同。

3. RIPEMD-160 散列算法

1) 散列算法的原理

RIPEMD-160 散列算法是由欧洲的研究人员提出的。 RIPEMD-160 散列算法的设计思想是使用两条分支，分别包含 5 个循环进行并行处理，以便增加在循环间寻找冲突的复杂性。为了使算法比较简单，两条线在本质上采用相同的逻辑，但在两条分支中引入了尽可能多的差异，使两条并行线的组合具有更强的抵御攻击的能力。

RIPEMD-160 散列算法也采用了 MD5 算法的总体结构，允许任意长度的报文的输入，输出 160bit 的消息摘要。 RIPEMD-160 散列算法中消息的分组长度也是 512bit。其处理操作包括以下步骤：

(1) 对报文进行填充，此步骤与 MD5 的操作相同。

(2) 附加长度值，此步骤也与 MD5 算法相同。

(3) 初始化消息摘要(MD)缓存器。使用 160bit 的缓存来存放算法的中间结果和最终的散列值。这个缓存由 5 个 32bit 的寄存器 A、B、C、D、E 构成。

(4) 处理消息分组序列。处理算法的核心是一个 10 个循环的压缩函数模块，其中每个循环由 16 个处理步骤组成。在每个循环中使用不同的原始逻辑函数(基本逻辑函数)，分别表示为 f_1、f_2、f_3、f_4 和 f_5。图 6-38 给出了 RIPEMD-160 压缩函数的处理过程。算法的处理分为两条独立的路线，分别以相反的顺序使用 5 个原始逻辑函数。每一轮循环以当前比特分组 Y_q 和 160bit 的缓存值 A、B、C、D、E 作为输入，更新缓存的内容。在最后一个循环结束后，两条路线的计算结果 A、B、C、D、E、A′、B′、C′、D′、E′以及链接变量的初始值 CV_q 经过一次相加运算产生最终的输出 CV_{q+1}。

(5) 输出结果。对所有 L 个 512bit 的消息分组全部都处理完毕后，第 L 阶段产生的输出就是 160bit 的消息摘要。

2) RIPEMD-160 散列算法的安全性

RIPEMD-160 散列算法与 MD5 和 SHA-1 在许多方面有相似性，这是由于这三种算法都是从 MD4 衍生出来的。但是，从设计目标和安全性方面来看，三者有着一定的差异。

从抵御强行攻击的能力来看，RIPEMD-160 散列算法也其他两种算法一样，对抵抗弱冲突性的攻击基本上是无懈可击的。由于 MD5、SHA-1 和 RIPEMD-160 散列算法输出的消息摘要长度分别为 160 和 128，所以用穷搜索攻击寻找具有给定消息摘要的消息分别需做 $O(2^{160})$、$O(2^{128})$ 和 $O(2^{160})$ 次运算。另外，由于采用了 160bit 的散列值，RIPEMD-160 散列算法比 MD5 更能抵抗强冲突性的生日攻击，在可以预见的将来是相当安全的。

从抵御密码分析攻击的能力来看，RIPEMD-160 散列算法的设计充分考虑了抵御已知的密码分析攻击，可以克服 MD5 在这方面的弱点。使用两条处理线，执行双倍的操作步骤，这些措施加大了 RIPEMD-160 散列算法的复杂性，也使得密码分析比 SHA-1 算法更难了。

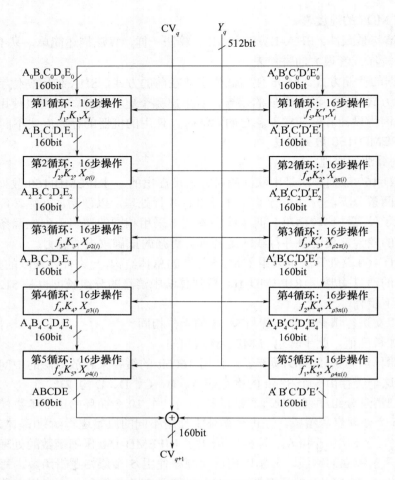

図 6-38　RIPEMD-160 算法的压缩函数

在速度上，由于 RIPEMD-160 散列算法的复杂性，使得 RIPEMD-160 散列算法比一般的 MD5 和 SHA-1 要慢一些。

6.3.3　Hash 散列算法的应用

Hash(哈希)散列函数由于其单向性和随机性的特点，主要运用于确保数据的完整性和提供数据的完整性认证(包括数字签名以及与数字签名联系起来的数字指纹的应用) 证明、密钥推导、伪随机数生成等方面。

1. 数字签名的应用

这部分内容将在后面第 7 章内容进行详细介绍。

2. Hash 散列算法"数字指纹"应用——生成程序或文档的"数字指纹"

散列函数可以将任意长度的输入变换为固定长度的输出，不同的输入对应不同的输出。因此，可以基于散列函数变换得到程序或文档的散列值输出，即"数字指纹"。可放在安全地方与原有"指纹"进行对比，这样可发现病毒或入侵者对程序或文档的修改，从而可以实现数据的认证，如图 6-39 所示。

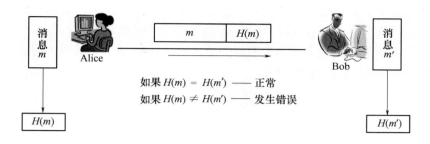

如果 $H(m) = H(m')$ —— 正常

如果 $H(m) \neq H(m')$ —— 发生错误

图 6-39 Hash 散列算法 "数字指纹" 应用

3. 用于安全存储口令

如果基于散列函数生成口令的散列值，然后在系统中保持用于 ID 和其口令的散列值，而不是口令本身，这有助于改善系统安全性。因为此时系统保持口令的散列值，但用户进入系统时要求输入口令，系统重新计算用户输入口令的散列值并与系统中保存的数值比较，当两者相等时，说明用户的口令是正确的，允许用户进入系统，否则将被系统拒绝，如图 6-40 所示。

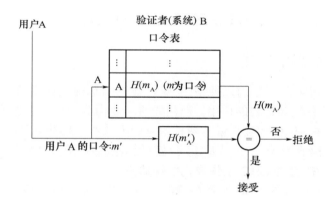

图 6-40 Hash 散列算法用于安全存储口令

例如，MD5 散列算法还广泛被用于口令的验证系统中。在 20 世纪 90 年代，它成为最常见的 UNIX 口令哈希算法，事实上，为了保持向后的兼容性，许多类 UNIX 的系统仍使用 MD5 算法来生成口令哈希。例如，Linux 操作系统中的用户口令的验证算法也是采用的 MD5 算法来生成口令哈希。在这些系统中，不以明文存储用户口令，而是使用存储口令的哈希值或者口令的派生物。

同理，采用 Hash 函数，银行操作人员不能获取到用户的密码，从而保证用户的密码不被非法窃取。

4. 用于伪随机数生成

Hash 散列算法还可以应用于伪随机数的生成。哈希函数按照定义可以实现一个伪随机数生成器(PRNG)，从这个角度可以得到一个公认的结论：哈希函数之间性能的比较可以通过比较其在伪随机生成方面的比较来衡量。

例如,由美国联邦信息处理标准(FIPS)推荐的 ANSI X9.17 标准中的伪随机数产生器,是密码强度最高的伪随机数产生器之一，已在 PGP 等许多应用中被采纳。此方案采用了 112bit 长的密钥的三重 DES (E-D-E)算法，同时还有两个伪随机数输入驱动，一个是当前日期和时间，另一个是算法上次产生的新种子，如图 6-40 所示，其中密钥 K_1 和 K_2 就可采用 MD5 算法生成，如图 6-41 所示。

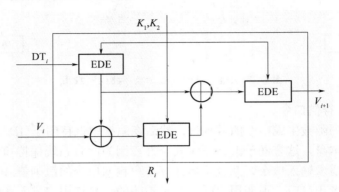

图 6-41　Hash 散列算法用于生成伪随机数

6.4　HMAC 算 法

6.4.1　HMAC 算法概述

MAC(消息认证码)在消息的认证中(主要是使得消息的接收者能够认证消息来源的真实性和完整性)具有极其重要的作用。但是如何才能构造一个有效的消息认证码(MAC)呢？构造一个有效的 MAC 一般来说有两种常见的方式：一是基于分组密码算法 CBC 工作模式的构造方法构造 MAC；二是基于密码散列函数的构造方法构造 MAC。

1．基于分组密码算法 CBC 工作模式的构造方法

采用基于分组密码算法 CBC 工作模式的构造方法构造 MAC 是构造 MAC 最传统、最为普遍使用的方法。它是利用分组密码算法的 CBC 运行模式，通常这样构造的密钥散列函数称为 MAC。首先对 M 进行分组 $M=m_1m_2\cdots m_L$，其中每个子消息 m_i 的长度都等于分组密码算法输入长度，如果最后一个消息不足则需要填充随机值。设 C_0=IV 为随机初始向量，发送方使用 CBC 加密：$C_i=E_k(m_i+C_{i-1})$。数值对(IV，C_l)作为 MAC 附在 M 后送出。

例如最为广泛使用的消息认证码之一——数据认证算法就是采用基于分组密码算法 CBC 工作模式的构造方法构造 MAC 的。

2．基于密码散列函数的构造方法

但是近年来研究构造 MAC 的兴趣已经从基于分组密码算法 CBC 工作模式的构造方法转移到基于密码散列函数的构造方法，这是因为：

(1) 密码散列函数(如 MD5、SHA)的软件实现快于分组密码(如 DES)的软件实现。

(2) 密码散列函数的库代码来源广泛。

(3) 密码散列函数没有出口限制，而分组密码即使用于 MAC 也有出口限制。

但是 MD5、SHA-1 等散列函数并不是为用于 MAC 而设计的，由于散列函数不使用密钥，因此不能直接用于 MAC。目前已提出了很多将散列函数用于构造 MAC 的方法，

HMAC 就是其中之一。消息认证码 HMAC 是密钥相关的哈希运算消息认证码(Hash-based Message Authentication Code)的缩写，是由 H.Krawezyk，M. Bellare，R.Canetti 于 1996 年提出的一种基于 Hash 函数和密钥进行消息认证的方法，并于 1997 年作为 RFC2104 被公布，并在 IPSec 和其他网络协议(如 SSL)中得以广泛应用，现在已经成为事实上的 Internet 标准。它可以与任何迭代散列函数捆绑使用。

HMAC 所能提供的消息认证包括两方面内容：

① 消息完整性认证：能够证明消息内容在传送过程没有被修改。

② 信源身份认证：因为通信双方共享了认证的密钥，接收方能够认证发送该数据的信源与所宣称的一致，即能够可靠地确认接收的消息与发送的一致。

HMAC 运算利用哈希算法，以一个消息 M 和一个密钥 K 作为输入，生成一个定长的消息摘要作为输出。HMAC 算法利用已有的 Hash 函数，关键问题是如何使用密钥。HMAC 算法可以和任何密码散列函数结合使用，目前，常见的可以供选择的散列函数有 MD5、SHA-1、RIPEMD-160 等。选择不同的散列函数所生成的 HMAC 可以被表示为不同的形式：选用 MD5 时的 HMAC 记为 HMAC-MD5，选用 SHA-1 时的 HMAC 记为 HMAC-SHA1，选用 RIPEMD-160 时的 HMAC 记为 HMAC- RIPEMD 等。这样可以对 HMAC 实现作很小的修改就可用一个散列函数 H 代替原来的散列函数 H',从而大大增强了 HMAC 算法的灵活性。

6.4.2　HMAC 的设计目标

RFC2104 列举了 HMAC 的以下设计目标：

(1) 可不必修改而直接使用现有散列函数。特别是那些易于用软件实现的、源代码可方便获取且免费使用的散列函数。

(2) 不针对于某一个散列函数，可以根据需要更换散列函数模块。如果找到或者需要更快或更安全的散列函数，应能很容易地替代原来嵌入的散列函数。

(3) 应保持散列函数原有的性能，不因用于 HMAC 而使其性能降低。

(4) 对密钥的使用和处理应较为简单。

(5) 如果已知嵌入的散列函数的强度，易于分析 HMAC 用于认证时的密码强度。

其中前两个目标是 HMAC 被公众普遍接受的主要原因，这两个目标是将散列函数当作一个黑盒使用，这种方式有两个优点：第一，可以很方便地实现代码重用，散列函数的实现可作为实现 HMAC 的一个模块，这样一来，HMAC 代码中很大一块就可事先准备好，无需修改就可使用；第二，可以很方便地实现模块替换。如果 HMAC 要求使用更快或更安全的散列函数，则只需用新模块代替旧模块，例如用实现 SHA 的模块代替 MD5 的模块。

最后一条设计目标则是 HMAC 优于其他不是基于散列函数的 MAC 的一个主要方面，HMAC 在已知嵌入的散列函数具有合理密码强度的假设下，可证明是安全的。

6.4.3　HMAC 算法描述

先假设将要介绍的 HMAC 算法中嵌入的是一种抽象的散列函数(用 H 表示)，每次处理的输入分组长度为 $b$bit(使用 MD5 与 SHA-1 时，b=512)，最后的输出长度为 $n$bit，即由嵌入的散列函数所产生的散列值的长度(例如，使用 MD5 时，n=128bit；使用 SHA-1 时，n=160bit；使用 RIPEMD-160 时，n=160bit)。

图 6-42 给出了 HMAC 的总体算法结构图。HMAC 算法的输出可以表示为

$$\text{HMAC}K_k = H[(K^+ \oplus \text{opad}) \| H[(K^+ \oplus \text{ipad}) \| M]]$$

式中　H——这里代表一种抽象的散列函数，在实际使用的时候，这里抽象的散列函数 H 可以根据实际情况替换为某种具体的散列函数，例如 MD5、SHA-1、RIPEMD-160 等。

M——HMAC 的输入消息(包括散列函数所要求的填充位)。

L——输入消息 M 的分组数。

Y_i——输入消息 M 的第 i 个消息分组($0 \leq i \leq L-1$)。

K——HMAC 算法所使用的密钥，密钥 K 可以是任意的、长度不超过 $b$bit 的比特串(HMAC 算法推荐密钥最小长度为 n bit，也就是说 HMAC 算法推荐密钥的长度大于等于 n)。当密钥 K 的长度超过 $b$bit 时，在首先把密钥 K 作为消息输入散列函数 H，使用散列函数对密钥 K 进行压缩以产生一个 $n$bit 的密钥，并将散列函数输出的 $n$bit 作为密钥 K。

K^+——左边经填充 0 后的 K，使其总长度为 $b$bit。

ipad——ipad 是 HMAC 算法中规定的一个长度为 $b$bit 的比特模式串，它等于将 00110110 重复 $b/8$ 次后得到的比特串。简单地说，ipad 就是 $b/8$ 个 00110110。

opad——opad 是 HMAC 算法中规定的另一个长度为 $b$bit 的比特模式串，它等于将 01011010 重复 $b/8$ 次后得到的比特串。简单地说，opad 就是 $b/8$ 个 01011010。

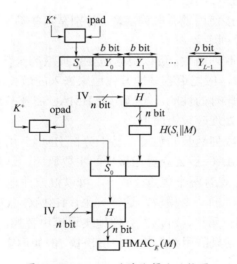

图 6-42　HMAC 的总体算法结构图

HMAC 算法具体执行步骤如下：

(1) 如果密钥 K 的长度小于 $b$bit，则在其左边填充一些"0"，使其成为长度为 $b$bit 的比特串，记为 K^+。(例如 K 的长为 160bit，b=512bit，则需填充 44 个零字节 0x00)。

(2) K^+ 与 ipad 逐比特异或以产生 $b$bit 的分组 S_i，即计算 $S_i = K \oplus \text{ipad}$。

(3) 把 HMAC 的输入消息 $M = Y_1 Y_2 \cdots Y_L$ 附加在 S_i 的右端，得到 $S_i \| M = S_i \| Y_1 Y_2 \cdots Y_L$，将

该比特串作为散列函数的输入，得到 $n$bit 的输出 $H(S_i\|M)$。

(4) K^+ 与 opad 逐比特异或以产生 $b$bit 的分组 S_o，即计算 $S_o=K\oplus\text{opad}$。

(5) 将步骤(4)得到的散列值 $H(S_i\|M)$ 附加在 S_o 的右端，并以该比特串作为散列函数的输入，得到 n 比特的输出，这个输出就是 HMAC 算法的最终输出结果，即消息 M 的消息认证码 $\text{HMAC}_K(M)$。

注意，K^+ 与 ipad 逐比特异或以及 K^+ 与 opad 逐比特异或的结果是将 K 中的一半比特取反，但两次取反的比特的位置不同。而 S_i 和 S_o 通过散列函数中压缩函数的处理，则相当于以伪随机方式从 K 产生两个密钥。

为了更有效地实现算法，HMAC 中的三次散列运算(对 S_i、S_o 和 $H(S_i\|M)$)，可预先求出下面两个值(见图 6-43，虚线以左为预计算)：

$$f(\text{IV},(K^+ \oplus \text{ipad}))$$
$$f(\text{IV},(K^+ \oplus \text{opad}))$$

其中 $f(\text{cv},\text{block})$ 是散列函数中的压缩函数，其输入是 $n$bit 的链接变量和 $b$bit 的分组，输出是 $n$bit 的链接变量。这两个值只需在每次改变密钥时才被预先计算。事实上这两个预先计算的值将用于作为杂凑函数的初值 IV，这种方式在产生 HMAC 时只需执行计算一次压缩函数。

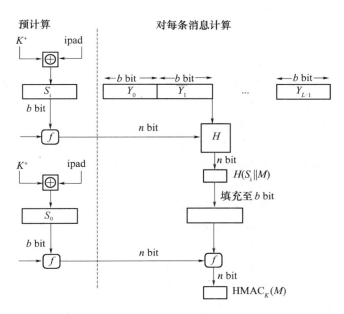

图 6-43 HMAC 的快速实现

6.4.4 HMAC 的典型应用

HMAC 的一个典型应用是用在"挑战/响应"(Challenge/Response)身份认证中，认证流程如下：

(1) 先由客户端向服务器发出一个验证请求。

(2) 服务器接到此请求后生成一个随机数并通过网络传输给客户端(此为挑战)。

(3) 客户端将收到的随机数提供给 ePass，由 ePass 使用该随机数与存储在 ePass 中的密钥进行 HMAC-MD5 运算并得到一个结果作为认证证据传给服务器(此为响应)。

(4) 与此同时，服务器也使用该随机数与存储在服务器数据库中的该客户密钥进行 HMAC-MD5 运算，如果服务器的运算结果与客户端传回的响应结果相同，则认为客户端是一个合法用户。

6.4.5　HMAC 的安全性

基于密码杂凑函数构造的 MAC 的安全性取决于所嵌入的散列函数的安全性，而 HMAC 最吸引人的地方是它的设计者已经证明了算法的强度和嵌入的杂凑函数的强度之间的确切关系。根据伪造者在给定时间内伪造成功和用相同密钥产生给定数量的消息-MAC 对的概率，可以用于描述 MAC 的安全性。Bellare 等人(1996 年)已经证明，如果攻击者已知若干(时间、消息-MAC)对，则成功攻击 HMAC 的概率等价于对所嵌入 Hash 函数的下列两种攻击之一：

(1) 即使对于攻击者而言，IV 是随机的、秘密的和未知的，攻击者也能够计算压缩函数的一个输出。

(2) 即使 IV 是随机的和秘密的和未知的，攻击者也能够找到 Hash 函数的碰撞。

在第一种攻击中，可将压缩函数视为与散列函数等价，而散列函数的 $n$bit 长 IV 可视为 HMAC 的密钥。对这一散列函数的攻击可通过对密钥的穷搜索来进行，也可通过第 II 类生日攻击来实施，通过对密钥的穷搜索攻击的复杂度为 $O(2^n)$，通过第 II 类生日攻击又可归结为上述第二种攻击。

第二种攻击指攻击者寻找具有相同散列值的两个消息，因此就是第 II 类生日攻击。对散列值长度为 n 的散列函数来说，攻击的复杂度为 $O(2^{n/2})$。因此第二种攻击对 MD5 的攻击复杂度为 $O(2^{64})$，就现在的技术来说，这种攻击是可行的。但这是否意味着 MD5 不适合用于 HMAC？回答是否定的。原因如下：攻击者在攻击 MD5 时，可选择任何消息集合后脱线寻找碰撞。由于攻击者知道散列算法和默认的 IV，因此能为自己产生的每个消息求出散列值。然而，在攻击 HMAC 时，由于攻击者不知道密钥 K，从而不能脱线产生消息和认证码对。所以攻击者必须得到 HMAC 在同一密钥下产生的一系列消息，并对得到的消息序列进行攻击。对长 128bit 的散列值来说，需要得到用同一密钥产生的 2^{64} 个分组(2^{73}bit)。在 1Gbit/s 的链路上，需 250000 年，因此 MD5 完全适合于 HMAC，而且就速度而言，MD5 要快于 SHA 作为内嵌散列函数的 HMAC。

在目前的计算水平下，使用 MD5 和 SHA-1 等作为 HMAC 算法所嵌入的 Hash 函数，HMAC 的安全性是可以保证的。

第7章 数字签名

7.1 数字签名概述

数字签名(Digital Signature)由公钥密码体制发展而来,它在信息安全,包括身份认证、数据完整性、不可否认性以及匿名性等方面有重要应用,特别是在大型网络安全通信中的密钥分配、认证以及电子商务系统中具有重要作用。数字签名是实现认证的重要工具。

7.1.1 消息认证的局限性与数字签名的必要性

消息认证能够使通信双方对接收到的信息的来源及完整性进行验证,用于保护通信双方以防止第三方的攻击,然而却不能防止通信双方中的一方对另一方的欺骗或伪造。

通信双方之间也可能有多种形式的欺骗,例如通信双方 Alice(简称 A)和 Bob(简称B)(设 A 为发送方,B 为接收方)利用双方共享的密钥采用对称加密体制进行消息认证的通信时,则可能发生以下欺骗:

① B 可以伪造一个消息并声称是由 A 发出的,由于 A 和 B 共享密钥,所以可以通过消息认证。

② 由于 B 有可能伪造 A 发来的消息,所以 A 就可以对自己发过的消息予以否认。

这两种欺骗在实际的网络安全应用中都有可能发生类似的情况。在网络传送中,信息的接收方可以伪造一份消息,并声称是由发送方发过来的,从而可以从中法非获利。例如在电子资金传输中,银行通过网络传送一张电子支票,接收方就可以增加收到的金额,并声称这是银行发送过来的。同样地,信息的发送方也可以否认发送过某条对自己不利的消息,从而也可以达到非法获利的目的。例如,客户通过电子邮件向其证券经纪人发送对某笔业务的指令,以后这笔业务亏损了,这时候客户为了逃避损失否认自己曾发送过相应的指令。因此在收发双方未建立起完全的信任关系且存在利害冲突的情况下,单纯的消息认证就显得不够。

特别是在现代的经济生活中,由于计算机和网络的快速发展,电子商务日渐兴起,大量的交易可能要通过网络进行,如果通过在文档上签字盖章的方式进行网络电子商务活动,显得效率很低。例如,一个在中国的公司和一个在美国的公司进行合作,双方达成协议后,要签订一个合同,则需要一方签名盖章后,邮寄或派人到另一方去签名盖章。于是人们就想,能不能对已经协商好的电子文档进行和手写签名一样的电子签名呢?并且这个电子签名和要求手写签名具有相同的法律效力,同时也是安全的,即不能被伪造。这样,一方签名后,可以通过电子邮件发送给另一方,效率高而且花费小。这样人们就可以通过网络来实现快速、远距离交易。

但是,如前所述,伪造和抵赖等行为都是威胁电子商务安全的重要因素,随着电子商务在互联网上的广泛应用，由此产生的经济和法律问题也越来越受到人们的关注和重视。在这种情况下，除了消息认证技术之外，还迫切需要有一种新的信息安全技术来保证传输信息的真实性，解决通信双方的争端，而数字签名技术则可以有效解决这一问题。

7.1.2 数字签名与传统签名、消息认证的区别

1. 传统手写签名

在现实生活中，人们每天都在书面文件上使用手写签名或者印章长期被用来确认签署者的真实身份和文件等的法律效力，如签订合同、在银行取款、批复文件等，但这些都是手写签名。传统手写签名或者印章之所以能有这个效力是因为它具有如下重要的特点：

(1) 签名是可信的：能与被签的文件在物理上不可分割，签名使得文件的接收者相信签名者是慎重地在文件上签名的。

(2) 签名是不可抵赖的：签名和文件是物理存在的，签名者事后不能否认自己的签名。

(3) 签名不能被伪造：除了合法者外，其他任何人不能伪造其签名。

(4) 签名是不可复制的：由于签名能与被签的文件在物理上不可分割，因此，对一个文件的签名不能通过复制的方式变为另外一个文件的签名。

(5) 签名后的文件是不可改变的：经过签名后的文件不能再被修改。

(6) 容易被验证。

传统的手写签名的这些特点是一种很难完全达到的理想状态：签名能够被伪造，签名能够从文章中盗用到另外一篇文章中，文件在签名后能被改变。尽管如此，人们仍然愿意相信签名的可靠性，因为欺骗毕竟是困难的，并且还要冒着被发现的危险。特别是传统的手写签名的验证是通过与存档手迹的对照来确定真伪的。它本身就是主观的、模糊的，从而是容易伪造的、不安全的。

2. 数字化的签名技术

在数字签名技术出现之前，曾经出现过一种数字化的签名技术，简单地说就是在手写板上签名，然后将图像传输到计算机电子文档中，这种数字化的签名技术与传统的书面手写签名有相通之处，也有其独特的问题：首先，计算机电子文档是易于复制的，即使是某人的签名难以伪造(如手写签名的图形)，但是从一个文件到另外一个文件裁剪、复制和粘贴文件内容或者有效的签名都很容易；其次，文件在签名后也易于修改，并且电子文档相对于书面文件来说，还可以做到不留下任何修改的痕迹；再次，计算机电子文档本质上是一个二进制编码序列，对它的签名也只能是一种二进制的编码序列，所以，对计算机电子文档签名的验证也应该是客观的、精确的，这是计算机电子文档优越于手写签名的地方。因此，我们应当借助于现代密码技术来实现对电子文档的签名，而不是用图形标志去机械地模仿书面的手写签名。

3. 数字签名技术

数字签名技术与数字化的签名技术是两种截然不同的安全技术，数字签名技术是基于密码学理论的知识和技术的，它是指使用了信息发送方的私有密钥对需要签名的信息进行某种密码学技术的变换，对于不同的文档信息，即使是同一个发送方生成的数字签名也是不相同的。没有私钥密钥，任何人都无法完成非法伪造或者复制。这种数字签名

技术在具体工作时，首先，发送方对信息施以某种数学变换，所得的信息与要签名的原始信息唯一对应，然后将生成的签名通过网络发送给接收方；其次，接收方在收到对原始消息的数字签名后，使用某种约定的数学方法进行逆变换，得到原始信息。只要数学变换方法优良，那么变换后的签名信息在网络传输中就具有很强的安全性，很难被攻击者破译、篡改，这一个过程称为加密，对应的反变换过程称为解密。

从这个意义上来说，数字签名是基于某种密码技术(一般是通过一个单向函数对要传送的信息进行变换)得到的、用以认证消息的来源以及真实性和完整性的一个字母数字串。

数字签名是对现实生活中笔迹签名的模拟，类似于传统手写签名，数字签名应该满足以下性质：

① 收方能够确认或证实发方的签名，能够验证数字签名产生者的身份，以及产生数字签名的日期和时间。但不能伪造，简记为 R1-条件。

② 能用于证实被签消息的内容。发方发出签字的消息给收方后，就不能再否认他所签发的消息，简记为 S-条件。

③ 收方对已收到的签名的消息不能否认，即有收报认证，简记作 R2-条件。

④ 签名应具有法律效力，数字签名可由第三方验证、仲裁，从而能够解决通信双方的争议。第三方可以确认收发双方之间的消息传送，但不能伪造这一过程，简记作 T-条件。

为实现上述三条性质，数字签名的设计应满足以下要求：

① 数字签名的产生必须使用发方独有的一些信息(例如非对称密码体制中的私钥就是各自都有的秘密信息，而且用户不能从生成的签名中推导出签名者所用的私钥信息)，以防止双方的伪造和否认。

② 数字签名的生成必须相对简单，易于实现。

③ 数字签名的识别和验证必须相对简单，易于实现。

④ 对已知的数字签名构造一新的消息或对已知的消息构造一个假冒的数字签名在计算上都是不可行的。

⑤ 在存储器中保存一个数字签名副本是现实可行的。

由此可见，数字签名具有认证功能。这样，数字签名就可以用来防止伪造、篡改信息或者冒充他人发送信息，或者发出(收到)消息后又加以否认等情况发生。

4. 数字签名与传统手写签名的区别

数字签名与传统手写签名虽然都称为签名，但两者有很大的差异，主要表现在：

(1) 需要将签名与消息绑定在一起。传统手写签名是模拟的，且因人而异。传统手写签名是所签文件的物理组成部分，不可分离；数字签名与被签名的消息都各是一段比特串编码，可以互相分离，因此数字签名必须与所签消息捆绑在一起，也就是说数字签名是是数字的，是由 0、1 组成的数字串，因消息而异。

(2) 通常任何人都可以很容易地进行公开验证。手写签名通过与已经被证实的标准签名进行比较或检查笔迹来验证，需要一定的技巧，并且不十分安全，容易被伪造。数字签名通过一个公开的验证算法来验证，安全强度高的数字签名算法使伪造数字签名十分困难。

(3) 要考虑防止签名的复制、重用。传统手写签名是手写的，因人而异，不易被复制。

数字签名是是一段比特串编码，容易被复制，必须采取有效的措施来防止消息的数字签名的被复制、重用。

5. 数字签名与消息认证的的区别

消息认证使收方能验证消息发送者及所发消息内容是否被篡改过。当收者和发者之间有利害冲突时，就无法解决他们之间的纠纷，此时须借助满足前述要求的数字签字技术。

7.2 数字签名的定义及其基本原理

7.2.1 数字签名的基本概念

在传统的商务活动中，为了保证交易的安全与真实，要由当事人或者其负责人在一份书面合同或者公文上签名、盖章，这样才能具有法律效力。而在电子商务的虚拟世界中，合同或者文件是以电子文件的形式表现和传递的。在电子文件上，无法进行传统的手写签名和盖章，这就必须设法依靠技术手段来代替。能够在电子文件中识别双方的真实身份，保证交易的安全性与真实性以及不可抵赖性，起到与手写签名或者盖章同等法律效力的签名的电子手段，称为电子签名。从法律上讲，签名具有两个功能：标识签名人和表示签名人对文件内容的认可。实现电子签名的技术手段有很多种，但是目前比较成熟、世界先进国家普遍使用的电子签名技术还是"数字签名"技术。所谓"数字签名"就是通过某种密码运算生成一系列符号及代码组成电子密码进行签名，来代替书写签名或印章，对于这种电子式的签名还可进行技术验证。其验证的准确度是一般手工签名和图章验证无法比拟的。

数字签名的概念由 Diffie 和 Hellman 于 1976 年提出，目的是通过签名者对电子文件进行电子签名，使签名者无法否认自己的签名，同时别人也不能伪造，实现与手写签名相同的功能，具有与手写签名相同的法律效力。

数字签名是针对电子文档的一种签名确认方法，是公开密钥体系加密技术发展的一个重要的成果。对相互欺骗的问题提供了一种解决方案，在电子商务系统中具有重要作用。

数字签名是目前电子商务、电子政务中应用最普遍、技术最成熟的、可操作性最强的一种电子签名方法。它采用了规范化的程序和科学化的方法，用于鉴定签名人的身份以及对一项电子数据内容的认可。

由于数字签名技术在现在和未来社会里对政府、企事业、一般团体和个人的重要影响，世界各国都加强了对它的研究。

1994 年，美国政府正式颁发了美国数字签名标准(Digital Signature Standard，DSS)。DSS 基于安全散列算法(SHA)并设计了一种新的数字签名技术，即数字签名算法(DSA)。

1998 年，美国总统签署了一个方案，正式确认数字签名和传统手写签名一样有效。在世界的其他国家，数字签名也已经被广泛接受。

1995 年，我国也制定了自己的数字签名标准(GB 15851—1995)。

2004 年，《中华人民共和国电子签名法(草案)》于 2004 年 4 月提交全国人大常委会第八次会议首次审议。2004 年 8 月 28 日，第十届全国人大常务委员会第十一次会议通过《中华人民共和国电子签名法》，该法自 2005 年 4 月 1 日起施行。

从数字签名实现的功能角度来看，还可以给出如下的数字签名的定义：

数字签名就是信息发送者使用公开密钥算法技术，产生别人无法伪造的一段数字串。发送者用自己的私有密钥加密数据传给接收者，接收者用发送者的公钥解开数据后，就可以确定消息来自于谁，同时也是对发送者发送信息的真实性的一个证明。发送者对所发信息不能抵赖。

要特别注意数字签名与加密过程密钥对的使用差别：

数字签名使用的是发送方的密钥对，是发送方用自己的私钥对摘要进行加密，接收方用发送方的公钥对数字签名解密，是一对多的关系，表明任何一个可以获取发送方公钥的第三方都可以验证数字签名的真伪性。

密钥加密解密过程使用的是接收方的密钥对，是发送方用接收方的公钥加密，接收方用自己的私钥解密，是多对一的关系，表明任何拥有接收方公钥的人都可以向接收方发送密文，但只有接收方才能解密，其他人不能解密。

7.2.2　数字签名的基本原理

1. 签名和验证

数字签名的基本原理或者说一个完整的数字签名过程(包括从发方发送信息到收方安全地接收到信息)包括签名和验证两个过程：

(1) 签名：假设通信双方 Alice 和 Bob(设 Alice 为发送方，Bob 为收方)，发方 Alice 用其私钥 SK_A 和解密算法 D 对信息进行签名，将结果 $D_{SK_A}(M)$ 传给接收方 Bob，Bob 用已知的 Alice 的公钥 PK_A 和加密算法 E 得出 $E_{PK_A}(D_{SK_A}(M)) = M$。由于私钥 SK_A 只有 A 知道，所以除了 A 外无人能产生密文 $D_{SK_A}(M)$。这样信息就被 A 签名了，即 B 就会相信消息 M 是 A 签名发送的。

(2) 验证：假若 A 要抵赖曾发送信息 M 给 B，B 可将 M 及 $D_{SK_A}(M)$ 出示给第三方(仲裁方)。第三方很容易用 PK_A 去证实 A 确实发送 M 给 B 了。反之，若 B 伪造 M'，则 B 不敢在第三方面前出示 $D_{SK_A}(M)$。这样就证明 B 伪造了信息。

通常不对整个消息签名，因为这将会使交换信息长度增加一倍。另外，由于使用公钥密码技术对信息进行加密速度非常慢，如果对发送的整个信息进行加密来实现签名是非常耗时的。因此密码学家研究出了一种办法来快速生成代表发方消息的简短的、独特的信息摘要(Message Digest，也称为"数字指纹")，这个摘要可以被加密并作为发方的数字签名。产生消息摘要的快速加密算法称为单向散列函数。另外，由于散列函数本身是单向的，因而，也可以有效地防止对签名的伪造，增强了签名算法的安全性，这也是在很多签名算法中使用散列函数的原因之一。

具有消息摘要的数字签名是指用密码算法对待发的数据进行加密处理，生成一段数据摘要信息附在原文上一起发送，接收方对其进行验证，判断原文真伪。这种数字签名适用于对大文件的处理，对于那些小文件的数据签名，则不预先做数据摘要，而直接将原文进行加密处理。图 7-1 给出了具有消息摘要的数字签名的产生方式。

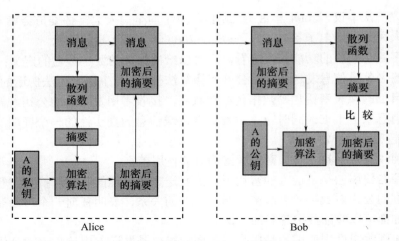

图 7-1 具有消息摘要的数字签名的产生方式

发送方使用自己的私钥对摘要进行加密，接收方接收后，用发送方的公钥对摘要进行解密，这就证明消息一定是来自发送方的。

因为没有人能够伪造出用发送方的公钥解密的密文，而没有发送方的私钥也无法改变消息的内容，这就对消息的内容完整性做出了证明。

2. 数字签名的步骤

1) 具有消息摘要的数字签名的步骤

下面给出具有消息摘要的数字签名的实现步骤(包括数字签名与验证过程)。

(1) 将消息按散列算法计算得到一个固定位数的消息摘要值。在数学上保证：只要改动消息的任何一位，重新计算出的消息摘要就会与原先值不符。这样就保证了消息的不可更改。

(2) 对消息摘要值用发送者的私有密钥加密，所产生的密文即称数字签名。然后该数字签名同原消息一起发送给接收者。

(3) 接收方收到消息和数字签名后，用同样的散列算法对消息计算摘要值，然后用发送者的公开密钥对数字签名进行解密，将解密后的结果与计算的摘要值相比较。如相等则说明报文确实来自发送者。

实现数字签名也同时实现了对信息来源的签别。但是，对传送的信息 M 本身却未保密。

为了实现消息的保密性，发送方在生成信息的摘要后，把这个数字签名作为要发送信息的附件和明文信息一同用接收方的公钥进行加密，将加密后的密文一同发送给接收方。

2) 具有保密性数字签名的步骤

(1) 使用单向散列算法对原始信息进行计算，得到一个固定长度的信息摘要(实际上是一个固定长度的字符串)。

(2) 发送方用自己的私钥加密生成的信息摘要，生成发送方的数字签名。

(3) 发送方把这个数字签名作为要发送信息的附件和明文信息一同用接收方的公钥进行加密，将加密后的密文一同发送给接收方。

(4) 接收方首先把接收到的密文用自己的私钥解密，得到明文信息和数字签名，再用发方的公钥对数字签名进行解密，随后使用相同的单向散列函数来计算解密得到的明文信息，得到信息摘要。如果计算出来的信息摘要和发方发送给他的信息摘要(通过解密数字签名得到的)是相同的，这样接收方就能确认数字签名确实是发送方的，否则就认为收到的信息是伪造的或中途被篡改的。

7.2.3 数字签名体制的组成

一个数字签名体制一般含有两个组成部分，即签名算法(Signature Algorithm)和验证算法(Verification Algorithm)。对 M 的签字可以简记为 Sig(M)=S，而对签名 S 的验证算法可以简记为 Ver(S)={true，false}={0,1}。因此，一个数字签名体制可以表示为一个五元组：

$$(M, S, K, \text{Sig}, \text{Ver})$$

其中　M——表示明文空间，是所有可能消息的一个有限集合，也称为消息空间。

S——表示签字的集合，是所有可能签名的一个有限集合，称为签名空间。

K——表示密钥空间，是所有可能密钥的一个有限集合，称为密钥空间。

Sig——表示签名算法，是一个映射：$\text{Sig}: M \times K \rightarrow S$。

Ver——表示签名验证算法，也是一个映射：$\text{Ver}: M \times S \rightarrow \{\text{true}, \text{false}\}$，即说明签名验证算法返回的结果为布尔值"true"或者"false"，以表示签名是否真实可靠。

(1) 签名算法：签名算法的输入是明文消息 m 和密钥 k，输出是对明文消息 m 的数字签名，表示为 s。即对每一个明文消息 $m \in M$ 和每一个密钥 $k \in K$，易于计算对 m 的签名为

$$s = \text{Sig}_k(m) \in S$$

签名函数是一个受密钥控制的函数，签名密钥是秘密的，只有签名人掌握。

(2) 验证算法：

$$\text{Ver}_k(m, s) = \begin{cases} \text{true} & (s = \text{Sig}(m)) \\ \text{false} & (s \neq \text{Sig}(m)) \end{cases}$$

验证算法应当公开，以便于他人进行验证，已知 m、s 易于证实 s 是否为 m 的签名。

数字签名算法的安全性在于从消息 m 和签名 s 难以推出密钥 k 或者伪造一个消息 m' 使得 m' 和 s 可以被验证为真。

实现数字签名的方法有两种：①利用加密算法产生数字签名；②使用特定的数字签名算法产生数字签名。

利用加密算法产生数字签名的方法是指将消息或消息的摘要加密后的密文作为对该消息的数字签名，根据使用的密码体制的不同，又可以分为基于对称密码体制的数字签名和基于公钥密码体制的数字签名两种不同的形式。关于这部分内容的详细介绍，请参见 7.3 节"数字签名的执行方式"中的内容。

现在已有多种实现数字签名的方案，但是由于采用公钥密码体制比采用对称密码体制更容易实现数字签名，因此，目前实现的数字签名大多是建立在公钥密码体制的基础之上，这也是公钥密码体制的最重要的应用之一。

7.3 数字签名的执行方式

在本书 6.2.1 节中介绍"采用消息加密函数的消息认证方案"这部分内容的时候，已经给出了一些数字签名的设计方案。下面将系统地讨论数字签名的执行方式。

目前，已经有多种数字签名的解决方案和数字签名的计算函数。按照其实现的技术特点，这些方案可以分为两类：直接方式的数字签名方案(Direct Digital Signature)和基于仲裁的数字签名方案(Arbitrated Digital Signature)。

7.3.1 直接方式的数字签名方案

直接方式的数字签名是仅涉及通信双方的数字签名。为了提供鉴别功能，直接方式的数字签名一般使用公钥密码体制，并假设接收方知道发送方的公钥。数字签名通过使用发方的私钥对整个消息进行加密或使用发方的私钥对消息的散列码(消息摘要)进行加密来产生。

如果加密后，对整个消息和签名用接收方的公钥(公钥密码体制)或者用收发双方共享的密钥(对称密码体制)再次进行加密，这样就可以在提供数字签名的同时保证了机密性。值得注意的是两次加密的次序，必须先执行签名函数再执行外部加密函数(请读者思考其原因)。

直接方式的数字签名主要有以下四种使用形式：

(1) 发送方 Alice 使用自己的私钥对消息直接进行签名，接收方 Bob 使用发送方的公钥对签名进行鉴别，如图 7-2 所示。

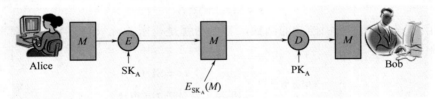

图 7-2　采用公钥加密体制对整个消息进行数字签名

这种数字签名方式的格式可表示为：$\text{Alice} \rightarrow \text{Bob} : E_{\text{SK}_A}(M)$。

显然，这种基于公钥密码体制的数字签名方法可以提供认证功能，其主要特点为：

① 提供认证和数字签名功能(只有 Alice 拥有加密密钥 SK_A，因此，只能发自 Alice；消息传输中未被篡改；有时需要强制明文具有某种结构)。

② 不能提供保密性(任何第三方都可以用 Alice 的公钥来解密密文)。

使用公钥加密算法速度慢，密文大。因为发送方需要使用私钥加密整个明文消息，而明文消息可能很大，因此加密过程可能会很慢。

但是，从上面的签名和验证过程来看，显而易见，这种方法存在的最大的问题就是被签名的消息不具有保密性，因为任何人都可以从公开途径很容易地获取发送方 Alice 的公钥对签名进行解密，从而获知消息的内容。可以对此方案进行改进，得到下面的具有保密功能的数字签名方案。

(2) 发送方 Alice 可以先使用其私有密钥 SK_A 对明文消息 M 进行加密以提供数字签名，然后再使用接收方 Bob 的公开密钥 PK_B 进行加密来提供保密性。接收方 Bob 先使用自己的私钥 SK_B 进行解密，然后再使用发送方 Alice 的公钥进行解密，如图 7-3 所示。

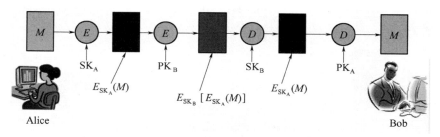

图 7-3　采用公钥加密体制对整个消息进行数字签名，同时提供保密性

这种数字签名方式的格式可表示为：　$Alice \rightarrow Bob : E_{PK_B}[E_{SK_A}(M)]$。

这种方法在提供认证和数字签名功能的时候，还同时提供了保密功能。但是这种方法的缺点是算法复杂，在每次通信需要执行 4 次加/解密过程。

另外，考虑到公钥加密算法的效率要比对称加密算法的效率低得多，所以，如果通信双方已经共享秘密密钥 K 的话，那么最好是采用对称加密算法进行加密，以提高效率，如图 7-4 所示。

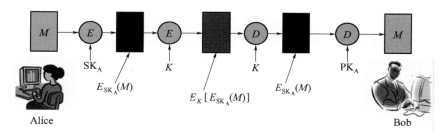

图 7-4　采用公钥加密体制对整个消息进行数字签名，同时采用对称加密提供保密性

这种数字签名方式的格式可表示为：　$Alice \rightarrow Bob : E_K[E_{SK_A}(M)]$。

(3) 发送方先生成消息摘要，然后对消息摘要进行数字签名，如图 7-5 所示。

这种数字签名方式的格式可表示为：　$Alice \rightarrow Bob : E_{SK_A}[H(M)]$。

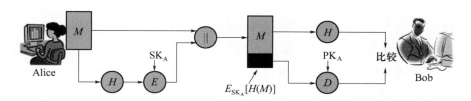

图 7-5　发送方先生成消息摘要，然后对消息摘要进行数字签名

这种方法也可以提供认证功能，其好处是：$H(M)$ 具有压缩功能，这使得签名处理的内容大大减少、速度加快。

显然，该方案存在的问题是：因为消息以明文的形式传送，故被签名的消息不具有保密性。可以对此方案进行改进，得到下面的具有保密功能的消息摘要数字签名方案。

(4) 发送方先生成消息摘要，然后对消息摘要进行数字签名。然后再使用接收方 Bob 的公开密钥 PK_B 把生成的消息摘要和消息一起作为一个整体进行加密来提供保密性，如图 7-6 所示。接收方 Bob 先使用自己的私钥 SK_B 进行解密，然后再使用发送方 Alice 的公钥进行解密。

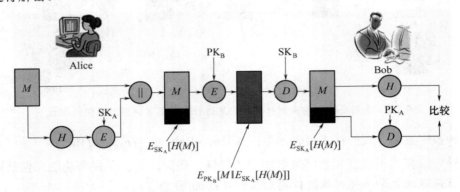

图 7-6 发送方对消息摘要进行数字签名，同时提供保密性

这种数字签名方式的格式可表示为： $Alice \rightarrow Bob : E_{PK_B}[M \parallel E_{SK_A}[H(M)]]$。

这种方法在提供认证和数字签名功能的时候，还同时提供了保密功能。但是这种方法的缺点是算法复杂，在每次通信需要执行 4 次加/解密过程。

另外，考虑到公钥加密算法的效率要比对称密加密算法的效率低得多，所以，如果通信双方已经共享秘密密钥 K 的话，那么最后是采用对称加密算法进行加密，以提高效率，如图 7-7 所示。

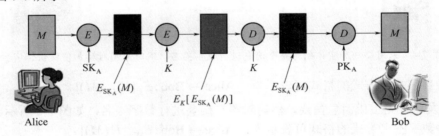

图 7-7 发送方对消息摘要进行数字签名，同时采用对称加密提供保密性

这种数字签名方式的格式可表示为： $Alice \rightarrow Bob : E_K[M \parallel E_{SK_A}[H(M)]]$。

以上四种形式的直接方式的数字签名有一个共同的弱点，即方案的有效性取决于发送方私有密钥的安全性。当发送方发现签过的内容对自己不利的时候，如果要抵赖发送某一消息，可能会声称其私有密钥丢失或被窃，从而是他人伪造了其签名。通常需要采用与私有密钥安全性相关的行政管理控制手段来制止或至少是削弱这种情况，但威胁在某种程度上依然存在。改进的方式例如可以要求每一个被签名的信息包含一个时间戳(日期与时间)，并要求一旦密钥丢失后要立即向管理机构报告。这种方式的数字签名还存在发送方的私有密钥真的被盗的威胁。例如攻击者在时刻 T 窃得发送方的私有密钥，然后攻击者就可以冒充发送者伪造一个消息，并用窃取的发送者的私有密钥为伪造的消息签

名并加上时刻 T 以前的时刻作为时戳。

7.3.2 基于仲裁方式的数字签名方案

由于上述直接方式的数字签名方案所存在的安全缺陷，所以在实际应用中人们大多采用另外一种基于仲裁方式的数字签名方案，即可以通过引入仲裁者(Arbitrator)来解决直接方式的数字签名方案中存在的安全隐患。和直接方式的数字签名一样，基于仲裁方式的数字签名也有很多实现方案，但总的来说，这些方案的工作方式是基本相同的。

在基于仲裁方式的数字签名方案中，假定用户 Alice 和 Bob 之间进行通信，那么在该方案中除了通信双方 Alice 和 Bob 之外，还有一个仲裁者 A。通常的做法是：所有从发送方 Alice 到接收方 Bob 的签名消息首先送到仲裁者 A，A 对消息及其签名进行一系列测试，以验证消息来源及其内容，仲裁者 A 对消息及其签名验证完后，然后仲裁者 A 给消息加上日期(时间戳由仲裁者加上)，再连同一个表示该消息已通过仲裁者验证的指令一起发给接收方 Bob。此时由于仲裁者 A 的存在，发送方 Alice 无法对自己发出的消息予以否认。仲裁数字签名实际上涉及到多余一步的处理，仲裁者的加入使得对于消息的验证具有了实时性。

在基于仲裁方式的数字签名方案中，仲裁者 A 的引入有效地解决了直接方式数字签名方案中所面临的发送方的否认行为带来的难题。在这种方案中，仲裁者 A 的地位是非常关键和敏感的，它必须是一个所有通信方都能充分信任的仲裁机构，也就是说，仲裁者 A 必须是一个可信的系统(Trusted System)，所有的参与者必须极大地相信这一仲裁机制工作正常。

基于仲裁方式的数字签名方案既可以通过对称密码体制实现，也可以通过公钥密码体制来实现。

在以下将要讨论的基于仲裁方式的数字签名方案中，考虑到 Arbitrator 的缩写"A"易和 Alice 的缩写"A"发生混淆，带来不便，因此，这里用 X 来表示消息的发送方 Alice，用 Y 来表示消息的接收方 Bob，仍然使用 A 来表示仲裁者，M 表示消息，X→Y 表示用户 X(代表 Alice)给 Y(代表 Bob)发送一条消息 M。

1. 基于对称密码体制的仲裁方式数字签名方案

假设发送方 X 与仲裁者 A 之间共享一个密钥 K_{AX}，接收方 Y 与仲裁者 A 之间共享一个密钥 K_{AY}。

在基于对称密码体制的仲裁方式数字签名方案中，根据消息 M 是以明文方式传送还是以密文方式传送的不同，又可以分为两种方案：

1) 方案一

使用对称密码体制，明文传送消息 M，仲裁者可以看到消息内容，过程如图 7-8 所示。

① 用户 X 准备好消息 M，并计算消息的散列值，产生摘要 $H(M)$。

② 用户 X 用自己的身份标识符 ID_X 和 $H(M)$，生成签名 $ID_X \| H(M)$。

③ 用户 X 用自己与仲裁者 A 的共享密钥 K_{AX} 加密上面生成的签名 $ID_X \| H(M)$，得到 $E_{K_{AX}}[ID_X \| H(M)]$。

④ 用户 X 将消息 M 以及上面加密的签名 $E_{K_{AX}}[ID_X \| H(M)]$ 一起发给仲裁者 A：

$$X \rightarrow A : M \| E_{K_{AX}}[ID_X \| H(M)]$$

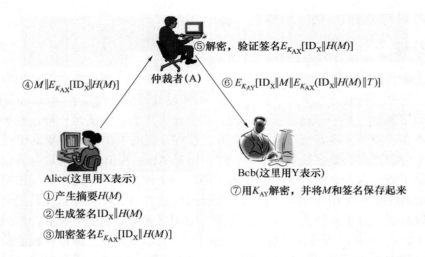

⑤解密，验证签名$E_{K_{AX}}[ID_X \| H(M)]$

④$M \| E_{K_{AX}}[ID_X \| H(M)]$

仲裁者(A)

⑥$E_{K_{AY}}[ID_X \| M \| E_{K_{AX}}(ID_X \| H(M) \| T)]$

Alice(这里用X表示)
①产生摘要$H(M)$
②生成签名$ID_X \| H(M)$
③加密签名$E_{K_{AX}}[ID_X \| H(M)]$

Bcb(这里用Y表示)
⑦用K_{AY}解密，并将M和签名保存起来

图 7-8　使用对称密码体制，明文传送消息 M，仲裁者可以看到消息内容

E—单钥加密算法；K_{AX}，K_{AY}—仲裁者 A 分别与用户 X 和 Y 的共享密钥；T—时戳；

ID_X—用户 X 的身份标识符；$H(M)$—M 的散列值。

⑤ 仲裁者 A 用自己与 X 的共享密钥 K_{AX} 解密收到的签名，并用散列值 $H(M)$ 验证消息 M 的有效性。

⑥ 若通过验证，仲裁者 A 将从 X 收到的内容(包括消息 M 及其签名)、用户 X 的身份标识符 ID_X 以及时间戳 T 一起用仲裁者 A 与用户 Y 的共享密钥 K_{AY} 加密后发给 Y：

$$A \to Y : E_{K_{AY}}[ID_X \| M \| E_{K_{AX}}[ID_X \| H(M) \| T]]$$

其中的时戳 T 用于向 Y 表示所发的是即时的新鲜消息不是重放的旧消息。

⑦ 用户 Y 收到后，解密仲裁者 A 发送来的消息，并将消息 M 及其签名保存起来以备万一出现争议的时候使用。

如果出现争议，Y 可声称自己收到的 M 的确来自 X，并将

$$E_{K_{AY}}[ID_X \| M \| E_{K_{AX}}[ID_X \| H(M)]]$$

发给 A，由 A 仲裁，A 用 K_{AY} 解密后恢复出 ID_X、M 和签名 $E_{K_{AX}}[ID_X \| H(M)]$，再用 K_{AX} 对 $E_{K_{AX}}[ID_X \| H(M)]$ 解密，并对 M 的散列值 $H(M)$加以验证(因为在仲裁者 A 绝对信任的条件下，只有 X 能够生成签名 $E_{K_{AX}}[ID_X \| H(M)]$，从而验证了 X 的签名。在这个签名方案中，由于 Y 不知道 K_{XA}，所以，Y 不能读取 X 签名，进而 Y 也不能直接验证 X 的签名，也就是说在这个方案中签名只是用于解决争议，而且签名是解决争端的唯一手段。因为 Y 收到的消息是来自于仲裁者 A，但是 Y 认为来自 A 的消息是真实的、正确的，仅仅是因为它来自 A。由此可见，上述签名方案正确运行的前提条件是 X、Y 双方都需要高度信任仲裁者 A。也就是说：X 信任 A 不会泄露 K_{XA}，并且不会伪造 X 的签字；Y 信任 A 只有在对 $E_{K_{AY}}[ID_X \| M \| E_{K_{AX}}[ID_X \| H(M) \| T]]$ 中的散列值 $H(M)$验证正确以及经验证签名确实是由 X 产生的情况下，才将其发给 Y；X、Y 都信任 A 可公正地解决争议。

如果 A 已取得各方的信任，那么 X 就能相信没有人能伪造其签名，Y 就可相信 X 不

194

能否认自己的签名。

从上述过程中可以看出，这个方案并没有提供保密性，因为消息 M 是以明文形式发送的，因此仲裁者 A 可以读取 X 发送给 Y 的所有信息，那么所有的窃听者也能看到这些信息。下面的方案二可以提供保密性。

2）方案二

使用对称密码体制，密文传送消息 M，仲裁者不能看到消息内容，过程如图 7-9 所示。

⑥ 解密，验证签名 $E_{K_{AX}}[\mathrm{ID_X} \| H(E_{K_{XY}}(M))]$

仲裁者A

⑤ $\mathrm{ID_X} \| E_{K_{XY}}(M) \| E_{K_{AY}}[\mathrm{ID_X} \| H(E_{K_{XY}}(M))]$

⑦ $E_{K_{AY}}[\mathrm{ID_X} \| E_{K_{XY}}(M) \| E_{K_{AX}} \mathrm{ID_X} \| H(E_{K_{XY}}(M)) T]$

Alice(这里用X表示)
① 加密消息 $E_{K_{XY}}(M)$
② 产生摘要 $H[E_{K_{XY}}(M)]$
③ 生成签名 $\mathrm{ID_X} \| H(E_{K_{XY}}(M))$
④ 加密签名 $E_{K_{AX}}[\mathrm{ID_X} \| H(E_{K_{XY}}(M))]$

Bob(这里用Y表示)
⑧ 用 K_{AY} 解密，并将密文消息及其签名保存起来

图 7-9　使用对称密码体制，密文传送消息 M，仲裁者不能看到消息内容

注：K_{XY} 是 X 和 Y 共享的密钥，其他符号与图 7-8 相同。

方案二是在方案一的基础上提供了确保通信机密性的机制。在这个方案中，通信双方 X 和 Y 共享密钥 K_{XY}，它们之间传送的数据也采用加密方式，消息 M 是被加密传送的。具体过程如下：

① 用户 X 准备好消息 M 后用自己与 Y 的共享密钥 K_{XY} 加密消息 M，得到消息 M 加密后的密文 $E_{K_{XY}}(M)$。

② 计算密文消息 $E_{K_{XY}}(M)$ 的散列值，产生密文消息的摘要 $H[E_{K_{XY}}(M)]$。

③ 用户 X 用自己的身份标识符 $\mathrm{ID_X}$ 和 $H[E_{K_{XY}}(M)]$，生成签名 $\mathrm{ID_X} \| H[E_{K_{XY}}(M)]$。

④ 用户 X 用自己与仲裁者 A 的共享密钥 K_{AX} 加密上面生成的签名 $\mathrm{ID_X} \| H[E_{K_{XY}}(M)]$，得到加密的签名 $E_{K_{AX}}[\mathrm{ID_X} \| H[E_{K_{XY}}(M)]]$。

⑤ 用户 X 将自己的身份标识符 $\mathrm{ID_X}$、密文消息 $E_{K_{XY}}(M)$ 以及上面加密的签名 $E_{K_{AX}}[\mathrm{ID_X} \| H(E_{K_{XY}}(M))]$ 一起发给仲裁者 A：

$$\mathrm{X} \to \mathrm{A} : \mathrm{ID_X} \| E_{K_{XY}}(M) \| E_{K_{AX}}[\mathrm{ID_X} \| H(E_{K_{XY}}(M))]$$

⑥ 仲裁者A用自己与X的共享密钥 K_{AX} 解密收到的签名，并用散列值 $H[E_{K_{XY}}(M)]$ 验证密文消息 $E_{K_{XY}}(M)$ 的有效性。由于这里仲裁者A处理的是经X、Y的共享密钥 K_{XY} 加密后的消息，而A又不知道密钥 K_{XY}，因此，A只能验证消息的密文而不能读取明文消息的

内容，从而保证了机密性。

　　⑦ 若通过验证，仲裁者 A 将从 X 收到的所有内容（$\mathrm{ID_X} \| E_{K_{XY}}(M) \| E_{K_{AX}}[\mathrm{ID_X} \| H(E_{K_{XY}}(M))]$）加上一个时间戳 T，然后再用仲裁者 A 与用户 Y 的共享密钥 K_{AY} 加密后发给 Y：

$$\mathrm{A} \to \mathrm{Y} : E_{K_{AY}}[\mathrm{ID_X} \| E_{K_{XY}}(M) \| E_{K_{AX}}[\mathrm{ID_X} \| H(E_{K_{XY}}(M)) \| T]$$

其中的时戳 T 用于向 Y 表示所发的是即时的新鲜消息不是重放的旧消息。

　　⑧ 用户 Y 收到解密仲裁者 A 发送来的消息，并将密文消息 $E_{K_{XY}}(M)$ 及其签名保存起来以备万一出现争议的时候使用。

　　如果出现争议，解决的方法与方案一非常类似，Y 可声称自己收到的 $E_{K_{XY}}(M)$ 的确来自 X，并将 $E_{K_{AY}}[\mathrm{ID_X} \| E_{K_{XY}}(M) \| E_{K_{AX}}[\mathrm{ID_X} \| H(E_{K_{XY}}(M))]$ 发给 A，由 A 仲裁，A 用 K_{AY} 解密后恢复出 $\mathrm{ID_X}$、M 和签名 $E_{K_{AX}}[\mathrm{ID_X} \| H(E_{K_{XY}}(M))]$，再用 K_{AX} 对 $E_{K_{AX}}[\mathrm{ID_X} \| H(E_{K_{XY}}(M))]$ 解密，并对 $E_{K_{XY}}(M)$ 的散列值 $H[E_{K_{XY}}(M)]$ 加以验证(因为在对仲裁者 A 绝对信任的条件下，只有 X 能够生成签名 $E_{K_{AX}}[\mathrm{ID_X} \| H(E_{K_{XY}}(M))]$，从而验证了 X 的签名。

　　由此可见，在这个方案中尽管仲裁者不能读取明文消息的内容，但是它仍然可以防止 X 或者 Y 的欺骗行为。

　　但是上述两种利用对称密码体制实现仲裁方式的签名方案都存在一个共同的问题，即如果仲裁者和发送方联手可以共同否认一个已经签名的消息，如果仲裁者和接收方共谋则可以伪造发送方的签名。因此，这种基于对称密码体制的签名方案除了要求发送方和接收方都对仲裁者绝对信任之外，还要求仲裁者必须是公正的。这种问题尽管不一定常见，但是在理论上是存在的，那么如何有效解决呢？如果采用基于公钥密码体制的仲裁方式数字签名方案，那么就可以很好地解决这个问题。

　　2．基于公钥密码体制的仲裁方式数字签名方案

　　这种方案使用公钥密码体制，消息 M 双重加密，仲裁者看不到消息的内容，过程如图 7-10 所示，其中图中符号 $\mathrm{SK_A}$ 和 $\mathrm{SK_X}$ 分别是 A 和 X 的秘密密钥，$\mathrm{PK_Y}$ 是 Y 的公开密钥，其他符号与前述相同。

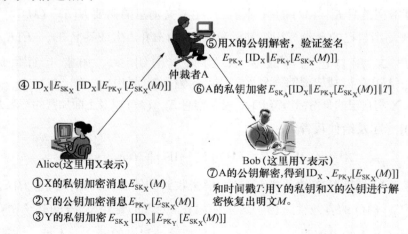

⑤用X的公钥解密，验证签名
$E_{\mathrm{PK_X}}[\mathrm{ID_X} \| E_{\mathrm{PK_Y}}[E_{\mathrm{SK_X}}(M)]]$

仲裁者A

④ $\mathrm{ID_X} \| E_{\mathrm{SK_X}}[\mathrm{ID_X} \| E_{\mathrm{PK_Y}}[E_{\mathrm{SK_X}}(M)]]$

⑥A的私钥加密 $E_{\mathrm{SK_A}}[\mathrm{ID_X} \| E_{\mathrm{PK_Y}}[E_{\mathrm{SK_X}}(M)] \| T]$

Alice(这里用X表示)
①X的私钥加密消息 $E_{\mathrm{SK_X}}(M)$
②Y的公钥加密消息 $E_{\mathrm{PK_Y}}[E_{\mathrm{SK_X}}(M)]$
③Y的私钥加密 $E_{\mathrm{SK_X}}[\mathrm{ID_X} \| E_{\mathrm{PK_Y}}[E_{\mathrm{SK_X}}(M)]]$

Bob(这里用Y表示)
⑦A的公钥解密，得到 $\mathrm{ID_X}$、$E_{\mathrm{PK_Y}}[E_{\mathrm{SK_X}}(M)]]$ 和时间戳 T；用Y的私钥和X的公钥进行解密恢复出明文 M。

图 7-10　使用公钥密码体制，消息 M 双重加密，仲裁者看不到消息的内容

(1) X 对消息 M 进行双重加密：首先用 X 的私有密钥 SK_X 对消息 M 加密，然后用 Y 的公开密钥 PK_Y 再次对消息 M 加密，形成一个带有签名的、保密的消息(图 7-10 中①~②步)。

(2) 然后 X 将该信息以及 X 的标识符 ID_X 一起用 SK_X 签名后与 ID_X 一起发送给 A(图 7-10 中③~④步)：

$$X \rightarrow A : ID_X \| E_{SK_X}[ID_X \| E_{PK_Y}[E_{SK_X}(M)]]$$

(3) 这种内部经过上述双重加密的消息只有 Y 能够阅读，因此，对 A 以及对除了 Y 以外的其他所有人而言都是秘密的、安全的。A 虽然不能解密消息 M，但是 A 可以通过对外层的加密进行解密以验证消息是否确实发自 X(因为只有 X 拥有私钥 SK_X)。所以，A 收到 X 发来的内容后，用 X 的公开密钥可对 $E_{SK_X}[ID_X \| E_{PK_Y}[E_{SK_X}(M)]]$ 解密，并将解密得到的 ID_X 与收到的 ID_X 加以比较，从而可确信这一消息是来自于 X 的(因只有 X 有 SK_X)。

(4) 验证通过后，A 将 X 的身份 ID_X 和 X 对 M 的签名加上一时戳后，再用自己的秘密钥 SK_A 加密发送给 Y：

$$A \rightarrow Y : E_{SK_A}[ID_X \| E_{PK_Y}[E_{SK_X}(M)] \| T]$$

(5) 用户 Y 用 A 的公钥解密，得到 ID_X、$E_{PK_Y}[E_{SK_X}(M)]$ 和时间戳 T；然后继续使用用户 Y 自己的私钥和 X 的公钥进行解密，即可恢复出明文 M。

与上述两个基于对称密码体制的仲裁方式的数字签名方案相比较，基于公钥密码体制的仲裁方式数字签名方案具有以下优点：

① 在协议执行以前，各方都不必有共享的信息，从而可防止共谋。

② 只要仲裁者的秘密密钥不被泄露，任何人包括发方就不能发送重放的消息(因为时间戳不能被伪造)。

③ 对任何第三方(包括 A 在内)来说，X 发往 Y 的消息都是保密的。

利用加密算法产生的数字签名又分为外部保密方式和内部保密方式，外部保密方式是指数字签名是直接对需要签名的消息生成而不是对已加密的消息生成，否则称为内部保密方式。外部保密方式便于解决争议，因为第三方在处理争议时，需得到明文消息及其签名。但如果采用内部保密方式，第三方必须得到消息的解密密钥后才能得到明文消息。如果采用外部保密方式，接收方就可将明文消息及其数字签名存储下来以备以后万一出现争议时使用。

一般情况下，实际使用的数字签名方案通常是基于公钥密码体制的数字签名方案，且是对消息的摘要而不是对消息的本身进行签名。

7.4 几种常见的数字签名方案

在 7.3 节 "数字签名的执行方式"中可以看到，无论是使用对称密码体制还是非对称密码体制(公钥密码体制)都可以实现数字签名的功能,但是如果要采用对称密码体制来实现数字签名方案，那么在数字签名的执行过程中必须在收发双方之间引入一个双方都可以信赖的第三方作为仲裁机构，而采用公钥密码体制建立的数字签名方案就没有这个限制，也就是说采用公钥密码体制实现的数字签名方案在收发双方之间不需要引入第三方可信赖机构。因此，采用公钥密码体制比采用对称密码体制能更容易、更方便地实现数字签名功能。因此，本节中主要介绍几种基于公钥密码体制的数字签名方案：基于大整数因子分解的 RSA 数字签名方案、基于离散对数问题的 ElGamal 数字签名方案、基于椭圆曲线的数字签名方案(ECDSA)以及一种改进的椭圆曲线数字签名算法。

7.4.1　RSA 数字签名方案

RSA 数字签名体制是基于大整数分解难题之上的。RSA 数字签名过程可分为初始化过程(设置系统参数，生成密钥)、签名过程和验证过程三个部分。它的算法可以表述如下：

1) 初始化过程——设置系统参数，密钥的产生

(1) 选两个保密的大素数 p 和 q。

(2) 计算 $n = pq$，$\phi(n) = (p-1)(q-1)$，其中 $\phi(n)$ 是 n 的欧拉函数值。

(3) 选一整数 e，满足 $1 < e < \phi(n)$，且 $\gcd(\phi(n), e) = 1$。

(4) 计算 d，满足 $de \equiv \mod \phi(n)$，即 d 是 e 在模 $\phi(n)$ 下的乘法逆元，因 e 与 $\phi(n)$ 互素，由模运算可知，它的乘法逆元一定存在。

(5) 以 $\{e, n\}$ 为公开密钥，$\{d, n\}$ 为秘密密钥。

2) 签名算法

假设用户 A 对消息 $m \in Z_n$ 进行签名，计算：

$$s = \mathrm{sig}(m) = m^d \mod n$$

并将 s 作为 A 对消息 m 的数字签名附在消息 m 后。

3) 验证算法

假设用户 B 需要验证用户 A 对消息 m 的签名 s。用户 B 计算：

$$m' = s^e \mod n$$

并判断 m' 是否等于 m，如果 $m' = m$，说明签名 s 确实为用户 A 所产生；否则 s 可能是由攻击者伪造产生的。

4) 安全性

该方案的安全性基于大整数分解的困难性，即两个大素数相乘在计算上是容易实现的，但将该乘积分解为两个大素数因子的计算量却相当巨大，这也是 RSA 算法的理论基础。

5) 应用与标准化

RSA 数字签名方案是公钥密码体制应用的第一个数字签名方案，来源于 RSA 公钥密码。虽然 RSA 签名算法提出的时间比较早，但一直到现在，以其为基础的应用都还在使用。RSA 是最流行的一种加密标准，许多产品的内核都有 RSA 的软件和类库，RSA 与 Microsoft、IBM、Sun 和 Digital 都签订了许可协议，使其在生产线上加入了类似的签名特性。ISO/IEC 9796 和 ANSI X9.30-199X 已将 RSA 作为建议数字签名标准算法。PKCS #1 是一种采用散列算法(如 MD2 或 MD5 等)和 RSA 相结合的公钥密码标准。

7.4.2　ElGamal 数字签名方案

ElGamal 算法由 T.ElGamal 在 1985 年发表的一篇论文中提出，是 Rabin 体制的一种变型。　其修正形式已被美国国家标准技术研究所(National Institute of Standards and

Technology，NIST)作为数字签名标准(DSS)，其核心就是著名是数字签名方法(DSA)。与 RSA 密码体制既可以用于公钥加密又可以用于数字签名等方案。ElGamal 数字签名方案是专门为数字签名的目的而设计的。后来,有很多变型的ElGamal签名方案被提出。在 1989 年，Schnorr 提出了一种可看做是 ElGamal 数字签名方案的变型的一种签名方案，其签名的长度被大大地缩短了。数字签名方法(DSA)是 ElGamal 数字签名方案的另外一种变型，它吸收了 Schnorr 签名方案的一些思想。

ElGamal 数字签名算法的理论基础是求解离散对数的困难性。基于离散对数问题的数字签名体制是数字签名体制中最为常用的一类，其中包括 ElGamal 签字体制、DSA 签字体制、Okamoto 签字体制等。

ElGamal 数字签名方案可分为初始化过程(设置系统参数，产生密钥)、签名过程和验证过程三个部分。

1) 初始化过程——设置系统参数，产生密钥

p、q 为两个大素数，可使 Z_q^* 中求解离散对数为困难问题。用户 A 秘密密钥 $x \in Z_q^*$；用户 A 的公开密钥为 $y = g^x \bmod p$ 。

2) 签名过程

对于待签名的消息 m，用户 A 执行以下步骤：

(1) 计算 m 的散列值 $H(m)$ 。

(2) 选择随机数 k： $k \in_R Z_p^*$，计算 $r = g^k (\bmod p)$ 。

其中， $k \in_R Z_p^*$ 表示 k 是以 Z_p^* 中随机选取的， $Z_p^* = Z_p - \{0\}$ 。

(3) 计算 $s = (H(m) - xr)k^{-1} (\bmod p-1)$ 。

(r,s) 即为产生的数字签名。

3) 验证过程

接收方在收到消息 m 和数字签名(r, s)后，先计算 $H(m)$，并按下式验证：

$$\text{Ver}(y,(r,s),H(m)) = \text{True} \Leftrightarrow y^r r^s = g^{H(m)} (\bmod p)$$

正确性可由下式证明：

$$y^r r^s = g^{rx} g^{ks} = g^{rx + H(m) - rx} = g^{H(m)} (\bmod p)$$

4) 安全性

该方案的安全性基于求离散对数的困难性。所谓离散对数，就是给定正整数 x、y、n，求出正整数 k(如果存在的话)，使 $y \equiv x^k (\bmod n)$。就目前而言，人们还没有找到计算离散对数的快速算法(所谓快速算法，是指其计算复杂性在多项式范围内的算法，即 $O(\log n)k$，其中 k 为常数)。

5) 应用

其修正形式已被美国 NIST 作为数字签名标准 DSS。此体制专门设计作为签名使用。ANSI X9.30-199X 已将 ElGamal 签字体制作为签名标准算法。

7.4.3　基于椭圆曲线的数字签名方案

基于椭圆曲线的数字签名方案，也称为椭圆曲线数字签名算法。椭圆曲线数字签名方案(Elliptic Curve Digital Signature Algorithm，ECDSA)是 DSA 算法在椭圆曲线上的模

拟，只是群元素由素域中的元素数换为有限域上椭圆曲线上的点。现在描述如下：

设椭圆曲线公钥密码系统参数为 $(F_q, E, G, P, q, a, b, h)$，其中 F_q 是有限域，E 是 F_q 上的椭圆曲线，G 是 E 上的 q 阶生成元(q 为一大素数)，称为基点，a、b 是椭圆曲线 E 的系数，P 为椭圆曲线上的点，h 是一个单向安全的哈希函数。

ECDSA 数字签名方案可分为初始化过程(设置系统参数，生成密钥)、签名过程和验证过程三个部分。

假设用户 A 要对信息 m 作数字签名，则签名过程如下：

1) 初始化过程——设置系统参数，生成签名者密钥对

(1) 签名方 A 随机选择一个整数 x(其中 $1 \leqslant x \leqslant q-1$)，作为私钥，即签名者的密钥 $\mathrm{SK} = \{x\}$。

(2) 计算签名者用户 A 的公钥 $y = xG$，即签名者的初始公钥 $\mathrm{PK} = \{y\}$。

(3) 由以上两步可以得到签名者的签名密钥和公钥对为 $(\mathrm{SK}, \mathrm{PK})$，其中 $\mathrm{SK} = \{x\}$，$\mathrm{PK} = \{y\}$。

2) 签名过程

① 签名方 A 随机选取一个整数 k(其中 $1 \leqslant k \leqslant q-1$)，计算：
$$P = kG = (u, v), \quad r = u \bmod q$$
若 $r = 0$，则返回 1)；

② m 为消息，计算 $e = h(m)$。

③ 计算 $s = k^{-1}(e + rx_\mathrm{A}) \bmod q$。

④ 以 (r, s) 作为签名方 A 对消息 m 的签名发送给验证方。

3) 验证过程

验证者计算：

(1) $e = h(m)$，$w = s^{-1} \bmod q$。

(2) $i = we \bmod q$，$j = wr \bmod q$。

(3) $P' = (u', v') = iG + jy$。

(4) 如果 $P' = 0$ 则拒绝这个签名；否则计算 $r' = u' \bmod q$，若 $r' = r$，则接收这个签名。

只有 A 才知道他的私钥 x，对于任何第三者要假冒 A 的签名，或更改经 A 签名后的消息，都是难于通过验证的，A 对消息签名后，也是不能否认的。

4) 方案的有效性证明

因为
$$\begin{aligned}
P' &= (u', v') \\
&= iG + jy \\
&= weG + wrxG \\
&= (e + rx)wG \\
&= (e + rx)s^{-1}G \\
&= (e + rx)(e + rx)^{-1}kG \\
&= kG
\end{aligned}$$

又因为
$$P = kG = (u, v)$$

200

所以 $$P' = P, \quad u' = u, \quad r' = r$$
故签名是正确的、有效的。

5) 方案的安全性

椭圆曲线密码体制的安全性是基于椭圆曲线离散对数难题的。与整数因子分解问题和模 P 的离散对数问题一样，目前还没有对椭圆曲线离散对数问题的有效解法，所以本方案是安全的。椭圆曲线公钥密码体制(ECC)的安全性依赖于椭圆曲线离散对数问题的困难性。

6) 方案的应用

ECDSA具有计算参数更小、密钥更短、安全强度更高、运算速度更快、签名也更加短小、软硬件实现节省资源等特点，尤其适用于处理能力、存储空间、带宽及功耗受限的场合。 2000年美国政府已将椭圆曲线密码引入数字签名标准。

7.4.4 改进的椭圆曲线数字签名算法

1) ECDSA算法的不足之处

(1) 在ECDSA的签名和验证算法中，都含有求逆运算，这种运算复杂而费时。一般对一个大整数求逆，若是采用扩展欧几里德算法来求逆，平均需完成 $0.8413\log_2 n + 1.47$ 次除法，运算是很慢的。所以如果能减少求逆运算，则可以提高签名和验证的计算速度，从而提高系统效率。

(2) 由签名算法中 $s = k^{-1}(e + rx) \bmod q$ 可以知道，在生成签名时必须要求 k 的逆，所以，在这里对 k 进行秘密分享，即密钥分割和合成都是很困难的，也就很难直接运用于群签名和门限签名方案中。

2) 改进的ECDSA方案

鉴于ECDSA算法存在的上述不足之处，文献[32]提出了一种改进的去逆的椭圆曲线数字签名方案，下面将这个方案完整地叙述如下：

设椭圆曲线公钥密码系统参数为 $(F_q, E, G, P, q, a, b, h)$，其中，$F_q$ 是有限域；E 是 F_q 上的椭圆曲线；G 是 E 上的 q 阶生成元(q 为一大素数)，称为基点；a、b 是椭圆曲线 E 的系数；P 为椭圆曲线上的点；h 是一个单向安全的哈希函数。

假设用户 A 要对信息 m 作数字签名发送给 B(Bob)，则签名过程如下：

1) 签名者密钥对的生成

(1) 签名方 A 随机选择一个整数 $x(1 \leqslant x \leqslant q-1)$ 作为私钥，即签名者的密钥为 SK = $\{x\}$。

(2) 计算签名方 A 的公钥 $y = xG$，即签名者的初始公钥 PK = $\{y\}$。

(3) 由以上两步可以得到签名方 A 的签名密钥和公钥对为 (SK, PK)，其中 SK = $\{x\}$，PK = $\{y\}$。

2) 签名过程

(1) 签名方 A 随机选取一个整数 $k(1 \leqslant k \leqslant q-1)$，计算：
$$P = kG = (u, v), \quad r = u \bmod q$$

(2) m 为消息，计算 $e = h(m)$。

(3) 计算 $s = k - erx$。

(4) 以 (r, s) 作为签名方 A 对消息 m 的签名发送给验证方 B。

3) 验证过程

(1) 验证方 B 计算 $e = h(m)$。

(2) $P' = (u', v') = sG + ery$。

(3) 如果 $P' = 0$ 则验证方 B 拒绝这个签名；否则计算 $r' = u' \bmod q$，若 $r' = r$，则接收这个签名。

只有签名方 A 才知道他的私钥 x，对于任何第三者要假冒签名方 A 的签名，或更改经签名方 A 签名后的消息，都是难以通过验证的。同样签名方 A 对消息签名后，也是不能否认的。

4) 该方案的有效性证明

因为

$$
\begin{aligned}
P' &= (u', v') \\
&= sG + ery \\
&= sG + erxG \\
&= (s + erx)G \\
&= (k - erx + erx)G \\
&= kG
\end{aligned}
$$

又因为：
$$ P = kG = (u, v) $$

所以
$$ P' = P， \quad u' = u， \quad r' = r $$

故该方案是正确的、有效的。

5) 方案的分析及安全性证明

在该方案中，签名和验证过程中都不含求逆运算，相对于原来的方案可以明显提高签名的速度，并可以方便地用于群签名和门限签名方案中。

显然，该方案的安全性与 ECDSA 的安全性相同，都依赖于由 G 和 kG 求解 k 的难度。它基于椭圆曲线离散对数难题。由于目前还没有对椭圆曲线离散对数问题的有效解法，所以本方案是安全的。

7.5　几种特殊的数字签名方案

前面介绍的各种数字签名方案都属于常规的数字签名方案，它们具有以下的特点：

(1) 签名者在签名前知道所签署的文件的内容。

(2) 任何人只要知道签名者的公开密钥，就可以在任何时间验证签名的真实性，不需要征得签名者"同意"。

(3) 具有某种单向函数运算的安全性。

但在实际应用中，为了适应各种不同的需求，可能要放宽或者加强上述特征中的一个或者几个，甚至添上其他的安全特性，于是产生了不少适用于专门用途的特殊的数字签名方案。例如：盲签名方案、不可否认签名方案、门限群签名方案、带有时间戳的签名方案、多重签名方案、代理签名方案、失败—终止签名方案等，下面简要讨论几种特殊的数字签名方案。

1．盲签名方案

1982 年，D. Chausn 首先提出了盲签名的概念,简单地说,盲签名方案(Blind Signature Scheme)是一种特殊类型的数字签名,盲签名就是接收者在不让签名者获取所签署消息具体内容的情况下所采取的一种特殊的数字签名技术,它除了满足一般的数字签名条件外,还必须满足下面的两条性质：

(1) 签名者对其所签署的消息是不可见的，即签名者不知道他所签署消息的具体内容。

(2) 签名消息不可追踪，即当签名消息被公布后，签名者无法知道这是他哪次的签署的。

盲签名是一个双方协议。一般数字签名协议的本质特征是签名者知道所签署的消息内容，而在盲签名协议中，先由接收者对原始信息进行盲化，然后发送给签名者；签名者对盲化后的信息进行签名并返还给接收者；接收者去盲化(去除盲因子)，最终得到签名者关于原始信息的正确签名。这样便满足了条件(1)。要满足条件(2)，必须使签名者事后看到盲签名时不能与盲数据联系起来，这通常是依靠某种协议来实现的。

D. Chausn 曾给出了关于盲签名更直观的说明。所谓盲签名，就是先将要隐蔽的文件放进信封里，而除掉盲因子的过程就是打开这个信封。当文件装在一个信封中时，任何人都不能读它，签这个文件就是在信封里放一张复写纸， 当签名者签这个信封时，他的签名便透过复写纸签到了文件上。

盲签名因为具有盲性这一特点，可以有效保护所签署消息的具体内容，所以在电子商务和电子选举等领域有着广泛的应用。

随着 Internet 网络的不断普及，许多传统生活方式正受其影响逐渐朝着电子化、网络化的方向发展。如 E-mail 的普及已逐渐取代了传统书信的使用；再如，人们利用电子方式购物，足不出户就可以买到生活必需品，将来甚至可在家中参加电子投票选举。但随着电子化、网络化的便捷而带来的是众多的安全隐患，比如在网上用信用卡购物，相应的交易信息就会被存储到数据库中，久而久之，人们的消费习惯和财政状况就有可能被某些别有用心的人所获知，这肯定不是人们所希望看到的。消费者使用的电子现金必须加上银行的数字签名才能生效，此时为了保护消费者的匿名性，就要用到盲签名技术；同样，在电子选举中，选民提交的选票也必须盖上选委会的戳记(即数字签名)才合法，为了保护选民的匿名性也要用到盲签名技术。

一般来说，一个好的盲签名应该具有以下的性质：

(1) 不可伪造性。除了签名者本人外，任何人都不能以他的名义生成有效的盲签名。这是一条最基本的性质。

(2)不可抵赖性。签名者一旦签署了某个消息，他无法否认自己对消息的签名。

(3)盲性。签名者虽然对某个消息进行了签名，但他不可能得到消息的具体内容。

(4) 不可跟踪性。一旦消息的签名公开后,签名者不能确定自己何时签署的这条消息。

满足上面几条性质的盲签名，被认为是安全的。这四条性质既是设计盲签名所应遵循的标准，又是判断盲签名性能优劣的根据。

另外，方案的可操作性和实现的效率也是设计盲签名时必须考虑的重要因素。一个盲签名的可操作性和实现速度取决于以下几个方面：密钥的长度；盲签名的长度；盲签名的算法和验证算法。

盲签名在某种程度上保护了参与者的利益，但不幸的是盲签名的匿名性可能被犯罪分子所滥用。为了阻止这种滥用，人们又引入了公平盲签名的概念。公平盲签名比盲签名增加了一个特性，即建立一个可信中心，通过可信中心的授权，签名者可追踪签名。

2．代理签名方案

在现实世界里，人们经常需要将自己的某些权力委托给可靠的代理人，让代理人代表本人去行使这些权力。在这些可以委托的权力中包括人们的签名权。委托签名权的传统方法是使用印章，因为印章可以在人们之间灵活地传递。数字签名是手写签名的电子模拟，但是数字签名不能提供代理功能。

1996 年，Mambo、Usuda 和 Okamoto 提出了代理签名的概念，给出了解决这个问题的一种方法。由于代理签名在实际应用中起着重要作用，所以代理签名一提出便受到广泛关注，国内外学者对其进行了深入的探讨与研究。

代理签名(Agent Signature Scheme)是指用户由于某种原因指定某个代理代替自己签名。例如，A 处长需要出差，而这些地方不能很好地访问计算机网络。因此 A 希望接收一些重要的电子邮件，并指示其秘书 B 作相应的回信。A 在不把其私钥给 B 的情况下，可以请 B 代理，这种代理具有下面的几个特性：

(1) 可区分性(Distinguishability)。任何人都可区别代理签名和正常的原始签名者的签名。

(2) 不可伪造性(Unforgeability)。只有原始签名者和指定的代理签名者能够产生有效的代理签名。也就是除了原始签名者，只有指定的代理签名者能够代表原始签名者产生有效代理签名。

(3) 代理签名者的不符合性(Proxy Signer's Deviation)。代理签名者必须创建一个能检测到是代理签名的有效代理签名。

(4) 可验证性(Verifiability)。从代理签名中，验证者能够相信原始的签名者认同了这份签名消息。

(5) 可识别性(Identiflability)。原始签名者能够从代理签名中识别代理签名者的身份。

(6) 不可否认性(Undeniability)。一旦代理签名者代替原始签名者产生了有效的代理签名，他就不能向原始签名者否认他所签的有效代理签名。

为了体现对原始签名者和代理签名者的公平性，Le和Kim对其中的一些性质给出了更强的定义：

(1) 强不可伪造性(Strong Unforgeability)。只有指定的代理签名者能够产生有效代理签名，原始签名者和没有被指定为代理签名者的第三方都不能产生有效代理签名。

(2) 强可识别性(Strong Identifiability)。任何人都能够从代理签名中确定代理签名者的身份。

(3) 强不可否认性(Strong Undeniability)。一旦代理签名者代替原始签名者产生了有效的代理签名，他就不能向任何人否认他所签的有效代理签名。

(4) 防止滥用(Prevention of Misuse) 应该确保代理密钥对不能被用于其他目的。为了防止滥用，代理签名者的责任应当被具体确定。

按照上述性质去检查，现有的代理签名方案几乎都有缺点。因此，设计一个安全、有效、实用且具有不可否认性的代理签名方案有待进一步研究。

另外，委托数字签名权力时要考虑以下几个问题：①安全性(Security)，不允许权力滥用，有抗攻击性等；②可行性(practicability)，方便有效，容易实现；③效率(Efficiency)，较高的实现速度，较小的计算复杂度、通信复杂度等。

3. 门限群签名

随着网络应用的发展，普通的数字签名已不能满足应用的需求，群签名、多方签名、不可否认群签名和门限群签名等许多特殊的数字签名被提上日程。其中，门限群签名体制是门限密码学研究内容的重要组成部分，它是多重签名的一种特殊形式，即 n 个签名者中的任意 t 个人可以代表 n 个签名者签发消息。一般利用秘密共享方案发放子密钥，使得任何超过门限值的成员子集可以代表群体签名。

在许多应用领域，确保密钥的安全至关重要。防止密钥泄露的一项决定性措施是采用门限密码技术，它是将一部分密钥的功能分散给多人，而只有一定数量的成员合作才能完成密钥运算。将门限密码技术应用于群签名中，就得到门限群签名。在一个门限群签名方案中，只有参与签名的小组成员的数目大于或等于规定的门限值时才能生成群签名，而任何群签名的接收者都可以用公开的群公钥来验证群签名的正确性。由于门限群签名需要多方的参与，与普通的数字签名相比，门限签名的安全性和健壮性有了很大的提高；与群签名相比，门限签名具有易操作性和方便性。

门限签名的主要目标是将群签名(团体签名)的数字签名密钥以(t, n)门限方案的方式分散给多人管理。它具有如下优点：①增加了内部和外部敌手对签名密钥攻击的困难性，因为攻击者若想得到签名密钥，必须得到t个子密钥，这是很困难的；②即使某些成员不合作、不愿意出示子密钥，泄露、篡改或丢失子密钥也不会影响签名消息的认证与恢复；③实现了权力分配，避免滥用职权。

一个好的门限群签名方案应该具备以下一些性质：

(1) 群签名特性：只有群体中的成员才可以生成有效的部分签名，非群体成员无法伪造有效的部分签名。

(2) 门限特性：只有当签名人数不少于门限值时，才可以产生有效的门限群签名。

(3) 防冒充性：任何小组不能假冒其他小组生成群签名。

(4) 验证简单性：签名的验证者可以方便而简单地验证签名是否有效。

(5) 匿名性：签名的验证者不知道该签名是群体中哪些成员签署的。

(6) 抗联合攻击(合谋攻击)：即使群中一些少于门限值的成员串通在一起也不能产生合法的群签名。

(7) 系统稳定性：在剔除违规成员或加入新成员时，无需或只需少量改变系统参数和老成员参数。

第8章 身份认证

8.1 身份认证概述

8.1.1 身份认证的概念

计算机网络的广泛应用开始于 20 世纪 80 年代早期，网络系统的广泛应用创建了一个新的虚拟世界环境，网络环境中的信息达到充分共享。社会和个人可以通过各种网络应用发布自身的信息，查询、交换彼此需要的资讯和物品，正是由于社会和个人的需求巨大，各种基于网络的应用也逐渐发展起来，各种信息解决方案也不断向网络靠拢。

随着互联网的不断发展，越来越多的人们开始尝试在线交易。然而病毒、黑客网络钓鱼以及网页仿冒诈骗等恶意威胁，给在线交易的安全性带来了极大的挑战。近些年国内外网络诈骗事件层出不穷，给银行和消费者带来了巨大的经济损失。层出不穷的网络犯罪，引起了人们对网络身份的信任危机，如何证明"我是谁"及如何防止身份冒用等问题是必须要解决的问题。

其实早在网络刚刚兴起时，美国的一家杂志《纽约客》刊登过一则由彼得·施泰纳 (Peter Steiner) 创作的漫画，如图 8-1 所示。这则颇为著名的漫画中有两只狗：一只坐在计算机前的一张椅子上，与坐在地板上的另一只狗说 (漫画的标题)："On the Internet, nobody knows you're a dog" (在互联网上，没人知道你是一条狗)。后来这幅漫画的标题 "On the Internet, nobody knows you're a dog" 逐步变成了一句互联网上的常用语，变得非常流行。这句话的意思是说，在网名、虚拟形象为特征的网络空间中，侏儒可能现身为英雄，丑

"On the Internet, nobody knows you're a dog."

图 8-1 在互联网上，没人知道你是一条狗

陋可能化身为英俊，羸弱者可能迸发出力量，黄发垂髫者可能温文尔雅，鹤发鸡皮者可能展现着青春年少……而网络的另一端，坐在计算机前的可能是一条狗。造成这一切的根本原因就是因为网络的虚拟性和隐匿性，别人无法知道你是谁。时至 2000 年，这一漫画是《纽约客》中被重印最多的一则漫画，施泰纳因为此漫画的重印而赚取了超过 50000 美元。

这则漫画体现了一种对互联网的理解，强调用户能够以一种不透露个人信息的方式来发送或接受信息的能力。劳伦斯·莱西格认为这是因为 TCP/IP 协议不强迫用户提供自己的身份证明，尽管用户本地的互联网接入点(如某些大学)可能要求用户实名上网，尽管这样，用户的信息也是由本地互联网接入点保管，不作为在互联网传输信息的一部分。也正是因为互联网的设计者早期没有充分考虑安全问题，所以造成了网络上的安全事件不断发生。

任何事物的发展都存在其两面性，网络的迅猛发展，给人们的工作和生活等带来了极大的便利，然而，基于互联网上的各种应用，其发展制约之一就是安全问题，互联网络的开放性和匿名性的特征使得这些安全问题变得越来越突出，如何保证网络身份的真实性，如何对网上各种角色身份进行鉴别与识别，如何保护其私密性、完整性和不可抵赖性是需要深入研究的课题。

身份认证是计算机及网络系统确认操作者身份的过程。身份认证是在远程通信中获得信任的手段，是安全服务中最为基本的内容。计算机网络世界中一切信息包括用户的身份信息都是用一组特定的数据来表示的，计算机只能识别用户的数字身份，所有对用户的授权也是针对用户数字身份的授权。如何保证以数字身份进行操作的操作者就是这个数字身份合法拥有者，也就是说保证操作者的物理身份与数字身份相对应，身份认证技术就是为了解决这个问题。

首先，先来看一看安全系统的整体逻辑结构，如图 8-2 所示。

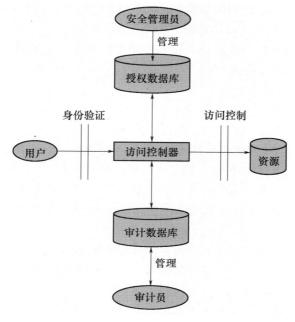

图 8-2　安全系统的整体逻辑结构图

在图 8-2 中可以看出，用户在访问安全系统之前，首先必须要经过身份认证系统识别身份，然后才能进入访问控制器。访问控制器根据用户的身份和授权数据库决定用户是否能够访问某个资源。授权数据库由安全管理员按照需要进行配置。审计数据库根据审计设置记录并统计用户的请求和行为，同时可以实时或者非实时地检测是否有入侵行为。访问控制器和审计系统都要依赖于身份认证系统提供的信息——用户的身份。

由此可见，身份认证在安全系统中的地位极其重要，是最基本的安全服务，其他的安全服务都要依赖于它，也就是说身份认证技术是作为防护网络资产的第一道关口，是构建网络安全体系的第一道大门，是网络安全的基石，是名副其实的网络安全体系的"门禁"，它确保企业和个人信息资源只能被合法用户所访问，可以说身份认证技术是整个信息安全的基础。目前，身份认证技术已成为网络安全研究的一个重要方面，在网络安全体系中，身份认证有着举足轻重的作用。

一旦身份认证系统被攻破，那么系统的所有安全措施将形同虚设。黑客攻击的目标往往就是身份认证系统。因此，要加快对我国的信息安全建设步伐，加强身份认证理论及其应用的研究是一个非常重要的课题。

8.1.2　身份认证系统的组成和要求

1．身份认证系统的组成

一个身份认证系统一般由三方组成：一方是示证者 P(Prover)，即出示证件的人，又称作申请者(Claimant)，提出某种要求；另一方是验证者 V(Verifier)，检验示证者提出的证件的正确性和合法性，决定是否满足其要求；第三方是攻击者，可以窃听和伪装示证者，骗取验证者的信任。认证系统在必要时也会有第四方，即可信赖者参与调解纠纷。称此类技术为身份认证技术，又称作身份识别(Identification)、实体认证(Entity Authentication)、身份证实(Identity Verification)等。实体认证与消息认证的差别在于，消息认证本身不提供时间性，而实体认证一般都是实时的；另一方面实体认证通常证实实体本身，而消息认证除了证实消息的合法性和完整性外，还要知道消息的含义。

2．对身份认证系统的要求

1) 身份认证系统的基本要求

一般地，身份认证系统的基本要求如下：

(1) 验证者正确识别合法示证者的概率极大化。

(2) 不具可传递性(Transferability)，验证者 B 不可能重用示证者 A 提供给他的信息来伪装示证者 A，而成功地骗取其他人的验证，从而得到信任。

(3) 攻击者伪装示证者欺骗验证者成功的概率要小到可以忽略的程度，特别是要能抗已知密文攻击，即能抗攻击者在截获到示证者和验证者多次(多次式表示)通信下伪装示证者欺骗验证者。

(4) 计算有效性，为实现身份证明所需的计算量要小。

(5) 通信有效性，为实现身份证明所需通信次数和数据量要小。

(6) 秘密参数能安全存储。

(7) 交互识别，有些应用中要求双方能互相进行身份认证。

(8) 第三方的实时参与，如在线公钥检索服务。

(9) 第三方的可信赖性。

(10) 可证明安全性。

(7)~(10)是有些身份识别系统提出的要求。

2) 身份认证技术和数字签名技术

身份认证技术和数字签名技术密切相关,二者既有联系又有区别:

(1) 两者都是确保数据真实性的安全措施。

(2) 认证一般是基于收发双方共享的保密数据,以证实被鉴别对象的真实性;而用于验证签名的数据是公开的。

(3) 认证允许收发双方互相验证其真实性,数字签名则允许第三者验证。

(4) 对于数字签名来说,发送方不能抵赖,接收方不能伪造,并且可由仲裁进行调解,而认证却不一定具备这些特点。

(5) 数字签名技术是实现身份认证技术的一个途径,认证技术的实现可能需要使用数字签名技术。但在身份识别中消息的语义基本上是固定的,身份验证者根据规定对当前时刻申请者的申请或者接受或者拒绝。

(6) 身份识别一般不是"终生"的, 而数字签名则应当是长期有效的,未来仍可以启用。

8.1.3 身份认证的基本分类

1. 身份证实(Identity Verification)

要回答"你是否是你所声称的你?" 即只对个人身份进行肯定或否定。一般方法是输入个人信息,经公式和算法运算所得的结果与从卡上或库中存的信息经公式和算法运算所得结果进行比较,得出结论。

2. 身份识别(Identity Recognition)

要回答"我是否知道你是谁?"一般方法是输入个人信息,经处理提取成模板信息,试着在存储数据库中搜索找出一个与之匹配的模板,而后给出结论。例如,确定一个人是否曾有前科的指纹检验系统。

显然,身份识别要比身份证实难得多。

8.1.4 身份认证系统的质量指标

身份认证系统的质量指标有两个:一个是拒绝率(False Rejection Rate,FRR)或虚报率(Ⅰ型错误率),即合法用户遭拒绝的概率;另外一个是漏报率(False Acceptance Rate,FAR) (Ⅱ型错误率),即非法用户伪造身份成功的概率。

为了保证系统有良好的服务质量,要求其Ⅰ型错误率要足够小;为保证系统的安全性,要求其Ⅱ型错误率要足够小。这两个指标常常是相悖的,要根据不同的用途进行适当的折中选择,如为了安全(降低 FAR),则要牺牲一点服务质量(增大 FRR)。设计中除了安全性外,还要考虑经济性和用户的方便性。

考虑到单机环境下和网络环境下的身份认证存在较大的差异,下面先从较为简单的单机环境下的身份认证开始介绍。

8.2　单机环境下的身份认证

在单机环境下用户登录计算机，一般通过传统的方式来验证用户的身份。所谓传统的身份认证方式一般是通过检验用户所持有的"物"的有效性来确定用户的身份，如图8-3所示。这里所说的"物"的含义非常广泛，既可以是抽象的物(如用户的口令)，还是可以是具体的物(如可以是徽章、工作证、信用卡、驾驶执照、身份证、护照等，卡上含有个人照片(易于换成指纹、视网膜图样、牙齿的 X 光摄像等，并有权威机构的签章。这些早先靠人工识别的工作已经逐步由机器来代替)。

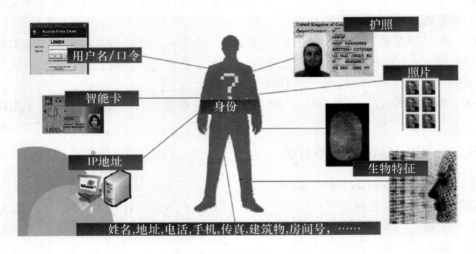

图 8-3　传统的身份认证方式

在真实世界中，我们可以把传统的身份认证的依据或手段(也就是前面所说的"物")分为以下三类(见图 8-4)：

(1) 所知：What you know 或 Something the user know(基于用户所知道的秘密，如用户名、口令、密钥等)，例如基于口令的身份认证技术。

(2) 所有：What you have 或 Something the user possesses(基于用户所拥有的物品，如 IC 卡和令牌卡、身份证、护照、密钥盘等)，例如智能 IC 卡认证技术。

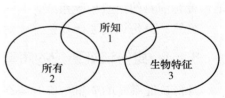

图 8-4　身份认证的基本手段

(3) 生物特征：Who you are 或 Something the user is (or How he behaves)(基于用户本身独一无二的生物特征，如指纹、笔迹、声音、视网膜(虹膜)、脸形、DNA 等)，例如个人特征识别技术。

在信息化社会中，随着信息业务的扩大，要求验证的对象集合也迅速加大，因而大大增加了身份验证的复杂性和实现的困难性。信息化社会对身份证明的新要求：实现安全、准确、高效和低成本的数字化、自动化、网络化的认证。

在网络世界中的手段与真实世界中的一致，为了能实现安全、准确、高效和低成本的数字化、自动化、网络化的认证，根据安全水平、系统通过率、用户可接受性、成本等因素，可以选择适当的组合设计实现一个自动化身份证明系统，即所谓的双因素认证或者多因素认证。

下面逐一进行讨论几种常见的身份认证方式。

8.2.1 基于口令的认证方式

基于口令的认证方式也称为用户名／密码方式，这种方式是最简单也是最常用的身份认证方法，是基于"What you know"的验证手段。这种方式虽然最简单最常用，但是很不安全，因为口令非常容易被窃取、丢失、复制。

1. 口令存储的两种方法

这种方式很重要的一个问题就是口令的存储。一般有两种方法：

1) 直接明文存储口令

直接明文存储口令的方式如图 8-5 所示。采用这种方式存储口令有很大的危险，任何人只要进入存储口令的数据库，就可以得到全体人员的口令，比如攻击者可以先设法得到一个低优先级的账号和口令，进入系统后得到存储口令的文件，因为在这个文件中所有人的口令都是直接以明文方式存储的，这样他就可以得到全体人员的口令，包括管理员(Administrator)的口令，然后他以管理员的身份登录系统，进行非法操作。

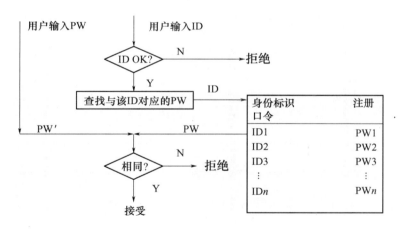

图 8-5　明文形式存放的口令表

2) Hash 散列存储口令

Hash 散列存储口令方式如图 8-6 所示。在这种存储方式中，系统不以明文的方式存储口令，而是对于每一个用户，系统存储账号和口令的散列值对在一个口令文件中，当用户登录时，用户输入口令 PW，系统计算 $H(\text{PW})$，然后与口令文件中相应的散列值进行对比，成功则允许登录，否则拒绝登录。在口令文件中存储的是口令的散列值而不是口令的明文，这种方式的优点在于即使黑客得到口令文件，那么他想要通过散列值计算出原始口令在计算上也是不可行的，这就大大增加了系统的安全性。

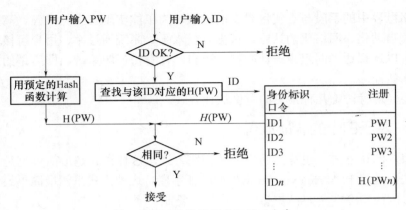

图 8-6　Hash 值形式存放的口令表

2．基于口令认证方式的安全性及改进方法

基于口令的认证方式是一种单因素的认证，它的安全性依赖于密码。每个用户的密码是由用户自己设定的，只有用户自己才知道。只要能够正确输入密码，计算机就认为操作者就是合法用户。实际上，由于许多用户为了防止忘记密码，经常采用诸如生日、电话号码等容易被猜测的字符串作为密码，或者把密码抄在纸上放在一个自认为安全的地方，这样很容易造成密码泄露。常规的口令方案涉及不随时间变化的口令，提供所谓的弱鉴别(Weak Authentication)。即使能保证用户密码不被泄露，由于密码是静态的数据，在验证过程中需要在计算机内存中和网络中传输，而每次验证使用的验证信息都是相同的，因此也很容易被驻留在计算机内存中的木马程序或网络中的监听设备截获，如图 8-7 所示。有些用户一般是把口令经过加密后放在口令文件中，如果口令文件被窃取，那么就可以进行离线的字典攻击，这也是黑客最常用的手段之一。因此，从安全性上讲，用户名 / 密码方式是一种极不安全的身份认证方式。

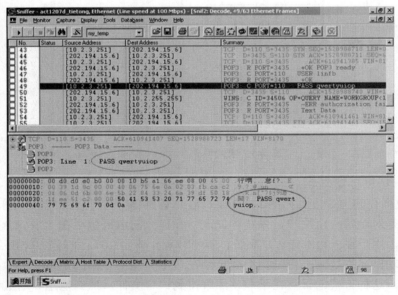

图 8-7　使用 Sniffer 软件在网络中截获用户口令

基于口令的认证方式的改进主要可以考虑以下几个方面：

(1) 尽可能地选用易记、难猜、抗分析能力强、能较好地抵抗离线字典攻击和在线字典攻击的口令。修改口令登记程序以便促使用户使用更加生僻的口令，这样就进一步削弱了字典攻击。

(2) 对口令的存储加密，尽可能地采用 Hash 散列值形式存储口令。

(3) 采用动态口令认证技术。

① 口令表认证技术。

口令表认证技术是要求用户必须提供一张记录有一系列口令的表，并将表保存在系统中，系统为该表设置了一指针用于指示下次用户登录时所应使用的口令。

这样，用户在每次登录时，登录程序便将用户输入口令与该指针所指示的口令相比较，若相同便允许用户进入系统，同时将指针指向表中的下一个口令。

因此，使用口令表认证技术，即使攻击者知道本次用户登录时所使用的口令，他也无法进入系统。

② 双因子认证技术。

通常使用的计算机的口令是静态的，也就是说在一定的时间内是不变的，而且可以重复使用。口令极易被网上嗅探劫持，而且很容易受到字典攻击。

20 世纪 80 年代初，针对静态口令认证的缺陷，美国科学家 Leslie Lamport 首次提出了利用散列函数产生一次性口令的思想，即每次用户登录系统时使用的口令是变化的。1991 年，贝尔通信研究中心使用 DES 加密算法首次研制出了基于一次性口令思想的挑战/应答(Challenge/Response)式动态密码身份认证系统 S/KEY，之后，更安全的基于 MD4、MD5 等散列算法的动态密码认证系统也开发出来。

一次性口令是变动的口令，其变化来源于产生密码的运算因子的变化。一次性口令的产生因子一般采用双运算因子：一个是用户的私有密钥；一个是变动的因子。变动因子可以是时间，也可以是事件，形成基于时间同步、事件同步、挑战/应答非同步等不同的一次性口令认证技术。

时间同步一般以 1min 作为变化单位；事件同步是把变化的数字序列(事件序列)作为密码产生器的一个运算因子，与用户的私有密钥共同产生动态密码。这时，同步是指每次认证时，认证服务器与密码卡保持相同的事件序列。挑战/应答式的变动因子是由认证服务器产生的随机数序列，每个随机数都是唯一的，不会重复使用，并且由同一个地方产生，因而不存在同步的问题。

正如前面所说，首次基于一次性口令思想开发的身份认证系统是 S/KEY，现在已经作为标准协议(RFC1760，http://www.faqs.org/rfc/rfc1760.txt)。S/KEY 的认证过程如图 8-8 所示。

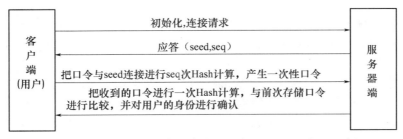

图 8-8　基于一次性口令的身份认证系统(S/KEY)的认证过程

213

a. 用户向身份认证服务器提出连接请求。

b. 服务器返回应答，并附带两个参数(seed,seq)。

c. 用户输入口令，系统将口令与 seed 连接，进行 seq 次 Hash 计算(Hash 函数可以使用 MD4 或 MD5)，产生一次性口令，传给服务器。

d. 服务器端必须存储有一个文件，它存储每一个用户上次登录的一次性口令。服务器收到用户传过来的一次性口令后，再进行一次 Hash 计算，与先前存储的口令进行比较，若匹配则通过身份认证，并用这次的一次性口令覆盖原先的口令。下次用户登录时，服务器将送出 seq′=seq-1。这样，如果客户确实是原来的那个真实用户，那么他进行 seq-1 次 Hash 计算的一次性口令应该与服务器上存储的口令一致。

S/KEY 认证的优点如下：

a. 用户通过网络传送给服务器的口令是利用秘密口令和 seed 经过 MD4(或 MD5)生成的密文，用户拥有的秘密口令并没有在网上传播，这样即使黑客得到了密文，由于散列算法固有的非可逆性，要想破解密文在计算上是不可行的。

b. 在服务器端，因为每一次成功的身份认证后，seq 自动减 1，这样下次用户连接时产生的口令同上次生成的口令是不一样的，从而有效地保证了用户口令的安全。

c. 实现原理简单，Hash 函数的实现可以用硬件来实现，可以提高运算效率。

S/KEY 认证的缺点如下：

a. 会给用户带来一些麻烦(如口令使用一定次数后就需要重新初始化，因为每次 seq 要减 1)。

b. S/KEY 的安全性依赖于散列算法(MD4/MD5)的不可逆性，由于算法是公开的，当有关于这种算法可逆计算的研究有了突破或能够被破译时，系统将会被迫重新使用其他安全算法。

c. S/KEY 系统不使用任何形式的会话加密，因而没有保密性。如果用户想要阅读他在远程系统的邮件或日志，这因此会在第一次会话中成为一个问题；而且由于有 TCP 会话的攻击，这也会对构成威胁。

d. 所有一次性口令系统都会面临密钥的重复这个问题，这会给入侵者提供入侵机会。

e. S/KEY 需要维护一个很大的一次性密钥列表，有的甚至让用户把所有使用的一次性密钥列在纸上，这对于用户来说是非常麻烦的事情；此外，有的提供硬件支持，这就要求使用产生密钥的硬件来提供一次性密钥，但这要求用户必须安装这样的硬件。

8.2.2 基于智能卡的认证方式

智能卡的名称来源于英文的"Smart Card"，又称集成电路卡，即 IC 卡(Integrated Circuit Card)。它将一个集成电路芯片镶嵌于塑料基片中，封装成卡的形式，其外形与覆盖磁条的磁卡相似。

基于智能卡的认证方式是基于"What you know"的验证手段，它所要验证的是用户拥有什么。此外，还需要用户提供不在卡上的个人身份信息，即个人身份识别码(Personal Identification Number，PIN)。一般每个卡的持有者都要拥有一个 PIN，本质上，PIN 就是持卡人的口令，PIN 不能写到卡上，持卡人必须牢记，并严格保密。

智能卡具有硬件加密功能，有较高的安全性。每个用户持有一张智能卡，智能卡存储用户个性化的秘密信息，同时在验证服务器中也存放该秘密信息。进行认证时，用户输入 PIN，智能卡认证 PIN，成功后，即可读出智能卡中的秘密信息，进而利用该秘密信息与主机之间进行认证。

系统通过验证持卡人是否持有真实的卡并且知道该卡的正确的 PIN 来达到认证持卡人身份的目的，因此，这种基于智能卡的认证方式是一种双因素的认证方式(PIN+智能卡)，即使 PIN 或者智能卡被窃取，用户仍不会被冒充。智能卡提供硬件保护措施和加密算法，可以利用这些功能加强安全性能，例如：可以把智能卡设置成用户只能得到加密后的某个秘密信息，从而防止秘密信息的泄露。

但是由于每次从 IC 卡中读取的数据还是静态的，通过内存扫描或网络监听等技术还是很容易能截取到用户的身份验证信息。因此，静态验证的方式还是存在着根本的安全隐患。

为了读者更好地理解智能卡的技术，下面简要介绍智能卡的原理和智能卡的工作方式。

IC 卡的硬件是一个微处理器系统，硬件主要由微处理器(目前多为 8 位 MPU)、程序存储器(ROM)、临时工作存储器(RAM)、用户存储器(EEPROM)输入/输出接口、安全逻辑及运算处理器等组成，如图 8-9 所示。

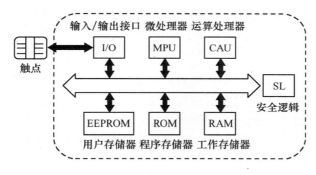

图 8-9　智能卡的组成

软件由操作系统和监控程序组成。一个典型的 IC 卡操作系统可以按 OSI 模型分为物理层(第 1 层)、数据传输层(数据、链路层/第 2 层)、应用协议层(应用层/第 7 层)三层。每一层由一个或几个相应的功能模块予以实施，如图 8-10 所示。

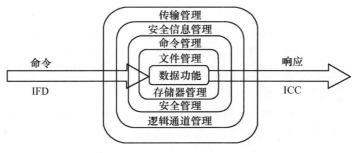

图 8-10　IC 卡操作系统组成

其中，IFD(IC-Card Interface Device)为 IC 卡的接口设备，即 IC 卡的读写设备；ICC(IC-Card)为 IC 卡，下同。

一般情况下，以 IFD 或应用终端(计算机或工作站)作为宿主机，它将产生命令及执行顺序，而 ICC 则响应宿主机的不同命令，在 IFD 和 ICC 之间进行信息交换。其典型的传输结构如图 8-11 所示。

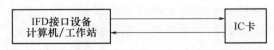

图 8-11 IFD 和 ICC 之间的信息交换

这样在 IFD 和 ICC 之间传输信息的安全性得以保障，否则完全有被截取的可能。ICC 操作系统对此采取了加密或隐含传输的方法，就是将待传输的命令或响应回答序列进行加密处理后再进行传输。

一个较完善的 ICC 操作系统必须能够管理一个或多个相互独立的应用程序，它应能够为有关应用提供相应的传输管理、安全管理、应用管理、文件管理等功能。不同功能之间的逻辑关系如图 8-12 所示。

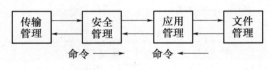

图 8-12 ICC 的工作过程

IFD 向 ICC 发送一条命令，其工作过程是这样的：首先，传输管理模块对物理层上传输的信号进行解码并将其传递给安全管理模块；其次，若为加密传输则该模块对其进行解密并将解密后的命令传输给应用管理模块，若不是加密传输则该模块将其直接传输给应用管理模块；再次，应用管理模块根据预先的设计要求，检查此命令的合法性以及是否具备执行条件(与应用顺序控制有关)，若检查成功，则启动执行此命令；最后，若此命令涉及到有关信息存取，则文件管理模块检查其是否满足预先设计的存取条件，若满足条件，则执行有关数据存取操作。

在 ICC 中，每个应用可以有一个个人识别码(PIN)，也可以几个应用共用一个识别码。用户也可以自行定义 PIN 错误输入的次数，为安全起见，同时也可以定义解锁密码，即一旦持卡人将 PIN 忘记而卡被锁住后，利用解锁密码(PUC)也可以将 ICC 打开，从而具有更高的安全性。

在 IC 卡中，引入认证的概念，在 IFD 和 ICC 之间只有相互认证之后才能进行数据读、写等具体操作。认证是 IC 卡和应用终端之间通过相应的认证过程来相互确认合法性，其目的在于防止伪造应用终端及相应的 IC 卡。

IC 卡有以下三种工作方式：

(1) 内部认证(Internal Authentication)。应用终端阅读卡中的固定数据，然后导算出认证密钥。终端产生随机数并送给 IC 卡，同时指定下一步应用的密钥。卡用指定密钥对该随机数进行加密，然后将经过加密的随机数送回终端；终端对随机数进行解密，比较是否一致，若一致则内部认证成功。其具体工作过程如图 8-13 所示。

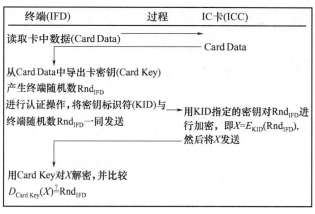

图 8-13　内部认证方式

(2) 外部认证(External Authentication)。终端设备从 ICC 中读取数据并导算出认证密钥。因为 ICC 本身不能发送此数据，这一认证方法由终端设备控制。终端设备从 ICC 中读取一个随机数(通常为 8 字节)，用认证密钥对它进行加密并将它发送到 ICC。ICC 对这个加密值进行检查并比较，如图 8-14 所示。

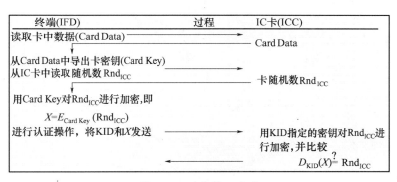

图 8-14　外部认证方式

(3) 相互认证(Mutual Authentication)。终端设备从 ICC 中读取数据并导出认证密钥。终端设备从 ICC 中读取一个随机数(通常为 8 字节)并产生它自己的随机数(通常也为 8 字节)。这两个随机数和卡数据(连接成一个串)由认证密钥进行加密。终端设备将此加密值传送给 ICC，ICC 用终端设备指定的认证密钥对此加密值进行解密并比较。

成功比较之后，ICC 用认证密钥加密终端设备的随机数和它自己的随机数，并将此加密值发送回终端设备。终端设备解密这个加密值并和它自己的随机数进行比较，如图 8-15 所示。

下面介绍一个 ICC 身份认证系统实例。

ICC 身份认证系统是基于 ICC 技术的双因素身份认证系统，可以解决由于密码泄露导致的安全问题，实现了管理人员和操作员登录业务系统时的安全认证控制，系统拓扑结构如图 8-16 所示。

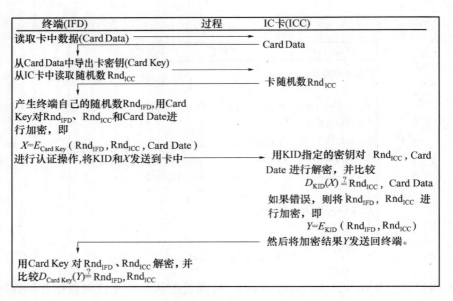

图 8-15 相互认证方式

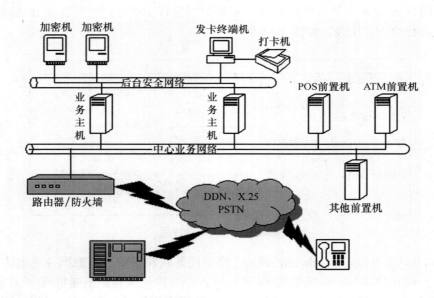

图 8-16 ICC 身份认证系统实例

ICC身份认证系统认证流程是：由用户持有的ICC产生挑战数，并用中心公钥加密、ICC私钥签名，然后上传给中心；中心验证签名、解密数据后，计算应答数，再下送客户端；主密钥和中心私钥存放于加密机中，其他密钥根据密钥分散原则，动态计算，ICC生成并保存ICC的公钥私钥对(该系统符合ISO 7816标准)。

本系统采用双因子认证，即"实物+信息"，可以满足一些应用系统更高层的安全性要求(而传统的单因子认证模式，即"用户名+口令"，已远远不能满足应用系统的要求，尤其是金融系统的安全性要求了)。

本系统中，客户端采用 ICC 进行密钥保存、数据加密/解密、数字签名和数字签名验证，保证了客户端密钥的安全性；在系统认证中心采用加密机进行密钥保存、数据加密/解密、数字签名和数字签名验证，加密/解密都在计算机内部完成，保证了认证中心密钥的安全性；在认证流程中采用 RSA 对上传数据包和下传数据包进行电子签名，并利用 ICC 的外部认证控制对 ICC 的访问使用，从而实现了客户端和认证中心之间的双向认证，解决了系统用户进行交易的抗否认要求。

8.2.3 基于生物特征的认证方式

在安全性要求较高的系统，由用户口令和持证等所提供的安全保障不够完善。用户口令可能被泄露，证件可能丢失或被伪造。随着技术的发展，更高级的身份认证是根据授权用户的个人特征来进行认证，它是一种可信度高而又难以伪造的认证方法，该方法在在刑事侦破案件中早就在使用了。

基于生物特征的认证方式是基于"What you are"的验证手段，该技术也称为生物特征识别技术(Biometrics)，它是根据人体本身所固有的唯一的、可靠的、稳定的生物特征(包括静态的生理特征和动态的行为特征)为依据，采用计算机强大的计算功能和网络技术进行图像处理和模式识别等方法来达到身份鉴别或验证目的的一门科学。人体的生理特征包括面像、指纹、掌纹、脸部、视网膜识别、虹膜和基因(DNA)等。人体的行为特征包括签名、语音和走路姿态等。目前的生物特征识别主要有面像识别、指纹识别、掌纹识别、虹膜识别、视网膜识别、话音识别、签名识别、打字韵律以及外界刺激的反应等。由于人体特征具有人体所固有的不可复制性的唯一性，因此，将人体生物特征作为生物密钥具有无法复制、不会失窃、不会遗忘的特点。所以，该技术具有很好的安全性、可靠性和有效性，与传统的身份认证手段相比，无疑产生了质的飞跃。近几年来，全球的生物识别技术已经从研究阶段转向应用阶段，对该技术的研究和应用如火如荼，前景十分广阔。

所有的生物特征识别技术大多进行了如下四个步骤：抓图、抽取特征、比较和匹配。生物识别系统捕捉到生物特征的样品，唯一的特征将会被提取并且转化成数字的符号，接着，这些符号被存成那个人的特征模板，这种模板可能会在识别系统中，也可能在各种各样的存储器中，如计算机的数据库、智能卡或者条码卡中，人们同生物识别交互进行他或她的身份认证，以确定匹配或者不匹配。

1. 指纹识别

1) 指纹的分类与特征

指纹是指人的手指末端正面皮肤上凸凹不平产生的纹线。权威资料显示，人的指纹相同的概率不到 10^{-10}。可以说，每个人的指纹都与众不同，是独一无二的。而且指纹还具有提取方便、形状不随时间而发生变化等优点，因此，将指纹作为接入控制的手段大大提高了识别系统的安全性和可靠性。指纹识别技术通过分析指纹的全局特征和局部特征从指纹中收取特征值，并以此来确定一个人的身份。 指纹的全局特征是用人眼直接就可以观察到的特征，如指纹的纹形就是常见的全局特征之一，如图 8-17 所示。图 8-18 是一个指纹特征的图像。

图 8-17　指纹的基本纹型

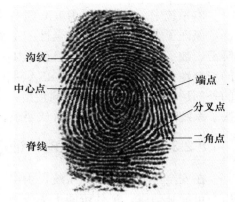

图 8-18　指纹的特征

仔细观察会发现，指纹纹路并不是连续或平滑笔直的，而是经常出现中断、分叉、转折。这些断点、分叉点、和转折点就称为"节点"，如图 8-19 所示。指纹的局部特征是指指纹上节点的特征点。两个指纹经常会具有相同的全局特征，但它们的局部特征不可能完全相同。

图 8-19　指纹的纹路

2) 指纹识别原理

指纹识别系统是利用人类指纹的独特特性，通过特殊的光电扫描和计算机图像处理技术，对活体指纹进行采集、分析和对比，自动、迅速、准确地认证出个人身份。指纹识别系统的原理如图 8-20 所示。

图 8-20　指纹识别系统原理

自动指纹认证过程是按照用户姓名等信息将保存在指纹数据库中的模板指纹调出来，然后再用用户输入的指纹与该模板指纹进行比较，以确定两指纹是否出于同一指纹。

3) 指纹识别技术应用

传统的身份认证方式存在诸多不足：它们是根据人们知道的内容(如密码)或所持有的物品(如身份证、智能卡、钥匙等)来确定其身份，内容的遗忘或者泄露、物品的丢失或者复制都使其难以保证身份认证结果的唯一性和可靠性。

利用人体唯一和不变的指纹进行身份认证，将克服传统身份认证的不足。另外，由于生物特征是人体的一部分，因此，无法更改和仿制。所以，利用指纹进行身份识别比传统的身份认证更具有可靠性和安全性。

尽管目前的指纹识别系统存在某些可靠性问题，但其安全性要比可靠性级别相同的"用户 ID+口令"和基于智能卡等传统方式的身份认证方案的安全性高得多。因为攻击者可以离线猜测所有可能的口令，但他无法找到所有人的指纹。

　　指纹传感器是实现指纹自动采集的关键器件，如图 8-21 所示。目前常用的指纹传感器有：光学式传感器、电容/电感式传感器、超声波扫描、射频 RF 传感器等。其中，光学指纹采集器主要是利用光的折射和反射原理，光从底部射向三棱镜，并经棱镜射出，射出的光线在手指表面指纹凹凸不平的线纹上折射的角度及反射回去的光线明暗就会不一样。光电耦合器件(Charge-Coupled Device，CCD)的光学器件就会收集到不同明暗程度的图片信息，由此完成指纹的采集。光学指纹采集器是最早的指纹采集器，是使用最为普遍的，由于指纹采集原理的限制，光学指纹采集器很难对干的手指采集到清晰的指纹图像，造成了这种产品对干手指识别率低(拒真率高)的问题。手指越干，这个问题越突出。在冬天寒冷的气候条件下，手指发干会导致很多人的手指无法被识别。这个问题在北方地区尤其突出。因为成本优势，基于光学原理的的指纹门禁考勤机在国内相当流行(门禁和考勤的差别只在管理软件上)，甚至可以说占了大部分市场份额。但是，由于存在人造指纹问题，它在金融系统，尤其是金库门这种场所的使用是不安全的。 生物射频指纹识别技术、射频传感器技术是通过传感器本身发射出微量射频信号，穿透手指的表皮层去控测里层的纹路，来获得最佳的指纹图像。因此对干手指、汗手指等困难手指识别能力相对要强。

图 8-21　指纹传感器

　　下面介绍一个指纹识别应用实例——某高校网络指纹考勤系统，使大家对指纹识别的具体应用有一个了解。

　　目前，市面上指纹考勤系统常见的有两种。

　　一种是联机型产品，其工作时须有计算机支持，多个系统共享指纹识别设备，需要建立大型的数据库存储指纹信息，且指纹的比对需要由后台计算机支持，后台 PC 负担被大大加重。无论考勤机、传路、计算机出现任何故障，都会导致整个考勤系统的瘫痪。

　　另一种是脱机型产品，单机就可完成考勤全部过程，使用方便，得以广泛应用。该系统采用脱机型指纹考勤机，以遵循 TCP／IP 协议的以太网为传输媒介，包括上层管理系统和指纹考勤终端。每个设备终端存有原始指纹图像，单机就可完成指纹采集、区分判定、存储上传记录、报警显示等功能。在下课后，教师可将结果通过校园网络上传到上位机，管理人员可对考勤记录进行统计处理。相比要将指纹图像上传到服务器进行比对的联机型产品来说，这种结构可以将服务器负担分散，使即使在考勤需求集中的即将上课和考试的时段也能顺利进行。该考勤系统由上层管理系统和指纹考勤终端组成。考勤终端采用考勤机成品，本案例中可存储 3000 枚指纹，具有指纹录入、比对、查询、记录、显示和报警功能，并可采用串口 485、TCP／IP 和 USB 三种通信方式，可直接同计算机相连，也可连入局域网中。上位机的考勤信息管理软件主要是安装在管理 PC 机上的管理系统，它负责完成对接收到的考勤数据进行处理，存储并对考勤数据进行分类管理，并可实现对考勤记录的查询、统计、报表生成、打印等功能，同时它也是一个综合的信息管理系统，对人员管理、特殊情况管理等情况进行处理。考勤信息的获取通过接入局域网的考勤终端网络传输获得。

2．视网膜图样认证

人的视网膜血管(即视网膜脉络)的图样具有良好的个人特征。这种识别系统已在研制中。基于视网膜的身份认证系统的基本原理，是利用光学和电子仪器将视网膜血管图样记录下来，一个视网膜血管的图样可以压缩为小于 35 字节的数字信息，可根据图样的节点和分支的检测结果进行分类识别。被要求识别的人必须合作允许进行视网膜特征的采样。

研究已经表明，基于视网膜的身份认证效果非常好，当注册人数小于 200 万时，错误率为 0，而所需时间为秒级。

基于视网膜的身份认证系统在安全性和可靠性要求较高的场合可以发挥作用，但是因其成本较高，目前只是在军事或者银行系统中被采用。

3．虹膜图样认证

虹膜是巩膜的延长部分，是眼球角膜和晶体之间的环形薄膜，其图样具有个人特征，可以提供比指纹更为细致的信息。虹膜可以在 35～40cm 的距离采样，比采集视网膜图样要方便，易为人所接受。存储一个虹膜图样需要 256 个字节，所需的计算时间为 100ms。

目前已经开发出基于虹膜的识别系统可用于安全入口、接入控制、信用卡、POS、ATM 等应用系统中，能有效进行身份识别。

4．脸型认证

利用图像识别、神经网络和红外线扫描探测，对人脸的"热点"进行采样、处理、提取图样信息，通过脸型自动认证系统进行身份认证。最初 Harmon 等人设计了一个从照片识别人脸轮廓的验证系统。但是这种技术出现差错的概率比较大。现在从事脸型自动验证新产品的研制和开发的公司有很多家。而且还可以将面部识别用于网络环境中，与其他信息系统集成，保证为诸如金融、接入控制、电话会议、安全监视、护照管理、社会福利发放等系统提供安全、可靠的服务。

5．语音认证

由于每个人的说话声音都各有其特点，人对于语言的识别能力极强，即使在强干扰下也能分辨出某个熟人说话的声音。

在军事和商业通信等对通信安全性要求较高的系统中，通常通过对方的语音来实现个人身份的认证。机器识别语音的系统可提高系统安全，并在个人的身份验证方面有广泛的应用。比如可将由每个人讲的一个短语分析出来并将全部特征参数存储起来，如果每个人的参数都不完全相同就可以实现身份认证。这种存储的语音称为语音声纹(Voice-print)。

当前，电话和计算机的盗用十分严重，现在美国、德国等已经开发出了基于语音的识别系统，用于防止黑客进入语音函件和电话服务系统。

由于不同的人具有不同的生物特征，因此几乎不可能被仿冒。因此生物特征认证的安全性最高，但各种相关识别技术还没有成熟，没有规模商品化，准确性和稳定性有待提高，生物特征认证基于生物特征识别技术，受到现在的生物特征识别技术成熟度的影响，采用生物特征认证还具有较大的局限性，特别是当生物特征缺失时，就可能没法利用。

8.3 基于零知识证明的身份认证技术

8.3.1 零知识证明概述

先看下面这个著名的故事：
- Alice：我知道联邦储备系统计算的口令。
- Bob：不，你不知道。
- Alice：我知道。
- Bob：你不知道。
- Alice：我确实知道。
- Bob：请你证实这一点。
- Alice：好吧，我告诉你。(她悄悄地说出了口令)
- Bob：太有趣了！现在我也知道了。我要告诉华盛顿邮报。
- Alice：啊呀！

在上面的故事中，Alice 为了证明自己知道联邦储备系统计算的口令，她只好把自己知道的口令告诉了 Bob，这样 Alice 虽然证明了自己确实知道联邦储备系统计算的口令，但是她付出的代价是让 Bob 也知道了这个口令，或许这根本就不是她的本意，她只是为了向 Bob 证明自己知道联邦储备系统计算的口令才被迫把口令告诉 Bob 的。

在现实生活总也有很多类似的情况。比如在很多情况下，用户都需证明自己的身份，如登录计算机系统、存取电子银行中的账目数据库、从自动出纳机(Automatic Teller machine，ATM)取款等。传统的方法是使用通行字或个人身份识别号(Personal Identification Number，PIN)来证明自己的身份，这些方法的缺点是检验用户通行字或 PIN 的人或系统可使用用户的通行字或 PIN 冒充用户。

本节介绍的身份的零知识证明技术，可使用户在不泄露自己的通行字或 PIN 的情况下向他人证实自己的身份。

"零知识证明"(Zero-Knowledge Proof)是由 Goldwasser 等人在 20 世纪 80 年代初提出的。它指的是证明者能够在不向验证者提供任何有用的信息的情况下，使验证者相信某个论断是正确的。Golawasser 等人提出的零知识证明中，证明者和验证者之间必须进行交互，这样的零知识证明被称为"交互式零知识证明"。零知识证明实质上是一种涉及两方或更多方的协议，即两方或更多方完成一项任务所需采取的一系列步骤。证明者向验证者证明并使其相信自己知道或拥有某一消息，但证明过程不能向验证者泄露任何关于被证明消息的信息。

20 世纪 80 年代末，Blum 等人进一步提出了"非交互式零知识证明"的概念，即用一个短随机串代替交互过程并实现了零知识证明。非交互零知识证明的一个重要应用场合是需要执行大量密码协议的大型网络。大量事实证明，零知识证明在密码学中非常有用。在零知识证明中，一个人(或器件)可以在不泄露任何秘密的情况下，证明他知道这个秘密。如果能够将零知识证明用于验证,将可以有效解决许多问题。

8.3.2 交互证明系统

交互证明系统由两方参与，分别称为证明者(Prover，简记为 P)和验证者(Verifier，简记为 V)，其中 P 知道某一秘密(如公钥密码体制的秘密密钥或一平方剩余 x 的平方根)，P 希望使 V 相信自己的确掌握这一秘密。交互证明由若干轮组成，在每一轮，P 和 V 可能需根据从对方收到的消息和自己计算的某个结果向对方发送消息。比较典型的方式是在每轮 V 都向 P 发出一个询问，P 向 V 做出一个应答。所有轮问答都执行完后，V 根据 P 是否在每一轮对自己发出的询问都能正确应答，以决定是否接受 P 的证明。

交互证明和数学证明的区别是：数学证明的证明者可自己独立地完成证明，而交互证明是由 P 产生证明、V 验证证明的有效性来实现，因此双方之间通过某种信道的通信是必需的。

交互证明系统必须满足以下要求：

① 完备性。P 几乎不可能欺骗 V，也就是说，如果 P 知道某一秘密，V 将必定会接受 P 的证明。若 P 不知道证明，则他使 V 相信他知道证明的概率近于零。

② 正确性。如果 P 能以一定的概率使得 V 相信 P 的证明，则证明 P 知道相应的秘密。

所谓零知识证明，指当示证者 P 掌握某些秘密信息，P 设法向验证者 V 证明自己掌握这些信息，验证者 V 可以验证 P 是否真的掌握这些秘密信息，但同时 P 又不想让 V 也知道那些信息(如果连 V 都不知道那些秘密信息，第三者想盗取那些信息当然就更难了)。为便于读者理解，看下面的两个例子。

(1) A 要向 B 证明自己拥有某个房间的钥匙，假设该房间只能用钥匙打开锁，而其他任何方法都打不开。这时有两个方法：

方法一：A 把钥匙出示给 B，B 用这把钥匙打开该房间的锁，从而证明 A 拥有该房间的正确的钥匙。

方法二：B 确定该房间内有某一物体，A 用自己拥有的钥匙打开该房间的门，然后把物体拿出来出示给 B，从而证明自己确实拥有该房间的钥匙。后面这个方法就属于零知识证明。好处在于在整个证明的过程中，B 始终不能看到钥匙的样子，从而避免了钥匙的泄露。

(2) A 拥有 B 的公钥，A 没有见过 B，而 B 见过 A 的照片，偶然一天两人见面了，B 认出了 A，但 A 不能确定面前的人是否是 B，这时 B 要向 A 证明自己是 B，也有两个方法。

方法一：B 把自己的私钥给 A，A 用这个私钥对某个数据加密，然后用 B 的公钥解密，如果正确，则证明对方确实是 B。

方法二：A 给出一个随机值，B 用自己的私钥对其加密，然后把加密后的数据交给 A，A 用 B 的公钥解密，如果能够得到原来的随机值，则证明对方是 B。后面的这个方法就属于零知识证明。

把这个问题一般化，用 P 表示示证者，V 表示验证者，P 试图向 V 证明自己知道某个秘密信息。一种方法是 P 说出这一秘密信息使得 V 相信，这样 V 也知道了这一秘密信息，这叫基于知识的证明；另一种方法是使用某种有效的方法，使得 V 相信他掌握这一秘密信息，却不给验证者 V 泄露任何有用的信息，这种方法称为零知识证明问题，也就是说示证者 P 在向验证者 V 证明他知道某个秘密信息时不泄露秘密的任何信息。

零知识证明起源于最小泄露证明。在交互证明系统中，设 P 表示掌握某些秘密信息，并希望证实这一事实的实体，设 V 是证明这一事实的实体。并向 V 证明自己掌握这一秘密信息，但又不向 V 泄露这一秘密信息，这就是最小泄露证明。

设 P 知道某一秘密，并向 V 证明自己掌握这一秘密，但又不向 V 泄露这一秘密，这就是最小泄露证明。

在最小泄露协议中需要满足下述两个性质：

① 完备性(Completeness)。P 几乎不可能欺骗 V，也就是说，如果 P 知道某一秘密，V 将必定会接受 P 的证明。若 P 不知道证明，则他使 V 相信他知道证明的概率近于零。

② 正确性(Correctness)。如果 P 能以一定的概率使得 V 相信 P 的证明，则证明 P 知道相应的秘密。

在零知识协议中，除满足上述两个条件以外，还满足下述性质：

③ 零知识性(Zero-knowledge)。进一步，如果 V 除了知道 P 能证明某一事实外，即验证者 V 从示证者 P 那里得不到任何有关证明的知识，则称 P 实现了零知识证明，相应的协议称为零知识证明协议。

零知识证明比传统的密码技术更安全并且使用更少的处理资源。零知识证明实质上是一种涉及两方或多方的协议，即两方或多方完成一项任务所需采取的一系列步骤。因此，它需要更复杂的数据交换协议，需要传输的数据量比较大，因此会消耗大量通信资源。

一般来说，被示证者 P 掌握的秘密信息可以是某些长期没有解决的猜想问题。如大整数因式分解和求解离散对数问题等，还可以是一些单向函数等。

8.3.3 交互式的零知识证明协议

解释零知识证明的一个经典故事是"洞穴问题"(由 J. J. Quisquater 和 L. C. Guillou 提出)，如图 8-22 所示。

洞穴深处的位置 C 和位置 D 之间有一道门，只有知道秘密咒语的人才能打开。设 P 知道咒语，可打开 C 和 D 之间的秘密门，不知道者都将走入死胡同中。现在看看 P 如何想向 V 证明自己知道咒语，但又不想向 V 泄露咒语。

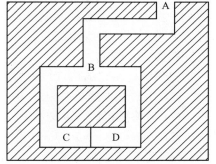

图 8-22 零知识洞穴问题

下面是 P 向 V 证明自己知道咒语的协议：

(1) V 站在 A 点。

(2) P 进入洞中任意一点 C 或 D。

(3) 当 P 进洞之后，V 走到 B 点。

(4) V 叫 P："从左边出来"或"从右边出来"。

(5) P 按要求实现(以咒语，即解数学难题帮助)。

(6) P 和 V 重复执行(1)～(5)共 n 次。

在上述协议中，如果 P 不知道咒语，则 P 只能按来时的原路返回至位置 B，而不能从另外一条路返回至位置 B。在每轮中，P 每次猜对 V 要求他走哪条路的概率为 1/2，因

225

此，V 每次要求 P 从洞穴深处走到位置 P 时，P 能欺骗 V 的概率只有 1/2。此洞穴问题可以转化为数学问题，P 知道解决某个难题的秘密信息，而 V 通过与 P 交互作用验证其真伪。当在上述协议中的第(1)~(5)步重复 n 轮后，P 成功欺骗 V 的概率为 $1/2^n$。当 n 足够大(例如 n=20)，这个概率值将变得非常小。所以，如果 P 每次按照 V 的要求从洞穴深处返回位置 B，则 V 就可以相信 P 知道打开位置 C 和位置 D 之间门的咒语。由此可以看到，上述协议的执行是在证明者 P 和验证者 V 之间交互进行的，但是 V 没有得到关于咒语的任何消息，因此，上述协议是一个交互式的零知识证明协议。

假设 P 知道一部分信息，并且该信息是一个难题的解法，基本的零知识证明协议过程如下所述：

(1) P 用自己知道的信息和一个随机数将这个难题转变为与之同构的新难题，然后利用自己的信息和这个随机数求解这个新难题。

(2) P 利用位承诺方案提交对于这个新难题的解法。

(3) P 向 V 透露这个新难题，V 无法通过新难题得到关于原难题或其解法的任何信息。

(4) V 要求 P：向他证明新、旧难题是同构的(即两个相关问题的两种不同解法)；或者公布 P 在第(2)步中提交的解法，并证明该解法的确为新难题的解法。

(5) P 答应 V 的要求。

(6) P 和 V 重复执行(1)~(5)共 n 次。

这类证明的数学背景很复杂。问题和随机变换一定要仔细挑选，使得甚至在协议的多次迭代后，V 仍不能得到关于原问题解法的任何信息。不是所有的难题都能用作零知识证明，但很多可以。

8.3.4 简化的 Feige-Fiat-Shamir 身份认证方案

在发放私人密钥之前，可信仲裁方选定一个随机模数 $n=pq$, p,q 是不同的两个大素数。实际中 n 至少为 512bit，尽量长达 1024bit。

为了产生 P 的公开密钥和私人密钥，可信仲裁方选取一个随机数 v(v 为对模 n 的二次剩余)。换言之，选择 v 使得 $x^2 = v(\bmod n)$ 有一个解并且 $v^{-1} \bmod n$ 存在。以 v 作为被验证方 P 的公钥，然后计算满足 $s \equiv \mathrm{sqrt}\,(v^{-1})(\bmod n)$ 最小的整数 s，将它作为被验方 P 的私人密钥而分发给他。

身份认证协议的执行过程如下：

(1) 用户 P 取随机数 $r(r<n)$，计算 $x = r^2 \bmod n$，并将 x 送给验证方 V。

(2) V 将随机比特 b 送给 P。

(3) 若 $b=0$，则 P 将 r 送给 V；若 $b=1$，则将 $y = rs \bmod n$ 送给 V。

(4) 若 $b=0$，则 V 验证 $x = r^2 \bmod n$，从而证明 P 知道 $\mathrm{sqrt}(x)$；若 $b=1$，则 V 验证 $x = y^2 v \bmod n$，从而证明 P 知道 s。

这个协议是一轮认证，P 和 V 可将此协议重复执行 t 次，直到 V 确信 P 知道 s 为止。

现在将这个协议的安全性讨论如下：

① P 欺骗 V 的可能性。P 不知道 s，他也可选取随机数 r，将 $x = r^2 \bmod n$ 发给 V，V 发送随机比特 b 给 P，P 可将 r 送出。当 $b=0$ 时，则 V 让 P 通过检验而受骗；当 $b=1$ 时，则 V 可发现 P 不知道 s。V 受骗的概率为 1/2，但连续 t 次受骗的概率将减小到 2^{-t}。

② V 伪装 P 的可能性。V 和其他验证者 W 开始一个协议。第(1)步他可用 P 用过的随机数 r，若 W 所选的 b 值恰与以前发给 P 的一样，则 V 可将在第(3)步所发的 r 或 y 重发给 W，从而可成功地伪装 P。但 W 可能随机地选 b 为 0 或 1，故这种工具成功的概率为 1/2，执行 t 次，则可使其将减小到 2^{-t}。

8.3.5 Feige-Fiat-Shamir 身份认证方案

在发放私人密钥之前，可信仲裁方选定一个随机模数 $n=pq$, p,q 是不同的两个大素数。实际中 n 至少为 512bit，尽量长达 1024bit。

为了产生 P 的公开密钥和私人密钥，可信仲裁方选取 k 个不同的随机数 $v_1, v_2, \cdots, v_k$(这里 v_i 为对模 n 的二次剩余)。换言之，选择 v_i 使得 $x^2 = v_i \pmod n$ 有一个解并且 $v_i^{-1} \bmod n$ 存在。以串 $v_1, v_2, \cdots, v_k$ 作为被验证方 P 的公钥，然后计算满足 $s \equiv \mathrm{sqrt}(v_i^{-1}) \pmod n$ 最小的整数 s_i，将它作为被验方 P 的私人密钥而分发给他。

身份认证协议的执行过程如下：

(1) P 选随机数 $r(r < n)$，计算 $x = r^2 \bmod n$ 并发送给验证方 V。

(2) V 选 k 比特随机二进制串 $b_1, b_2, \cdots, b_k$ 传送给 P。

(3) P 计算 $y = r \prod_{i=1}^{k} s_i^{b_i} \bmod n$ (即将与 $b_i = 1$ 对应的 s_i 的值相乘。如果 V 的第 i 位为 1，则用 s_i 做乘法因子；如果第 i 位为 0，则不用 s_i 做乘法因子)，然后将计算的结果 y 发送给 V。

(4) V 验证 $x = y^2 \prod_{i=1}^{k} v_i^{b_i} \bmod n$ (即将 k 比特随机二进制串的 v_i 的值相乘。如果 V 的第 i 位为 1，则用 v_i 做乘法因子；如果第 i 位为 0，则不用 v_i 做乘法因子)。

(5) P 和 V 可将此协议重复执行 k 次，直到 V 相信 P 知道 $s_1, s_2, \cdots, s_k$。

下面简要分析下 Feige-Fiat-Shamir 身份认证方案的安全性。Feige-Fiat-Shamir 身份认证方案是对简化的 Feige-Fiat-Shamir 身份认证方案的推广，首先将 V 的询问由一个比特推广到由 k 个比特构成的向量，再者基本协议被执行 k 次。假冒的证明者只有能正确猜测 V 的每次询问，才可以使得 V 相信自己的证明，成功的概率是 2^{-kt}。

8.4 网络环境下的身份认证

在不同的网络应用环境中，保护计算机资源的方式是不同的。在没有联网的单用户计算机系统中，用户资源的安全性主要是通过对计算机使用的控制来保护。在早期的多用户计算机系统中，用户使用的是共享的、集中式的、采用分时操作系统的大型计算机来提供服务。在这种环境中，需要共享操作系统来提供安全性。为了提供系统的安全性，操作系统内部通常采用基于用户身份的资源存取方式，用户的身份采用用户登录的方式来进行证实。用户登录后，其资源操作权限也就被确定下来了。

但是随着计算机和互联网技术的飞速发展，当今的计算机环境发生了非常大的变化。具有代表性的应用环境是大量的客户工作站和分布在网络中的公共服务器组成。服务器向网络用户提供各种网络应用的服务，用户使用客户工作站来访问这些服务。在这种开放的分布式计算环境中，工作站上的用户需要访问分布在网络不同位置上的服务。通常为了保护自身资源的安全性，服务提供者需要通过授权来限制用户对资源的访问。对用户进行授权和限制访问策略是建立在对用户服务请求进行鉴别的基础上的。也就是说，用户的服务请求或用户自身必须要通过鉴别或认证，才能访问服务器提供的服务。

网络环境下的身份认证(也称为分布式环境中的身份认证)比较复杂，主要是考虑到验证身份的双方一般都是通过网络而非直接交互，像根据指纹等手段就难以实现。同时大量的黑客随时随地都可能尝试向网络渗透，截获合法用户的口令并冒名顶替以合法身份入网，所以，目前一般采用高强度的密码认证协议来进行网络环境下的身份认证。

在身份认证系统中，最著名的是 Kerberos 认证系统和 X.509 认证服务，其中 Kerberos 认证系统是基于对称密码体制的身份认证技术，X.509 认证服务是基于公钥密码体制的身份认证技术。下面系统介绍这两种认证系统的实现。

8.4.1　Kerberos 认证系统

Kerberos 认证系统是一个基于密码技术的认证机制，提供了一种非常实用的、开放的、分布式网络身份认证系统，该协议的设计目标是保证网络中的各个通信实体可以按照协议相互证明彼此的身份，从而可以抵抗窃听和重放等方式的多种安全攻击，并且还可以保证网络通信数据的完整性和保密性以及对用户的透明性等。鉴于 Kerberos 身份认证系统十分复杂，将在 8.5 节来详细讨论 Kerberos 认证系统。

8.4.2　X.509 认证服务

X.509 认证服务又称为基于数字证书的身份认证、基于 CA 的身份认证、基于 PKI 的身份认证等，关于这部分内容的详细介绍请读者查阅本书 12.2 节的内容。

8.5　Kerberos 认证系统

8.5.1　Kerberos 认证系统的产生背景

在不同的计算机应用环境中，保护计算机资源的方式是不同的。在没有联网的单用户计算机系统中，用户资源的安全性主要是通过对计算机使用的控制来保护。在早期的多用户计算机系统中，用户使用的是共享的、集中式的、采用分时操作系统的大型计算机来提供服务。在这种环境中，需要共享操作系统来提供安全性。为了提供系统的安全性，操作系统内部通常采用基于用户身份的资源存取方式，用户的身份采用用户登录的方式来进行证实。用户登录后，其资源操作权限也就被确定下来了。

但是随着计算机和互联网技术的飞速发展，当今的计算机环境发生了非常大的变化。具有代表性的应用环境是客户机/服务器 (Client/Server, C/S)网络结构，由大量的客户机(工作站)和分布在网络中的一组分布式或中心式服务器组成。服务器向网络用户提供各种网络应用的服务，用户使用客户工作站来访问这些服务。在这种开放的分布式计算环境中，工作站上的用户需要访问分布在网络不同位置上的服务。通常为了保护自身资源的安全性，服务提供者需要通过授权来限制用户对资源的访问。对用户进行授权和限制访问策略是建立在对用户服务请求进行鉴别的基础上的。也就是说，用户的服务请求或用户自身必须要通过鉴别或认证，才能访问服务器提供的服务。

在一个开放的分布式网络环境中，任何用户都可以通过工作站访问服务器上提供的服务，但由于服务器仅对拥有权限的用户提供服务。在一个开放的、不安全的、没有足够保护措施的网络中，往往存在各种各样的安全威胁，最常见的安全威胁就是冒充。例如：

(1) 攻击者可能冒充另一个合法用户非法访问服务器上未被授权的资源和服务。

(2) 攻击者可能改变自己计算机的网络地址，从而冒充另一个客户机非法访问服务器上未被授权的资源和服务。

(3) 攻击者一旦成功窃听到他人的信息交换，那么他就可以采用回放攻击来获得对一个服务器的访问权或中断服务器的正常运行。

通过以上办法，一个非授权的用户可能接入某一个服务器取得某种服务，对非授权的信息进行存取。由于网络上存在种种欺骗行为，所以工作站本身很难正确地识别该用户是否合法。

为了防止这种欺骗行为，服务器必须要对请求服务的用户的身份进行鉴别和认证，能够限制非授权用户的访问并能够认证合法用户对服务器的服务访问请求。

在客户机/服务器模式下网络系统的安全性可以采用不同的身份认证策略来实现，容易想到的有下面三种可能的安全方案：

(1) 基于客户机的用户身份认证。在这种认证方案中，服务程序不负责认证用户的身份是否合法，认证工作由用户登录的计算机来管理，服务器完全信任每一个单独的客户机(工作站)，可以保证对其用户合法身份的鉴别。

(2) 基于客户端系统的身份认证。在这种认证方案中，系统要求客户端系统将它们自己向服务器作身份认证，但相信客户端系统负责对其用户的识别。

(3) 基于服务的用户身份认证。在这种认证方案中，系统要求对每一个用户访问网络中的每一项服务时都必须对用户的身份进行认证，同时服务器也必须向用户证实自己的身份。

在小型的封闭的网络环境中，由于可以对网络和计算机进行统一集中管理，所以可以考虑采用第(1)种和第(2)种方案。但是对于开放的分布式网络环境来说，前两种方案显然是不可行的，这时候必须要采用第(3)种身份认证方案。原因是由于分布式网络的开放性以及用户和工作站的流动性，使得客户机甚至是客户端系统都无法向服务器证实每个用户的真实身份。因此，在开放的分布式的网络环境中，在每一个用户访问网络中的每一项服务时都必须对用户的身份进行认证，同时服务器也必须向用户证实自己的身份。身份认证是保证网络安全的重要手段。正是在这种大背景下，Kerberos 认证系统应运而生了。

8.5.2　Kerberos 认证系统概述

Kerberos 是网络通信提供可信第三方服务的面向开放系统的认证机制。网络上的 Kerberos 认证系统起着可信仲裁的作用。每当客户 C 申请得到某服务程序 S 的服务时，用户和服务程序会首先向 Kerberos 要求认证对方的身份，认证建立在用户和服务程序对 Kerberos 信任的基础上。在申请认证时，客户 C 和服务 S 都可以看成是 Kerberos 认证系统的客户，认证双方与 Kerberos 认证系统的关系如图 8-23 所示。

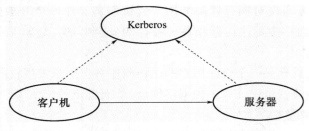

图 8-23　认证双方与 Kerberos 认证系统的关系

Kerberos 认证系统是 20 世纪 80 年代美国麻省理工学院(MIT)作为雅典娜计划(Project Athena)的一部分开发的一种身份认证系统，目的是解决在分布式校园环境下，工作站的用户通过网络访问服务器的安全问题。

Greek Kerberos 的本意是希腊神话故事中一种多头蛇尾狗(这种狗一般为三个头，还有一个蛇形尾巴)的名字，传说中它是地狱之门的守护者，这里设计者希望它能守卫网络安全之门。

Kerberos 认证系统原计划要有三个组成部分来解决网络安全问题，即希望这个系统能够实现认证(Authentication)、记账(Accounting)、审核(Audit)三个功能，但是后面的两个功能从未实现。Kerberos 是针对分布式环境的开放系统开发的身份鉴别机制，Kerberos 系统的目的是要解决以下问题：在开放的分布式网络环境中，建立了一个中心认证服务器用以向用户和服务器提供相互认证的机制，即用户希望访问网络中的服务器，而服务器则要求能够认证用户的访问请求，并仅允许那些通过认证的用户访问服务器，以防未授权用户得到服务和数据，同时服务器也必须向用户证实其身份。目前已被开放软件基金会(OSF)的分布式环境(DCE)以及许多网络操作系统供应商采用。

在实现上，Kerberos 系统采用分布式的客户机/服务器模型，提供了一个集中式的认证服务器结构，即在一个分布式的客户机/服务器体系机构中采用一个或多个 Kerberos 服务器提供一个认证服务。认证服务器的功能是实现用户与其访问的服务器间的相互鉴别。Kerberos 系统建立的是一个实现身份认证的框架结构，它基于对称密码体制，其实现采用的是对称密钥加密技术(一般采用 DES，但也可以采用其他算法)进行加密，而未采用公开密钥加密技术。Kerberos 系统总体方案是提供一个可信第三方的认证服务，它全部支持前面提出的在客户机/服务器模式下网络系统三种可能的安全方案。

注意，Kerberos 系统中的客户机可以是用户，也可以是处理事务所需的独立的软件程序或者进程：下载文件、发送消息、访问数据库、访问打印机、获取管理特权等。

目前 Kerberos 系统已有 5 个版本，其中前 3 个版本 V1～V3 是内部开发版，现在已经不再使用。公开发布的 Kerberos 版本包括 V4 和 V5，V4 和 V5 虽然从概念上将很相似，但根本原理完全不一样。其中，V4 是 1988 年开发的，因其结构简单且性能好，现已得到广泛应用，Kerberos V4 提供的是一个不标准的认证模型，该模型的弱点是：它不能检测密文的某些改变，而且它只能适用于 TCP/IP 协议。V5 已于 1994 年作为 Internet 的标准(草案)公布，参见 RFC 1510。Kerberos V5 采用 CBC 模式，V5 进一步对 V4 中的某些安全缺陷做了改进，而且 V5 的功能更多。

Kerberos 系统的技术报告中提出了其设计的目标：

(1) 安全性：Kerberos 系统应足够强壮以至于攻击者找不到攻击的薄弱环节，从而可以有效地防止攻击者假冒成另外一个合法的用户来访问服务器的资源和服务。

(2) 可靠性：认证服务是其他服务的基础，因此，Kerberos 认证服务必须是高度可靠，不能瘫痪。通常 Kerberos 系统采用分布式服务器体系结构，使得服务器能够进行系统间的相互备份。

(3) 对用户的透明性。对用户来说，身份认证过程除了需要用户输入一次口令外，用户觉察不到认证服务的具体操作，也就是要求其他操作必须对用户是透明的。

(4) 可扩展性：系统应能够具有支持大数量的客户机和服务器的能力，并支持更多的客户机和服务器能够动态加入系统，这通常需要采用模块化、分布式的结构来进行系统设计。

8.5.3　Kerberos 认证系统的基本原理

下面以 Kerberos V4 为例介绍下该系统的基本原理，然后再简单介绍下 V5 对 V4 的改进。鉴于 Kerberos 认证系统的认证过程比较复杂，初次接触的读者往往不容易理解 Kerberos 认证系统各个步骤的用意，因此，在讨论 Kerberos 的认证原理时，先从最直观、最简单的身份认证方案讲起，引导读者逐步深入理解 Kerberos 认证系统的来龙去脉。

1．一个简单的身份认证方案

在一个不安全的网络环境中，最大的安全威胁就是冒充。攻击者常常冒充成另外一个合法用户非法获得服务器上的某些未授权的资源和服务。为了防止这种欺骗攻击，服务器必须能够对请求服务的用户的身份进行鉴别和认证。身份认证是保证服务器安全性的重要手段。但是，在实际的网络应用环境中，应用服务器的基本任务是给客户机提供网络服务，如果由应用服务器来提供认证功能，那么这势必会增加每个服务器的实际负担。因此，为了减轻服务器的压力，Kerberos 不是为每一个服务器构造一个身份认证协议，通常的做法是引入一个(或者一组)称为认证服务器(Authentication Server，AS)的独立的第三方来承担用户到服务器和服务器到用户的身份认证服务。

认证服务器应该知道其管辖范围内的所有客户机的口令，因此，在 Kerberos 认证系统中有一个集中的中央数据库用以保存所有客户身份信息和他们对应的口令信息。需要认证的用户都需要向 Kerberos 注册其口令(注册过程不能是通过网络的，必须是面对面的)。为了安全起见，客户的口令一般都是以加密的形式存储在数据库中的。此外，认证服务器还必须与每一个应用服务器共享一个唯一的密钥(注意，这里的加密指的是基于对称密钥加密的)。并假定这些密钥已经通过物理方式或者其他安全的方式进行分发。

由于 Kerberos 知道每个用户的口令，因此，它能产生消息向一个实体证实另外一个实体的身份。又由于认证服务器还必须与每一个应用服务器共享一个唯一的密钥，因此，Kerberos 还能产生会话密钥，只供一个客户机和一个服务器(或者两个客户机)之间使用，会话密钥可以用来加密双方通信的消息，通信完毕后，即销毁会话密钥。

假设有一个用户登录到了一个客户机 C 上，它需要申请访问应用服务器 S 上提供的服务，先考虑以下假设的简单的身份认证方式(见图 8-24)：

① C→AS：$ID_C \parallel P_C \parallel ID_S$。

② AS→C：$Ticket_{C,S}$。

③ C→S：$ID_C \parallel Ticket_{C,S}$。

其中 $Ticket_{C,S} = E_{K_S}[ID_C \parallel AD_C \parallel ID_S]$

式中　　C——客户机(Client)；

　　　　AS——认证服务器(Authentication Server)；

　　　　S——应用服务器(Server)；

　　　　ID_C——客户机 C 上的用户标识符(Identifier of User on C)；

　　　　ID_S——应用服务器 S 的标识符(Identifier of S)；

　　　　P_C——客户机 C 上的用户口令(Password of User on C)；

　　　　AD_C——客户机 C 的网络地址(Network Address of C)；

　　　　K_S——认证服务器 AS 与应用服务器 S 共享的密钥；

　　　　$\parallel$——级联。

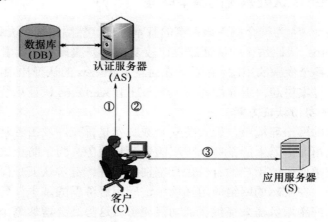

图 8-24　一个简单的身份认证方式

这个简单的身份认证方式的具体认证过程如下：

(1) 一个用户登录到客户机 C 上，请求访问服务器 S。客户机 C 首先要求用户输入一个口令，然后向认证服务器 AS 发送一个认证请求，其中包括用户的标识符 ID_C (由于客户机 C 上的每一个进程唯一对应一个用户，因此，可以用 C 来代表该用户)、服务器的标识符 ID_S 以及用户的口令 P_C。

(2) AS 搜索它的中心数据库，将收到的用户的口令和中心数据库中存储的口令进行比较，以验证用户的身份和权限，即首先验证用户提供的口令是否是正确的 ID_C 的口令，同时检查 ID_C 的访问权限是否允许其访问服务器 S。如果这两项都验证通过，那么 AS 就认为该用户是可信的。为了让应用服务器也确信该用户是可信的，AS 为客户机 C 生成一张票据 $Ticket_{C,S}$ 发送给 C，这张票据中包含用户的标识符 ID_C、用户 C 的网络地址 AD_C 以及应用服务器 S 的标识符 ID_S。票据中的用户的标识符 ID_C 表明这张票据是由用户 C 发出的。票据中包含用户 C 的网络地址 AD_C 是为了防止攻击者从另外一台客户机上冒充用户 C。因为攻击者在窃取到一个票据信息后，可能会在其他客户机上伪装成用户 C 并使用该票据向服务器 S 发出服务请求。因此，在票据中包含用户的网络地址，可以使得服务器在验证时，只有服务请求是来自票据中所指明的网络地址时，票据才是有效的。另外，该票据使用 AS 与 S 之间共享的密钥 K_S 加密，从而使得其他用户(包括 C)或攻击者都不能篡改该票据的内容。

(3) 在用户 C 向服务器 S 请求服务时，C 必须向服务器 S 提供自身的标识符 ID_C 和刚获取的用于访问服务器的票据 $Ticket_{C,S}$。服务器 S 对票据进行解密，验证票据中指定的用户标识是否与用户 C 提供的 ID_C 相匹配。如果匹配，那么服务器 S 就认为用户 C 是经过认证的，是可信的，因此，可以允许用户 C 访问 S 提供的服务。

上面这个非常简单的认证方案似乎解决了开放式的分布式网络环境中的认证问题，但是稍加分析，就可以发现这个简单的认证方案存在下面的问题：

(1) 用户希望用户输入的口令数最少。在应用服务器的设计中，希望让用户输入的口令数最少，以尽可能地为用户提供方便。例如假设用户 C 在一天中要多次检查邮件服务器是否有他的邮件，而每次他都必须输入口令，这显然是非常繁琐的；当然，可以通过允许票据的重用(Ticket Reusable，即允许票据的多次使用，这样用户就可以使用同一票据多次访问服务器)来在改善这种情况。然而，如果多次使用同一票据，那么攻击者攻击成功的可能性就会增大，这将会导致系统的安全性下降。而且，如果用户对有不同服务的请求，每种服务的第一次访问都需要获取一个新的票据，他还得每次都要输入口令。

(2) 该方案的认证过程中还涉及口令的明文传输。在该方案的认证过程的第一步中，客户向认证服务器 AS 提供口令时采用的是明文传输，这样攻击者就可以非常容易地窃取到用户的口令，这是非常危险的。

为了解决上述问题，需要对上面的认证过程进行改进。下面给出一个改进后较安全的身份认证方案。

2．改进后较安全的身份认证方案

为了避免在网络中明文传输用户的口令和为了避免用户多次访问服务器需要多次重复获取票据的弊端，在认证过程中可以引入一个新的服务器——票据许可服务器(Ticket-Granting Server, TGS)，用来向已经经过 AS 认证的用户发放允许用户访问服务器 S 的服务的服务许可票据。注意：当引入票据许可服务器 TGS 后，认证服务器(AS)不再承担直接向客户发放访问应用服务器的票据，而是改由票据许可服务器 TGS 来向客户发放。因此，这时候系统中存在两种类型的票据："票据许可票据"(Ticket-Granting Ticket ,$Ticket_{TGS}$)和"服务许可票据"(Service-Granting Ticket ，$Ticket_S$)。"服务许可票据"是客户访问服务器时需要提供的票据；"票据许可票据"是客户为申请"服务许可票据"而向票据许可服务器 TGS 提供的票据。换句话说，当引入了票据许可服务器之后，用户如果想要请求服务器的服务而要获取服务许可票据时，需要分两步来完成：第一步，用户首先向 AS 获取访问 TGS 服务器的票据 $Ticket_{TGS}$，这个 $Ticket_{TGS}$ 可以保存起来反复使用。用户想要获得服务器 S 的服务时，需要将 $Ticket_{TGS}$ 出示给 TGS 服务器，然后 TGS 服务器再向用户发放允许用户访问服务器 S 的服务的服务许可票据 $Ticket_S$。这样用户就可以使用 $Ticket_S$ 来访问服务器 S 的服务了。这个 $Ticket_S$ 也可以被保存起来，供再次访问服务器 S 的服务时使用。在这种方案中，只有当客户需要访问一种新的网络服务时，才需要向 TGS 服务器申请一个新的服务许可票据。而且，每次用户登录时，票据许可票据只需要向 AS 申请一次。

这样就可以采用认证服务器(AS)和票据许可服务器(TGS)认证相结合的认证方式来对前面简单的身份认证方案进行改进，得到一个较安全的身份认证方案，如图 8-25 所示，该方案实现认证的具体过程包括以下几个阶段：

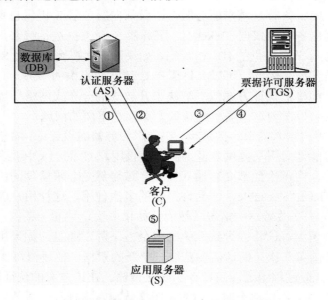

图 8-25　改进后较安全的身份认证方案

第一阶段：认证服务交换阶段，用户从 AS 获取票据许可票据。

在这个阶段，客户 C 与认证服务器 AS 之间进行交互，客户首先向 AS 发出请求票据许可票据，然后 AS 回送票据许可票据。这个阶段通常只在客户登录的每一次会话中执行一次。

① 客户向 AS 请求票据许可票据：

$$C \rightarrow AS : ID_C \parallel ID_{TGS}$$

客户 C 首先向 AS 申请一张代表该用户的票据许可票据 $Ticket_{C,TGS}$。该请求中包括了客户的身份标识符 ID_C 和票据许可服务器 TGS 的标识符 ID_{TGS}(注意：票据许可服务器 TGS 可以有多个)。在实际操作中，客户一般是将其名字输入认证系统，而由注册程序发送该请求。

② AS 向客户发放票据许可票据：

$$AS \rightarrow C : E_{K_C} (Ticket_{C,TGS})$$

其中

$$Ticket_{C,TGS} = E_{K_{TGS}}[ID_C \parallel AD_C \parallel ID_{TGS} \parallel TS_1 \parallel lifetime_1]$$

AS 向 C 回送一个使用客户的密钥 K_C 加密后的 $Ticket_{C,TGS}$，其中的客户密钥 K_C 是根据用户的口令计算出来的(一般是客户口令的单向散列函数)，所以合法客户可以很方便地进行解密。当客户端收到加密的 $Ticket_{C,TGS}$，提示用户输入口令，产生解密密钥，恢复出 $Ticket_{C,TGS}$。如果用户输入的口令正确，就可以得到正确的票据许可票据 $Ticket_{C,TGS}$。因为只有合法用户才能拥有正确的口令，那么也就只有合法用户才能解密票据，恢复出 $Ticket_{C,TGS}$。而如果客户是一个冒名顶替的攻击者，由于他不知道正确的口令，因此，他将无法解密 $Ticket_{C,TGS}$，Kerberos 认证系统将拒绝这位冒充者的访问。通过这种方式，使用用户的口令获得 Kerberos 系统的信任，而无需传递明文口令，从而可以有效地避免了用户口令在网络中明文传输带来的风险。

票据许可票据 $Ticket_{C,TGS}$ 定义为

$$Ticket_{C,TGS} = E_{K_{TGS}}[ID_C \| AD_C \| ID_{TGS} \| TS_1 \| lifetime_1]$$

其中，TS 是一个时间戳；lifetime 是票据的生存时间。该票据中包含了客户的身份标识符 ID_C 和客户的网络地址 AD_C 以及票据许可服务器 TGS 的身份标识符 ID_{TGS}。票据许可票据的这种结构使得客户能够使用同一个票据许可票据来申请多个服务器的服务许可票据，也就是说 $Ticket_{C,TGS}$ 是可以重用的，客户不需要多次输入口令。但是这种重用性将会带来另外一种潜在的安全威胁：攻击者在窃取 $Ticket_{C,TGS}$ 后，可以等合法用户 C 注销后登录同一个工作站，冒充用户 C 使用 $Ticket_{C,TGS}$ 来骗取 TGS 服务器的信任。为此，票据许可票据 $Ticket_{C,TGS}$ 中包含了一个时间戳 TS 和生存期 lifetime 用来说明 $Ticket_{C,TGS}$ 的有效期，过期的票据是无效的。

第二阶段：票据许可服务交换阶段，用户从 TGS 服务器获取服务许可票据。

在这个阶段，客户 C 与票据许可服务器 TGS 之间进行交互，客户首先向 TGS 发出请求票据许可票据，然后 TGS 回送票据许可票据。这个阶段通常只在每种服务中执行一次。

③ 请求服务许可票据：

$$C \rightarrow TGS : ID_C \| ID_S \| Ticket_{C,TGS}$$

其中

$$Ticket_{C,TGS} = E_{K_{TGS}}[ID_C \| AD_C \| ID_{TGS} \| TS_1 \| lifetime_1]$$

当用户试图访问一个新的服务时，客户 C 向 TGS 服务器发送一个申请服务许可的请求，其中包括客户的身份标识符 ID_C、期望获得服务的服务器的标识符 ID_S 以及票据许可票据 $Ticket_{C,TGS}$。

④ 发放服务许可票据：

$$TGS \rightarrow C : Ticket_{C,S}$$

其中

$$Ticket_{C,S} = E_{K_S}[ID_C \| AD_C \| ID_S \| TS_2 \| lifetime_2]$$

TGS 对收到的票据进行解密和验证，包括检查解密后的票据中 ID_{TGS} 是否匹配、检查票据是否过期、检查用户的 ID_C 和网络地址 AD_C 是否匹配等。如果匹配，那么 TGS 服务器就认为用户 C 是经过认证的，是可信的，因此，可以允许用户 C 访问 S 提供的服务，那么 TGS 服务器将向客户返回一个访问 S 的服务许可票据 $Ticket_S$。

服务许可票据与票据许可票据的结构非常类似，即

$$\text{Ticket}_{C,S} = E_{K_s}[\text{ID}_C \| \text{AD}_C \| \text{ID}_S \| \text{TS}_2 \| \text{lifetime}_2]$$

其中也包括了一个时间戳和生存期，用来定义该票据的有效期。另外，Ticket$_{C,S}$也是加密的，也只有服务器 S 能够对其进行解密。

第三阶段：客户机与服务器之间的认证交换，客户使用特定的服务许可票据从服务器获得相应的服务。这个阶段每个服务会话执行一次。

⑤ 请求并获得服务器的服务：

$$C \rightarrow V : \text{ID}_C \| \text{Ticket}_{C,S}$$

客户 C 代表用户请求服务器获得某项服务。客户向服务器传送一个包含用户身份标识的 ID$_C$ 和客户 C 访问该服务器的服务许可票据 Ticket$_{C,S}$。服务器对该票据的内容进行验证，如果通过则为客户 C 提供服务，否则服务器拒绝提供服务。

这种改进的方案与第一个方案相比安全性大大提高了，它满足了身份认证的两个需求：用户口令的保护和只需要输入一次口令，但是这种方式仍然存在一定的问题：

a. 票据许可票据 Ticket$_{TGS}$ 和服务许可票据 Ticket$_S$ 的有效期限的确定。如果有效期过短，用户就需频繁地向 AS 输入自己的口令。如果过长，则遭受攻击者攻击的可能性就会增大。攻击者通过对网络监听以获得用户的 Ticket$_{TGS}$，然后冒充合法用户向 TGS 申请获取服务器的服务。类似地，攻击者也可截获服务许可票据 Ticket$_S$。所以除了需对两个票据都加上合理的时间限制外，还需保证客户持有的票据的确是发放给他的真实的票据。

b. 用户对服务器身份的认证。也就是说在服务器认证用户的真实身份的时候，同时认证服务器也应该向用户证明自己，否则敌手可通过破坏网络结构而使用户发往服务器的消息到达另一假冒的服务器，假冒的服务器获取用户的信息后再拒绝对用户提供服务。

为了解决上述问题，需要对上面的认证过程进行改进。Kerberos V4 中，较好地解决了这些问题，下面系统地介绍下 Kerberos V4 的工作原理。

3. Kerberos V4

1) Kerberos V4 认证思想

在 Kerberos V4 中是通过引入会话密钥(Session Key)的方式来解决上面的方案中存在的安全缺陷的。

Kerberos 系统解决上述方案安全缺陷的基本思路是：利用票据方法在客户机和目标服务器实际通信之前由客户和认证服务器先执行一个通信交换协议。这样两次交换结束时客户机和服务器获得了由认证服务器为它们所产生的秘密会话密钥，这就为相互认证提供了基础，而且也可以在通信会话中保护其他服务。更进一步地说，就是由于攻击者可能会窃听到一个票据许可票据，并在该票据过期之前使用它来冒充其他合法用户访问服务器的资源和服务，因此，认证服务器 AS 必须能够以安全的方式分别向客户 C 和票据许可票据服务器 TGS 提供一个秘密的信息。然后，客户 C 也以一种安全的方式向 TGS 提供该秘密信息，以用来进一步证明自己的身份。其实现方式就是使用一个加密密钥来保护该秘密信息。这里的加密密钥就是 Kerberos 的会话密钥。

以上是对 Kerberos V4 认证思想简要的描述，Kerberos V4 详细的认证过程可以分为以下 3 个阶段，共执行 6 步，如图 8-26 所示。

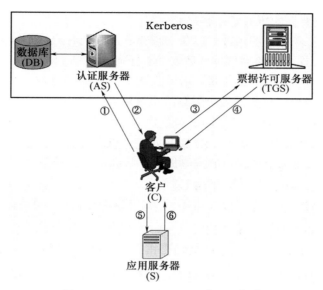

图 8-26　Kerberos V4 认证过程示意图

2) Kerberos V4 认证过程中三个阶段各个符号的含义

第一阶段：认证服务交换阶段。

Message①：$C \rightarrow AS : ID_C \parallel ID_{TGS} \parallel TS_1$——消息①，客户机(Client，C)向 AS 请求"票据许可票据"。

ID_C——告诉 AS 本客户端 C 的用户标识。

ID_{TGS}——告诉 AS 用户请求访问 TGS。

TS_1——让 AS 验证客户端 C 的时钟是否与 AS 的时钟同步。

Message②：$AS \rightarrow C : E_{K_C}(K_{C,TGS} \parallel ID_{TGS} \parallel TS_2 \parallel lifetime_2 \parallel Ticket_{C,TGS})$——消息②，AS 向客户 C 返回票据许可票据。

E_{K_C}——基于用户口令的加密，使得 AS 和 C 可以验证口令，并保护消息②。

$K_{C,TGS}$——会话密钥，由 AS 产生，可用于 C 与 TGS 服务器之间的安全通信，而不必共用一个永久的 key。

ID_{TGS}——确认该票据是用于访问 TGS 的。

TS_2——告诉客户 C 该票据签发的时间。

$Lifetime_2$——告诉客户 C 该票据的有效期，用于防止票据到期后的重放。

$Ticket_{TGS}$——客户 C 用来访问 TGS 的"票据许可票据"。

第二阶段：票据许可服务交换阶段。

Message③：$C \rightarrow TGS : ID_S \parallel Ticket_{C,TGS} \parallel Authenticator_C$——消息③，客户 C 向 TGS 申请服务器 S 的"服务许可票据"。

ID_S——客户 C 告诉 TGS 用户要访问服务器 S。

$Ticket_{TGS}$——向 TGS 证实该用户已被 AS 认证，可重用。

$E_{K_{TGS}}$——采用 AS 与 TGS 共享的密钥加密，以防止篡改票据。

$K_{C,TGS}$——客户 C 与 TGS 之间的会话密钥，用于认证票据和解密认证符。

ID_C——指明该票据的所有者是客户 C。

AD_C——所有者客户 C 的地址，以防止攻击者从其他客户机上冒充客户 C。

ID_{TGS}——用于 TGS 检验对票据的解密是否正确。

Authenticator$_C$——由客户 C 生成，用于验证 Ticket$_{TGS}$ 的有效性的认证符，它使 TGS 确认客户 C 是合法用户，有效期短，能够防止重放。

$E_{K_{C,TGS}}$——使用 C 和 TGS 共享的会话密钥 $K_{C,TGS}$ 加密认证符，以防止篡改。

ID_C——用于与票据中的客户的 ID 进行匹配，以验证票据的合法性。

AD_C——用于与票据中的客户的网络地址进行匹配，以验证票据的合法性。

TS_3——时间戳，表示认证符的生成时间。

Message④： TGS $\rightarrow$ C:$E_{K_{C,TGS}}[K_{C,S} \| ID_S \| TS_4 \| Ticket_{C,S}]$——消息④，TGS 向客户 C 返回访问服务器 S 的"服务许可票据"。

$E_{K_{C,TGS}}$——使用 C 和 TGS 共享的会话密钥 $K_{C,TGS}$ 进行加密，用以保护消息④。

$K_{C,S}$——C 和 TGS 共享的会话密钥会话密钥，用于 C 与 S 之间的安全通信。

ID_S——确认该票据是要访问应用服务器 S 的。

TS_4——告诉客户 C 该票据的签发时间。

Ticket$_S$——客户 C 用以访问应用服务器 S 的"服务许可票据"。

第三阶段：客户与服务器之间的认证交换阶段。

Message⑤： C $\rightarrow$ S : Ticket$_{C,S}$‖Authenticator$_C$——消息⑤，客户 C 请求服务 S。

Ticket$_S$——向应用服务器 S 证实该客户 C 已被 AS 认证。

E_{K_S}——使用 S 和 TGS 共享的密钥加密票据，以防止篡改。

$K_{C,S}$——客户 C 与 S 之间的会话密钥，用于解密认证符和认证票据。

ID_C——指明该票据的合法用户是客户 C。

AD_C——指明该票据的合法用户客户 C 的网络地址，防止攻击者从其他客户机上冒充客户 C。

ID_S——用于应用服务器 S 检验对票据的解密是否正确。

TS_4——时间戳，表示该票据的签发时间。

lifetime$_4$——该票据的有效期，避免票据过期重放。

Authenticator$_C$——由客户 C 生成，用于验证 Ticket$_{TGS}$ 的有效性的认证符，它使 TGS 确认客户 C 是合法用户，有效期短，能够防止重放。

$E_{K_{C,S}}$——使用客户 C 与应用服务器 S 的会话密钥加密认证符，以防止篡改。

ID_C——用于验证该客户 ID 是否与票据中的客户 ID 相匹配，以验证票据的合法性。

AD_C——用于验证该客户的 AD_C 是否与票据中的客户的网络地址相匹配，以验证票据的合法性。

TS_5——时间戳，表示该认证符的生成时间。

Message⑥： S $\rightarrow$ C:$E_{K_{C,S}}[TS_5 + 1]$——消息⑥，客户 C 对应用服务器 S 的认证。

$E_{K_{C,S}}$——采用 C 与 S 共享的会话密钥 $K_{C,S}$ 进行加密，使得客户 C 确信消息来自 S。

$TS_5 + 1$——使 C 确信该消息是一个新的消息，而不是一个旧消息的重放。

3) Kerberos 认证过程

第一阶段：认证服务交换阶段，用户从 AS 获取票据许可票据。

在这个阶段，客户 C 与认证服务器 AS 之间进行交互，客户首先向 AS 发出请求票据许可票据，然后 AS 回送票据许可票据。这个阶段通常只在客户登录的每一次会话中执行一次。

① 客户向 AS 请求票据许可票据：

$$C \rightarrow AS : ID_C \| ID_{TGS} \| TS_1$$

客户 C 首先向 AS 申请一张代表该用户的票据许可票据 $Ticket_{C,TGS}$。该请求中包括了客户的身份标识符 ID_C 和票据许可服务器 TGS 的标识符 ID_{TGS}(注意：TGS 服务器可以有多个)。在实际操作中，客户一般是将其名字输入认证系统，而由注册程序发送该请求。请求中的时间戳 TS_1 用以向 AS 表示这一请求是新鲜的消息，其目的是使 AS 能够验证消息的及时性，并验证客户的时钟是否与 AS 同步。

② AS 向客户发放票据许可票据：

$$AS \rightarrow C : E_{K_C} (K_{C,TGS} \| ID_{TGS} \| TS_2 \| lifetime_2 \| Ticket_{C,TGS})$$

其中

$$Ticket_{C,TGS} = E_{K_{TGS}}[ID_C \| AD_C \| ID_{TGS} \| TS_2 \| lifetime_2]$$

AS 向 C 回送一个使用客户的密钥 K_C 加密后的应答，其中包含客户 C 与 TGS 服务器的会话密钥 $K_{C,TGS}$、票据许可票据 $Ticket_{C,TGS}$、票据许可票据服务器的标识符 ID_{TGS} 以及时间戳 TS_2 和有效期 $lifetime_2$ 等信息。

这里的客户密钥 K_C 是根据客户 C 的口令计算出来的(一般是客户口令的单向散列函数，为了安全起见，客户的口令一般不在网络上进行传送)，所以合法客户可以很方便地进行解密。当客户端收到加密的应答消息，提示用户输入口令，产生解密密钥。如果用户输入的口令正确，就可以恢复出应答的内容。因为只有合法用户才能拥有正确的口令，那么也就只有合法用户才能解密应答信息，恢复其内容。而如果客户是一个冒名顶替的攻击者，由于他不知道正确的口令，因此，他将无法解密应答信息，Kerberos 认证系统将拒绝这位冒充者的访问。通过这种方式，使用用户的口令获得 Kerberos 系统的信任，而无需传递明文口令，从而可以有效地避免用户口令在网络中明文传输带来的风险。

由于客户 C 与 TGS 服务器的会话密钥 $K_{C,TGS}$ 是用从客户 C 的口令中导出的密钥 K_C 加密的，因此，只有合法客户 C 能够获得这个会话密钥。同时，票据许可票据 $Ticket_{C,TGS}$ 也包含了会话密钥 $K_{C,TGS}$，并使用 TGS 服务器的密钥 K_{TGS} 加密，这样就可以使得该会话密钥也能安全地传送到 TGS 服务器。这样就安全地完成了会话密钥的分发。另外票据许可票据 $Ticket_{C,TGS}$ 中的 TS 是一个时间戳，lifetime 是票据的生存时间。该票据中包含了客户的身份标识符 ID_C 和客户的网络地址 AD_C 以及票据许可服务器 TGS 的身份标识符 ID_{TGS}。票据许可票据的这种结构使得客户能够使用同一个票据许可票据来申请多个服务器的服务许可票据，也就是说 $Ticket_{C,TGS}$ 是可以重用的，客户不需要多次输入口令。但是这种重用性将会带来另外一种潜在的安全威胁：攻击者在窃取 $Ticket_{C,TGS}$ 后，可以等合法用户 C 注销后登录同一个工作站，冒充用户 C 使用 $Ticket_{C,TGS}$ 来骗取 TGS 服务器的信任。

为此，票据许可票据 $\text{Ticket}_{C,TGS}$ 中包含了一个时间戳 TS 和生存期 lifetime 用来说明 $\text{Ticket}_{C,TGS}$ 的有效期，过期的票据是无效的。

第二阶段：票据许可服务交换阶段，用户从 TGS 服务器获取服务许可票据。

在这个阶段，客户 C 与票据许可服务器 TGS 之间进行交互，客户首先向 TGS 发出请求票据许可票据，然后 TGS 回送票据许可票据。这个阶段通常只在每种服务中执行一次。

③ 请求服务许可票据：

$$C \rightarrow TGS : \text{ID}_S \parallel \text{Ticket}_{C,TGS} \parallel \text{Authenticator}_C$$

其中

$$\text{Ticket}_{C,TGS} = E_{K_{TGS}}[\text{ID}_C \parallel \text{AD}_C \parallel \text{ID}_{TGS} \parallel \text{TS}_2 \parallel \text{lifetime}_2]$$

$$\text{Ticket}_S = E_{K_S}[K_{C,S} \parallel \text{ID}_C \parallel \text{AD}_C \parallel \text{ID}_S \parallel \text{TS}_4 \parallel \text{lifetime}_4]$$

$$\text{Authenticator}_C = E_{K_{C,TGS}}[\text{ID}_C \parallel \text{AD}_C \parallel \text{TS}_3]$$

由于在上一阶段中，客户 C 已经获得了票据许可票据和客户 C 与 TGS 服务器的会话密钥 $K_{C,TGS}$，因此，在第二个阶段中，客户 C 就可以和 TGS 服务器进行通信，以从 TGS 获取服务许可票据。C 向 TGS 发送一个申请服务许可票据的请求，这个请求中包含客户 C 所请求的服务标识符 ID_S、票据许可票据 $\text{Ticket}_{C,TGS}$ 以及一个认证符 Authenticator_C。

④ 发放服务许可票据：

$$TGS \rightarrow C : E_{K_{C,TGS}}[K_{C,S} \parallel \text{ID}_S \parallel \text{TS}_4 \parallel \text{Ticket}_{C,S}]$$

其中

$$\text{Ticket}_{C,S} = E_{K_S}[K_{C,S} \parallel \text{ID}_C \parallel \text{AD}_C \parallel \text{ID}_S \parallel \text{TS}_4 \parallel \text{lifetime}_4]$$

$$\text{Authenticator}_C = E_{K_{C,TGS}}[\text{ID}_C \parallel \text{AD}_C \parallel \text{TS}_3]$$

TGS 对收到的票据进行解密和验证。由于票据许可票据 $\text{Ticket}_{C,TGS}$ 是采用 TGS 服务器与 AS 的共享密钥 K_{TGS} 进行加密的，因此，该票据只有 TGS 能够解密，并从中获取会话密钥 $K_{C,TGS}$。由于认证符 Authenticator_C 是采用会话密钥 $K_{C,TGS}$ 进行加密的，其内容包括客户标识符 ID_C、客户网络地址 AD_C 和一个时间戳 TS_3，因此，现在 TGS 也使用 $K_{C,TGS}$ 解密认证符。认证符中时间戳 TS_3 的使用使得认证符 Authenticator_C 是不可重用的，每个认证符只有一个很短的生存期，这时认证符的含义实际上是"在时间 TS_3，C 使用 $K_{C,TGS}$"。TGS 服务器通过将认证符中的数据与票据许可票据 $\text{Ticket}_{C,TGS}$ 中的数据(如客户标识符 ID_C、客户网络地址 AD_C)加以比较，TGS 服务器通过就可以认证客户的身份，从而可相信票据的发送者的确是票据的实际持有者。注意，单靠票据许可票据 $\text{Ticket}_{C,TGS}$ 无法认证用户的身份，其实这时的票据不能证明任何人的身份，只是用来安全地分配密钥，而认证符则是用来证明客户的身份。而且因为认证符内部使用了时间戳 TS_3，客户每一次发送的认证符都不相同，只能使用一次且有效期很短，这样即使攻击者窃取到了票据许可票据 $\text{Ticket}_{C,TGS}$ 和认证符 Authenticator_C 也无法进行重放攻击，因此，可防有效止敌手对票据和认证符的盗取使用，大大降低了安全威胁。

如果 TGS 服务器验证通过后，那么 TGS 服务器就认为用户 C 是经过认证的，是可信的，因此，可以允许用户 C 访问 S 提供的服务，那么 TGS 服务器将向客户返回一个访问 S 的服务许可票据 Ticket$_S$，其结构与第一个阶段的第②步的票据许可票据 Ticket$_{C,TGS}$ 结构非常类似，即 Ticket$_{C,S} = E_{K_S}[K_{C,S} \| ID_C \| AD_C \| ID_S \| TS_4 \| lifetime_4]$。服务许可票据 Ticket$_S$ 采用了客户 C 与 TGS 服务器的共享密钥的会话密钥进行加密，内容包括客户 C 与服务器 S 之间的会话密钥 $K_{C,S}$、客户的标识符 ID_C 和客户的网络地址 AD_C、服务器 S 的标识符 ID_S 以及定义票据的有效期的时间戳 TS_4 和生存周期 lifetime$_4$。

第三阶段：客户机与服务器之间的认证交换，客户使用特定的服务许可票据从服务器获得相应的服务。这个阶段每个服务会话执行一次。

⑤ 客户 C 向服务器证实自己的身份：

$$C \rightarrow S : Ticket_{C,S} \| Authenticator_C$$

其中

$$Ticket_{C,S} = E_{K_S}[K_{C,S} \| ID_C \| AD_C \| ID_S \| TS_4 \| lifetime_4]$$

$$Authenticator_C = E_{K_{C,S}}[ID_C \| AD_C \| TS_5]$$

经过前面的两个阶段，客户 C 已经获得了访问服务器 S 所需的服务许可票据 Ticket$_{C,S}$。

注意，这是一个可重用的票据。当客户 C 需要访问服务 S 时，它将向 S 提供 Ticket$_{C,S}$ 以及包含当前时间戳 TS_5 的认证符 Authenticator$_C$。服务器 S 解密服务许可票据 Ticket$_{C,S}$ 后获得会话密钥 $K_{C,S}$ 然后使用 $K_{C,S}$ 解密认证符，通过比较服务许可票据 Ticket$_{C,S}$ 和认证符 Authenticator$_C$ 中客户的标识符 ID_C 和客户的地址 AD_C，就可以验证客户的身份。

⑥ 服务器 S 向客户 C 证实自己的身份：

$$S \rightarrow C : E_{K_{C,S}}[TS_5 + 1]$$

如果需要提供双向认证功能，即客户在访问网络中的每一项服务时都必须证实其自身的身份，同时服务器必须向用户证实其身份。这时客户也需要认证服务器的合法性，那么服务器对认证符中的时间戳 TS_5 的值加 1，然后使用与客户 C 共享的会话密钥 $K_{C,S}$ 加密后回送给客户 C。若 C 能对返回的消息进行解密，恢复出增加的时间戳，则说明对方一定是合法的服务器 S，因为只有 S 才能使用会话密钥 $K_{C,S}$ 进行加密，而且客户 C 还可以确认这个消息一定不是一个重放的消息。

整个过程结束以后，客户 C 与服务器 S 就建立起了共享的会话密钥 $K_{C,S}$，以后可以用来对通信内容进行加密或者在会话中交换新产生的会话密钥。

4．Kerberos 跨领域远程认证

一个完整的 Kerberos 服务范围应该由一个 Kerberos 服务器、多个客户机和多个服务器构成，并且满足以下两个要求：

① Kerberos 服务器的数据库中必须包含所有客户的 ID(UID)和客户口令的散列值，并且要求所有客户都已向 Kerberos 服务器注册。

② Kerberos 服务器必须与每一个应用服务器分别共享的一个加密密钥，并且要求所有服务器都已向 Kerberos 服务器注册。

满足以上两个要求的 Kerberos 的一个完整服务范围(网络环境)就可以被称为

Kerberos 的一个领域(Realm)。

一般来说，领域的划分是根据网络管理的边界来划定的。在现实生活中，网络中隶属于不同行政机构、企事业单位或者组织所管理的不同的网络将被划分在不同的 Kerberos 领域中。每一个领域的网络都包含了若干应用服务器和一定数量的用户。在大多数情况下，客户一般是访问本领域的应用服务器。但是在实际应用中，有时还存在一种跨领域访问网络服务的情况：一个领域的用户如果希望得到另外一个 Kerberos 领域的服务器提供的服务；而一个应用服务器也可以向其他领域的客户提供网络服务。为此，Kerberos 认证系统还必须提供一种支持能够实现不同领域之间进行客户身份认证的机制。为了实现这种机制，要求 Kerberos 认证系统还必须满足以下第③个要求：

③ 每个区域的 Kerberos 服务器必须和其他区域的服务器之间有共享的密钥,且两个区域的 Kerberos 服务器已彼此注册。

假设有两个领域 A 和 B,领域 B 中的用户想要访问领域 A 中的应用服务器 S 提供的服务。为了实现这种跨领域的访问，应用服务器所在的领域 A 的 Kerberos 服务器应该信任领域 B 中的 Kerberos 服务器对本区域中用户的认证，同时领域 A 中的应用服务器 S 也应该信任领域 B 中的 Kerberos 服务器。具备了上述的条件，用户就可以实现跨领域访问远程服务器的服务了。

图 8-27 是两个领域 A、B 的 Kerberos 认证示意图，其中领域 A 中的用户希望得到领域 B 中服务器的服务。为此，用户通过自己的客户机首先向本领域的 TGS 申请一个访问远程 TGS(即领域 B 中的 TGS)的票据许可票据，然后用这个票据许可票据向远程 TGS 申请获得服务器服务的服务许可票据。Kerberos 跨领域远程认证具体认证过程描述如下：

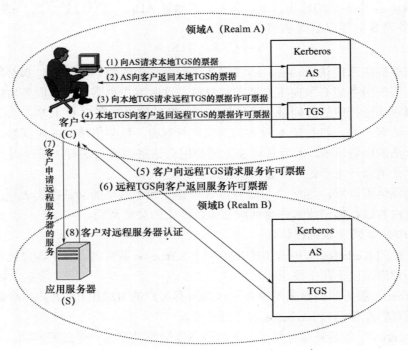

图 8-27　Kerberos 跨领域远程认证过程

(1) 客户向本地 AS 申请访问本地 TGS 的票据：
$$C \rightarrow AS : ID_C \| ID_{TGS} \| TS_1$$
(2) AS 向客户发放访问本地 TGS 的票据：
$$AS \rightarrow C : E_{K_C}(K_{C,TGS} \| ID_{TGS} \| TS_2 \| lifetime_2 \| Ticket_{C,TGS})$$

其中

$$Ticket_{C,TGS} = E_{K_{TGS}}[ID_C \| AD_C \| ID_{TGS} \| TS_2 \| lifetime_2]$$
(3) 客户向本地 TGS 请求远程 TGS 的票据许可票据：
$$C \rightarrow TGS : ID_{TGSrem} \| Ticket_{C,TGS} \| Authenticator_C$$

其中

$$Ticket_{C,TGS} = E_{K_{TGS}}[ID_C \| AD_C \| ID_{TGS} \| TS_2 \| lifetime_2]$$
$$Authenticator_C = E_{K_{C,TGS}}[ID_C \| AD_C \| TS_3]$$
(4) 本地 TGS 向客户返回远程 TGS 的票据许可票据：
$$TGS \rightarrow C : E_{K_{C,TGS}}(K_{C,TGSrem} \| ID_{TGSrem} \| TS_4 \| Ticket_{C,TGSrem})$$

其中

$$Ticket_{C,TGSrem} = E_{K_{TGSrem}}[ID_C \| AD_C \| ID_{TGSrem} \| TS_4 \| lifetime_3]$$

(5) 客户向远程 TGS 请求获取服务的服务许可票据：
$$C \rightarrow TGS_{rem} : ID_{srem} \| Ticket_{C,TGSrem} \| Authenticator_C$$

其中

$$Ticket_{C,TGSrem} = E_{K_{TGSrem}}[ID_C \| AD_C \| ID_{TGSrem} \| TS_4 \| lifetime_3]$$
$$Authenticator_C = E_{K_{C,TGSrem}}[ID_C \| AD_C \| TS_5]$$
(6) 远程 TGS 向客户返回服务许可票据：

$$TGS_{rem} \rightarrow C : E_{K_{C,TGSrem}}[K_{C,Srem} \| ID_{Srem} \| TS_6 \| Ticket_{C,Srem}]$$

其中

$$Ticket_{C,Srem} = E_{K_{Srem}}[K_{C,Srem} \| ID_C \| AD_C \| ID_{Srem} \| TS_6 \| lifetime_4]$$

(7) 客户申请远程服务器的服务：
$$C \rightarrow S_{rem} : Ticket_{C,Srem} \| Authenticator_C$$

其中

$$Ticket_{C,Srem} = E_{K_{Srem}}[K_{C,Srem} \| ID_C \| AD_C \| ID_{Srem} \| TS_6 \| lifetime_4]$$
$$Authenticator_C = E_{K_{C,Srem}}[ID_C \| AD_C \| TS_7]$$
(8) 客户对远程服务器的认证：

$$S \rightarrow C : E_{K_{C,S}}[TS_7 + 1]$$

上述各个步骤中各个符号的含义如下：

TGS_{rem}——远程 TGS 服务器。

$Ticket_{C,TGSrem}$——远程 TGS 服务器发放的票据许可票据。

S_{rem}——远程应用服务器 S。

$Ticket_{C,Srem}$——远程 TGS 服务器向客户发放的服务许可票据。

其他符号的含义与前面 Kerberos V4 认证过程中的含义相同。

需要注意的是，能够向远程服务器 S_{rem} 出示远程服务许可票据 $Ticket_{C,Srem}$ 的客户显然是已经在其所在的领域内通过了身份认证，是合法的用户，因此，远程服务器 S_{rem} 完全也可以信任该用户，并根据自身的安全策略决定是否响应该客户的远程服务请求。

这种跨领域远程认证方法的问题在于其扩展性不好。当领域数量增加时需要交换的安全密钥增长太快，因为如果有 N 个领域，那么必须要经过 $N(N-1)/2$ 次密钥交换才可使每个 Kerberos 领域能够和其他所有的 Kerberos 领域进行互操作，当 N 很大时，这个方案变得没有什么实际应用价值。

5. Kerberos V4 的优缺点

1) Kerberos V4 的优点

Kerberos V4 中引入了一个可信的第三方来进行身份认证，密钥分配和管理也比较简单，它的主要优点是利用相对便宜的技术提供了较好的保护水平，主要体现在以下几个方面：

(1) Kerberos V4 把所有与身份认证相关的数据进行集中的管理和保护，从而可以有效地防范攻击者的入侵。

(2) AS 的认证结果和会话密钥可以安全地传递给客户和应用服务器。

(3) 票据在生存期内可以重用，从而可以减少重复认证的开销，提供了系统的效率。

(4) 由于使用了票据发放服务，从而降低了客户口令的使用频度，可以更好地保护客户的口令，减轻 AS 的负担，提高了认证系统的效率。

(5) 使用了时间戳，可以有效地防止针对票据和认证符的重放攻击。

2) Kerberos V4 的缺点

但是 Kerberos V4 还很不完善，它仍然存在一定的问题。Kerberos V4 的缺点主要体现在所采用的技术手段和环境配置方面。这些问题主要包括。

(1) 时间同步问题。因为整个 Kerberos 的协议都严重地依赖于时钟，而实际证明，要求在分步式系统环境中实现良好的时钟同步，是一个很难的课题。如果能够实现一种基于安全机制的时间服务，或是研制一种相对独立于计算机和网络环境、且基于一种或几种世界标准时钟的，能够准确进行时间转化和时间服务的联机物理时钟，这种问题将得到较好的解决。

(2) 对加密体制的依赖性。Kerberos V4 中加密算法依赖于数据加密算法(DES)，而不支持其他的加密算法。DES 受到出口限制，而且 DES 算法的强度不是很高。

(3) 对 Internet 协议的依赖性。Kerberos V4 需要使用 IP 协议，不提供其他协议。

(4) 消息的字节顺序。消息中的字节顺序是由用户自己定义的，没有进行标准化。

(5) 重放攻击问题。为了防止重放攻击，需要尽量缩短票据的有效期。Kerberos V4 中的票据的有效期采用的是一个 8 位的字段来表示的，最小的时间单位是 5min，由此可以推算出，Kerberos V4 票据的有效期最小为 5min，最长的有效期是 $2^8 \times 5 = 1280$min，约为 21h。这在实际应用中往往不能满足要求。例如，对于一个有准备的重放攻击者，即使只有 5min 的生存期也足够完成一次重放攻击。要防止这种重放攻击，需要服务器保存使用过的认证符，并通过比较来进行检测，但是在实际中很难操作。

(6) 认证转发能力。Kerberos V4 中不允许将发给一个客户的证书转发给另一个主机或者让其他用户使用。而在实际应用中，很多时候经常需要进行这种转发操作。

(7) 领域间的认证问题。Kerberos V4 虽然支持领域间的互相认证，但是效率非常低，扩展性不好，如果有 N 个领域，那么必须要经过 $N(N-1)/2$ 次密钥交换才可使每个 Kerberos 领域能够和其他所有的 Kerberos 领域进行互操作，当 N 很大时，这个方案变得没有什么实际应用价值。

(8) 二次加密问题。Kerberos V4 中服务器提供给客户的票据都进行了两次加密(一次是使用目标服务器的密钥，另外一次是采用客户的会话密钥)，实际上第二次加密是一种浪费。

(9) 加密操作的缺陷。Kerberos V4 采用非标准明文和密文分组链接工作模式，即 PCBC 加密，现已经证明 PCBC 抗击密文组变化能力较差。

(10) 会话密钥。Kerberos V4 中每个票据均有一个会话密钥，用户可以用它对送给服务器的认证码进行加密，并和次票据一起送至一个相应服务器的消息加密。但是由于同一票据可以在特定服务器中多次重复使用，这可能导致攻击者重发过去截获到的用户或者服务器的消息。存在重放攻击的危险。

(11) 口令攻击问题。Kerberos 的口令没有进行额外的特殊处理，以至于即使用强力攻击(即穷举法)的时间复杂度仅和口令的长度成比例，这将形成一个两难的局面：或是增加密钥长度换取更高的安全，但这会造成用户的使用困难(可以参照口令短语方式解决此困难)和增加系统加/解密开销。

6. Kerberos V5

针对 Kerberos V4 的上述缺点，Kerberos V5 对 V4 进行了改进。改进后的文本以 RFC1510 发表，RFC1510 可以通过网址 http://www.ietf.org 进行下载。

1) Kerberos V5 对 V4 的改进

Kerberos V5 对 V4 的改进具体包括：

(1) 消除对加密体制的依赖。Kerberos V5 取消了对 DES 加密算法的依赖。Kerberos V5 中采用独立的加密模块，可用其他加密算法替换。V5 中密文被附加上一个加密类型标识符，标识所采用的加密技术的类型和密钥的长度，因而，可以采用任何加密算法和任意长度的密钥。

(2) 加密模式的改进。Kerberos V5 中允许使用加密算法对 PCBC 提供了显示的完整性检查机制以抵抗攻击。同时，V5 中允许使用标准的 CBC 模式进行加密。

(3) 会话密钥的改进。在会话密钥的管理上，Kerberos V5 引入了子会话密钥。客户与服务器协商一个仅用于那个连接的子会话密钥，客户进行新的会话将导致使用新的子会话密钥。这种方式可以有效抵抗针对会话报文的重放攻击。

(4) 通信协议的支持。Kerberos V5 中除了支持 IP 协议外，还提供了对其他协议的支持。V5 的网络地址中增加了地址类型和长度标记，因此，理论上可以支持任何网络通信协议。

(5) 明确消息的字节顺序。Kerberos V5 中规定所有消息的格式均采用抽象语法标记 1(Abstract Syntax Notation ， ASN.1)和基本编码规则(Basic Encoding Rules，BER)，这将为消息提供一个明确的字节顺序。

(6) 票据的有效期。Kerberos V5 中票据的有效期是通过显示的票据有效开始时间和结束时间来进行定义的，因此，在 V5 中可以运行任意大小的有效期，大大增强了协议的灵活性和适用性。

(7) Kerberos V5 提供了认证转发能力，扩展了 Kerberos 协议的应用范围和能力。

(8) Kerberos V5 提出了更有效的、需要更少关系的方法来解决领域间的互操作问题。

(9) Kerberos V5 提供了一种预认证(Preauthentication)机制，使口令攻击更加困难，但是，仍然无法完全避免口令攻击。

2) Kerberos 认证过程

Kerberos V5 协议认证也是分为 3 个阶段，共 6 个步骤。Kerberos V5 的具体认证过程如下：

第一阶段：用户 C 从 AS 获得访问 TGS 的票据 T_{TGS}。

(1) C→AS：$ID_C \parallel ID_{TGS} \parallel Times \parallel Option \parallel Nonce_1 \parallel Realm_C$。

(2) AS→C：$ID_C \parallel Realm_C \parallel Ticket_{TGS} \parallel E_{K_C}(K_{C,TGS} \parallel Times \parallel Nonce_1 \parallel Realm_{TGS} \parallel ID_{TGS})$。

其中

$$Ticket_{TGS} = E_{K_{TGS}}(K_{C,TGS} \parallel ID_C \parallel AD_C \parallel Times \parallel Realm_C \parallel Flags)$$

Ticket 中的票据标识 Flags 字段支持更多的功能，稍后会详细介绍。

第二阶段：用户 C 从 TGS 获得访问 Server 的票据 $Ticket_S$。

(3) C→TGS： $Option \parallel ID_S \parallel Times \parallel Nonce_2 \parallel Ticket_{TGS} \parallel Authenticator_C$。

(4) TGS→C：$Realm_C \parallel ID_C \parallel Ticket_S \parallel E_{K_{C,TGS}}(K_{C,S} \parallel Times \parallel Nonce_2 \parallel Realm_S \parallel ID_S)$。

其中

$$Ticket_{TGS} = E_{K_{TGS}}(K_{C,TGS} \parallel ID_C \parallel AD_C \parallel Times \parallel Realm_C \parallel Flags)$$
$$Authenticator_C = E_{K_{C,TGS}}(ID_C \parallel Realm_C \parallel TS1)$$
$$Ticket_S = E_{K_S}(Flags \parallel K_{C,S} \parallel Realm_C \parallel ID_C \parallel AD_C \parallel Times)$$

第三阶段：用户 C 将 $Ticket_S$ 提交给服务器，获得服务。

(5) C→S：$Options \parallel Ticket_S \parallel Authenticator_C$。

(6) S→C：$E_{K_{C,S}}(TS2 \parallel Subkey \parallel Seq\#)$。

其中

$$Authenticator_C = E_{K_{C,S}}(ID_C \parallel Realm_C \parallel TS2 \parallel Subkey \parallel Seq\#)$$
$$Ticket_S = E_{K_S}(Flags \parallel K_{C,S} \parallel Realm_C \parallel ID_C \parallel AD_C \parallel Times)$$

认证符 $Authenticator_C$ 增加了两个字段：Subkey 和 Seq，这两个均为可选项，Subkey 指定此次会话的密钥，若不指定 Subkey 则会话密钥为 $K_{C,S}$；Seq 为本次会话指定的起始序列号，以防止重放攻击。

3) Kerberos V5 认证过程中新增加的各个成员符号的含义

(1) Times——时间标志，表明票据的开始使用时间、截止使用时间等，具体包括：

① from：客户所期望的票据生效的起始时间。

② till：客户所期望的票据的有效期。

③ rtime：客户请求更新的有效期。

(2) Realm——在大型网络中，可能有多个 Kerberos 形成分级 Kerberos 体制，Realm 表示用户 C 所属的领域。

(3) Option——可选项，客户请求的包含在票据中的特殊标志。

(4) ADx——X 的网络地址。

(5) Nonce——现时值，一个与时间有关的随机数，用于保证信息总是最新的和防止重放攻击。

(6) 子密钥：用户选项，要求在特定的会话时保护消息的加密密钥，如果未选，则默认从 Ticket 中取出 $K_{C,S}$ 作为会话密钥。

(7) 序列号：用户选项，在本次会话中，限定服务器传送给客户的消息开始的序列号，用于检测重放。

除此之外，Kerberos V5 认证过程中其他符号的含义与 Kerberos V4 认证过程中符号的含义相同。

消息(1)、(3)、(5)在 Kerberos V4 和 V5 两个版本中是基本相同的。V5 删除了 V4 中消息(2)、(4)的票据双重加密；增加了多重地址；用开始可结束时间替代有效时间；并在鉴别码里增加了包括一个附加密钥的选项；V4 版里，为防止重放攻击，nonce 由时间戳实现，这就带来了时间同步问题。即使利用网络时间协议(Network Time Protocol)或国际标准时间(Coordinated Universaltime)能在一定程度上解决时间同步问题，但网络上关于时间的协议并不安全。V5 版允许 nonce 可以是一个数字序列，但要求它唯一。由于服务器无法保证不同用户的 nonce 不冲突，偶然的冲突可能将合法用户的服务器申请当作重放攻击而拒之门外。

下面使用表 8-1 来描述下 Kerberos V5 的票据内容，表中列举出票据中所包括的字段，并给予它们具体的描述。精确的票据数据结构是在 RFC 1510 中描述的。票据中前 3 个字段是没有加密的，它们的信息也是纯文本的，所以客户端可以利用这些信息在它们的凭证缓存中管理票据。

表 8-1　票据内容

字 段 名 称	描　　述
Ticket Version Number　(票证协议版本号)	5
Realm(领域)	发布票证的领域(在 Windows 系统中就称之为"域")。KDC 仅可以为自己所属领域发布票证，所这个"领域"字段实际上就是服务器的领域名
Server Name(服务器名)	Kerberos 认证服务器名

字 段 名 称	描 述
下面的字段是由服务器的加密密钥加密的	
Flags(标志)	说明票证如何，以及何时能够被使用的选项。后面将详细说明
Key(密钥)	用于加密，或者解密客户端，或者目标服务器端信息的会话密钥
Client Realm(客户端领域)	服务请求方的领域名称
Client Name(客户端名称)	服务请求方的计算机名
Transited(转换表)	供客户端实施跨领域进行身份认证时查找的 Kerberos 领域列表
Authentication Time　(身份认证时间)	客户端发起初始身份认证请求的时间。KDC 在发布 TGT(票证许可票证)时，会在该字段中放上一个时间戳。当 KDC 发布基于 TGT 的票证时会复制 TGT 上的身份认证时间到票证上的该字段，有时应用程序可能会有拒绝基于旧 TGT 的票证的策略，这时就需要客户端获得新的 TGT，以获得新的服务票证
Start Time(开始时间)	票证多长时间后于始启用
End Time(终止时间)	票证失效时间
Renew Till(更新终止期)	(可选项)在票证中设置更新票证标志的最长终止时间
Client Address　(客户端地址)	(可选项)票证可被使用的客户端地址，如果没有此可选项，则票证可以被任何地址客户端使用
Authorization Data　(身份认证数据)	(可选项)该字段包含客户端身份认证的数据。 在 MIT Kerberos 协议中，这个字段通常是包含一些限制选项，如它是客户端需要打印文件发送到打印服务器的票证，则文件名可以包含在该字段内，限制客户端仅可以通过打印服务器打印该文件。 在微软的 Kerberos 功能中，该字段是非常重要的，因为它包含了用于构建客户端访问令牌的用户的 SID 和用户所属组的 SID。Kerberos 服务并不解释该字段的内容,解释功能是交给请求凭证的服务完成的

在 Kerberos V5 的票据中，比 V4 增加了一个票据标识字段(Flags)，这个标识字段使得 V5 比 V4 能够支持更多的功能。整个票据标识字段为 32 位，但对于 Kerberos 管理员来说，仅其中的 11 位比较重要，现在描述如下：

(1) INITIAL(初始)——表示这个票证是身份认证服务初次签发的票证，不是基于别的 TGT 派生签发的，即说明本票据是由 AS 签发的，而不是根据"票据许可票据"由 TGS 签发的。在 V4 中当客户向 TGS 申请"服务许可票据"时，它需要先出示一张由 AS 签发的"服务许可票据"。也就是说，在 V4 中，客户要想获得"服务许可票据"必须要分两步来申请，这也是在 V4 中获得"服务许可票据"的唯一方法。但是 V5 则不同，它允许客户可以直接从 AS 获得"服务许可票据"。INITIAL 标志可以指明当前票据是使用哪一种方式获得的。

(2) PRE-AUTHENT(预身份认证)——用来指示客户在票证签发前已经被 KDC 验证了身份，即该标准用于在初始化认证过程中，在票据签发之前 AS 对客户进行认证。这个标志通常表示票证中的验证器的存在，它也标志着用智能卡登录时凭证令牌的存在。

(3) HW-AUTHENT(硬件身份认证)——用来指示初始的身份认证需要硬件，即该标识说明在初始的认证协议中，需要用户提供基于硬件的身份证明，如智能卡等。

(4) RENEWABLE(可更新的)——用来指明该票据是可以重新使用的，一般跟 End Time 和 Renew Till 这两个字段结合使用。

(5) MAY-POSTDATE(可签发的日期)——该字段只对 TGT 有意义，告诉票证许可服务可以签发 POSTDATED 的票证，即 TSG 用于通知客户可能申请一张事后时间的票据。

(6) POSTDATED(签发的日期)——指示这个票证就是 POSTDATED 的票证，即指出本票的时间是推迟填写的，需要检查 Authentication time 来了解最初认证的时间。

(7) INVALID(无效的)——表明该票据是无效的，在使用之前必须经过 AS 认证后才能使用。一个 POSTDATED 的票证是无效的，直到它的开始时间有效。

(8) PROXIABLE(可代理的)——该标志一般只能由票证许可服务来解释，应用服务将忽略它。如果置位，这个标志告诉票证许可服务它可以通知 TGS 基于这个票证签发一个不同网络地址的新服务许可票据(但不是一个新的 TGT)，这个标志只对 TGT 有意义，默认被置位。

(9) PROXY(代理)——该标志表示该票据是一个代理。PROXY 标志在 TGS 签发一个新的代理票证时被置位。应用服务器可以检查这个标志并可以为了检查跟踪要求附加的验证。

(10) FORWARDABLE(可转发的)——告诉票证许可服务允许根据当前 TGS 签发一个新的不同的网络地址的"票据许可票据"。FORWARDABLE 标志一般只被身份认证服务解释，应用服务器将忽略它。FORWARDABLE 标志的解释跟 PROXIABLE 标志相似，除了 TGT 也可能被签发为不同的网络地址。这个标志只对 TGT 有意义，默认为被复位，但是用户可以在申请初始 TGT 时要求把这个标志置位。

(11) FORWARDED(转发的)——用于指示该票据是否是被转发的，或者是根据转发票据许可票据签发的。

认证符(Authenticator)在 Kerberos V5 认证过程中起着至关重要的作用，它可以用来作为认证的一段加密文字。当客户端发送票证到目标服务器时，不管服务器是 TGS 或者其他网络服务器，客户端都将一个认证符放在消息中。目标服务器凭证票证内容的原因是因为票证是用目标服务器加密密钥加密的。无论如何，目标服务器不会仅通过在票证中的客户端说明就认为票证是真实的客户发来的。所以必须通过认证符才能确定客户的真实身份。

表 8-2 描述了 Kerberos V5 中认证符的内容，列出和描述了认证符的字段。认证符的精确的数据结构是在 RFC 1510 中描述的。

表 8-2   Kerberos V5 中认证符的内容

字 段 名 称	描　　述
Checksum(校验和)	票证许可服务校验和数据(KRB_TGS_REQ)，或者应用服务器请求(KRB_AP_REQ)消息中的认证符部分。它帮助验证消息发送者是真实的客户端
Subkey(子密钥)	在 KRB_AP_REQ 消息中，这个字段说明了这个被目标服务器和客户端用于加密后续通信的子密钥，替代 TGS 提供的会话密钥
Sequence Number(序列号)	一个用来阻止重放攻击的可选字段。这个序列号可能基于客户端通告
Authorization Data(身份认证数据)	包括特定应用中所需的身份认证数据的可选字段。它不同于在用户的特权属性证书(Privilege Attribute Certificate，PAC)上的身份认证数据字段

认证符在 Kerberos 身份认证过程中的基本应用方法如下：

(1) 认证符是由 KDC 创建，在客户端和服务器之间应用的会话密钥进行加密的。仅客户端和目标服务器可以访问会话密钥。

(2) 目标服务器用它的加密密钥解密票证，找到票证中的会话密钥，并用它解密认证符。

(3) 如果目标服务器可以成功解密认证符，如果认证符中的数据是正确的，目标服务器将凭证票证中的信息。

Kerberos V5 是与密码或者智能卡一起使用以进行交互式登录的协议，它也是 Windows Server 2003 对服务进行网络身份验证的默认方法。

Kerberos V5 协议具有以下的一些优势：

(1) 与授权机制相结合，支持委托身份验证。

(2) 实现了一次性签放的机制，并且签放的票据都有一个有效期。

(3) 支持双向的身份认证。

(4) 支持分布式网络环境下的域间认证。

(5) 支持智能卡网络登录的验证。

在 Kerberos 认证机制中，也存在一些安全隐患。Kerberos 机制的实现要求一个时钟基本同步的环境，这样需要引入时间同步机制，并且该机制也需要考虑安全性，否则攻击者可以通过调节某主机的时间实施重放攻击(Replay Attack)。在 Kerberos 系统中，Kerberos 服务器假想共享密钥是完全保密的，如果一个入侵者获得了用户的密钥，他就可以假装成合法用户。攻击者还可以采用离线方式攻击用户口令。如果用户口令被破获，系统将是不安全的。又如，如果系统的 login 程序被替换，则用户的口令会被窃取。

第4部分

密钥管理技术

密码学的一个基本原则就是"一切秘密寓于密钥之中"，因此，人们常常规定加密算法是公开的，真正需要保密的是密钥。加密后的密文可以通过不安全信道传送给预定的信息接收者，但是密钥必须通过安全信道传送。密钥的存储和分发是最重要的而且也是特别容易出问题的。因此，密钥是密码体制安全保密的关键，它的产生和管理是密码学中的重要研究课题。密钥产生、分配、存储、销毁等问题，统称为密钥管理。这是影响密码系统安全的关键因素，即使密码算法再好，若密钥管理问题处理不好，也很难保证系统的安全保密。

本部分主要介绍了密钥的分配与管理技术、秘密共享、密钥托管、公钥基础设施(PKI)技术。

第9章　密钥分配技术

9.1　密钥管理概述

9.1.1　密钥管理的重要性

现代密码体制要求密码算法是可以公开评估的，也就是说整个密码系统的安全性并不取决于对密码算法的保密或者是对密码设备等的保护(尽管这样有利于提高整个密码系统的安全程度，但这种提高是相对而言的)，决定整个密码体制安全性的因素是密钥的保密性。因此，密码学界提出"一切秘密寓于密钥之中"。在考虑密码系统的安全性时，需要解决的核心问题是密钥管理问题。一旦密钥泄露，也就不再具有保密功能。

在现代的信息系统中用密码技术对信息进行保密，其安全性实际取决于对密钥的安全保护。密码算法可以公开，密码设备可能丢失，同一型号的密码机器仍然可以继续使用。它们都不危及密码体制的安全性；然而一旦是密钥丢失或者出错时，不但合法用户不能正常提取有用信息，而且将可能会导致非法用户窃取到保密信息。这就像如果自家防盗门的钥匙弄丢了或损坏了，在没有第二把钥匙的情况下，就无法进入自己的家门了；然而如果钥匙到了小偷的手里，家门对小偷来说就失去它本来的意义了。因此密钥管理在信息安全系统中的重要性就不言而喻了。因此，产生密钥算法的强度、密钥长度以及密钥的保密和安全管理工作对保证密码系统的安全起着极为重要的作用。此外，密钥作为密码系统中的可变部分，好比是防盗门、保险柜的钥匙。过去的密码系统设计人员总是希望通过对加密算法的保密，来增强系统的安全性。但随着密码学的不断发展和其在商业上日益广泛的应用，这种观念已经发生了根本的变化。目前，大部分加密算法都已经公开了，像 DES 和 RSA 等加密算法甚至作为国际标准来推广执行。因此，在考虑密码系统的设计时(特别是在商用系统的设计时)，需要解决的核心问题是密钥管理问题，而不是密码算法问题(例如商用系统可以使用公开了的、经过大量评估分析认为抗攻击能力比较强的算法)。建立安全的密码系统要解决的一个棘手的问题就是密钥的管理问题。即使密码体制的算法是计算上安全的，如果缺乏对密钥科学而有效的管理，那么整个系统仍然是脆弱的。由此可以看出，密钥管理在整个密码系统中是极其重要的。

密钥管理是一门综合性的技术，它除了技术性的因素之外，还与人的因素，例如密钥的行政管理制度以及人员的素质密切相关。再好的技术，如果失去了必要的管理支持，终将使技术毫无意义。历史表明，从密钥管理的途径窃取机密要比单纯从破译的途径窃取机密的代价要小得多。例如攻击者可以采用贿赂收买或者采用暴力手段威胁、捉住或者绑架知道密钥的人，甚至是利用色相对密钥知晓者进行勾引等。总之，在人身上找到漏洞比在密码系统中找到漏洞要更容易。

密码系统的安全强度总是由系统中最薄弱的环节决定的。而密钥的管理恰好是整个加密系统中最薄弱的环节，密钥的泄露将直接导致明文的泄露。所以，密钥管理要求做到管理与技术并重。

但作为一个好的密钥管理系统应当尽量不依赖于人的因素，减少人的因素所占的比重，这不仅是为了提高密钥管理的自动化水平，最终目的还是为了提高系统的安全程度。密钥管理系统是用于维持系统中各个实体之间的密钥关系，以抗击各种可能的安全威胁，因此，一个好的密钥管理系统一般应满足：①密钥难以被非法窃取；②在一定条件下窃取了密钥也没有用，即密钥要有合理的使用范围和合作时间的限制；③密钥的分配和更换过程在用户看来是透明的，用户不一定要亲自掌握和管理密钥。

密钥管理的目标就是确保使用中的密钥是安全的，更具体地说就是密码系统中遇到如下的安全威胁时，仍能维持系统中各个实体之间的密钥关系：①危及秘密密钥的机密性导致密钥的泄露；②危及秘密密钥或公钥的真实性(指与之共享密钥或与之相关联的参与方的真实身份的知识及其可验证性)；③危及密钥或公钥的未授权使用，如使用一个过期密钥，或误用一个用于其他用途的密钥等非法行为。

所有的密钥都有其生存周期，这主要是由于下面这两个原因：①拥有大量的密文有助于密码分析；一个密钥使用得太多了，会给攻击者增大收集密文的机会；②假定一个密钥受到危及或用一个特定密钥的加密/解密过程被分析，则限定密钥的使用期限就相当于限制危险的发生。

所谓一个密钥的生存周期是指授权使用该密钥的周期。一般一个密钥的生存周期主要经历以下几个阶段：①密钥的产生，也可能需要登记；②密钥的分配；③启用密钥/停用密钥；④替换密钥或更新密钥；⑤撤销密钥；⑥销毁密钥。

一般地，密钥从产生到终结的整个生存周期中，都需要加强保护。

密钥管理(Key Management) 是信息安全系统中的重要组成部分，它是指在一种安全策略指导下在授权各方之间实现密钥关系的建立和维护的一整套技术和程序。它包括对从密钥产生到最终销毁的整个过程的管理，包括对密钥的产生、分配和协商、存储、托管、使用、备份/恢复、更新、撤销和销毁等内容，涵盖了密钥的整个生存周期。其中分配和存储是最急需解决的问题。密钥管理看似比较简单，具体的内容却相当复杂，既涉及到了技术问题，也涉及到了管理问题。密钥管理非常重要，不仅影响系统的安全性，而且影响系统的可靠性、有效性和经济性。

密钥管理是密码学领域中最困难的部分，它的具体的密钥管理内容包括：

(1) 产生与所要求安全级别相称的合适密钥。

(2) 根据访问控制的要求，决定每个密钥，哪个实体应该接受该密钥的拷贝。

(3) 用可靠办法使这些密钥对开放系统中的实体是可用的,即安全地将这些密钥分配给用户。

(4) 某些密钥管理功能将在网络应用实现环境之外执行,包括用可靠手段对密钥进物理的分配。

9.1.2　密钥的分类与密钥的层次结构

1. 密钥的分类

从理论上说，密钥也是数据，不过它是用来加密其他数据的数据，因此，在密码学的研究中，不妨把密钥数据与一般数据区分开来。在设计密码系统时，对于密钥必须考虑以下问题：

(1) 系统的哪些地方要用到密钥，它们是如何设置和安装在这些地方的。

(2) 密钥预计使用期限是多长，每隔多久需要更换一次密钥。

(3) 密钥在系统的什么地方。

(4) 如何对密钥进行严格的保护。

密钥保护的基本原则是：密钥永远不可以以明文的形式出现在密码装置之外。这里的密码装置是一种保密工具，它既可以是硬件，也可以是软件。

在一个大型通信网络中，数据将在多个终端和主机之间传递，要进行保密通信，就需要大量的密钥，密钥的存储和管理变得十分复杂和困难。在电子商务系统中，多个用户向同一系统注册，要求彼此之间相互隔离。系统需要对用户的密钥进行管理，并对其身份进行认证。不论是对于系统、普通用户还是网络互联的中间节点，需要保密的内容的秘密层次和等级是不相同的，要求也是不一样的，因此，密钥种类各不相同。

为了产生可靠的总体安全设计，对于不同的密钥应用场合，应当规定不同类型的密钥，所以根据密钥使用场合的不同，可以把密钥分成不同的等级。

在一个密码系统中，密钥的种类多而繁杂。从通信网的应用角度来看，按照加密的内容不同，一个典型的密码系统中的密钥一般可以分为会话密钥、密钥加密密钥和主密钥三种。

1) 会话密钥

会话密钥(Session Key)是指两个通信终端用户一次通话或交换数据时使用的密钥。它位于密码系统中整个密钥层次的最低层，它一般是动态的，仅在需要对临时的通话或交换数据时产生并使用，并在使用完毕后立即进行清除。会话密钥若用来对传输的数据进行保护，则称为数据加密密钥(Data Encrypting Key)；若用作保护文件，则称为文件密钥(File Key)；若供通信双方专用，则称为专用密钥(Private Key)。

会话密钥可由通信双方协商得到，也可由密钥分配中心(Key Distribution Center，KDC)分配。由于它大多是临时的、动态的，即使密钥丢失，也会因加密的数据有限而使损失有限。 会话密钥只有在需要时才通过协议取得，用完后就丢掉了，从而可降低密钥的分配存储量。

会话密钥更换得越频繁，系统的安全性就越高。因为敌手即使获得一个会话密钥，也只能获得很少的密文。但另一方面，会话密钥更换得太频繁，又将延迟用户之间的交换，同时还造成网络负担。所以在决定会话密钥的有效期时，应权衡矛盾的两个方面。

基于运算速度的考虑，会话密钥普遍是用对称密码算法来进行的，即它就是所使用的某一种对称加密算法的加密密钥。

2) 密钥加密密钥

密钥加密密钥(Key Encryption Key)一般是指用于对会话密钥或下层密钥进行保护，也称为次主密钥(Submaster Key)或二级密钥(Secondary Key)。密钥加密密钥所保护的对象是实际用来保护通信或文件数据的会话密钥。

在通信网络中，每一个节点都分配有一个这类密钥，每个节点到其他各节点的密钥加密密钥是不同的。但是，任意两个节点间的密钥加密密钥却是相同的、共享的，这是整个系统预先分配和内置的。在这种系统中，密钥加密密钥就是系统预先给任意两个节点间设置的共享密钥，该应用建立在对称密码体制的基础之上。

在建有公钥密码体制的系统中，所有用户都拥有公、私钥对。如果用户间要进行数据传输，协商一个会话密钥是必要的，会话密钥的传递可以用接收方的公钥加密来进行，接收方用自己的私钥解密，从而安全获得会话密钥，再利用它进行数据加密并发送给接收方。

在这种系统中，密钥加密密钥就是建有公钥密码基础的用户的公钥。

密钥加密密钥是为了保证两节点间安全传递会话密钥或下层密钥而设置的，处在密钥管理的中间层。系统因使用的密码体制不同，可以是公钥，也可以是共享密钥。

3) 主密钥

主密钥(Master Key)也称为基本密钥(Base Key)或初始密钥(Primary Key)，位于密码系统中整个密钥层次的最高层，它主要用于对密钥加密密钥、会话密钥或其他下层密钥的保护。主密码通常以 K_p 或 K_m 表示。主密钥是由用户选定或系统分配给用户的，分发基于物理渠道或其他可靠的方法，处于加密控制的上层，一般存在于网络中心、主节点、主处理器中，通过物理或电子隔离的方式受到严格的保护。在某种程度上，主密钥可以起到标识用户的作用。

以上主密钥 K_p、会话密钥 K_s 和密钥加密密钥 K_e 之间的关系如图 9-1 所示。

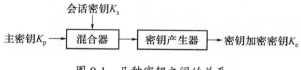

图 9-1　几种密钥之间的关系

2．密钥的层次结构

为了适应密钥管理系统的要求，目前在现有的计算机网络系统和数据库系统的密钥管理系统的设计中，大都采用了层次化的密钥结构。这种层次化的密钥结构与整个系统的密钥控制关系是对应的。按照密钥的作用与类型及它们之间的相互控制关系，可以将不同类型的密钥划分为 1 级密钥、2 级密钥、…、n 级密钥，从而组成一个多层密钥系统，如图 9-2 所示。

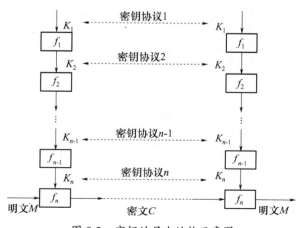

图 9-2　密钥的层次结构示意图

多层密钥系统的基本思想是用密钥保护密钥。

在图 9-2 密钥的层次结构示意图中，系统使用一级密钥通过算法保护二级密钥(一级密钥使用物理方法或其他的方法进行保护)，使用二级密钥通过算法保护三级密钥，以此类推，直到最后使用 n 级密钥通过算法保护明文数据。随着加密过程的进行，各层密钥的内容动态变化，而这种变化的规则由相应层次的密钥协议控制。

最低层的密钥也叫工作密钥，或数据加密密钥，它直接作用于对明文数据的加/解密。所有上层密钥可称为密钥加密密钥，它们的作用是保护数据加密密钥或作为其他更低层次密钥的加密密钥。

数据加密密钥(即工作密钥)在平时并不存在，在进行数据的加/解密时，工作密钥将在上层密钥的保护下动态地产生(如，在上层密钥的保护下，通过密钥协商产生本次数据通信所使用的数据加密密钥；或在文件加密时，产生一个新的数据加密密钥，在使用完毕后，立即使用上层密钥进行加密后存储。这样，除了加密部件外，密钥仅以密文的形式出现在密码系统其余部分中)；数据加密密钥在使用完毕后，将立即清除，不再以密文的形式出现在密码系统中。

最高层的密钥也叫主密钥，通常主密钥是整个密钥管理系统的核心，应该采用最安全的方式来进行保护。

一般情况下，可以这样来理解层次化的密钥结构：某一层密钥 K_i 相对于更高层密钥 K_{i-1} 是工作密钥，而相对于低一层的密钥 K_{i+1} 是密钥加密密钥。

那么一个密码系统到底分几层比较合适呢？一般来说，密钥管理体制的层次选择是由系统的功能决定的。如果一个密钥系统的功能很简单，则可以简化为单层密钥体制，如早期的保密通信体制。如果密钥系统要求密钥能定期更换、密钥能自动生成和分配等其他的功能，则需要设计成多层密钥体制，如网络系统和数据库系统中的密钥管理体制。

在前面讲过一个典型的密码系统中的密钥一般可以分为会话密钥、密钥加密密钥和主密钥三种。这种分类正是基于密钥的重要性来考虑的，也就是说，密钥所处的层次不同，它的使用范围和生命周期是不同的。

对于这种典型的密码系统的密钥层次结构如图 9-3 所示。

图 9-3 所示的三层密钥系统就是一个典型的密钥层次结构。

(1) 主密钥处在最高层，称为一级密钥，一般是用某种加密算法来保护密钥加密密钥，也可直接加密会话密钥。

(2) 密钥加密密钥处在第二层，称为二级密钥，主要是用来保护三级密钥。

(3) 会话密钥处在最低层，称为三级密钥，也称为工作密钥，基于某种加密算法保护数据或其他重要信息。

二级密钥相对于三级密钥来说，是加密密钥；相对于一级密钥来说，又是工作密钥。

采用密钥的层次结构的优点：

一是密钥系统的安全性大大提高。密钥的层次结构使得除了主密钥外，其他密钥以密文方式存储，有效地保护了密钥的安全。一般来说，处在上层的密钥更新周期相对较长，处在下层的密钥更新较频繁。对于攻击者来说意味着，即使攻破一份密文，最多导致使用该密钥的报文被解密，损失也是有限的，攻击者不可能动摇整个密码系统，也就是说下层的密钥被破译不会影响到上层密钥的安全，从而有效地保证了密码系统的安全性。

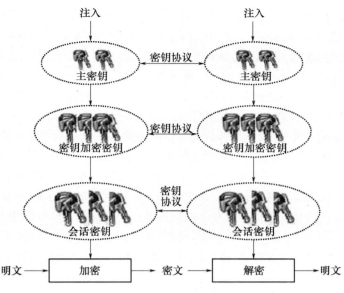

图 9-3 典型的密钥层次结构

二是为密钥管理自动化带来了方便。因为除一级密钥由人工装入以外，其他各层密钥均可由密钥管理系统实行动态的自动维护。从而减轻了人工维护和管理密钥的负担，提高了效率。

3. 密钥的长度与安全性

对称密码系统的安全性取决于两个因素：算法的强度和密钥的长度。

这里假设算法强度是完美的。所谓完美，指的是除了穷举搜索密钥空间(又称蛮力攻击)之外，没有任何其他更好的方法来破译密码系统。也就是说，算法必须坚固到没有比蛮力攻击更好的方法。这往往是很不容易做到的。密码学是一门非常精细奇妙的艺术，很多看上去貌似非常完美的密码系统往往是十分脆弱的。即使是很坚固的密码体制，哪怕是只要有一点小小的改动就会变得非常脆弱。

根据 Kerckhoffs 假设，密码体制的安全性应该依赖于密钥的安全性，而不是依赖于算法细节的安全性，这是密码学界公认的基本准则之一。如果一个新的密码体制的安全强度依赖于攻击者不知道算法内部的操作细节，这将必败无疑。如果坚信对算法内部细节的保密要比公开算法细节而让密码学学术专家来分析更能提高密码体制的安全性，这也是大错特错的。甚至认为没有人能将源代码反汇编出来或者将算法分析出来更是极其天真的想法。

当人们假设算法强度是完美的，也就是加密算法除了穷举密钥攻击之外无任何其他捷径能够破译这个密码系统时，那么密钥长度和每秒可以实现的搜索密钥数决定了密码体制的安全性。可以很容易地计算出密钥长度和一次穷举攻击的复杂程度之间的关系：

如果密钥长度是 8bit，那么总共有 $2^8=256$ 种可能的密钥，所以找出正确的密钥将需要 256 次尝试，在 128 次尝试后找到正确密钥的概率是 50%。

如果密钥的长度为 56bit(例如 DES 算法)，那么总共有 2^{56} 种可能的密钥。假设有一台每秒钟可以检验 10^6 个密钥的超级计算机，也要需要运行 2285 年的时间才能找出正确的密钥。

如果密钥的长度为 64bit，那么总共有 2^{64} 种可能的密钥。假设有一台每秒钟可以检

验 10^6 个密钥的超级计算机，也要需要运行 585000 年的时间才能找出正确的密钥。

如果密钥的长度为 128bit，那么总共有 2^{128} 种可能的密钥。假设有一台每秒钟可以检验 10^6 个密钥的超级计算机，也要需要运行 10^{25} 年的时间才能找出正确的密钥(而宇宙的年龄也仅仅为 10^{10} 年)，相对而言 10^{25} 年的时间太长了。

如果密钥的长度为 2048bit 的话，即使是使用一台每秒可以测试 10^{12} 个密钥的并行计算机也得运行 10597 年才能找到正确的密钥，到那时候宇宙也许早已经不复存在了。

对于密码系统的软件攻击比硬件攻击大约慢 1000 倍，所以穷举暴力攻击必须依赖于硬件，并且需要并行处理器。因此，穷举攻击所需的金额非常巨大。但是，需要特别注意的是，根据 Moore 定律：计算机的计算能力大约每 18 个月就翻一番。这就意味着每 5 年计算的开销就会下降到原来的 50%，换句话说，计算能力与价格比每 5 年增加 10 倍，50 年后的计算机运算速度将比现在的计算机快 10^{10} 倍。随着计算能力的加快，现有的安全的密码长度，也许很快就会变得不安全了，这是人们在设计密钥的时候必须要充分考虑的一个因素。

表 9-1 给出了在各个时期内破译密钥长度为 56bit 的 DES 算法所需要的成本。

表 9-1　破译 56bit 的 DES 算法的成本　　　　　　(单位：美元)

时间 成本 年份	一年	一个月	一周	一天
1990	130000	1.6×10^6	6.7×10^6	47×10^6
1995	64000	780000	3.3×10^6	23×10^6
2000	16000	190000	830000	5.8×10^6
2005	2000	24000	100000	730000

1995 年，Micheal Wiener 决定设计一台穷举攻击机器(这台机器是为攻击 DES 设计的，但对任何算法都适用)。他设计了专门的芯片、主板、支架，并且估算了其价格。他发现只要给定 100 万美元就能制造出一台这样的机器，使其在平均 3.5h(最多不超过 7h)内即能破译密钥长为 56bit 的 DES 算法。他还发现机器的价格和破译速度之比是呈线性的，表 9-2 列出了各种密钥长度的对应数据。但是根据 Moore 定律：大约每经 18 个月计算机的计算能力就翻一番。这意味着每 5 年价格就会下降到原来的 10%，所以在 1995 年所需要的 100 万美元到了 2000 年就只用花 10 万美元。流水线计算机能够做得更好。

表 9-2　硬件穷举攻击对称密钥的平均时间估计(1995 年)

代价/美元	密钥长度/bit					
	40	56	64	80	112	128
10^5	2s	35h	1 年	70000 年	10^{14} 年	10^{19} 年
10^6	0.2s	3.5h	37 年	7000 年	10^{13} 年	10^{18} 年
10^7	0.02s	21min	4 天	700 年	10^{12} 年	10^{17} 年
10^8	2ms	2min	9h	70 年	10^{11} 年	10^{16} 年
10^9	0.2ms	13s	1h	7 年	10^{10} 年	10^{15} 年
10^{10}	0.02ms	1s	5.4min	245 天	10^9 年	10^{14} 年

代价/美元	密钥长度/bit					
	40	56	64	80	112	128
10^{11}	2 μs	0.1 s	32s	24 天	10^8 年	10^{13} 年
10^{12}	0.2 μs	0.01s	3s	2.4 天	10^7 年	10^{12} 年
10^{13}	0.02 μs	1ms	0.3s	6h	10^6 年	10^{11} 年

从以上数据可以看到，在计算机技术没有取得革命性突破之前，要对 112bit 以上长度的密钥进行穷举攻击是不现实的。

那么密钥的长度到底应该多长才合适呢？这就要求人们首先要确定自己需要多高的安全性。通常对密钥的长度的选择需要综合考虑信息价值的大小、信息保密期的长短以及攻击者的计算能力、成本等诸多因素。一般来说，信息价值越大、保密期越长、攻击者计算能力越强，则要求密钥长度越长；反之越短。

密钥的长度对密钥的强度有直接的影响。密码系统的安全性主要依赖于密钥，而不是依赖于算法的具体细节。选择密钥长度不能太长也不能太短。如果密钥过长，对信息进行加密和解密所进行的计算复杂度也越高，对计算机的要求也越高，使用者所需要付出的成本也越高。但是如果是密钥过短，穷举搜索攻击法很容易就能破译。表 9-3 给出了不同的密钥空间的穷举搜索时间(假设 100 万次/s)。

表 9-3   不同密钥空间的穷举搜索时间

密钥空间	4 字节	6 字节	8 字节
小写字母(26)	0.5s	5min	2.4 天
小写字母+数字(36)	1.7s	36min	33 天
字母数字字符(62)	15s	16h	6.9 年
印刷字符(65)	1.4min	8.5 天	210 年
ACSII 码字符(128)	4.5min	51 天	2300 年
8 位 ASCII 码(256)	1.2h	8.9 天	5×10^5 年

按照现在计算机发展的速度和计算能力分析，每 2~3 年左右，穷举搜索的能力也将要翻一番。因此在通行字密码中，尤其是口令密码，应尽量避免遭受字典攻击。

表 9-4 给出了各种信息的安全需求所需的密钥长度的估计，可供参考。

表 9-4   各种信息的安全需求所需的密钥长度的估计

信息类型	时 间	最小密钥长度
战场军事信息	数分钟/小时	56～64bit
产品发布、合并、利率	几天/几周	64bit
贸易秘密	几十年	112bit
氢弹秘密	>40 年	128bit
间谍的身份	>50 年	128bit
个人隐私	>50 年	128bit
外交秘密	>65 年	至少 128bit

应该注意到，计算机的计算能力和加密算法的发展也是密钥长度的重要因素。将来的计算能力很难精确估计，但是可以根据摩尔定律粗略地进行估计。总之，最保险的做法是选择比需要的密钥长度更长的密钥。

4. 密钥的生成

1) 密钥的生成原则

密钥的产生可以用手工方式，也可以用自动化生成器产生密钥。所产生的密钥要经过质量检验，如伪随机特性的统计检验。在现代遥信技术中需要产生大量的密钥，如果仅仅依靠人工产生密钥的方式就不能适应大量密钥需求的现状，自动化生成器产生密钥就非常必要，这样不仅可以减轻人工制造密钥的繁琐劳动，而且还可以消除人为差错和人为产生密钥所带来的有意泄露等诸多安全隐患，因而更加安全。自动化生成器产生密钥算法的强度是非常关键的。

算法的安全性依赖于密钥，如果使用一个弱的密钥生成方法将会导致整个密码体制的脆弱。因为攻击者如果能够破译密钥生成算法，那么他就不需要再去破译加密算法了。所以，产生安全性好的密钥是非常关键的。

一般来说，好的密钥应该具备如下特征：

① 真正的随机、等概率，如掷硬币、掷骰子等；

② 避免使用特定算法的弱密钥；

③ 双钥系统的密钥必须满足一定的数学关系；

④ 为了便于记忆，密钥不能选得过长，而且不可能选完全随机的数串，要选用易记难猜的密钥；

⑤ 采用密钥揉搓或者杂凑技术，将易记忆的长句子(10~15 个英文字的通行短语)，经过单向杂凑函数变换成伪随机数串(64bit)；

⑥ 采用散列函数。

在生成密钥时，应当尽量避免选择弱密钥。所谓弱密钥，就是指一些安全性比较弱的密钥。因为弱密钥的产生算法是很容易被破译的。一般应该遵循以下原则：尽量增加密钥空间；避免选择具有明显特征的密钥；随机选择密钥；变换密钥；使用非线性密钥。下面分别加以讨论。

(1) 尽量增加密钥空间。在任何密钥的产生过程中，都应该尽量避免减少密钥空间。因为对密码系统最基本的攻击方式是穷举密钥攻击法。一般情况下，穷举法需要对每一个可能的密钥进行尝试，尝试的次数与密钥长度呈指数关系。因此，密钥长度越大，密钥空间就越大，穷举法攻击的难度就越大。

(2) 避免选择具有明显特征的密钥。如果是由使用者选择密钥的话，通常容易选择一个弱密钥。为了记忆上的方便，人们常常喜欢选择自己的名字、生日、身份证号等具有明显特征的密钥，这是非常危险的选择。聪明的穷举攻击并不按照数字顺序去试探所有可能的密钥，它们首先尝试最可能的密钥。这就是所谓的字典攻击，因为攻击者使用一本公用的密钥字典。它列出那些最有可能的密钥，先从这些密钥开始尝试。据记载，用这样的系统能够破译一般计算机上 40%的口令。

字典攻击使用的密钥主要有以下几个方面：

① 用户的姓名、简写字母、账户姓名和其他有关的个人信息都是可能的口令，基于

这些信息可以尝试到 130 个口令。

② 使用从各种数据库中得到的单词。这些单词是男人和女人的姓名名单(总共约16000 个)、地点、名人的姓名、卡通漫画和人物、电影和科幻小说故事的标题、有关人物和地点、神话中的生物名字、体育活动(包括球队名、别名和专用名称)、一串字母和数字(如 a、aa、aaa、aaaa 等)、中文音节(选自汉语拼音字母或英文键盘上输入中文的国际标准系统)、《圣经》的权威英译本、生物术语、公用的俗语、键盘模式、缩写、机器名称、莎士比亚作品中的人物、戏剧和地点、小行星名称、以前发表的技术论文中搜集到的单词。综上所述,每个使用者可以考虑超过 6600 个独立的单词。

③ 从第二种情况得到的单词的不同置换形式。包括使第一个字母大写或作为控制符,使整个单词大写,颠倒单词的顺序,将字母 O 换成数字 0,将字母 I 换成数字 1,将字母 Z 换成数字 2、S 换成 5,将单词由单数变为复数形式等。这些附加的测试使得每一位使用者可能的口令清单增加了 1000000 个单词。

④ 从第二种情况得到的单词,其不同的大写置换形式,包括所有单字母的单个大写置换,双字母大写置换等。

⑤ 用户使用中文口令来进行特别的测试。汉语拼音字母组成单音节、双音节或三音节单词,但由于不能测试并确定它们是否实际存在,所以要启动穷举搜索。

⑥ 尝试词组。这种测试所耗费的数字量是惊人的,一般需要简化测试。

当字典攻击被用作破译密钥文件而不是单个密钥时就显得更加有力。单个用户可以很方便地选择到好密钥;如果一千个人各自选择自己的密钥作为计算机系统的口令,那么至少有一个人将选择攻击自己的密钥作为计算机系统的口令,那么至少有一个人将选择攻击者字典中的词作为密钥。

(3) 随机密钥。好密钥是指那些由自动处理设备产生的随机位串。如果密钥为 64 位长,每一个可能的 64 位密钥必须具有相等可能性。这些密钥位串要么从可靠的随机源中产生,要么从安全的伪随机位发生器中产生。

不要太拘泥于声源产生的随机噪声和放射性衰减产生的噪声哪个更具有随机性。这些随机噪声源都不是很完善,但已经足够了。用一个号的随机数发生器产生密钥很重要。然而更加重要的是要有好的加密算法和密钥管理程序。

许多加密算法都有弱密钥,特定的密钥往往比其他密钥的安全性差。建议对这些弱密钥进行测试,并且发现一个就用一个新的代替。

在公开密钥体制中,产生的密钥更加困难,因为密钥必须满足某些数学特征,从密钥管理的观点看,发生器的随机种子也必须是随机的,这一点非常重要。

产生一个随机的密钥并不总是可能的,有时需要记住密钥。如果必须用一个容易记忆的密钥,那就使它晦涩难懂。比较理想的情况是该密钥既容易记忆,又难以被猜中,为达到此目的,可以采用将词组用标点符号分开或者用较长的短语的首字母组成字母串等方法。

(4) 变换密钥。变换密钥也称通行短语法。它是利用一个完整的短语代替一个单词,然后将该短语转换成密钥,这些短语被称为通行短语。使用密钥碾碎技术可以把容易记忆的短语转换为随机密钥,使用单向散列函数可将一个任意长度的文字串转换为一个伪随机位串。

如果这个短语足够长，所得到的密钥将是随机的。"足够长"的确切含义还有待解释。信息论讲到，在标准的英语中平均每个字符含有 1.3bit 的信息。对于一个 64bit 的密钥来说，一个大约有 49 个字符或者 10 个一般的英语单词的通行短语应当是足够的。通常地讲，每 4 个字节的密钥就需要 5 个单词。这是保守的假设，因为字母的大小写、空格键及标点符号并没有考虑在内。这种技术甚至可为公开密钥体制产生私钥：文本串被"碾碎"成一个随机种子，该种子被输入到一个确定性系统后就能产生公钥/私钥对。

(5) 非线性密钥。如果能将自己的算法加入到一个防篡改的模块中，则可以要求有特殊保密形式的密钥，而其他的密钥都会引起模块用非常弱的算法加密和解密。这样做可以使那些不知道这个特殊形式的人偶然碰到正确密钥的机会几乎为零。

这就是所谓的非线性密钥空间，因为所有密钥的强壮程度并不相等。与之相对应的是线性或平坦密钥空间。可以用一种很简单的方法，即按照两部分来生成密钥：密钥本身和用该密钥加密的某个固定字符串。模块用这个密钥对字符串进行解密，如果不能得到这个固定的字符串，则用另一个不同的弱算法。如果该算法有一个 128 位的密钥和一个 64 位的字符块，也就是密钥总长度为 192 位，那么共有有效密钥 2^{128} 个，但是随即选择一个好密钥的机会却成了 $1/2^{64}$。

2) ANSI X9.17 密钥生成器

最好的密钥还是随机密钥，尽管随机密钥很难记住。如使用一个秘密的随机初始种子控制的伪随机软件过程来产生密钥。基于密码算法的随机数生成器常见的有下面几种：循环加密；DES 的输出反馈(OFB)模式；ANSI X9.17 密钥生成器。下面重点介绍下 ANSI X9.17 密钥生成器。

在 ANSI X9.17 标准中规定了一种密钥生成法，这种方法并不产生容易记忆的密钥，而是更适合于在系统中产生会话密钥或伪随机数，是密码强度较高的伪随机数生成器之一，目前已经在 PGP 等许多应用中得到了广泛使用。其中，用来生成密钥的加密算法采用的是三重 DES。设 $E_K(X)$ 表示用密钥 K 对 X 进行三重 DES 加密。K 是为密钥产生器保留的特殊密钥，W_i 为一个保密的 64bit 的随机数种子，T_i 为时间戳，E_k 为加密算法，如图 9-4 所示，其中 $R_i = E_k(E_k(T_i) \oplus W_i)$；$W_{i+1} = E_k(E_k(T_i) \oplus R_i)$；$R_i$ 为每次生成的密钥。

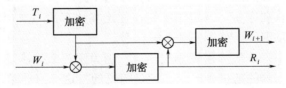

图 9-4　ANSI X9.17 密钥生成器

要把 R_i 转换为 DES 的密钥，简单地调整每一个字节的第 8 位奇偶性就可以。如果需要产生一个 64 位的密钥，按上面的计算就可以得到；如果需要一个 128 位的密钥，产生一对密钥后再把它们串接起来即可。

5. 密钥的安全存储与保护

密钥的存储不同于一般的数据存储，需要保密存储。密钥的保密存储方法根据存储介质可以分为无介质存储法、记录介质存储法和物理介质存储法几种。

1) 无介质存储法

最不复杂的密钥存储问题是单用户的简单密钥存储。例如 Alice 加密某文件以备以后用，因为只涉及她一个人，且只有她一人对密钥负责，一些系统采用简单方法：密钥存放于 Alice 的脑子中，而绝不放在系统中，Alice 只需记住密钥，并在需要对文件加密或解密时输入。这种方法也许是最安全的，也许是最不安全的，因为没有人能"撬开"Alice 的脑袋来偷取其密钥。但是，一旦忘记了密钥，其后果可想而知，再也没有人能够使用那些经过自己加密的信息。当然，对于只是适用于一段时间的通信密钥而言，也许并不需要把密钥存储起来，使用这种方法就足够了。但是这种方法对于复杂密钥的存储显然是不切实际的。

2) 记录介质存储法

记录介质存储法是指使用加密算法对用户密钥(包括口令)加密，然后密钥以密文形式存储。可采用类似于密钥加密密钥的方法对难以记忆的密钥进行加密保存。例如，一个 RSA 私钥可用 DES 密钥加密后存在磁盘上，要恢复密钥时，用户只需把 DES 密钥输入到解密程序中即可。

3) 物理介质存储法

物理介质存储法是指将密钥存储于与计算机相分离的某种物理设备(如智能卡、USB 盘或其他存储设备)中，以实现密钥的物理隔离保护。显然，这种物理介质便于携带，安全、方便。当需要使用密钥时，可以把这种存储有密钥的物理介质插入到计算机终端上的特殊读入装置中，然后把密钥输入到系统中去。

另外，如果密钥是确定性地产生的(使用密码上安全的伪随机序列发生器)，每次需要时从一个容易记住的口令产生出密钥会更加简单。

密钥安全存储的原则是不允许密钥以明文的形式出现在密钥管理设备之外。当然，这是最理想的情况，一般情况下是很难达到的，但是可以作为一个非常有价值的奋斗目标。

一般地，密钥从生成到终结的整个生存周期中，都需要加强保护。所有密钥的完整性也需要保护，因为一个入侵者可能会修改或替代密钥，从而危及机密性服务。另外，除了公钥密码系统中的公钥外，所有的密钥需要保密。在实际中，最安全的方法是将其放在物理上安全的地方。当一个密钥无法用物理的办法进行安全保护时，密钥必须用其他的方法来保护。主要方法有：①由一个可信方来分配；②将一个密钥分成两部分，委托给两个不同的人；③通过机密性(例如，用另一个密钥加密)和/或完整性服务来保护。此外，极少数密钥(主机主密钥)以明文存储于有严密物理保护的密码器中，其他密钥都被(主密钥或次主密钥)加密后存储。

9.1.3 密钥分配概述

密钥分配是指保密通信中的一方生成并选择秘密密钥，然后把该密钥发送给通信参与的其他一方或多方的机制，是密钥管理中最大的问题，密钥必须通过最安全的渠道进行分配。

密钥分配技术解决的是网络环境中需要进行安全通信的实体之间如何进行密钥的分发和传送以达到建立各个通信实体之间的共享密钥的问题，最简单最安全的解决办法是生成密钥后通过安全的物理传输渠道(比如采用通信双方直接面议、亲自送达或者信使等人工方式)送给对方。这对于密钥量不大的小型网络的通信是合适的，但在大型网络中，特别是在 Internet 上随着网络通信的不断增加，密钥量也随之增加，密钥更新也比较频繁，则密钥的传送与分配将会成为非常沉重的负担。在当前的实际应用中，多数通信各方之间并不存在安全的物理传输渠道，因此有必要对密钥分配做进一步的研究。

密钥分配技术一般需要解决两个方面的问题：一是引入自动密钥分配机制，以达到减轻负担、提高系统效率的目的；二是为了提高系统的安全性，尽可能减少系统中驻留的密钥量。

为了解决这两个问题，目前有两种类型的密钥分配方案：集中式密钥分配方案和分布式密钥分配方案。这两种方案的具体内容将在后面详细介绍。

公钥密码体制的密钥管理和对称密码体制的密钥管理有着本质的区别：对称密码体制的密钥本质上是一种随机数或者随机序列，而公钥密码体制本质上是一种单向陷门函数，建立在某一数学难题之上。

由于对称密钥密码体制和公钥密码体制的差别很大，所以其密钥分配方法也有很大的差异，下面分别加以介绍。

9.2 对称密码体制的密钥分配

9.2.1 密钥分配的基本方法

对称加密是基于通信双方共同保守秘密来实现的。采用对称密码技术的双方必须要保证采用的是相同的密钥，即为了使得通信双方能够有效地使用对称密码技术进行保密通信，通信双方必须有一个共享的密钥，而且这个密钥还要防止被他人获得。此外，为了能更有效地防止攻击者得到密钥，密钥还必须时常更新，这样即使攻击者获取了系统的密钥，也可以确保系统泄露的数据量最小化，最大程度保证系统的安全。从这点上来看，密钥分配技术直接影响密码系统的安全强度。但是现实中的公共信道一般都是不安全的，那么如何才能有效地让通信双方安全的共享一个密钥呢？如图 9-5 所示。

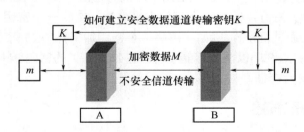

图 9-5 对称加密的密钥共享密钥示意图

对于保密通信双方 A 和 B，密钥分配可以有以下几种方法：

(1) 密钥由 A 选定，然后通过物理的方法安全地发送给 B，如图 9-6 所示。

(2) 密钥由可信任的第三方(Trusted Third Parties，TTP)C 选取并通过物理的方法安全地发送给 A 和 B，如图 9-7 所示。

图 9-6　第 1 种方法　　　　　　　　　　　　图 9-7　第 2 种方法

(3) 如果 A 和 B 事先已有一个共享密钥，那么其中一方选取新密钥后，可以使用已有的密钥加密新密钥发送给另一方，如图 9-8 所示。

(4) 如果 A 和 B 都与可信第三方 C 有一个保密信道，那么 C 就可以为 A 和 B 选取密钥后分别在两个保密信道上安全地发送给 A 和 B，如图 9-9 所示。

(5) 如果 A 和 B 都在可信任的第三方 C 发布自己的公开密钥，那么他们都可以用彼此的公开密钥进行加密实现保密通信。

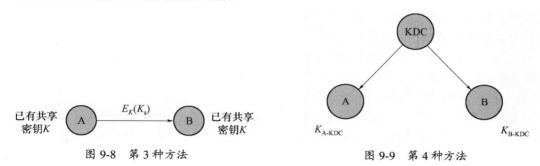

图 9-8　第 3 种方法　　　　　　　　　　　　图 9-9　第 4 种方法

对于前两种方法(1)和(2)是人工分配方式，不适合于大量连接的现代通信。因为：

第一，这两种方法需要对密钥进行人工传送，这两种方法的安全性完全取决于信使的忠诚可靠，需要精心挑选信使，但是很难消除信使被重金收买的可能，因而，这两种方法成本很高(为了防止信使被收买，至少要保证信使的薪金不能低)，风险很大，此外，人工送达的效率还很低。

当然，为了降低人工密钥分配方式的风险，一种非常有效的方式是拆分密钥，通过并行信道进行密钥分发，即将密钥拆分成许多不同的部分，然后把每一部分分别用不同的信道发送出去。这种方法有很多种工作方式，例如可以把一部分密钥通过电话传送，一部分使用挂号邮件传送，一部分使用特快专递传送，一部分通过信鸽来传送，等等，如图 9-10 所示。这样即使攻击者能截获某些部分的密钥，但是缺少某一(或某些)部分，他仍然不知道完整的密钥是什么。除非攻击者能够截获密钥的所有部分，但是这种难度的非常大的。

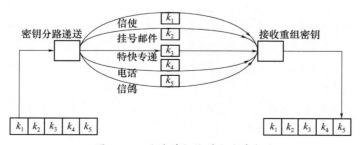

图 9-10　通过并行信道分发密钥

第二，方法(1)和(2)采用的是点对点的密钥分配方式。这种两种方式适合小型网络及用户相对较少的系统。在小型网络中，进行保密通信的用户量不是很大，采用人工方式发送密钥还可以使通信的每对用户之间达到共享密钥的效果。然而随着网络规模的增大，特别是在大型网络中，如果所有用户都要求支持加密服务，则任意一对希望通信的用户都必须有一共享密钥。如果一个有 n 个用户的系统，需要实现两两之间通信，则需要的密钥总数目为 $C(n,2)=n(n-1)/2$，可参见表 2-23。当用户量增大时，密钥空间急剧增大。如：$n=6$ 时，$C(6,2)=15$；$n=100$ 时，$C(100,2)=4995$；$C(1000,2)=499500$；$n=5000$ 时，$C(500,2)=12497500$。因此当 n 很大时，密钥分配的代价非常大，特别是随着用户的增多和通信量的增大，密钥更换频繁(密钥必须定期更换才能更可靠)，对于大型网络和经常要更换密钥的情况，密钥的人工发送是不可行的。该方式已经不能适应现代计算机网络发展的要求。在这种情况下，一般是采用建立中央密钥服务器(或网络服务器组)来负责密钥的管理。

对于第(3)种方法，攻击者一旦获得一个密钥就可获取以后所有的密钥，而且这种方法对所有的用户分配初始密钥时，代价仍然很大，也不适合于现代通信；第(4)种方法采用的是密钥分配中心技术，这种方法比较常用，这里的可信任的第三方 C 就是密钥分配中心(KDC)，这时每一用户必须和密钥分配中心有一个共享密钥，称为主密钥。通过主密钥分配给一对用户的密钥 K_s 称为会话密钥，用于这一对用户之间的保密通信。通信完成后，会话密钥即被销毁。如上所述，如果用户数为 n，则会话密钥数为 $n(n-1)/2$。但主密钥数却只需 n 个，所以主密钥可通过物理手段发送。常用于对称密码技术的密钥分配；第(5)种方法采用的是密钥认证中心技术，可信任的第三方 C 就是证书授权中心(CA)，常用于非对称密码技术的公钥的分配。

9.2.2 对称密码体制的密钥分配方案

1. 集中式密钥分配方案

集中式密钥分配方案是指一个中心节点负责密钥的产生并分配给通信的双方，或者由一组节点组成层次结构负责密钥的产生并分配给通信双方。在这种方式下，用户不需要保存大量的会话密钥，只需要保存同中心节点的加密密钥，用于安全传送由中心节点产生的、即将用于与第三方通信的会话密钥。这种方式的缺点是通信量大，同时需要较好的鉴别功能以鉴别中心节点和通信方。目前，这方面的主流技术是密钥分配中心技术，下面来详细介绍这个方案。

在密钥分配中心的 KDC 技术中，假定每个通信方都与 KDC 之间共享一个唯一的主密钥，并且假设这个唯一的主密钥是通过其他安全的渠道传送的。

现假定通信方 A 希望与通信方 B 建立一个逻辑连接进行通信，并且要求用一次性共享的会话密钥来保护经过这个连接传输的数据。通信方 A 拥有一个只有它自己和 KDC 知道的私钥密钥 K_A；类似地，通信方 B 也拥有一个只有它自己和 KDC 知道的私钥密钥 K_B。如果采用集中式的密钥分配方案，那么通信双方 A 和 B 之间建立会话密钥的具体过程如下(见图 9-11)：

① A→KDC：$ID_A \parallel ID_B \parallel N_1$。A 向 KDC 发出会话密钥请求,告诉 KDC 自己希望与用户 B 进行通信，希望向 KDC 申请得到一个用来加密用户 A 与 B 之间建立逻辑连接并进行安全通信的会话密钥 K_s。请求的消息由两个数据项组成：第一个数据项是用来标识通

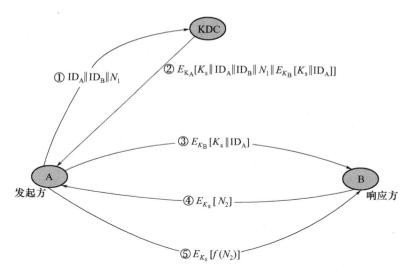

图 9-11　具有密钥分配中心的集中式密钥分配方案

信方 A 和 B 的身份 ID_A 和 ID_B，第二个数据项是本次业务的唯一标识符 N_1，用来标识本次交互，在这里把这个标识符称为一个现时(Nonce)。现时的形式可以是一个时间戳、一个计数器或一个随机数等，但是它必须要保证每次请求中所用的 N_1 应该是不同的，这样既可以防止假冒，还可以有效地防止攻击者对 N_1 的猜测，用随机数发生器产生的随机数作为这个标识符最合适。

② KDC→A：$E_{K_A}[K_s\|ID_A\|ID_B\|N_1\|E_{K_B}[K_s\|ID_A]]$。KDC 对 A 的请求发出应答。应答是经过加密密钥 K_A 加密的信息，因此，只有 A 才能成功地对这一信息解密，并且通过解密后的消息的内容，A 可以确信该信息的确是由 KDC 发出的。因为消息中包括 A 希望得到的两项内容：由 KDC 生成的双方共享的一次性会话密钥 K_s；A 在①中发出的请求，包括一次性随机数 N_1，目的是使 A 将收到的应答与发出的请求相比较，看是否匹配。因此 A 能验证自己发出的请求在被 KDC 收到之前，是否被他人篡改。而且 A 还能根据一次性随机数相信自己收到的应答不是重放的过去的应答。此外，消息中还有 B 希望得到的两项内容：由 KDC 生成的双方共享的一次性会话密钥 K_s；A 的身份(例如 A 的网络地址)ID_A。这两项由 K_B 加密，将由 A 转发给 B，用于建立 A、B 之间的连接并且同时可以向 B 证明 A 的身份。

③ A→B：$E_{K_B}[K_s\|ID_A]$。A 收到 KDC 响应的信息后，首先将获得的会话密钥 K_s 存储起来，同时将经过 KDC 与 B 共享的加密密钥 K_B 加密过的信息传送给 B。B 收到后可以使用自己的密钥 K_B 成功地将这一消息进行解密，从而可以得到会话密钥 K_s，由解密后消息中包含的 ID_A 可知对方的身份是 A，而且还从接收到的消息 E_{K_B} 知道 K_s 确实来自 KDC。由于 A 转发的是加密后密文，所以转发过程不会被窃听。

执行完这一步完成后，会话密钥就已经安全地分配给了 A、B。然而为了防止消息的重放攻击，还能继续执行以下两步：

④ B→A：$E_{K_s}[N_2]$。B 用会话密钥加密另一个一次性随机数 N_2，并将加密结果发送

给 A，并告诉 A，B 当前是可以通信的。

⑤ A→B：$E_{K_S}[f(N_2)]$。A 响应 B 发送的信息 N_2，A 以 $f(N_2)$ 作为对 B 的应答，其中 f 是对 N_2 进行某种函数变换(如 f 函数)，并将应答用会话密钥加密后发送给 B。

第④、⑤这两步的作用是可以使得 B 相信第③步收到的消息不是一个重放。

注意：第③步就已完成密钥分配，第④、⑤两步结合第③步执行的是认证功能。

由于网络中任意两个可能要进行安全通信的用户都必须同某个密钥分配中心共享密钥。在大型网络中，一般用户数目非常多而且分布的地域非常广，这将会导致出现下面的情况：一是每个用户都要同许多密钥分配中心共享主密钥，这样致使主密钥的数量非常多，增加了用户的成本和人工分发密钥分配中心与用户共享的主密钥的成本。二是由于每个密钥分配中心都几乎同所有用户共享主密钥，这样导致密钥分配中心的规模非常大，然而，各个单位往往希望自己来选择或者建立自己的密钥分配中心。因此，单个密钥分配中心 KDC 无法支持大型的网络通信。

为了解决这种情况，同时支持没有共同密钥分配中心的用户之间的密钥信息的传输，可以在大型网络中建立一系列的密钥分配中心，并且各个密钥分配中心之间存在层次关系。各个密钥分配中心按一定的方式进行协作，即需要采用多个 KDC 的分层结构：一是在每个小区域(如某个局域网)内，都建立一个本地 KDC，这个本地的 KDC 负责为本区域内的通信的用户分配共享密钥；二是不同区域内的 KDC 通过全局的 KDC 进行沟通。如果两个不同范围的用户想获得共享会话密钥，则可通过各自的本地 KDC，而两个本地 KDC 的沟通又需经过一个全局 KDC。这样就建立了两层 KDC。类似地，根据网络中用户的数目及分布的地域，可建立三层或多层 KDC。这种密钥的分层结构的优点是：一方面主密钥分配所涉及的工作量减至最少，因为大多数主密钥是在本地 KDC 和本地用户之间共享；另一方面，也可以使得某个 KDC 因瘫痪、失效等故障或者受到破坏的危害限制在其本地区域，而不至于影响整个网络。

2. 分布式密钥分配方案

使用集中式密钥分配方案要求所有用户都要信任密钥分配中心 KDC，还要求对 KDC 加以重点保护，使其免于被破坏。如果密钥分配中心不幸被第三方破坏，那么所有依靠该密钥分配中心分配的会话密钥进行通信的所有通信方将不能进行正常的安全通信。如果密钥分配中心被第三方控制，那么所有依靠该密钥分配中心分配的会话密钥进行通信的所有通信各方之间的通信信息将会被这个入侵的第三方轻而易举地窃听到。但是如果把单个的密钥分配中心分散到几个密钥分配中心，将会有效地降低这种风险。如果密钥的分配是无中心的，也可以说是分布式的，那么就不必有上面两个要求。所谓分布式(无中心的)密钥分配方案就是指网络通信中各个通信方具有相同的地位，它们之间的密钥分配取决于它们之间的协商，不受何其他方的限制(更进一步，可以把密钥分配中心分散到所有的通信方，即每个通信方同时也是密钥分配中心，也就是说每个通信方自己保存同其他所有通信方的主密钥)。

在这种分布式密钥分配方案中，如果要求每个用户都能和自己想与之建立联系的另一用户安全地通信，那么有 n 个通信方的网络需要保存 $n(n-1)/2$ 个主密钥，对于较大型的网络，n 的值是非常大的，因而，这种方案就变得无实用价值，是不适用的，但是在一个小型网络或一个大型网络的局部范围内，这种方案还是非常有用的。下面详细介绍下这种方案。

分布式密钥分配方案中，通信双方 A 和 B 建立会话密钥的具体过程如下(见图 9-12)：

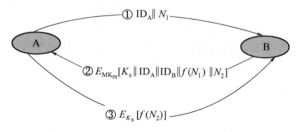

图 9-12　分布式(无中心的)密钥分配方案

① A→B：$ID_A \parallel N_1$。A 向 B 发出一个要求会话密钥的请求，内容包括用来表明通信方 A 的身份的标识符 ID_A 和一个一次性随机数 N_1，作为本次业务的唯一标识符，告知 A 希望与 B 进行通信，并请 B 产生一个会话密钥用于安全通信。

② B→A：$E_{MK_m}[K_s \parallel ID_A \parallel ID_B \parallel f(N_1) \parallel N_2]$。B 使用与 A 共享的主密钥 MK_m 对应答的信息进行加密并发送给 A。应答的信息包括 B 产生的会话密钥 K_s、A 的身份标识符 ID_A、B 的身份标识符 ID_B、$f(N_1)$ 和一个一次性随机数 N_2。

③ A→B：$E_{K_s}[f(N_2)]$。A 使用 B 新产生的会话密钥 K_s 对 $f(N_2)$ 进行加密后放回给用户 B。

此外，密钥分配方案也可能采取上面两种方案的混合：上层(主机)采用分布式密钥分配方案，而上层对于终端或它所属的通信子网采用集中式密钥分配方案。

9.3　公钥密码体制的密钥分配

公钥密码体制的密钥分配方案主要包括两方面的内容：利用公钥密码体制进行公钥的分配和利用公钥密码体制来分配对称密码技术中使用的密钥。

9.3.1　利用公钥密码体制进行公钥的分配

公钥密码体制对密钥管理的要求与对称密码体制在本质上是完全不同的。在对称密码体制中，对彼此间进行通信的信息进行保护的双方必须持有同一把密钥，该密钥对他们之外的其他方是保密的。而在公钥密码体制中，一方必须持有一把对其他任何方都是保密的密钥(私人密钥)，同时，还要让想要与私人密钥的持有者进行安全通信的其他方知道另一把相应的密钥(公开密钥)，也就是将公开密钥发布出去。公开密钥发布，顾名思义，就是公钥系统中的加密公开密钥是公开的，它通过各种公开的手段和方式，或由公开权威机构实现公开密钥分发和传送。在这种密码体制中，公开密钥似乎像电话号码簿那样公布用户的公开密钥，也可以让用户公开查询，感觉非常简单。其实不然。一方面，密钥更换、增加和删除的频度是很高的；另一方面，公开密钥虽然不需要对任何人保密，可以以明文的形式进行存储和分发，但是公开密钥的完整性和真实性却是必须要保证的。如果公开密钥被篡改或替换，则公开密钥的安全性就得不到保证，因此，公开密钥同样需要保护。而且随着开放系统的不断扩大，这种密钥"电话簿"将会由于变得非常庞大而人工根本无法管理，可见，如何保护用户的公开密钥同样是一项十分复杂的工作。此外，公开密钥相当长，数量也非常多，靠人工手动输入密钥相当麻烦且非常容易出错。因此，对于公开密钥必须要采取适当的方式进行管理。

获取公钥的途径有多种，常见的公开密钥分配的方法主要有广播式公钥发布、目录式公钥发布、公钥管理机构、公钥证书等四种。

1．广播式公钥发布

根据公钥密码体制算法的特点，用户的公开密码是公开的、无需保密的，因而，可以通过广播式公开发布密钥。所谓广播式公钥发布是指用户将自己的公钥发送给另外一个参与者，或者把公钥广播给相关人群。这种方法虽然比较简单，不需要特别的安全渠道，但是有一个致命的缺点：任何人都可以伪造这种公开发布，即发布一个伪造的公钥冒充他人。如果某个用户假装是用户 A 并以 A 的名义向另一用户发送或广播自己的公开钥，则在 A 发现假冒者以前，这一假冒者可解读所有意欲发向 A 的加密消息，而且假冒者还能用伪造的密钥获得认证。

2．目录式公钥发布

由一个可信机构(如某个实体或组织)负责一个公开密钥的公用目录表的建立、维护和分发。我们称这个可信机构(如某个实体或组织)为公用目录的管理员。公用目录表指一个公用的公钥动态目录表，公用目录表的建立过程如下：

① 管理员为每个用户都在目录表中建立一个目录，目录中有两个数据项：一是用户名，二是用户的公开密钥。

② 每一用户都亲自或以某种安全的认证通信在管理者那里为自己的公开密钥注册。

③ 允许用户随时访问该目录，以及申请增、删、改自己的密钥。

④ 管理员定期公布或定期更新目录表。例如，像电话号码本一样公布目录表或在发行量很大的报纸上公布目录表的更新。

⑤ 用户可通过电子手段访问目录表，为了安全起见，这时从管理员到用户必须有安全的认证通信。

与广播式公钥发布方法相比，这种方式的安全性要高于广播式公钥发布，但是它仍然易遭受攻击，特别是这种方式有一个致命的弱点，如果攻击者成功地得到目录管理机构的私钥，就可以冒充管理员伪造一个公钥，并发送给给其他人达到欺骗的目的。 攻击者甚至还可以冒充管理员伪造一个公钥目录表，以后既可假冒任一用户又能监听发往任一用户的消息。而且公用目录表还易受到敌手的窜扰(破坏)。此外，还需要用户登录到公钥目录表中自己查找收方的公钥。

3．公钥管理机构发布

如果在目录式公钥发布的基础上对公钥的分配施加更严密的控制，将使公开密钥的分发达到更高的安全强度。为防止用户自行对公钥目录表操作所带来的安全威胁，引入一个公钥管理机构来为各个用户建立、维护和控制动态的公用目录。但同时对系统提出以下要求，即：每个用户都必须可靠地知道公钥管理机构的公开钥，而只有公钥管理机构自己知道相应的秘密密钥。这样当某一个用户想与另外一个用户进行通信而需要获得对方的公开密钥的时候，那么首先由用户向公钥管理机构提出请求，公钥管理机构负责查询后并通过认证信道将用户所需要查找的公钥传给用户，该认证信道主要基于公钥管理机构的签名。

公钥管理机构方式的优缺点如下：

(1) 优点：每次密钥的获得由公钥管理机构查询并认证发送，用户不需要查表，与单纯的公用目录相比，提高了安全性。

(2) 缺点：①要求公钥管理机构必须一直在线，由于每一用户要想和他人通信都需求助于公钥管理机构，所以公钥管理机构有可能成为系统的瓶颈。②由管理机构维护的公钥目录表也容易被敌手通过一定方式窜扰(破坏)。

4. 公钥证书发布

广播式公钥发布和目录式公钥发布都有一定的安全缺陷，公钥管理机构发布方式中，要求公钥管理机构必须一直在线，由于每一用户要想和他人通信都需求助于公钥管理机构，所以公钥管理机构有可能成为系统的瓶颈。如果不与公钥管理机构通信，又能证明其他通信方的公开密钥的可信度，那么就可以解决广播式公钥发布和目录式公钥发布的安全问题，同时还可以解决公钥管理机构的瓶颈问题。解决这些问题的一个很好的方法就是通过引入公开密钥证书(简称公钥证书，也称为数字证书)来实现。这样用户就可以通过公钥证书来互相交换自己的公钥而无需与公钥管理机构联系的条件下就能证明其他通信方的公钥的可信度。这样实际上就完全解决了广播式公钥发布和目录式公钥发布的安全问题以及公钥管理机构发布的瓶颈问题。

公钥证书发布方法首先是由 Kohnfelder 提出的，目的是用户使用证书交换公开密钥，无需与权威机构联系，也能达到类似直接从权威目录机构获取公开密钥方法的安全性。

该方案基本做法是：证书由可信证书中心生成，内容包含用户公开密钥、对应的用户的身份以及其他相关信息。参与者通过将相应证书传送给另一个拥有相应私钥的参与者而达到传送公钥信息的目的。其他参与者可以验证此证书是否由权威机构签发。

下面结合图 9-13 来详细介绍公钥证书发布的具体执行过程。

公钥证书即数字证书是由第三方的可信机构——证书授权中心(Certificate Authority, CA)来为用户颁发的，证书中的内容包括与该用户的秘密密钥相匹配的公开密钥及用户的身份和时间戳等，所有的数据经 CA 用自己的秘密密钥签字后就形成证书，即证书的形式为 $C_A = E_{SK_{CA}}[T, ID_A, PK_A]$，其中，$ID_A$ 是用户 A 的身份；PK_A 是 A 的公钥；T 是当前时间戳；SK_{CA} 是 C_A 的秘密密钥；C_A 即是为用户 A 产生的证书。用户可将自己的公开密钥通过公钥证书发给另一用户，接收方可用 CA 的公钥 PK_{CA} 对证书加以验证，即

$$D_{PK_{CA}}[C_A] = D_{PK_{CA}}[E_{SK_{CA}}[T, ID_A, PK_A]] = (T, ID_A, PK_A)$$

因为只有用 CA 的公钥才能解读证书，接收方从而验证了证书的确是由权威机构 CA 发放的，且也获得了发送方的身份 ID_A 和公开钥 PK_A。由此可见，公钥证书其实就是用来绑定实体姓名以及该实体的其他相关属性和相应公钥的凭证。

引入时间戳 T 为接收方保证了收到的证书的新鲜性，用以防止发送方或敌方重放一旧证书。因此时间戳可被当作截止日期，证书如果过旧，则被吊销。

公钥证书发布方式能较好地保证公钥的真实性，并且 CA 不会成为系统的瓶颈，对系统的效率影响很小，因此，公钥证书发布是目前比较流行的一种方式。

一般来说，使用该方案必须要满足下面的几个要求：

① 每个参与者均可解析证书，即每个参与者都可以读取该证书并获取证书拥有者的姓名和公钥信息。

② 每个参与者均可验证证书的真实性，即每个参与者均可验证一个证书是否由权威机构签发。

③ 任何人可验证证书是新鲜的，即在公钥证书中引入时间戳 T，阻止重放攻击。

④ 只有权威机构能够签发和更新合法的证书。

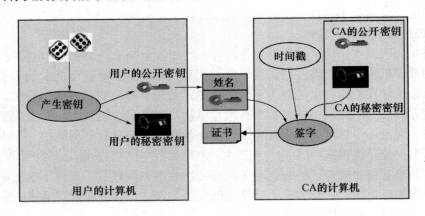

图 9-13　公钥证书的产生过程

9.3.2　利用公钥密码体制来分配对称密码技术中使用的密钥

公钥分配完成后，用户就可用公钥加密体制进行保密通信。然而由于公钥加密的速度过慢，所以用公钥加密体制进行保密通信不太合适，但是可以先利用公钥密码体制来分配对称密码技术中使用的密钥,保证对称密码体制密钥的安全性,然后再使用对称密码体制来保护传送的数据。这种方法利用了公开加密方法安全性的特点及对称密码体制速度快和适应性强的特点，同时避免了公开加密方法加/解密速度慢的缺点，是一种非常好的组合方式。

1. 简单分配

图 9-14 就是用公钥密码体制建立会话密钥的过程，如果 A 希望与 B 通信，可通过以下几步建立会话密钥：

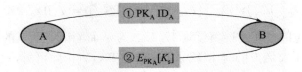

图 9-14　简单使用公钥加密算法建立会话密钥

① A 产生自己的一对密钥 $\{PK_A, SK_A\}$，并向 B 发送 $PK_A\|ID_A$，其中 ID_A 表示 A 的身份。

② B 产生会话密钥 K_s，并用 A 的公开密钥 PK_A 对 K_s 加密后发往 A。

③ A 由 $D_{SK_A}[E_{PK_A}[K_s]]$ 恢复会话密钥。因为只有 A 能解读 K_s，所以仅 A、B 知道这一共享密钥。

④ A 销毁 {PK_A,SK_A}，B 销毁 PK_A。

A、B 现在可以用单钥加密算法以 K_s 作为会话密钥进行保密通信，通信完成后，又都将 K_s 销毁。

这种分配法尽管简单，每次公私钥由发方临时产生，而且由于 A、B 双方在通信前和完成通信后，都未存储密钥，因此，密钥泄露的危险性为最小，且可防止双方的通信被敌手监听。但由于公钥缺少证书管理机构认证且非物理方式传输容易遭到主动攻击，例如图 9-15 所示的中间人攻击。

图 9-15　简单分配方式遭受的主动攻击示意图

假如攻击者 E 已经接入 A 和 B 双方的通信信道，可以以下面不被察觉的方式轻易地截获 A、B 双方的通信：

① 与上面的步骤①相同。

② E 截获 A 的发送后，建立自己的一对密钥 {PK_E,SK_E}，并将 $PK_E \parallel ID_A$ 发送给 B。

③ B 产生会话密钥 K_s 后，将 $E_{PK_E}[K_s]$ 发送出去。

④ E 截获 B 发送的消息后，由 $D_{PK_E}[E_{PK_E}[K_s]]$ 解读 K_s。

⑤ E 再将 $E_{PK_A}[K_s]$ 发往 A。

现在 A 和 B 知道 K_s，但并未意识到 K_s 已被 E 截获。A、B 在用 K_s 通信时，攻击者 E 就可以实施监听。

2．具有保密和认证功能的密钥分配

针对简单分配密钥的缺点，人们又设计了具有保密和认证功能的非对称密码技术的密钥分配，如图 9-16 所示。密钥分配过程既具有保密性，又具有认证性，因此既可以防止被动攻击，也可以防止主动攻击。

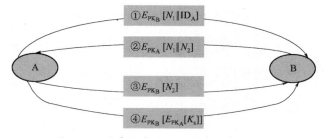

图 9-16　具有保密和认证功能的密钥分配

假定 A、B 双方已完成公钥交换，可按以下步骤建立共享会话密钥：

① A→B：$E_{PK_B}[N_1 \parallel ID_A]$。A 使用 B 的公开密钥 PK_B 加密一个信息发送给 B，该信

息包含 A 的身份 ID_A 和一个一次性随机数 N_1，其中 N_1 用于唯一地标识这一业务。

② B→A：$E_{PK_A}[N_1 \| N_2]$。B 用 A 的公开密钥 PK_A 加密一个信息发送给 A，该信息包含 A 发送来的一次性随机数 N_1 和 B 新产生的一次性随机数 N_2。因为只有 B 能解读①中的加密，所以 B 发来的消息中 N_1 的存在可使 A 相信对方确实是 B。

③ A→B：$E_{PK_B}[N_2]$。A 用 B 的公钥 PK_B 对 N_2 加密后返回给 B，以使 B 相信对方的确是 A。

④ A→B：$E_{PK_B}[E_{SK_A}[K_s]]$。A 选择一个会话密钥 K_s，为了保护保护 K_s 的安全，先用 A 的私钥加密后再用 B 的公钥加密，即将 $M = E_{PK_B}[E_{SK_A}[K_s]]$ 发送给 B，B 用 A 的公钥和 B 的私钥解密得 K_s。其中用 B 的公开密钥加密是为保证只有 B 能解读加密结果，用 A 的秘密密钥加密是保证该加密结果只有 A 能发送。

⑤ B 计算 $D_{PK_A}[D_{SK_B}[M]]$ 得到会话密钥 K_s，使 B 获得对称加密密钥。

注意：这个方案其实是有漏洞的，即第四条消息容易被重放，假设攻击者知道上次通话时协商的会话密钥 K_s，以及 A 对 K_s 的签名和加密，则通过简单的重放即可实现对 B 的欺骗，解决的方法是将第 3 和第 4 条消息合并发送。改进后的方案如图 9-17 所示。

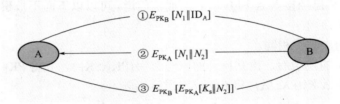

图 9-17　改进后具有保密性和认证性的密钥分配方案

第 10 章 秘 密 共 享

10.1 秘密共享概述

10.1.1 秘密共享产生的背景

如何保护重要而敏感的信息是一个古老的问题。解决这一问题的所有方法都应特别注意以下三个方面：保证信息不会丢失；保证信息不会被破坏；保证信息不会被非法授权者所获取。近年来，由于计算机网络技术的快速发展，Internet得到逐渐普及，对重要而敏感信息的保护也日益受到学术界乃至全社会的高度关注。比如在保密通信中，为了实现信息的安全保密，人们主要采用加密的手段来保密信息，而加密的核心是密钥的保密问题，密钥的管理直接影响着通信系统的安全，从而如何有效地管理密钥就成为密码学中十分重要的课题。

在密码系统中，主密钥是整个密码系统的关键，是整个密码系统的基础，也可以说是整个可信任体系的信任根，必须受到严格的保护。存储于系统中的所有密钥的安全性最终取决于一个或者少数几个密钥(主密钥)的安全性。

我们来看下面几种情况：

(1) 由于现代密码体制的设计思想是使系统的安全性取决于(主)密钥。一旦(主)密钥的偶然或者蓄意泄露就意味着整个体制已经丧失了安全性，会使得整个系统安全受到威胁。在密码体制中频繁地更换(主)密钥是保证安全性的一种方法，但这种方法在大信息量的今天是不太现实的。

(2) 主密钥的丢失或毁坏会导致整个系统的死亡。有的人认为保管密钥最妥当的方法是将密钥存放在一个唯一的受到周密保护的地方，例如，存放到某台安全性较高的计算机内、记在一个人的脑子里或者锁在一个坚固的保险柜里等，但是这些方法是不可靠的，因为一次灾祸，例如，计算机故障、人员意外死亡、保险柜被破坏等，这些意外事故，不管是人为还是非人为的因素都将使得密钥彻底遗失，导致原先用这个密钥加密后的信息再也无法恢复成明文。这些都是作为一个体制的设计者所必须面临和解决的问题。

为了避免这种情况，有的人可能会想到将密钥复制若干份，把它们分别存放在不同的地方。这种方案虽然增加了系统的可靠性，同时却降低了系统的保密性。因为这样会导致由于密钥的副本太多而无法处理众多密钥持有者的背叛行为。

(3) 一般来说，主密钥由其拥有者掌握，并不受其他人制约。但是，在有些系统中密钥并不适合由一个人掌握，而需要由多个人同时保管，其目的是为了制约个人行为。比如，某银行的金库钥匙一般情况下都不是由一个人来保管使用的，而要由多个人共同负责使用(为防止其中某个人单独开锁产生自盗行为，规定金库门锁开启至少需由三人在场

275

才能打开)。

解决上面几个问题的一个有效的方法就是采用门限秘密共享方案。门限秘密共享方案则为密钥管理提供了一个有效的途径，它在安全保密和密码技术方面有着广泛的应用。

在门限秘密共享方案中由若干用户分别保管秘密，每个用户保管秘密的一部分，部分用户被攻击或者背叛不会泄露秘密，更有利于保密。此外，足够的人一起可以恢复秘密，少量人出现事故，不会导致秘密无法恢复。

针对上述问题，Shamir和Blakley 分别于1979年独立地提出了秘密共享的概念，并分别设计了(t, n)门限秘密共享体制。秘密共享体制为密钥管理提供了一个非常有效的途径，在政治、经济、军事、外交中得到了广泛应用。秘密共享体制为将秘密分给多人掌管提供了可能，以达到分散风险和容忍入侵的目的。例如，在一个银行里，每天都必须打开保险库，银行雇用了三个出纳，但银行并不将密码委托给单个出纳。利用秘密共享体制就可以设计这样一个系统，在这个系统中，任何两个出纳合作都能打开保险库，但任何单独一个人则不能打开。又例如控制导弹发射、重要场所的通行、遗嘱的生效等都必须由两人或多人同时参加才能生效，这时都需要将秘密分给多人掌管，并且必须有一定人数的掌管秘密的人同时到场才能恢复这一秘密。另外，秘密共享体制与密码理论的其他领域也有紧密联系，比如与编码的关联，公开密钥密码体制结合秘密共享技术可以使之公正化，产生公正的公钥体制等。秘密共享体制不仅在密钥管理方面大有可为，而且在密钥的产生、分配方面也有一定的应用。由于秘密共享为密钥管理提供了一个崭新的思路，加上计算机网络信息安全的需要，许多密码学家致力于秘密共享体制的研究，如今这个领域已成为密码学的一个重要分支。

秘密共享体制就是基于这种分散保管秘密的思想而出现的一种秘密管理方案：将要保管的秘密(一般为主密钥)分成一些子秘密(Share or Shadow，或称为影子秘密份额)，秘密发送给若干参与者(共享者)，使之分开保管。当这些共享者中的某些人出示他们所拥有的秘密份额时，就能通过计算恢复出秘密。由此，引入门限方案(Threshold Schemes)的一般概念。

10.1.2　秘密共享的定义

(t,n)门限秘密共享方案的定义：设秘密 s 被分成 n 个部分信息，每一部分信息称为一个子密钥或影子，由一个参与者持有，使得：

(1) 由 t 个或多于 t 个参与者所持有的部分信息可重构 s；

(2) 由少于 t 个参与者所持有的部分信息则无法重构 s。

则称这种方案为(t,n)门限秘密共享方案，t 称为方案的门限值。

如果该秘密共享方案还满足下面的条件：一个参与者或一组未经授权的参与者在猜测秘密 s 时，并不比局外人猜秘密时有优势，或者说由少于 t 个参与者所持有的部分信息得不到秘密 s 的任何信息，则称这个方案是完善的，即(t, n)门限秘密共享方案是完善的。目前已使用各种方法如代数方法、组合方法和几何方法构造出大量的秘密共享方案，如可验证秘密共享、多重秘密共享等。下面介绍最具代表性的两个门限秘密共享方案。

10.2 两种典型的秘密共享方案

10.2.1 Shamir 门限秘密共享方案

Shamir 在《如何共享秘密》的著名论文中，提出了一种典型的基于多项式的拉格朗日插值公式的门限秘密共享方案，称为 Shamir 门限秘密共享方案。

设 $\{(x_1,y_1),\cdots,(x_k,y_k)\}$ 是平面上 k 个点构成的点集，其中 x_i $(i=1,2,\cdots,k)$ 均不相同，那么在平面上存在一个唯一的 $k-1$ 次多项式 $f(x)$ 通过这 k 个点。若把密钥 s 取作 $f(0)$，n 个子密钥取作 $f(x_i)$ $(i=1,2,\cdots,n)$，那么利用其中的任意 k 个子密钥可重构 $f(x)$，从而可得密钥 s。

这种门限方案也可按如下更一般的方式来构造。设 GF(q) 是一有限域，其中 q 是一大素数，满足 $q \geqslant n+1$，秘密 s 是在 GF(q)\{0} 上均匀选取的一个随机数，表示为 $s \in_R$ GF(q)\{0}。$k-1$ 个系数 $a_1,a_2,\cdots,a_{k-1}$ 的选取也满足 $a_i \in_R$ GF(q)\{0} $(i=1,2,\cdots,k-1)$。在 GF(q) 上构造一个 $k-1$ 次多项式 $f(x)=a_0+a_1x+\cdots+a_{k-1}x^{k-1}$。

n 个参与者记为 $P_1,P_2,\cdots,P_n$，P_i 分配到的子密钥为 $f(i)$。如果任意 k 个参与者 $P_{i_1},P_{i_2},\cdots,P_{i_k}$ $(1 \leqslant i_1 < i_2 < \cdots < i_k \leqslant n)$ 要想得到秘密 s，可使用 $\{(i_l,f(i_l)) \mid l=1,2,\cdots,k\}$ 构造如下的线性方程组：

$$\begin{cases} a_0+a_1(i_1)+\cdots+a_{k-1}(i_1)^{k-1}=f(i_1) \\ a_0+a_1(i_2)+\cdots+a_{k-1}(i_2)^{k-1}=f(i_2) \\ \qquad\qquad\vdots \\ a_0+a_1(i_k)+\cdots+a_{k-1}(i_k)^{k-1}=f(i_k) \end{cases} \tag{10-1}$$

因为 $i_l(1 \leqslant l \leqslant k)$ 均不相同，所以可由拉格朗日插值公式构造如下的多项式：

$$f(x)=\sum_{j=1}^{k} f(i_j) \prod_{\substack{l=1 \\ l \neq j}}^{k} \frac{(x-i_l)}{(i_j-i_l)}(\bmod q)$$

从而可得秘密 $s=f(0)$。

然而参与者仅需知道 $f(x)$ 的常数项 $f(0)$ 而无需知道整个多项式 $f(x)$，所以仅需以下表达式就可求出 s：

$$s=(-1)^{k-1}\sum_{j=1}^{k} f(i_j) \prod_{\substack{l=1 \\ l \neq j}}^{k} \frac{i_l}{(i_j-i_l)}(\bmod q)$$

如果 $k-1$ 个参与者想获得秘密 s，他们可构造出由 $k-1$ 个方程构成的线性方程组，其中有 k 个未知量，对 GF(q) 中的任一值 s_0，可设 $f(0)=s_0$，这样可得 k 个方程，并由拉格朗日插值公式得出 $f(x)$。因此，对于每一 $s_0 \in$ GF(q) 都有一个唯一的多项式满足线性方程组(10-1)，所以已知 $k-1$ 个子密钥得不到关于秘密 s 的任何信息，因此，这个方案是完善的。

【例 10.1】 假设有一个秘密是 S=120114070608，要求设计一个 Shamir(3,5)门限秘密共享方案，即选取 5 个人分别保管一份秘密分量，要求至少有 3 个人合作才能够重构秘密，并给出从 5 个人中任选 3 个人重构拉格朗日插值多项式以及恢复秘密数据 S 的过程。

解： 1)参数的选取

选择一个大素数 p，如 p=1234567890133，随机选择 s_1 和 s_2，并构造多项式 $s(x)=S+s_1x+s_2x^2$。不妨设：

$$s(x)=(S+s_1x+s_2x^2)\bmod p$$
$$=(120114070608+1206749628665x+482943028839x^2)\bmod 1234567890133$$

2) 秘密分割

假定使用 x=1,2,$\cdots$,5，计算 5 个人的共享秘密(子密钥)并分别分配给 5 个成员。

$s(1) =(120114070608+1206749628665\times1+482943028839\times1)\bmod 1234567890133$
$\quad\quad =575238837979$

$s(2) =(120114070608+1206749628665\times2+482943028839\times4)\bmod 1234567890133$
$\quad\quad =761681772895$

$s(3) =(120114070608+1206749628665\times3+482943028839\times9)\bmod 1234567890133$
$\quad\quad =679442875356$

$s(4) =(120114070608+1206749628665\times4+482943028839\times16)\bmod 1234567890133$
$\quad\quad =328522145362$

$s(5) =(120114070608+1206749628665\times5+482943028839\times25)\bmod 1234567890133$
$\quad\quad =943487473046$

3) 重构拉格朗日插值多项式

假设第 1,3,5 个人想恢复秘密。他们计算通过(1，575238837979), (3，679442875356), (5，943487473046)三点的多项式。

由于这是一个(3,5)门限方案，$f(x)$的最高次数为 2，因此，可按以下方式重构插值多项式：

$$f(x) = 575238837979\frac{(x-3)(x-5)}{(1-3)(1-5)} + 679442875356\frac{(x-1)(x-5)}{(3-1)(3-5)} + 943487473046\frac{(x-1)(x-3)}{(5-1)(5-3)}$$
$$= (575238837979\times462962958800(x-3)(x-5) - 679442875356\times925925917600(x-1)(x-5) +$$
$$\quad 471743736523\times925925917600(x-1)(x-3))\bmod p$$
$$= (226225841014(x^2-8x+15) - 169860718839(x^2-6x+5) +$$
$$\quad 426577906664(x^2-4x+3))\bmod p$$
$$= (482943028839x^2 + 1206749628665x + 120114070608)\bmod p$$

4) 秘密恢复

由上面求出的插值多项式很容易求得秘密数据为 $s=f(0)$= 120114070608。

10.2.2 Asmuth-Bloom 门限方案

1980 年，Asmuth 和 Bloom 基于中国剩余定理提了一个 Asmuth-Bloom(t，n)门限方案。设秘密数据是 S，参与保管的成员共有 n 个，要求重构该消息需要至少 t 个人。

1) 参数选取

令 q 是一个大素数，$m_1, m_2, \cdots, m_n$ 是 n 个严格递增的数，且满足下列条件：

① $q > S$。

② $(m_i, m_j) = 1 (\forall i, j, i \neq j)$。

③ $(q, m_i) = 1 (i = 1, 2, \cdots, n)$。

④ $N = \prod\limits_{i=1}^{t} m_i > q \prod\limits_{j=1}^{t-1} m_{n-j+1}$。

条件①指出，秘密数据小于 q，条件④指出，N/q 大于任取的 $k-1$ 个不同的 m_i 之积。进而，随机选取 A，满足 $0 \leqslant A \leqslant [N/q]-1$，并公布 q 和 A。

2) 密码分割

① 随机选取整数 A 满足 $0 \leqslant A \leqslant [N/q]-1$，公布 A 和 q。

② 计算 $y = S + Aq$，显然 $y < q + Aq = (A+1)q \leqslant [N/q] \cdot q \leqslant N$。

③ 计算 $y_i \equiv y(\bmod m_i)(i = 1, 2, \cdots, n)$。

则 m_i, y_i 为一个子共享(子密钥)，将其分别传送给 n 个用户。集合 $\{(m_i, y_i)\}_{i=1}^{n}$ 即构成了一个 (t, n) 门限方案。

3) 秘密恢复

当 t 个参与者聚集准备恢复秘密 S，不妨设他们的子共享为 $\{(m_{i_j}, y_{i_j}) \mid j = 1, 2, \cdots, t\}$，那么当这 t 个参与者(记为 $i_1, i_2, \cdots, i_t$)提供出自己的子共享(子密钥)时，由 $\{(m_i, y_i)\}_{i=1}^{t}$ 建立以下同余方程组

$$
\begin{cases}
y \equiv y_{i_1}(\bmod m_{i_1}) \\
y \equiv y_{i_2}(\bmod m_{i_2}) \\
\quad\quad \vdots \\
y \equiv y_{i_t}(\bmod m_{i_t})
\end{cases}
$$

根据中国剩余定理可以求得

$$ y \equiv y'(\bmod \quad N') $$

式中，$N' = \prod\limits_{j=1}^{k} m_{i_j} \geqslant N$。

因为 $y < N \leqslant N'$，所以 $y = y'$ 是唯一的，再由 $y-Aq$ 即得秘密数据 s。

4) 正确性证明

① 由 t 个成员计算得到的 y' 满足 $y' < N \leqslant N'$，所以 $y = y'$，即 $S = y' - Aq$。

② 若少于 t 个参与者参与，则 $y'' \equiv y(\bmod N'')$，由条件④得

$$ N'' = \prod\limits_{\substack{i \in I \\ |I| < t-1}} m_i < \prod\limits_{j=1}^{t-1} m_{n-j+1} < N/q $$

令 $y = y'' + \alpha N''$，其中 $0 \leqslant \alpha < \dfrac{y}{N''} < \dfrac{N}{N''}$，由于 $N/N'' > q$，所以 α 至少有 q 种取值，因此无法确定唯一的 y，所以少于 t 个参与者参与将得不到关于秘密 S 的任何信息，因此，这

个方案是完善的。

【例 10.2】假设有一个秘密是 $S=4$，要求设计一个 Asmuth-Bloom(3,5)门限秘密共享方案，即选取 5 个人分别保管一份秘密分量，要求至少有 3 个人合作才能够重构秘密，并给出从 5 个人中任选 3 个人恢复秘密数据 S 的过程。

解：1) 参数的选取

选取素数 $q=7, m_1=17, m_2=19, m_3=23, m_4=29, m_5=31$。

经验证可知这些参数满足 Asmuth-Bloom 门限秘密共享方案的 4 个条件。

2) 秘密分割

① 随机选取整数 A 满足 $0 \leqslant A \leqslant 7429/7-1$，即在[0,1060]之间随机选取一个整数 A，这里选择 $A=117$。

② 计算 $y=S+Aq$ =4+117×7=823。

③ 根据 $y_i \equiv y(\bmod m_i)(i=1,2,\cdots,5)$ 分别计算 5 个人的共享秘密(子密钥)并分别分配给 5 个成员。

$$y_1 \equiv y(\bmod m_1) \equiv 823(\bmod 17) \equiv 7$$
$$y_2 \equiv y(\bmod m_2) \equiv 823(\bmod 19) \equiv 6$$
$$y_3 \equiv y(\bmod m_3) \equiv 823(\bmod 23) \equiv 18$$
$$y_4 \equiv y(\bmod m_4) \equiv 823(\bmod 29) \equiv 11$$
$$y_5 \equiv y(\bmod m_5) \equiv 823(\bmod 31) \equiv 17$$

则{(17，7)，(19，6)，(23，18)，(29，11)，(31，17)}分别为 5 个子秘密共享(子密钥)，将其分别分配给 5 个人。

3) 秘密恢复

假设第 1,3,4 个人想恢复秘密，则他们利用自己掌握的子秘密共享(子密钥) {(17，7)，(23，18)，(29，11)}，建立下面的同余方程组：

$$\begin{cases} y \equiv 7(\bmod 17) \\ y \equiv 18(\bmod 23) \\ y \equiv 29(\bmod 11) \end{cases}$$

令 $M=17\times 23\times 29=11339$，$M_1=23\times 29=667$，$M_2=17\times 29=493$，$M_3=17\times 23=391$，分别求解同余式

$$M_i^{-1}M_i=1(\bmod m_i) \qquad (i=1,2,3,4)$$

得

$$M_1^{-1}=13, \qquad M_2^{-1}=7, \qquad M_3^{-1}=27$$

由中国剩余定理得同余方程组的解为

$$y \equiv (7\times 667\times 13+18\times 493\times 7+391\times 11\times 27)(\bmod 11339) \equiv 823$$

所以恢复的秘密为 $S=y-Aq=823-117\times 7=4$。

第 11 章　密 钥 托 管

11.1　密钥托管技术概述

11.1.1　密钥托管的产生背景

加密技术的快速发展对保密通信和电子商务起到了良好的推动作用。但是，也使得政府法律职能部门难以跟踪截获犯罪嫌疑人员的通信，特别是在广泛采用公开密钥技术后，随之而来的是公开密钥的管理问题。对于中央政府来说，为了加强对贸易活动的监管，客观上也需要银行、海关、税务、工商等管理部门紧密协作。为了打击犯罪，还要涉及到公安和国家安全部门。这样，交易方与密钥管理机构就不可避免地产生联系。为了监视和防止计算机犯罪活动，人们提出了密钥托管的概念。密钥托管与 CA 相结合，既能保证个人通信与电子交易的安全性，又能实现法律职能部门的管理介入，是今后信息安全策略的发展方向。

所谓密钥托管(Key Escrow，KE)，提供了一种密钥备份与恢复的途径，也称为托管加密(Key Encryption)，从字面上理解密钥托管就是指把通信双方的会话密钥交由合法的第三方，以便让合法的第三方利用得到的会话密钥解密双方通信的内容，从而监视双方的通信。这里所说的合法的第三方，也就是密钥托管的机构，一般的是指政府保密部门和法律执行部门。其目的是保证对个人没有绝对的隐私和绝对不可跟踪的匿名性，即在强加密中结合对突发事件的解密能力。更确切地说，密钥托管是指为公众和用户提供更好的安全通信的同时，也允许授权者(包括政府保密部门、法律执行部门或有契约的私人组织等)为了国家、集团和个人隐私等安全利益，监听某些通信内容和解密有关密文。同时，这种技术还可以为用户提供一个备用的解密途径。所以，密钥托管也叫"密钥恢复"(Key Recovery)，或者理解为"数据恢复"和"特殊获取"等含义。这种技术产生的出发点是政府机构希望在需要时可通过密钥托管技术解密用户的一些特定的信息，此外当用户的密钥丢失或损坏时也可通过密钥托管技术恢复出自己的密钥。所以这个备用的手段不仅对政府部门有用，对用户自己也有用，为此，许多国家都制定了相关的法律法规。美国政府 1993 年 4 月颁布了 EES 标准(Escrow Encryption Standard,托管加密标准)，该标准体现了一种新思想，即对密钥实行法定托管代理的机制。该标准使用的托管加密技术不仅提供了加密功能，同时也使政府可以在实施法律许可下的监听(如果向法院提供的证据表明，密码使用者是利用密码在进行危及国家安全和违反法律规定的事，经过法院许可，政府可以从托管代理机构取来密钥参数，经过合成运算，就可以直接侦听通信)。美国政府希望用这种办法加强政府对密码使用的调控管理。

目前，在美国有许多组织都参加了密钥托管标准(KES)和 EES 的开发工作，系统的开发者是司法部门(DOJ)，国家标准与技术研究所(NIST)和基金自动化系统分部对初始的托管(Escrow)代理都进行了研究，国家安全局(NSA)负责 KES 产品的生产，联邦调查局(FBI)被指定为最初的合法性强制用户。

自从密钥托管这种技术出现以来，特别是美国政府的 EES 公布之后，在社会上引起了极大的反响，很多人对此项技术颇有争议。有关密钥托管争论的主要焦点在于以下两方：

一方认为，政府对密钥管理控制的重要性是出于安全考虑，这样可以允许合法的机构依据适当的法律授权访问该托管密钥，不但政府通过法律授权可以访问加密过的文件和通信，用户在紧急情况时，也可以对解密数据的密钥恢复访问；另一方认为，密钥托管技术侵犯个人隐私，对此颇有争议，在他们看来密钥托管政策把公民的个人隐私置于政府情报部门手中，一方面违反了美国宪法和个人隐私法，另一方面也使美国公司的密码产品出口受到极大的限制和影响。

从技术角度来看，赞成和反对的意见也都有。赞成意见认为，应宣扬和推动这种技术的研究与开发；反对意见认为，该系统的技术还不成熟，基于"密钥托管"的加密系统的基础设施会导致安全性能下降，投资成本增高。

这里对这种争议不做过多评论，重点讨论这种技术本身。

11.1.2　密钥托管的定义和功能

密钥托管的实现手段通常是把加密的数据和数据恢复密钥联系起来，数据恢复密钥不必是直接解密的密钥，但由它可以得到解密密钥。理论上数据恢复密钥由所信任的委托人持有，委托人可以是政府保密部门、法院或有契约的私人组织。一个密钥也可能在数个这样的委托人中被拆分成多个分量，分别由多个委托人持有。授权机构(如调查机构或情报机)可通过适当的程序(如获得法院的许可)，从数个委托人手中恢复密钥。

从技术实现角度，可以将密码托管定义为：密钥托管是指用户向 CA 在申请数据加密证书之前，必须把自己的密钥分成 t 份交给可信赖的 t 个托管人。任何一位托管人都无法通过自己存储的部分用户密钥恢复完整的用户密码。只有这 t 个人存储的密钥合在一起才能得到用户的完整密钥。因此，密钥托管有如下重要功能：

(1) 防止抵赖。在商务活动中，通过数字签名即可验证自己的身份以防抵赖。但当用户改变了自己的密码，他就可抵赖没有进行过此商务活动。为了防止这种抵赖有几种办法：一种是用户在改密码时必须向 CA 说明，用户自己不能私自改变；另一种是密钥托管，当用户抵赖时，其他 t 位托管人就可出示他们存储的密钥合成用户的密钥，使用户没法抵赖。

(2) 政府监听。政府、法律职能部门或合法的第三者为了跟踪、截获犯罪嫌疑人员的通信，需要获得通信双方的密钥。这时合法的监听者就可通过用户的委托人收集密钥片后得到用户密钥，就可进行监听。

(3) 用户密钥恢复。用户遗忘了密钥想恢复密钥，就可从委托人那里收集密钥片恢复密钥。

11.2 密钥托管密码体制

11.2.1 密钥托管密码体制的组成

自从 KES 提出以后，密钥托管密码体制受到了人们的普遍关注，已提出了各种类型的密钥托管密码体制，包括软件实现的、硬件实现的、有多个委托人的、防用户欺诈的、防委托人欺诈的等。

密钥托管是具有备份解密密钥的加密技术，它允许获得授权者(包括用户、民间组织和政府机构)在特定的条件下，借助于一个以上持有数据恢复密钥可信赖的委托人的支持来解密密文。

所谓数据恢复密钥，它不同于常用的加密/解密密钥，它只是为确定数据加密/解密提供了一种方法。而所谓密钥托管就是指存储这些数据恢复密钥的方案。

密钥托管密码体制从逻辑上可分为三个主要模块：用户安全模块(User Security Component，USC)、密钥托管模块(Key Escrow Component，KEC)和数据恢复模块(Data Recovery Component，DRC)。这些逻辑模块是密切相关的，对其中的一个设计将影响着其他模块。

这三个模块的相互关系如图 11-1 所示，USC 用密钥 K_s 加密明文数据，并且在传送密文时，一起传送一个数据恢复域(Data Recovery Field，DRF)。DRC 使用包含在 DRF 中的信息及由 KEC 提供的信息解密密文，从而恢复出明文。

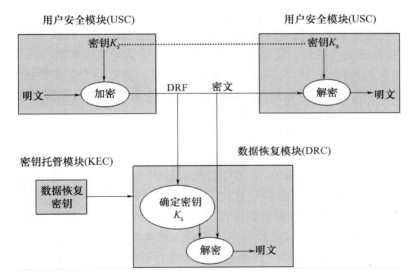

图 11-1 密钥托管系统的组成

1. USC

USC 由软件、硬件组成的硬件设备或软件程序组成(一般情况下，硬件比软件安全，不易发生窜扰)。

USC 的功能表现在以下几个方面：

(1) 提供数据加密/解密能力的算法，执行支持数据恢复的操作，同时也支持密钥托管功能。这种支持体现在将数据恢复域(DRF)附加到数据上。

(2) 提供通信(包括电话、电子邮件及其他类型的通信，由法律实施部门在获得法院对通信的监听许可后执行对突发事件的解密)和数据存储的密钥托管。数据的存储包括简单的数据文件和一般的存储内容，突发事件的解密是指当数据的所有者在密钥丢失或损坏时进行，或者由法律实施部门在获得法院许可证书后对计算机文件进行解密恢复。

(3) USC 使用的加密算法可以是保密的、专用的,也可以是公钥算法。因此，USC 还可以提供提供突发解密的识别符(包括用户或 USC 的识别符、密钥的识别符、KEC 或托管代理机构的识别符)和密钥(包括属于芯片单元密钥 KEC 所使用的全局系统密钥，密钥还可以是公钥或私钥，私钥的备份以托管的方式由托管机构托管)。

当用密钥 K_s 加密时，USC 必须将密文和密钥与一个或多个数据恢复密钥建立起联系，比如在加密数据上加一个 DRF，以建立用户(收发双方)托管代理机构和密钥 K 的密钥联系。DRF 一般由一个或多个数据恢复密钥(如 KEC 的主密钥、产品密钥、收发双方的公钥等)加密的 K_s 组成。此外，DRF 还包括一些识别符(用于标识数据恢复密钥、托管代理机构或 KEC、加密算法及运行方式、DRF 的产生方法等)和托管认证符(用于验证 DRF 的完整性)。

2. KEC

密钥托管模块 KEC 可以作为公钥证书密钥管理系统的组成部分,也可以作为通用密钥管理系统的基础部分。密钥管理系统可以是单一的密钥管理系统(如密钥分配中心),也可以是公钥基础设施。如果是公钥基础设施，托管代理机构可作为公钥证书机构。托管代理机构也称为可信赖的第三方，负责操作 KEC，可能需要在密钥托管中心注册。密钥托管中心的作用是协调托管代理机构的操作或担当 USC 或 DRC 的联系点。密钥托管模块 KEC 由密钥管理机构控制，主要用于向 DRC 提供所需的数据和服务以支持 DRC，管理着数据恢复密钥的存储、传送和使用。数据恢复密钥主要用于生成数据加密密钥，因此在使用托管密码加密时，所有的托管加密数据都应与被托管的数据恢复密钥联系起来。

数据恢复密钥主要由以下内容组成：

(1) 密钥选项：包括数据加密密钥(由会话密钥和文件加密密钥组成，可以由 KDC 产生、分配和托管)、产品密钥(每一个 USC 只有唯一的产品密钥)、用户密钥(用于建立数据加密密钥的公钥和私钥，KEC 可以担任用户的公钥证书机构，为用户发放公钥数字证书)、主密钥(与 KEC 相关，可由多个 USC 共享)。

(2) 密钥分割：一个数据恢复密钥可以分割成多个密钥分量，每个分量由一个托管代理机构托管。在密钥恢复时，就需要全部密钥托管机构参与或采用(n, k)门限方案。密钥分割应保证所有托管机构或其中一些联合起来能进行数据的密钥恢复。

(3) 密钥的产生和分配：数据恢复密钥可以由 KEC 或 USC 产生。USC 产生的密钥可使用可验证的密钥分割方案分割并托管，使得托管代理机构在不知数据恢复密钥的情况下验证自己所托管的密钥分量是否有效。数据恢复密钥可以由 KEC 和 USC 联合产生。密钥的产生应使得用户不能够在被托管的密钥中隐藏另一密钥。

(4) 密钥托管时间：密钥托管可在产品的生产、系统或产品的初始化阶段或用户注册阶段进行。假如托管的是用户的私钥，则可在将相应的公钥加入到公钥基础设施并发放公钥证书时进行托管。USC 只能对经托管机构签署了公钥证书的那些用户发送已加密的数据。

(5) 密钥更新：某些系统可能会允许数据恢复密钥，但只能按规则进行。

(6) 密钥的全部和部分：某些系统托管的是密钥的一部分，在数据恢复密钥时，未托管的部分可使用穷举搜索法来确定。

(7) 密钥存储：在线或不在线都可以存储密钥。

KEC 在向 DRC 提供诸如托管的密钥等服务时，服务包括如下部分：

(1) 授权过程：对操作或使用 DRC 的用户进行身份认证和对访问加密数据的授权证明。

(2) 传送数据恢复密钥(主密钥不提供)：如果数据恢复密钥是会话密钥或产品密钥，KEC 向 DRC 直接传送数据恢复密钥。密钥传送时和有效期一起传送，有效期过后，密钥将被自动销毁。

(3) 传送派生密钥：KEC 向 DRC 提供由数据恢复密钥导出的另一密钥(派生密钥)。比如受时间限制的密钥，被加密的数据仅能在一个特定的有效时间段内被解密。

(4) 解密密钥：当在 DRF 中使用主密钥加密数据加密密钥时，KEC 只向 DRC 发送解密密钥，而不发送主密钥。

(5) 执行门限解密：每个托管机构向 DRC 提供自己的解密结果，由 DRC 合成这些结果并得到明文。

(6) 数据传输：KEC 和 DRC 之间的数据传输可以是人工的也可以是电子的。

此外，KEC 还应对托管的密钥提供保护以防其泄露或丢失，保护手段可以是技术的、程序的或法律的。例如，可采用校验、任务分割、秘密分割、物理安全、密码技术、冗余度、计算机安全和托管体制等措施。

3. DRC

数据恢复模块 DRC 也称为政府监听部分，由算法、协议和必要的设备组成，它仅在执行指定的经过法律授权的恢复数据时使用，具体是指利用 KEC 提供的私钥信息和 DRF 中包含的信息恢复出数据加密密钥，进而解密密文，得到明文。

为了解密数据，DRC 必须采用下列方法来获得数据加密密钥：从发送方 S 或接收方 R 接入。首先要确定与 S 或 R 相关的数据恢复密钥能否恢复密钥 K。如果只能利用 S 的托管机构持有的子密钥才能获得 K，当各个用户分别向专门的用户传送消息，尤其是当多个用户散布在不同的国家或使用不同的托管机构时，DRC 一定得获取密钥托管数据后才能进行实时解密；相反，当只有利用 R 的托管机构所持的子密钥才能获得 K 时，就不可能实时解密专门用户传送出的消息。如果利用托管机构的子集所持的密钥也可以进行数据恢复，那么一旦获得了 K，则 DRC 就可以实时解密从 USC 发出或送入的消息。该系统就可以为双向实时通信提供这种能力，但这要求通信双方使用相同的 K。

对于每个数据加密密钥，S 或 R 都有可能要求 DRC 或 KEC 有一次相互作用，其中对数据加密密钥要求 DRC 与 KEC 之间的联系是在线的，以支持当每次会话密钥改变时的实时解密。如果托管代理机构把部分密钥返回给 DRC 时，DRC 必须使用穷举搜索以确定密钥的其余部分。

此外，DRC 还使用技术、操作和法律等保护手段来控制什么是可以解密的，比如可以对数据恢复进行严格的时间限制。这些保护措施提供了 KEC 传送密钥时所要求的限制，而且认证机构也可以防止 DRC 用密钥产生伪消息。也就是说除了这三大组成模块之外，还有法律授权部分(CAC)、外部攻击部分(OAC)等模块。其中法律授权部分的主要职责是根据 DRC 截获的信息和有关法律条文及实际情况进行综合考虑，确定给 DRC 监听以适当的授权，其中授权内容主要包括：①监听时间界限。法律授权机构授予监听机构的"order"中规定了通信的监听时间，使得监听机构只能监听该时间内的用户通信。②监听目标界限。法律授权机构授予监听机构的"order"中规定了通信的监听对象，一种是一般对象监听，即监听机构根据委托代理给予的用户 A 的信息可监听用户 A 与任何用户之间的通信，另一种是特定对象监听，即监听机构根据委托代理给予的信息只能监听特定的两个用户，如 A 与 B 之间的通信。外部攻击部分是指除以上四部分外的所有攻击，该密钥托管加密系统的成员都属于该部分，其中主要是对密钥托管加密信道的攻击。

11.2.2　安全密钥托管的过程

执行密钥托管功能的机制是密钥托管代理(Key Escrow Agent，KEA)。密钥托管代理与证书授权认证中心是公钥基础设施的两个重要组成部分，分别管理用户的私钥与公钥。密钥托管代理对用户的私钥进行操作，负责政府职能部门对信息的强制访问，但不参与通信过程。证书授权认证中心作为电子商务交易中受信任和具有权威的第三方，为每个使用公开密钥的客户发放数字证书，并负责检验公钥体系中公钥的合法性；它参与每次通信过程，但不涉及具体的通信内容。认证中心可以不依赖于任何形式的密钥托管机制而独立存在；反过来，密钥恢复基础设施也可以独立于任何一个密钥认证机制。

所有传送的加密信息都带有包含会话密钥的数据恢复域，它由时间戳、发送者的加密证书及会话密钥组成，与密文绑定在一起传送给接收方。接收方必须通过数据恢复域才能获得会话密钥。

密钥托管最关键，也是最难解决的问题是：如何有效地阻止用户的欺诈行为，使所有用户无法逃脱托管机构的跟踪。为防止用户逃避托管，密钥托管技术的实施需要通过政府的强制措施进行。用户必须先委托密钥托管代理进行密钥托管，取得托管证书后才能向证书授权认证中心申请加密证书。证书授权认证中心必须在收到加密公钥对应的私钥托管证书后，再签发相应的公钥证书。

为了防止密钥托管代理滥用职权及托管密钥被泄露，用户的私钥被分解成若干部分，由不同的密钥托管代理负责保存。只有将所有的私钥分量合在一起，才能恢复用户私钥的有效性。一般地，进行密钥托管的过程如下：

(1) 用户选择若干个密钥托管代理，分给每一个代理一部分私钥和一部分公钥。托管代理根据所得到的密钥分量产生相应的托管证书。证书中包括该用户的特定标识符(Unique Identify，UID)、被托管的那部分公钥和私钥、托管证书的编号。密钥托管代理还要用自己的签名私钥对托管证书进行加密，产生数字签名，并将其附在托管证书上。

(2) 用户收到所有托管证书后，将证书和完整的公钥递交给证书授权认证中心，申请加密证书。

(3) 证书授权认证中心检验每份托管证书的真实性，即是否每一个托管代理都保管了一部分有效的私钥分量，并对用户身份加以确认。完成所有的验证工作后，证书授权认证中心生成加密证书，发送给用户。

11.2.3 密钥托管系统的安全和成本

任何一个密钥托管系统，都可能发送涉及到成千家公司和密钥托管代理机构，甚至要求世界范围内的法律执行部门进行合作。并且，随着用户级加密软件和硬件性能的提高。密钥恢复也相应地增加了难度。密钥恢复使用到的实体数量和复杂性，对整个系统的安全和成本有很重要的影响。

密钥托管系统的成本包括：密钥恢复机构的操作成本、产品设计和工程代价、政府监督费用等。在密钥托管系统的设计与实现方面，任何一个潜在的漏洞都可能让非法用户获取相应数据的企图得逞。密钥恢复机制的操作一旦失败，除了不能满足法律执行部门的要求之外，还可能危害到其他正常的操作，甚至整个加密系统的最终安全，如密钥被非法泄露、有价值密钥信息被窃取。

此外，密钥恢复基础设施本身具有一些被非法用户认为极有攻击价值的目标，如以集中方式存储的通信密钥及有关信息的数据库。当用户需要发送密钥给密钥恢复机构时，许多密钥恢复系统要求用户先用代理机构的公钥在本地对密钥加密。如果密钥恢复中心只有一个这样的密钥，那么这个密钥就具有关系全局的价值，但从安全角度上看是一个弱点。当然，为解决这个问题，一般密钥恢复中心可以有很多个这样的密钥。但是在给用户分发这些密钥的时候，也有一定的危险性。因此，在密钥托管系统的设计阶段，应该充分考虑托管系统的处理能力，以及可能引入的风险和需要付出的代价。

11.3 密钥托管加密标准

11.3.1 密钥托管加密标准简介

1993 年 4 月，美国政府为了满足其电信安全、公众安全和国家安全，提出了托管加密标准 EES，该标准所使用的托管加密技术不仅提供了强加密功能，同时也为政府机构提供了实施法律授权下的监听功能。EES 于 1994 年 2 月正式被美国政府公布采用，该标准的核心是一个称为 Clipper 的防窜扰芯片，它是由美国国家安全局(NSA)主持开发的软、硬件结合实现的密码部件。

它有两个核心内容：

(1) 一个加密算法——Skipjack 算法，该算法是由 NSA 设计的，用于加/解密用户间通信的消息。Skipjack 算法是一个对称密钥分组加密算法，密钥长 80bit，输入和输出的分组长均为 64bit。可使用四种工作模式：电码本(ECB)模式，密码分组链接(CBC)模式，64bit 输出反馈(OFB)模式，1、8、16、32 或 64bit 密码反馈(CFB)模式。该算法的实现方式采用供 DES 使用的联邦信息处理标准(FIPS PUB81 和 FIPS PUB81)中定义的四种实现方式。这四种实现方式为：电码本、密码分组链接、64bit 输出反馈和 1、8、16、32 或 64bit 密码反馈模式。该算法已于 1998 年 3 月公布，目前未发现这种算法的陷门。

算法的内部细节在向公众公开以前，政府邀请了一些局外人士对算法作出评价，并公布了评价结果。评价结果认为算法的强度高于 DES，并且未发现陷门。据密码专家们推算，如果采用价值 100 万美元的机器攻破 56bit 的密钥需要 3.5h，而攻破 80bit 的密钥则需要 2000 年；如果采用价值 10 亿美元的机器攻破 56bit 的密钥需要 13s，而攻破 80bit 的密钥则需要 6.7 年。Skipjack 的密钥长是 80bit，比 DES 的密钥长 24bit，因此通过穷搜索的蛮力攻击比 DES 多 224 倍的搜索。所以若假定处理能力的费用每 18 个月减少一半，那么破译它所需的代价要 1.5×24=36 年才能减少到今天破译 DES 的代价。所以对目前任何已知的攻击方法还不存在任何风险，该算法可以在不影响政府合法监视的环境下为保密通信提供加密工具。

(2) 为法律实施部门提供"后门恢复"的权限，即通过法律强制访问域(Law Enforcement Access Field，LEAF)，法律实施部门可在法律授权下，实现对用户通信的监听(解密或无密钥)。这也可以看成是一个"后门"。

11.3.2　EES 密钥托管技术的具体实施

该密钥托管技术具体实施时有三个主要环节：生产托管加密 Clipper 芯片、用托管加密芯片加密通信和法律实施存取(无密钥存取)。

1) 生产托管加密 Clipper 芯片

Skipjack 算法以及在法律授权下对加密结果的存取是通过防窜扰的托管加密芯片来实现的。Clipper 芯片主要包含以下部分：

(1) Skipjack 算法；

(2) 80bit 的族密钥(Family Key，KF)，同一批芯片的族密钥都相同；

(3) 芯片单元识别符；

(4) 80bit 的芯片单元密钥(Unique Key，KU)，它是两个 80bit 的芯片单元密钥分量(KU$_1$，KU$_2$)的异或；

(5) 控制软件。

这些部分都被固化在 Clipper 芯片上。编程过程是在由两个托管机构的代表监控下的安全工厂中进行的，一段时间一批。编程过程如图 11-2 所示。

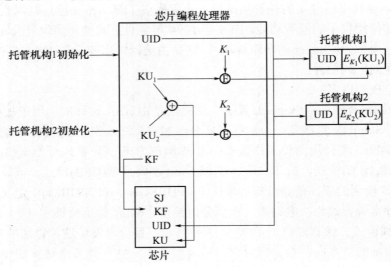

图 11-2　托管加密芯片的编程过程

288

首先,托管机构的代表通过向编程设备输入两个参数(随机数)对芯片编程处理器初始化。芯片编程处理器对每个芯片,分别计算以上两个初始参数和 UID 的函数,作为单元密钥的两个分量 KU_1 和 KU_2。求 KU_1 XOR KU_2,作为芯片单元密钥 KU。UID 和 KU 放在芯片中。然后,用分配给托管机构 1 的密钥 K_1 加密 KU_1 得 $E_{K_1}(KU_1)$。类似地,用分配给托管机构 2 的加密密钥 K_2 加密 KU_2 得 $E_{K_2}(KU_2)$。$(UID, E_{K_1}(KU_1))$ 和 $(UID, E_{K_2}(KU_2))$ 分别给托管机构 1 和托管机构 2,并以托管形式保存。以加密方式保存单元密钥分量是为了防止密钥分量被窃或泄露。

编程过程结束后,编程处理器被清除,以使芯片的单元密钥不能被他人获得或被他人计算,只能从两个托管机构获得加了密的单元密钥分量,并且使用特定的政府解密设备来解密。

2) 用托管加密芯片加密通信

通信双方为了使用 Skipjack 算法加密他们的通信,都必须有一个装有托管加密芯片的安全的防窜扰设备,该设备负责实现建立安全信道所需的协议,包括协商或分布用于加密通信的 80bit 秘密会话密钥 KS。例如,会话密钥可使用 Diffie-Hellman 密钥协商协议,该协议执行过程中,两个设备仅交换公共值即可获得公共的秘密会话密钥。

80bit 的会话密钥 KS 建立后,被传送给加密芯片,用于与初始化向量 IV(由芯片产生)一起产生 LEAF。控制软件使用芯片单元密钥 KU 加密 KS,然后将加密后的结果和芯片识别符 UID、认证符 A 链接,再使用公共的族密钥 KF 加密以上链接的结果而产生 LEAF。其过程如图 11-3 所示。

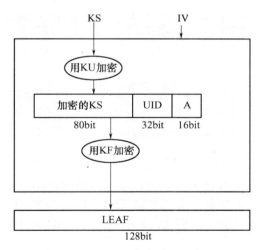

图 11-3 LEAF 产生过程示意图

最后将 IV 和 LEAF 传递给接收芯片,用于建立同步。同步建立后,会话密钥就可用于通信双方的加/解密。对语音通信,消息串(语音)首先应被数字化。图 11-4 显示的是在发送者的安全设备和接收者的安全设备之间传送 LEAF 以及用会话密钥 KS 加密明文消息"Hello"的过程。图中未显示初始向量。

在双向通信(如电话)中,通信每一方的安全设备都需传送一个 IV 和由其设备芯片计算出的 LEAF。然后,两个设备使用同一会话密钥 KS 来加密传送给通信对方的消息,并解密由对方传回的消息。

3) 法律实施存取(无密钥存取)

法律实施存取，也称为无密钥存取，是指在需要对加密的通信进行解密监控时(即在无密钥且合法的情况下)，可通过一个安装好的同样的密码算法、族密钥 KF 和密钥加密密钥 K 的解密设备来实现。

政府机构在进行犯罪调查时，为了监听被调查者的通信，首先必须取得法院的许可证书，并将许可证书出示给通信服务的提供者(电信部门)，并从电信部门租用线路用来截取被监听者的通信。如果被监听者的通信是经过加密的，则被截获的通信首先通过一个政府控制的解密设备，如图 11-4 所示，其中 D 表示解密。解密设备可识别由托管芯片加密的通信，取出 LEAF 和 IV，并使用族密钥 KF 解密 LEAF 以取出芯片识别符 UID 和加密的会话密钥 EKU(KS)。

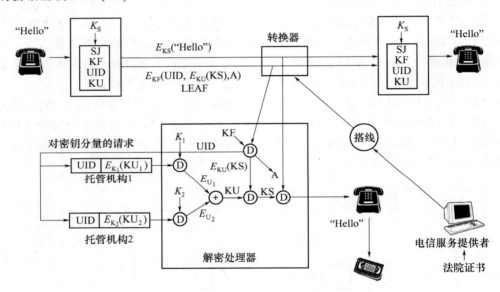

图 11-4 对加密通信的法律实施存取过程

政府机构将芯片识别符 UID、法院许可监听的许可证书、解密设备的顺序号以及政府机构对该芯片的单元密钥分量的要求一起给托管机构。托管机构在收到并验证政府机构传送的内容后，将被加密的单元密钥分量 EK1(KU$_1$)和 EK2(KU$_2$)传送给政府机构的解密设备，解密设备分别使用加密密钥 K_1 和 K_2 解密 EK1(KU$_1$)和 EK2(KU$_2$)以得到 KU$_1$、KU$_2$，求它们的异或 KU$_1$ XOR KU$_2$，即为单元密钥 KU。由单元密钥 KU 解密 EKU(KS)，得被调查者的会话密钥 KS。最后解密设备使用 KS 解密被调查者的通信。为了实现解密，解密设备在初始化阶段，应安装族密钥 KF 和密钥加密密钥 K_1、K_2。

托管机构在传送加密的密钥分量时，也传送监听的截止时间。因此解密设备的设计应使得它到截止时间后，可自动销毁芯片单元密钥及用于得到单元密钥的所有信息。同时，因为每一次新的会话用一新的会话密钥加密，所以解密设备在监听的截止时间之前，在截获调查者新的会话时，可不经过托管机构而直接从 LEAF 中提取并解密会话密钥。因此，除在得到密钥时可有一个时间延迟外，对被截获通信的解密也可在监听的有效期内有一个时间延迟。这种时间延迟对有些案情极为重要，如监听进行绑架的犯罪分子或监听有计划的恐怖活动。

因为被监控的通信双方使用相同的会话密钥，所以解密设备不需要都取出通信双方的 LEAF 及芯片的单元密钥，而只需取出被监听一方的 LEAF 及芯片的单元密钥。如果某人想监听他人的通信，他必须首先能够截获他人的通信，然后必须有一个解密设备和两个经过加密的芯片单元密钥分量。因为制造解密设备必须知道保密算法、族密钥 KF 和密钥加密密钥 K_1、K_2，任何未经授权的人，都不可能私自制造出解密设备，因此无法获得对他人的监听。

11.4 其他几种常见的密钥托管方案简介

1. 门限密钥托管思想

门限密钥托管的思想是将(k, n)门限方案和密钥托管算法相结合。这个思想的出发点是，将一个用户的私钥分为 n 个部分，每一部分通过秘密信道交给一个托管代理。在密钥恢复阶段，在其中的不少于 k 个托管代理参与下，可以恢复出用户的私钥，而任意少于 k 的托管代理都不能够恢复出用户的私钥。如果 $k=n$，这种密钥托管就退化为(n, n)密钥托管，即在所有的托管机构的参与下才能恢复出用户私钥。

2. 部分密钥托管思想

1995 年，Shamir 首次提出了部分密钥托管的方案，其目的是为了在监听时延迟恢复密钥，从而阻止了法律授权机构大规模实施监听的事件发生。

所谓部分密钥托管，就是把整个私钥 c 分成两个部分 x_0 和 a，使得 $c=x_0+a$，其中 a 是小比特数，x_0 是被托管的密钥。x_0 分成许多份子密钥，它们分别被不同的托管机构托管，只有足够多的托管机构合在一起才能恢复 x_0。监听机构在实施监听时依靠托管机构只能得到 x_0，要得到用户的私钥 c，就需要穷举搜出 a。从上面的描述可以看出，一旦监听机构对某个用户实施监听后，监听机构就可以知道用户的私钥 c。这样，用户不得不重新申请密钥。这对诚实合法的用户来说是不公平的。

3. 时间约束下的密钥托管思想

政府的密钥托管策略是想为公众提供一个更好的密码算法，但是又保留监听的能力。对于实际用户来说，密钥托管并不能够带来任何好处，但是从国家安全出发，实施电子监视是必要的。因此，关键在寻找能够最大程度保障个人利益的同时又能保证政府监视的体制。

A. K. Lenstra 等人提出了在时间约束下的密钥托管方案，它既能较好地满足尽量保障个人利益，同时又能保证政府监视的体制。时间约束下的密钥托管方案限制了监听机构监听的权限和范围。方案有效地加强了对密钥托管中心的管理，同时也限制了监听机构的权力，保证了密钥托管的安全性，更容易被用户信任与接受。

第 12 章　公钥基础设施技术

12.1　公钥基础设施概述

为解决 Internet 的安全问题，世界各国对其进行了多年的研究,初步形成了一套完整的全方位、多层次的 Internet 安全解决方案，其中，目前被广泛采用的公共密钥基础设施技术(Public Key Infrastructure，PKI，简称公钥基础设施)，在安全解决方案中占据了重要位置，以下简称为 PKI 技术。PKI 技术是目前网络安全建设的基础与核心，是电子商务安全实施的基本保障，因此，对 PKI 技术的研究和开发成为目前信息安全领域的热点。PKI 技术采用证书管理公钥,通过第三方的可信任机构——认证中心(CA)，把用户的公钥和用户的其他标识信息(如姓名、E-mail、身份证号等)捆绑在一起,在 Internet 上验证用户的身份。目前，通用的办法是采用建立在 PKI 基础之上的数字证书，通过把要传输的数字信息进行加密和签名，以保证信息传输的机密性、真实性、完整性和不可否认性,从而保证信息的安全传输。

12.1.1　PKI 的基本概念

简单来说，PKI 是一种利用公钥密码体制的理论和技术建立起来的提供信息安全服务的、具有普适性的安全基础设施，旨在从技术上解决网上身份识别与认证、信息的保密性、信息的完整性和不可抵赖性等安全问题，为诸如电子商务、电子政务、网上银行和网上证券等网络应用提供可靠的安全服务的基础设施。其核心是解决网络空间中的信任问题，确定网络空间各行为主体身份的唯一性、真实性。

所谓具有普适性的基础设施，就像其他基础设施如电力基础设施能给不同需求的用户提供各种标准的电源插座那样，公钥基础设施也能够为各种不同的安全需求提供各种不同的安全服务，如上面提到的网络中的身份识别与认证、信息的保密性、信息的完整性和不可抵赖性等诸多安全问题。

这里安全基础设施的普适性就是指安全基础设施必须依照同样的原理，同样提供基础服务。它为整个组织提供的是保证安全的基本框架，并且可以被组织内任何需要安全的应用和对象使用。安全基础设施的"接入点"必须是统一的、便于使用的(就像墙上的插座一样)。只有这样，那些需要使用这种基础设施的对象在使用安全服务时，才不会遇到太多的麻烦。

具有普适性的安全基础设施首先应该是适用于多种环境的框架。这个框架避免了零碎的、点对点的，特别是没有互操作性的解决方案，引入了可管理的机制以及跨越多个应用和计算平台的一致的安全性。

安全基础设施能够保证应用程序增强数据和资源的安全，保证增强与其他数据和资源进行交换中的安全。如何使增加安全功能变得更加简单、更加实用是最值得关心的。安全基础设施还必须具有同样友好的接入点，应用程序无需了解基础设施提供安全服务的原理，它只要能得到服务就行了。对于安全基础设施来说，能够提供可测试、一致有效的安全服务是最重要的。

PKI 是一种新的安全技术，本质上，PKI 是一种遵循既定标准的密钥管理平台,它能够为所有网络应用透明地提供采用加密和数字签名等密码服务所需要的密钥和证书管理体系，用户能够利用 PKI 平台提供的安全服务进行安全通信。PKI 技术是信息安全技术的核心，也是电子商务的关键和基础技术。

PKI 的基础技术包括加密、数字签名、数据完整性机制、数字信封、双重数字签名等。但 PKI 技术在实际应用上并不是简单的一种技术，而是一种安全体系和框架。PKI 是硬件、软件、策略和人组成的系统，当完全并且正确的实施后，能够提供一整套的信息安全保障，这些保障对保护敏感的通信和交易是非常重要的。该体系在统一的安全认证标准和规范基础上提供在线身份认证，集成了 CA 认证、数字证书、数字签名等功能。更具体地说，公钥证书、证书管理机构、证书管理系统、围绕证书服务的各种软硬件设备以及相应的法律基础共同组成公开密钥基础设施 PKI。

美国政府的一个报告中把 PKI 定义为全面解决安全问题的基础结构,从而大大扩展了 PKI 的概念。可以认为，采用了公开密钥技术的基础设施就可以称为 PKI。

随着全球经济一体化的进展，世界各国都已经意识到 PKI 对国家和社会信息化的重要性，纷纷推进与 PKI 相关的法律、法规、标准、应用、技术和相关组织。

美国是最早推动 PKI 建设的国家，美国早在 1996 就开始重视 PKI 的研究和建设工作。1998 年中国的电信行业建立了我国第一个行业议证中心，此后金融、工商、外贸、海关和一些省市也建立了自己的行业议证中心或地方议证中心。

12.1.2 PKI 的基本原理

公钥基础设施 PKI，顾名思义，PKI 是基于公钥密码技术的。要想深刻理解公钥基础设施 PKI 的基本原理，就一定要对 PKI 涉及到的密码学知识有比较透彻的理解。下面回顾一下前面学过的相关的密码学知识。

对于普通的对称密码学，加密运算与解密运算使用同样的密钥。通常使用的加密算法比较简便高效，密钥简短，破译极其困难，由于系统的保密性主要取决于密钥的安全性，所以，在公开的计算机网络上安全地传送和保管密钥是一个严峻的问题。正是由于对称密码学中双方都使用相同的密钥，因此无法实现数据签名和不可否认性等功能。而与此不同的非对称密码学，具有两个密钥，一个是公钥，一个是私钥，它们具有这种性质：用公钥加密的文件只能用私钥解密，而私钥加密的文件只能用公钥解密。公钥顾名思义是公开的，所有的人都可以得到它；私钥也顾名思义是私有的，不应被其他人得到，具有唯一性。这样就可以满足电子商务中需要的一些安全要求。比如说要证明某个文件是特定人的，该人就可以用他的私钥对文件加密，别人如果能用他的公钥解密此文件，说明此文件就是这个人的，这就可以说是一种认证的实现。还有如果只想让某个人看到一个文件，就可以用此人的公钥加密文件然后传给他，这时只有他自己可以用私钥解密，这可以说是保密性的实现。基于这种原理还可以实现完整性。这就是 PKI 所依赖的核心思想，这部分对于深刻把握 PKI 是很重要的，而恰恰这部分是最有意思的。

比如在现实生活中，我们想给某个人在网上传送一个机密文件，该文件只想让那个人看到，我们设想了很多方法，首先想到了用对称密码将文件加密，而在把加密后的文件传送给他后，又必须让他知道解密用的密钥，这样就又出现了一个新的问题，就是如何保密的传输该密钥，此时我们发现传输对称密钥也不可靠。

后来可以改用非对称密码的技术加密，此时发现问题逐渐解决了。然而又有了一个新的问题产生，那就是如何才能确定这个公钥就是某个人的，来看下面一个典型的例子：

现假设用户 A 希望给用户 B 传送一份机密的文件，用户 A 要求 B 将其公钥发给 A。但是恰好在这时候，怀有恶意的攻击者第三方用户 C 插进来，将他自己的公钥发送给用户 A，并同时欺骗用户 A 声称这就是用户 B 的公钥，自己冒充用户 B 与 A 进行通信。一旦用户 A 相信了攻击者 C，那么他就用 C 的公钥对文件进行加密后并发送给用户 B。攻击者 C 在途中截获到加密的文件，那么他就可以用 C 自己的私钥对文件进行解密，这样机密文件便被用户 C 给窃取了。

从上面简单的例子可以看出，就算是采用非对称密码技术，仍旧无法保证保密性的实现，为什么会这样呢？问题的根源就在于缺乏有效的对公钥的认证机制。用户 A 泄露机密文件的根源就在于用户 A 无法验证它接收到的用户 B 的公开密钥是否确实就是用户 B 真正合法的公钥。

那么如何才能确切地得到想要的人的公钥呢？这时就需要一个仲裁机构，或者说是一个权威的机构，它能准确无误的提供需要的人的公钥，这就是认证中心。

这实际上也是应用公钥技术的关键，即如何确认某个人真正拥有公钥(及对应的私钥)。在 PKI 中，为了确保用户的身份及他所持有密钥的正确匹配，公开密钥系统需要一个值得信赖而且独立的第三方机构充当权威认证中心，它是通信双方都信赖的颁发证书的机构，是 PKI 的核心组成部分，来确认公钥拥有人的真正身份。就像公安局发放的身份证一样，由权威认证中心发放一个叫"数字证书"的身份证明。数字证书是网络用户的身份证明，相当于现实生活中的个人身份证。比如某人介绍自己说："我是张三"。那么另外一个人可能会怀疑，怎么能确定某人到底是张三还是李四呢？而张三一旦出示自己的居民身份证后，那么就可以相信这个人的确是张三，不是李四。因为身份证上除了有相片、姓名之外，最重要的是还有发证机构——公安局的印章。这里的第三方的公安部门就是双方都认可的可信第三方，也就是前面提到的权威认证中心。公安部门颁发的居民身份可以有效地证明某人的真实合法的身份。数字证书在网上正好也是起到这个作用的。这个数字证书包含了用户身份的部分信息及用户所持有的公钥。像公安局对身份证盖章一样，认证中心利用本身的私钥为数字证书加上数字签名。证书机构用自己的私钥签名了数字证书，意味着承诺："我已经对这个证书进行了签名，保证是这个用户持有指定的公钥，请相信我"。密码学家们以现实世界的居民身份证为参考模型，设计了一种用于虚拟世界的网络身份证——数字证书(Digital Certificate)，并且通过数字证书巧妙地将公钥及其拥有者的真实身份绑定在一起，有点类似于现实生活中的居民身份证。所不同的是数字证书不再是纸质的证照，而是一段含有证书持有者身份信息并经过认证中心审核签发的电子数据，可以更加方便灵活地运月在电子商务和电子政务中。采用这种方式生成的数字证书的基本结构如图 12-1 所示。

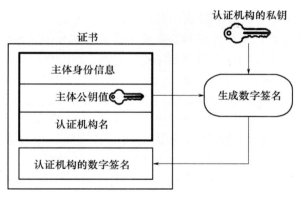

图 12-1　数字证书的基本结构

目前数字证书的格式普遍采用的是 X.509 V3 国际标准，内容包括证书序列号、证书持有者名称、证书颁发者名称、证书有效期、公钥、证书颁发者的数字签名等。数字证书和居民身份证内容大致对应关系如表 12-1 所示。

表 12-1　数字证书和居民身份证内容对比

数 字 证 书	居民身份证
证书序列号	身份证编号
证书持有者名称	姓名/性别/民族/出生日期/住址
有效期起始日期/终止日期	颁发日期/有效年限
证书颁发者(认证中心)	发证公安机关
公钥	相片
颁发者的数字签名	发证公安机关盖章和防伪标志

数字证书与居民身份证不仅在内容上极为相似，而且在使用和验证上也显得颇有雷同。请读者回想一下拿着存折到银行取款的情形。在取到款之前，银行柜员将做些什么呢？如果前台柜员足够负责任的话，会要求出示用户的存折和个人身份证，然后比对身份证的名字与存折的账户名是否一致，接着会查验用户的身份证是否有效，比如身份证是否在有效期之内、是否有公安机关的盖章、防伪标志是不是真实的等。当验明身份证是有效的之后，柜员还将做最后一步操作，比照身份证上的照片和本人是否一模一样。只有上述所有步骤均通过以后，柜员才会放心地把款发放给用户，用户也才能正大光明地取到款项。

认证中心颁发的证书上有认证中心的数字签名，即用自己的私钥加密的。用户在获得自己的身份证书后，就可以使用证书来表明自己的身份，接收方只需要使用 CA 的公钥来验证用户证书，如果验证成功，就可以信任该证书描述的用户的身份和证书上公钥是真实的。证书的签发/验证充分利用了公开密钥算法的数据签名和验证功能，杜绝了冒充身份的可能性。任何想发放自己公钥的用户，可以去认证中心申请自己的证书。认证中心在鉴定该人的真实身份后，颁发包含用户公钥的数字证书，因此，这个数字证书通常也称为公开密钥证书，或者简称为公钥证书。其他用户只要能验证证书是真实的，并且信任颁发证书的认证中心，就可以确认用户的公钥。认证中心是公钥基础设施的核心，有了大家信任的认证中心，用户才能放心方便地使用公钥技术带来的安全服务。

认证中心是用户向外发布证书的主要渠道，当然，用户也可以通过其他的渠道(如网页和媒体)来发布证书。这种证书是无法伪造的。认证中心的公钥 PKC_A 可以通过多种有公信力的渠道公告给广大用户，因此，认证中心的公钥 PKC_A 也是无法伪造的。现在再来看看前面提到的典型的例子。在前面的用户 A 和 B 通信的例子中，怀有恶意的攻击者第三方用户 C 插进来，将他自己的数字证书(公钥证书)发送给用户 A，并同时欺骗用户 A 声称这就是用户 B 的公钥，试图自己冒充用户 B 与 A 进行通信。那么用户 A 这时候可以利用认证中心的公钥来验证这个用户证书，发现这个公钥证书不是 B 的证书，上面的公钥信息也不是用户 B 的公钥。从而有效地发现了其他用户冒充用户 B 的欺骗，防止了机密文件的泄露。

数字证书提供了一种系统化的、可扩展的、统一的、容易控制和验证的公钥分发方法，是一个防篡改的数据集合。利用数字证书，可以证实一个公开密钥与某一最终用户之间的捆绑。为了提供这种捆绑关系，需要一组大家都公认的可信第三方实体或者机构来担保用户的身份。这里的第三方实体就是证书的颁发机构认证中心，它向用户颁发数字证书，证书中含有用户名、公开密钥以及其他与身份相关的信息。由于这些信息都由证书颁发机构用自己的私钥对其进行了数字签名，这就使得攻击者不能伪造和篡改数字证书。

这就形成了一个证明这个公开密钥可靠性的证书，因而就可以传输和存储这些证书了。

在上面的讨论中，我们知道通过公众认可的可信的认证中心的公钥 PK_{CA} 来验证证书的真伪，这时候又会产生一个新的问题，在现实世界中，公安部门可以作为大家公认的可信第三方作权威机构认证中心，但是在网络中大家公认的可信第三方应该是谁呢？它为什么可信呢？还有所有的认证中心能否都使用相同的公钥 PK_{CA} 和私钥 SK_{CA} 密钥对？答案当然是否定的，如果这样将会对系统的安全带来极大的隐患。不同的认证中心使用不同的公钥和私钥对所带来的问题是如果保证用户获得某个认证中心的公钥不是伪造的。

在大型网络中，这样的证书颁发机构认证中心有很多个。例如全国乃至全球不可能只有一个认证中心，应该有多个负责一个地区的或者一个城市的认证中心。那么某个城市的用户又是如何确定另外一个城市的认证中心所提供的证书呢？如果这些认证中心之间存在信赖关系，则用户就可以通过一个签名链去设法认证其中任一认证中心所签发的公钥证书。

另外，如果一个用户已经申请了一个证书，后来该用户因为担心私钥泄密等原因而要求撤销证书时，如何有效地撤销证书并及时向其他用户发布该证书已经撤销的消息？这一系列的问题就是 PKI 所应该解决的。

因此，需要有一整套的方案和机制来管理、控制证书的全过程，包括证书的生成、更新、撤销和交叉认证等。概括地说，PKI 就是对这些公开密钥证书的管理体制。

综上所述，PKI 通过引入证书机制来解决公钥密码体制中密钥的分配与管理问题。PKI 的基本原理就是 PKI 是一个利用现代密码学的公钥密码理论和技术、并在开放的 Internet

网络环境中建立起来的提供数据加密以及数字签名等信息安全服务的的基础设施。

PKI 技术从本质上说是一种公证服务，它通过离线的数字证书来证明某个公钥的真实性，并通过引入证书撤销列表来确认某个公钥的有效性。

12.1.3 PKI 的基本组成

PKI 在实际应用上是一套软硬件系统和安全策略的集合，它提供了一整套安全机制，使用户在不知道对方身份或分布地很广的情况下，以证书为基础，通过一系列的信任关系进行通信和电子商务交易。

为了确保信息的安全传输，一个有效的 PKI 系统必须是安全的和透明的。用户在获得加密和数字签名的服务时，不需要详细地了解 PKI 是怎样管理证书和密钥的。一个典型、完整、有效的 PKI 应用系统至少应包括以下五个部分：权威认证机构(CA)、数字证书库、密钥备份及恢复系统、证书作废系统、应用接口(API)等基本构成部分，构建 PKI 也将围绕着这五大部分来构建。

1) 认证机构(CA)

通常来说，CA 是证书的签发机构，CA 是 PKI 应用中权威的、可信任的、公正的第三方机构，必须具备权威性的特征，它是 PKI 系统的核心，也是 PKI 的信任基础，它管理公钥的整个生命周期。由于 CA 是 PKI 系统的核心，CA 的运作要求是很高的。如果 CA 出现故障停止对外服务，整个 PKI 系统就会瘫痪。因此，CA 自身的安全性显得无比重要。作为 CA 其主要作用是发放和管理数字证书，涉及到数字证书的整个生命周期，包括发放证书、规定证书的有效期和通过发布证书撤销列表(Certificate Revocation Lists，CRL，又称证书废除列表或者证书黑名单)确保必要的情况下可以废除证书等。

CA 的功能具体描述如下：

① 接收验证最终用户数字证书的申请。

② 确定是否接受最终用户数字证书的申请——证书的审批。

③ 向申请者颁发、拒绝颁发数字证书——证书的发放。

④ 接收、处理最终用户的数字证书更新请求——证书的更新。

⑤ 接受最终用户数字证书的查询、撤销。

⑥ 产生和发布证书撤销列表 CRL。

⑦ 数字证书的归档。

⑧ 密钥归档。

⑨ 历史数据归档。

在信息网络中，认证中心 CA 为了实现其功能，主要由以下三部分组成：

① 注册服务器：用户要使用 CA 提供的服务，首先就要进行注册。PKI 一般提供在线申请方式和离线申请方式。通过 Web Server 建立的站点，可为客户提供 24×7 不间断的服务。客户在网上提出证书申请和填写相应的证书申请表，免去了排队等候的烦恼。注册功能也可以由 CA 直接实现，但随着用户的增加，为了减轻 CA 的负担，一般要引入多个注册机构(Registry Authority, RA)，这样可以分担 CA 的功能，作为 CA 和最终实体之间的中间实体，负责控制注册过程中与证书申请者面对面的审核、证书申请者的信息录入、证书发放以及其他密钥和证书生命周期过程中最终实体和 PKI 之间的信息交换。

其主要的功能是负责证书申请者的登记和初始鉴别，增强可扩展性，具体地说就是主体注册证书时个人身份认证、确认主体所提供的信息的有效性、根据被请求证书的属性确定主体的权利、确认主体确实拥有注册证书的私钥(这一般称为拥有证据)、在需要撤销证书时向 CA 报告密钥泄露或者终止事件、产生公/私钥对、代表主体开始注册过程、私钥归档、开始密钥恢复处理、包含私钥的物理令牌的分发等。然后，应该特别注意的是，任何情况下 RA 都不能代表 CA 发起关于主体的可信声明，既不能代表 CA 验证主体的身份，也不允许 RA 颁发证书或颁发证书撤销列表。RA 系统是整个 CA 中心得以正常运营不可缺少的一部分。有的 PKI 系统中(例如在一些规模较小的 PKI 中)，将 RA 合并在 CA 中。

② 证书申请受理和审核机构：负责证书的申请和审核。它的主要功能是接受客户证书申请并进行审核。

③ 认证中心服务器：是数字证书生成、发放的运行实体，同时提供发放证书的管理、证书撤销列表的生成和处理等服务。

认证中心 CA 为了实现其功能，它的物理架构 一般包括下面几个部分：

① CA 服务器，用于接收证书申请、证书生成、证书作废、证书恢复等操作。

② 数据库服务器，用于记录用户信息、证书信息、黑名单信息、操作日志等。

③ 目录服务器，存放发出的证书和证书撤销列表，提供证书下载和发布证书撤销列表。

④ 操作终端，证书申请、作废、查询、统计、设置等操作。

⑤ 硬件加密机/卡，保存 CA 根私钥，用于对证书进行签名。

在具体实施时，CA 必须做到以下几点：

① 验证并标识证书申请者的身份。

② 确保 CA 用于签名证书的非对称密钥的质量。

③ 确保整个签证过程的安全性，确保签名私钥的安全性。

④ 证书资料信息(包括公钥证书序列号、CA 标识等)的管理。

⑤ 确定并检查证书的有效期限。

⑥ 确保证书主体标识的唯一性，防止重名。

⑦ 发布并维护作废证书列表。

⑧ 对整个证书签发过程做日志记录。

⑨ 向申请人发出通知。

在这其中最重要的是 CA 自己的一对密钥的管理，它必须确保其高度的机密性，防止他方伪造证书。CA 的公钥在网上公开，因此整个网络系统必须保证完整性。CA 的数字签名保证了证书(实质是持有者的公钥)的合法性和权威性。

一般而言公钥有两大类用途，一个是用于验证数字签名，一个是用于加密信息。前者指的是消息的接收者使用发送者的公钥对消息的数字签名进行验证。后者指的是消息发送者使用接收者的公钥加密用于加密消息的密钥,进行数据加密密钥的传递。相应地在 CA 系统中也需要配置用于数字签名/验证签名的密钥对和用于数据加密/解密的密钥对，分别称为签名密钥对和加密密钥对。由于两种密钥对的功能不同，管理起来也不大相同，所以在 CA 中为一个用户配置两对密钥，两张证书。

① 签名密钥对。签名密钥对由签名私钥和验证公钥组成。签名私钥具有日常生活中

公章、私章的作用，为了保证其唯一性，签名私钥绝对不能做备份和存档，丢失后只需重新生成新的密钥对，原来的签名可以使用旧公钥的备份来进行验证。验证公钥是需要存档的，用于验证旧的数字签名。用来做数字签名的这一对密钥一般可以有较长时间的生命期。

② 加密密钥对。加密密钥对由加密公钥和解密私钥组成。为了防止密钥丢失时丢失数据，解密私钥应该进行备份，同时还需要存档，以便在任何时候解密历史密文数据。加密公钥无需备份和存档，加密公钥丢失时，只需重新产生密钥对。

从上面可以看出，这两对密钥的密钥管理机制要求存在相互冲突的地方，因此，系统必须针对不同的作用使用不同的密钥对。

2) 数字证书库

证书库是证书的集中存放地，用于存储 CA 已签发的数字证书及公钥，以便于用户可以从此处获得其他用户的数字证书以及公钥信息，所以，证书库也是扩展的 PKI 系统的一个有机的组成部分，因为一个大规模的 PKI 系统没有证书库是无法使用的。因此，它必须使用某种稳定可靠的、规模可扩充的在线资料库系统，是网上的一种公共信息库，供广大公众进行开放式查询，这是非常关键的一点，因为我们构建 CA 的最根本目的就是获得他人的公钥。目前通常的做法是将证书和证书撤销信息发布到一个数据库中，成为目录服务器，因此，数字证书库常用目录服务器提供服务，数字证书库的实现方式包括 X.500 协议、轻量级目录访问协议(LDAP)、Web 服务器(WWW)、FTP 服务器、数据库等，其中最为常用的实现方式是轻量级目录访问协议(LDAP)，使得用户可由此获得所需的其他用户的证书及公钥。其标准格式采用 X.500 系列。随着该数据库的增大，可以采用分布式存放，即采用数据库镜像技术，将其中一部分与本组织有关的证书和证书撤销列表存放到本地，以提高证书的查询效率。这一点是任何一个大规模的 PKI 系统成功实施的基本需求，也是创建一个有效的认证机构 CA 的关键技术之一。

3) 密钥备份及恢复系统

如果用户丢失了用于解密数据的密钥，则数据将无法被解密，这将造成合法数据丢失。为避免这种情况，PKI 提供备份与恢复密钥的机制。但须注意，密钥的备份与恢复必须由可信的机构来完成。值得强调的是，密钥备份与恢复只能针对解密密钥，而签名私钥不能够做备份。因为在加密密钥对中加密密钥通常用于分发会话密钥，为防止密钥丢失时丢失数据，解密密钥应进行备份。这种密钥应频繁更换。而对于签名密钥对来说，签名私钥相当于日常生活中的印章效力，签名私钥为确保其唯一性而不能够做备份。签名密钥的生命期较长。

4) 证书作废系统

证书作废处理系统是 PKI 的一个必备的组件。与日常生活中的各种身份证件一样，证书在 CA 为其签署的有效期以内也可能需要作废，由于现实生活中的一些原因，比如说私钥的泄露、当事人的失踪死亡等情况的发生，原因可能是密钥介质丢失或私钥的泄露、当事人的失踪死亡以及用户身份变更(例如，A 公司的职员 a 辞职离开公司,这就需要终止职员 a 证书的生命期)等情况发生，应当对其证书进行撤销。这种撤销应该是及时的，因为如果撤销延迟的话，会使得不再有效的证书仍被使用，将造成一定的损失。在 CA 中，证书的撤销使用的手段是证书撤销列表或称为 CRL。即将作废的证书放入 CRL 中，并及时地公布于众，根据实际情况不同可以采取周期性发布机制和在线查询机制两种方式。为实现这一点，PKI 必须提供作废证书的一系列机制。作废证书有如下三种策略：

① 作废一个或多个主体的证书。

② 作废由某一对密钥签发的所有证书。

③ 作废由某 CA 签发的所有证书。

作废证书一般通过将证书列入证书撤销列表 CRL(CRL 一般存放在目录系统中)中来完成。通常，系统中由 CA 负责创建并维护一张及时更新的 CRL，而由用户正在验证证书时负责检查该证书是否在 CRL 之列。证书的作废处理必须在安全及可验证的情况下进行，必须确保 CRL 的完整性。

还有，一个证书的有效期是有限的，这样规定既有理论上的原因，又有实际操作的因素。在理论上诸如关于当前非对称算法和密钥长度的可破译性分析，同时在实际应用中，证明密钥必须有一定的更换频度，才能得到密钥使用的安全性。因此一个已颁发的证书(密钥)需要有过期的措施，以便更换新的证书(密钥)。为了解决密钥更新的复杂性和人工干预的麻烦，应由 PKI 本身自动完成密钥或证书的更新，完全不需要用户的干预。它的指导思想是：无论用户的证书用于何种目的，在认证时，都会在线自动检查有效期，当失效日期到来之前的某时间间隔内，自动启动更新程序，生成一个新的证书来替代旧证书。

5) PKI 应用接口(API)

建设 PKI 的意义在于有各种应用系统来使用 PKI，而不在于建设 PKI 系统本身。PKI 的价值也在于使用户能够方便地使用 PKI 提供的加密、数字签名等安全服务，因此一个完整的 PKI 必须提供友好的应用程序接口系统(Application Programming Interface，API)，使得各种各样的应用能够以安全、一致、可信的方式与 PKI 交互，使用 PKI 应用接口来提供安全服务带来的最大好处是：所有的安全服务都是透明提供的，用户不需要知道公钥、私钥、证书或 CA 机构的细节，从而确保安全网络环境的完整性和易用性，同时降低管理维护成本。最后，PKI 应用接口系统应该是跨平台的。

12.1.4　PKI 中密钥和证书的管理

概括地说，PKI 系统提供的功能与操作有以下 12 种：①终端实体注册；②用户资料审核；③密钥对产生与验证；④证书的申请；⑤证书创建与密钥/证书分发；⑥证书的检索与获取；⑦证书的使用和验证；⑧密钥备份和恢复；⑨自动密钥更新；⑩证书的挂起与废除；⑪密钥/证书存档；⑫交叉认证。

我们可以将 PKI 系统提供的这 12 种功能与操作通过表 12-2 进行简要的描述。

表 12-2　PKI 系统提供的 12 种功能与操作

功　能	描　述	实　现
①用户注册、登记	用户向注册机构 RA 或者 CA 提出注册请求，并提供相应的注册材料，搜集用户信息，验证、审核用户身份，受理用户的证书申请和审批	CA 或 RA 的功能
②用户资料审核	RA(或者 CA)对申请者提交的申请材料进行审核，验证用户所提交的材料是否真实可靠，然后把通过验证的材料转交给 CA	CA 或 RA 的功能

功 能	描 述	实 现
③密钥对产生与验证	CA 自己的密钥对由自己产生；RA 的密钥对可由自己或第三方产生；用户的密钥对由 CA 或者用户自己产生	CA 、RA 或用户
④证书的申请	申请者提交的材料和用户的身份验证通过后，CA 受理用户的证书申请	CA
⑤证书创建与密钥/证书分发	CA 为通过验证的用户生成证书并用自己的私钥进行签名后分发给用户	CA
⑥证书的检索与获取	无论是验证签名还是加密信息，用户都必须事先获取对方的公钥证书，并同时查询用户证书的状态	证书库、CRL
⑦证书的使用和验证	使用证书生成签名或者加密信息；验证用户的证书的真实性、有效性和可用性	CA、CRL
⑧密钥备份和恢复	为了减少用户私钥丢失带来的损失，通行的办法是备份并能恢复密钥	CA
⑨自动密钥更新	为了增强系统的安全性，采取一定的安全策略对密钥进行自动更新	CA 自动实现
⑩证书的挂起与废除	根据用户的需要挂起证书或者由于用户或者 CA 私钥的泄露以及用户与组织关系的变化来废除旧证书，生成并发布证书撤销列表(证书黑名单)CRL	CA、用户
⑪密钥/证书存档	为了对密钥/证书进行历史恢复、审计和解决纠纷和争议的需要，对密钥/证书的历史资料进行存档	CA 自动实现
⑫交叉认证	基于证书链机制对证书进行验证	CA

　　为了使读者更好地理解 PKI 提供的这些系统的功能与操作，下面结合密钥/数字证书的生命周期全过程来加以说明。与人类等生命类似，密钥/证书有自己的生命周期。密钥/证书从产生、使用到销毁也具有一定的生命周期。密钥/数字证书的生命周期全过程如图12-2 所示。

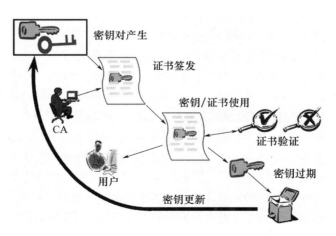

图 12-2　密钥/证书的生命周期

密钥/数字证书的生命周期大体可以分为三个不同的阶段，即终端实体初始化阶段，证书的颁发和使用阶段及证书的撤销阶段。下面详细讨论各个阶段。

1. 初始化阶段

在终端实体能够使用 PKI 支持的服务之前，它们必须经过 CA 初始化(证书生成与发布)以进入 PKI 系统。初始化过程由以下几步组成：

1) 终端实体注册

终端实体要使用 CA 提供的服务，首先就要进行注册。这里所说的终端实体既可以是具体的实体，例如想要申请证书的用户，还可以是网络设备(如路由器)等，还可以是进程等虚拟实体。终端实体注册是单个用户或者进程的身份被建立和验证的过程。PKI 一般提供在线申请方式和离线申请方式。

2) 用户资料审核

为了减轻 CA 的负担，一般由 RA 对申请者提交的申请材料进行审核，并根据证书级别不同，审核用户相关的关键资料与证书请求信息的是否真实、一致。RA 提供 CA 和用户之间的界面，它用于捕获和确认用户的身份并提交证书请求给 CA，也就是说，RA 一般只负责验证用户所提交的材料是否真实可靠，然后把通过验证的材料交给 CA，由证书服务器生成证书。更高级别的证书需要由 CA 进行进一步的审核。

3) 密钥对产生与验证

密钥对可以在终端实体注册过程之前或者直接响应终端实体注册过程时产生。CA 自己的密钥对由自己产生。RA 的密钥对可由自己或第三方产生。

用户的密钥对有两种产生的方式：

(1) 用户自己生成密钥对，然后将公钥以安全的方式传送给 CA，该过程必须保证用户公钥的验证性和完整性。

(2) CA 替用户生成密钥对，然后将其以安全的方式传送给用户，该过程必须确保密钥对的机密性，完整性和可验证性。该方式下由于用户的私钥为 CA 所产生，所以对 CA 的可信性有更高的要求。CA 必须在事后自动销毁用户的私钥。

4) 证书创建与密钥/证书分发

无论密钥对在哪里产生，创建证书的责任将唯一地由权威认证中心 CA 来承担。CA 为审核通过的用户签发证书，该证书是用 CA 自己的私钥进行签名的。然后 CA 为用户发放该证书，这样用户可以使用 CA 签发的证书作为他在 PKI 系统内通行的安全性凭证。证书的分发也可采取两种方式：一是在线直接从 CA 进行下载；二是 CA 将证书制作成介质(磁盘或 IC 卡)后，由申请者带走。如果用户的公钥是由用户自己产生而不是由 CA 所产生的，那么该公钥必须被安全地传送到 CA 以便用户的公钥能够被顺利地放入(灌制)到证书介质中。常见的证书介质有：①直接存放在磁盘或自己的终端(如路由器等)上，用户将磁盘中的证书复制到自己的 PC 机上，当用户便用自己的 PC 机享受电子商务服务时，直接读入即可；②使用 IC 卡存放，只有正确输入 IC 卡口令后才能将卡中的私钥和证书读出来；③USB Key，使得用户的私钥不出卡，所有的运算均在硬件内完成，从根本上保证了用户的私钥的安全。最后，CA 负责将用户的数字证书发布到相应的目录服务器(证书库)。

5) 密钥备份

用户在申请证书的初始阶段，如果在注册时声明公钥/私钥对是用于数据加密，则出于对数据机密性的安全需求,在初始化阶段也可以包括由可信第三方对密钥和证书的备份。一个给定的密钥是否由可信第三方进行备份是要根据具体的安全策略和要求来决定的。要求在初始化过程中进行备份也是可能的。

密钥备份的功能可能被颁发相应证书的CA执行或者可以被一个单独的密钥备份和恢复设备支持。

图12-3给出了系统初始化的详细过程。

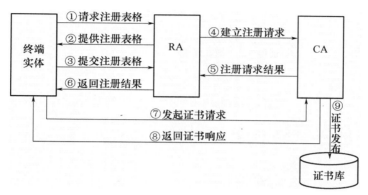

图 12-3　系统初始化的详细过程

2. 证书的颁发和使用阶段

一旦注册完成后,私钥和公钥证书已经被产生和适当地分发,信任关系就在 CA 和最终用户之间建立起来了,此时密钥/证书生命周期管理的颁发阶段就开始了。这个阶段包括:

1) 证书检索与获取

远程资料库的证书检索,证书检索与访问一个终端实体证书的能力有关。检索一个终端实体证书的需求可能被两个不同的使用要求所驱动:加密发给其他实体的数据的需求和验证一个实体从另外一个实体收到的数字签名的需求。

2) 证书的使用和验证

当用户向某一服务器提出访问请求时,服务器要求用户提交数字证书。收到用户的数字证书后,按下面的三个步骤(见图12-4)对该用户的数字证书进行验证:

第一步,验证证书的真实性。

验证证书的真实性是指确定证书是否为可信任的 CA 认证中心签发。

服务器利用 CA 的公开密钥对 CA 的签名进行解密,获取信息的散列值。然后服务器用与 CA 相同的散列算法对证书的信息部分进行处理,得到一个散列值。最好,CA 将此计算得到的散列值与对签名解密所得到的消息的散列值进行比较,如果二者相等,则表明这个证书确实是 CA 签发的,而且是完整性未被篡改的合法证书。这样,用户便通过了身份认证。服务器从证书的信息部分取出用户的公钥,以后向用户传送数据时,便以此公钥进行加密,这信息只有持有该证书的用户才能进行解密。

上面是在结构简单的、最基本的 PKI 的验证方法。在结构复杂的 PKI 系统中,证书真实性的验证一般是基于证书链验证机制的,如图12-5 所示。

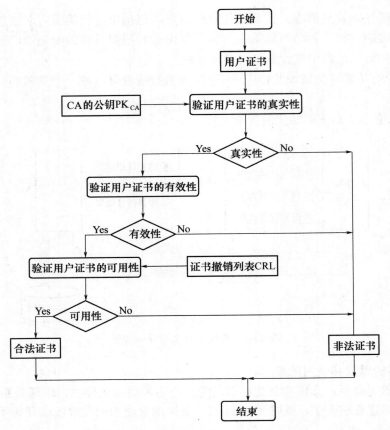

图 12-4　数字证书验证的三个步骤

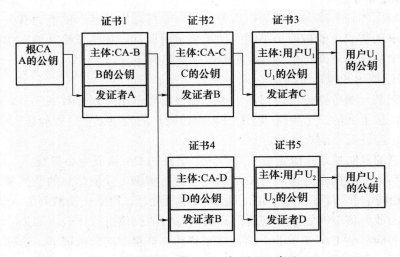

图 12-5　基于证书链验证机制的证书验证

第二步，验证证书的有效性。

检查该证书的有效期，确定证书是否在证书的有效使用期之内，证书有效性的验证是通过比较当前时间与证书截止时间来进行的。并检查该证书的预期用途是否符合 CA

304

在该证书中指定的所有策略限制。

第三步，验证证书的可用性。

验证证书是否已废除，证书可用性的验证是通过证书撤销机制来实现，即在证书撤销列表(CRL)中查询确认该证书是否被 CA 撤销，关于这方面更详细的内容稍后进行讨论。

3) 密钥恢复

在任何可操作的 PKI 系统中，在密钥/证书的生命周期内都会有部分用户丢失他们的私钥，可能有如下的原因：①用户遗失加密私钥的保护口令；②存放用户私钥的媒体遗失或者被损坏，例如硬盘、U 盘或者 IC 卡遭到破坏。在很多环境下，由于丢失密钥导致被保护数据的丢失或不可访问所造成的损失是非常巨大的，如果没有密钥备份和恢复能力，这可能导致企业的关键信息的永远丢失，因此，通行的办法是备份并能恢复密钥。这样，密钥/证书管理生命周期中包括从远程备份设施如可信密钥恢复中心或者 CA 中恢复私有加密密钥的能力。因为可扩展性和将系统管理员及终端用户的负担和风险减至最小的原因，这个过程必须尽可能最大程度地自动化。任何综合的生命周期管理协议必须包括对这个能力的支持。

4) 自动密钥更新

一个证书的有效期是有限的，很多时候即使在密钥没有被泄露的情况下，密钥也应该定时更换，这既可能是理论上的原因也可能是基于某种安全策略上的考虑。在理论上诸如关于当前非对称算法和密钥长度的可破译性分析，同时在实际应用中，证明密钥必须有一定的更换频度，才能得到密钥使用的安全性。因此，当一个合法的密钥对/证书即将过期时，PKI 系统必须要能实现新的公/私钥的自动产生和相应证书的自动颁发。因为 PKI 系统的扩展性，这个过程必须是自动的。因为如果要让用户手工操作定期更新自己的公钥证书是一件非常令人头痛的事情，用户常常会忘记自己的证书的过期时间，他们通常在认证失败时才发现自己的密钥/证书已经过期了，往往显得为时已晚。如果用户忘记了定期进行更新，那么他们就不能正常获得 PKI 系统提供的相关安全服务。进一步讲，如果用户处于这种状态下，更新过程会更为复杂，要求与 CA 带外交换数据(类似于初始化过程)。因此，有效的解法办法是 PKI 系统本身应该能够自动完成密钥或者证书的更新，而无需用户的干预。无论用户的证书用于何种目的和用途，都会检查其有效期，当失效日期到来时，PKI 系统自动启动更新过程，生成一个新的密钥/证书来代替旧证书，但用户请求的事务处理继续进行。此外，任何综合的生命周期管理协议都必须包括对这个能力的支持。另外，这个过程应该对终端用户完全透明。

密钥自动更新的方式也有很多种，在 PKI 系统中的各个实体可以在同一天，也可以在不同的时间更换密钥。

更新密钥时要注意密钥的更换时间。无论是签发者或者是被签发者的密钥作废时，都要与每个证书的有效截止日期保持一致。

① 如果 CA 和其下属的密钥同时到达有效截止日期，则 CA 和其下属实体同时更换密钥，CA 用自己的新私钥为下属成员的新公钥签发新的证书。

② 如果 CA 和其下属的密钥不是同时到达有效截止日期，当用户的密钥到期后，CA 将用它当前的私钥为用户的新公钥签发证书；而如果 CA 的密钥先行到达截止日期，则

CA 用新私钥为所有用户的当前公钥重新签发证书。

不管是使用哪一种更新方式，PKI 中的各个实体都应该在密钥截止日期到达之前，取得新密钥对和新证书。在截止日期达到后，PKI 中的实体便开始使用新的私钥对数据签名，同时，应该将旧密钥和证书进行归档保存。

3．证书的撤销阶段

密钥/证书生命周期管理以证书的撤销阶段来结束，图 12-6 给出了证书撤销的示意图。这个阶段包括如下的内容：

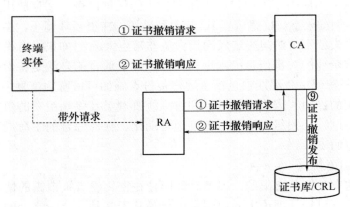

图 12-6　证书撤销示意图

1）证书自然过期

证书自然过期是指一个证书的有效期到达证书的结束时间，有效期自然结束，这是证书的一种正常终止状态。

2）证书的废除

证书的废除(Certification Revocation)是指关于在证书自然过期之前对给定证书的即时废除。

CA 签发的证书中绑定了用户的身份和其相应的公钥。通常，这种绑定在已经颁发的证书的整个生命周期里都是有效的。但是在现实环境中，由于种种原因也会出现已经颁发的证书不再有效，必须要提前废除这个证书的情况，尽管这个证书并没有到期。证书废除的理由是各种各样的，一般地说，当出现下述情况之一时，应当立即废除已经签发的证书。

① 当 PKI 系统中某实体的私钥丢失或者被泄露时，被丢失或者被泄露的私钥所对应的公钥证书必须立即废除。

对于 CA 而言，私钥泄密的可能性不大，除非是 CA 受到攻击者的有意破坏或者恶意攻击。对一般普通用户而言，私钥的泄密很可能是因为存放私钥的介质的遗失、损坏或者被盗造成的。

② 当证书中所包含的证书持有者与某组织的关系已经终止，则相应的公钥证书也应该立即作废。例如用户的身份的改变以及由于用户的工作变动导致雇佣的终止等。

当出现了上面的两种情况之一时，就可以宣布将仍然在有效期内的证书作废。因此，必须存在一种有效和可信的方法和机制能实现在证书的自然过期之前废除它，典型的做法是在旧证书过期之前颁发一个新证书。

根据前面需要废除证书的两种不同的情况，证书的废除方式可以分为两种：

① 如果是因为私钥泄露导致的证书废除，那么证书的持有者应当以电话或者书面的方式，通知相应的 RA 或者 CA。

② 如果是因为证书持有者与某组织的关系终止而废除证书，则应该由原关系中的组织出面通知相应的 RA 或者 CA。

当 RA 或者 CA 接到用户或者组织的废除证书的请求后，RA 或者 CA 废除证书的处理过程为：如果是 RA 接收到了用户或者组织的废除请求，则 RA 负责通知相应的 CA。作废请求得到 CA 确认后，CA 在证书数据库中为该证书加上作废标志，并在下次发布证书撤销列表(CRL)时加入证书撤销列表，并标明该证书的作废时间。

证书撤销的实现方法有很多种：一种方法是利用周期性的发布机制如证书撤销列表(CRL)，CRL 还分成好几种不同的形式，例如用户可以使用 CRL 扩展项中的 CRL 分布点、增量 CRL 以及间接 CRL 等；另外一种方法是使用在线查询机制，例如在线证书状态协议(Online Certificate Status Protocol ，OCSP)、简单证书验证协议(Simple Certificate Validation Protocol ，SCVP)、数据认证服务协议(Data Certification Server Protocol ，DCSP)。其中使用 CRL 是证书的撤销最常用的方法。

CRL 也称为证书黑名单，它是一种由 CA 认证中心定期发布的具有一定格式的数据文件，它包含了所有未到期的已被废除的证书(由认证中心发布)信息。它包含了撤销的证书列表的签名数据结构，含有带时间戳的已经撤销证书的列表。CRL 的完整性和可靠性由它本身的数字签名来保证，通过 CRL 的签名者一般就是证书的签发者。当 CRL 创建并被签名以后，就可以通过网络自由地分发，或者以处理证书的同样的方式存储在一个目录中。

CA 会定期地发布 CRL，从几个小时到几个星期不等。不管 CRL 中是否含有新的撤销信息，都会发布一个新的 CRL。这样，依托主体就一定知道最近收到的 CRL 是当前的 CRL。

特别要注意的是，撤销信息更新和发布的频率是非常重要的。一定要确定一个合适的时间间隔来发布证书的撤销信息，并且要将这些信息散发给那些正在使用这些证书的用户。在某些情况下，这种时间间隔可能是相当大的(几个小时甚至若干天一次)。但在某些情况下，甚至几分钟的时间间隔都是不能接受的。两次证书撤销信息发布之间的间隔被称为撤销延迟。一般情况下，PKI 的证书策略决定了它的 CRL 时间间隔。因此，CRL 的撤销延迟必须作为 PKI 的证书策略的一部分来提前进行规定，在给定的区域中的撤销技术必须严格遵照相应的撤销策略。CRL 之间的时间延迟是用于 CRL 的一个主要的缺陷。例如，一个已经公布的撤销可能要在下一次 CRL 发布时才能被依托主体接收到，而这也许已经是几个小时或者几周以后的事情了。

无论证书是因为何种原因被废除，CA 都必须在其 CRL 中予以公布，以便于用户查询。CRL 是 CA 公布已经更改的证书状态的一种方式，在大多数情况下，它是一个带有时间戳并且经过 CA 数字签名的列表。当用户证书的使用期超过证书属性中的有效期时或者与证书对于的私钥泄露时，CA 必须为用户颁发新的证书并把原来的证书上传到CRL。如果某个 CA 颁发大量的证书撤销列表 CRL，或者由于某些原因经常性地吊销证书，则 CRL 就有可能变得特别大。而一般用户为了验证证书的合法性，就不得不下载一个非常大的 CRL，其中会有大量用户根本就不需要的数据。为了避免这种现象的发生，用户可以使用 CRL 扩展项中的 CRL 分布点、增量 CRL 以及间接 CRL。CRL 分布点就是指创建许多小的 CRL 用于分发，而不是使用某一个大的 CRL，并且 CA 必须提供一个位置指针指向颁发分布点扩展项，该指针可以依托主体定位 CRL 分布点；增量 CRL 则是通过列出自上次 CRL 以来发生的变化来提高处理时间，这样，在发布一个完整的 CRL 后，就可以通过增量 CRL 的方式来维护一个精确的证书撤销列表；间接 CRL 是由一个没有必要颁发证书的第三方提供给依托主体的 CRL，可以由用户信任的 CA 或者提前用户提供。

3) 证书的挂起

与证书的废除不同，证书的挂起(Certification Suspending)是暂时宣布某证书无效，渡过"挂起期"后，该证书仍然是有效证书，当然也可能被废除。证书的挂起多用于 CA 需要临时限制证书的使用，但又不需要废除证书。例如，一个企业的某个负责人可能正在出差，在这种情况下，可以考虑挂起证书，这样可以禁止使用那些带有 PKI 功能的应用程序，这些应用程序在该负责人不在的情况下是不能访问的。当该负责人出差结束后返回单位时，CA 取消该证书的挂起状态。由于这种方法不需要先请求撤销证书然后再重新颁发证书，从而大大节省了 CA 的时间，提高了系统的效率。为了挂起一个证书，CA 在 CRL 的原因代码的扩展项中使用该证书的冻结值。

4) 密钥/证书存档

由于前面密钥更新(无论是人为的还是系统自动进行的)的概念，意味着经过一段时间，每个用户都会拥有多个过时的"旧"证书和至少一个当前正在使用的"新"证书。换句话说，在证书的生命周期中，每个用户在享受 PKI 服务期间会使用很多不同的密钥或者证书。CA 对所产生的所有的密钥/证书和 CRL 等都进行存档。这一系列的证书和相应的私钥组成用户的密钥/证书历史档案。

每个密钥/证书存档的内容不仅包括密钥/证书本身，还包括与生成此证书时所用到的验证材料以及 CA 对此证书所做的其他的记录信息。除了证书本身以外，存档内容都是不公开的。如果在证书使用过程中，由于证书的内容引起纠纷时(如证书内容与实际情况不符，造成证书接收方损失或者有人冒名顶替等)，将利用 CA 存档的这些验证材料进行调查，同时确定 CA 或者用户所应承担的法律责任。

另外，有关的文件、法律法规以及审计信息也需要一并进行存档。

密钥/证书存档的一个显著的特点是：密钥/证书的存档期不等于密钥/证书的有效期，一般来说，密钥/证书的存档期要远远大于有效期，即使密钥/证书由于到了有效期而不能再继续使用，甚至是已经从目录服务器中撤销了该证书，或者由于某种原因提前更新或者废除了该密钥/证书，密钥/证书仍然将在 CA 中存档很长一段时间。同时 CA 会在其对应的存档记录中说明此证书是正常终止还是被废除的以及被废除的原因。

证书存档的目的有三个：

① 系统或者用户进行密钥/证书历史恢复的需要。维持一个有关密钥/证书资料的记录(一般是关于终端实体的)，以便被随后过期的密钥资料加密的数据还可以被解密。例如某个用户 A 在三年前加密的数据(或者其他人为该用户加密的数据)一般是无法使用现在的私钥进行解密的(注意：在绝大多数情况下，如果每次更新密钥都要求用当前的"新"密钥重新加密所有用过去"旧"密钥加密的所有数据是不现实的)，因此，用户 A 需要在他的密钥/证书的历史档案中找到正确地解密密钥来解密三年前加密的数据。类似地，也

可能需要从密钥/证书的历史档案中找到合适的密钥/证书来验证用户 A 三年前所做的数字签名。如果没有对密钥/证书的历史档案管理，用户就无法查询或者恢复以前的密钥/证书加密的信息，因此，PKI 必须保存所有的密钥/证书，对密钥/证书的历史档案进行管理，以便在必要时能够正确地备份和恢复密钥，查找正确的密钥以便正确解密数据。当然，类似于密钥/证书的自动更新，管理密钥/证书的历史档案的工作也应当由 PKI 系统自动来完成。因为无论在任何 PKI 系统中，如果要求用户自己从本人的密钥/证书的历史档案中查找正确的私钥或者尝试着用每个密钥去解密数据，这对用户来说都是无法容忍的、非常头痛的一件事情。

② 审计的需要。PKI 系统中的任何实体都可以进行审计操作，但一般而言，审计操作是由 CA 来执行的。

由于 CA 中保存了所有与安全有关的审计信息，例如所有密钥/证书申请者的原始信息以及证书的有关信息(如产生密钥对、证书的请求与生成、证书的使用、到期无效、废除、密钥泄露的报告等)，以供日后进行核查审计。

③ 解决纠纷和争议的需要。出于政府和法律的要求，PKI 系统要保证在证书无效或者被废除后，仍能验证在其有效期内由其对应私钥所进行的数字签名，即所谓的可追溯性，这对于很多商务活动来说是非常必要的。

因此，密钥/证书存档是 CA 的一项不可或缺的重要职责。

综合以上三个阶段，可以画出密钥/证书的整个生命周期中全部过程的管理示意图，如图 12-7 所示。

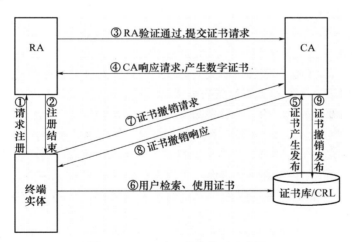

图 12-7   CA 对证书的管理示意图

12.1.5   PKI 的优点

PKI 作为一种安全技术，已经深入到网络的各个层面。这从一个侧面反映了 PKI 强大的生命力和无与伦比的技术优势。PKI 的灵魂来源于公钥密码技术，这种技术使得"知其然不知其所以然"成为一种可以证明的状态，使得网络上的数字签名有了理论上的安全保障。围绕着如何用好这种非对称密码技术，数字证书"破壳而出"，并成为 PKI 中最为核心的元素。

PKI 的优势主要表现在：

1．可追究性

采用公开密钥密码技术，能够支持可公开验证并无法仿冒的数字签名，从而在支持可追究的服务上具有不可替代的优势。这种可追究的服务也为原发数据完整性提供了更高级别的担保。支持可以公开地进行验证，或者说任意的第三方可验证，能更好地保护弱势个体，完善平等的网络系统间的信息和操作的可追究性。

2．保护机密性

由于密码技术的采用，保护机密性是 PKI 最得天独厚的优点。PKI 不仅能够为相互认识的实体之间提供机密性服务，同时也可以为陌生的用户之间的通信提供保密支持。

3．可独立验证

由于数字证书可以由用户和第三方机构(如 CA)独立验证，不需要在线查询，原理上能够保证服务范围的无限制地扩张，这使得 PKI 能够成为一种服务巨大用户群的基础设施。PKI 采用数字证书方式进行服务，即通过第三方颁发的数字证书证明末端实体的密钥，而不是在线查询或在线分发。这种密钥管理方式突破了过去安全验证服务必须在线的限制。

4．提供证书撤销机制

PKI 提供了证书的撤销机制，从而使得其应用领域不受具体应用的限制。撤销机制提供了在意外情况下的补救措施，在各种安全环境下都可以让用户更加放心。另外，因为有撤销技术，不论是永远不变的身份，还是经常变换的角色，都可以得到 PKI 的服务而不用担心被窃后身份或角色被永远作废或被他人恶意盗用。为用户提供"改正错误"或"后悔"的途径是良好工程设计中必需的一环。

5．具有极强的开放性、互操作性和互联能力

PKI 具有极强的开放性和互操作性以及由此带来的极强的互联能力。在一个企业中如果实施多个方案无法实现互操作性，但是在 PKI 中不论是上下级的领导关系，还是平等的第三方信任关系，PKI 都能够按照人类世界的信任方式进行多种形式的互联互通，从而使 PKI 能够很好地服务于符合人类习惯的大型网络信息系统。而且不同企业、行业需要进行电子交易，因此需要开放的、可互操作的方案。要保证这些目标，PKI 必须建立在一定的标准之上，这些标准包括信息加密标准、数字签名标准、散列函数标准、密钥规范管理、证书格式、目录标准、文件信封格式、安全会话格式、安全的应用程序接口规范等。

PKI 中各种互联技术的结合使建设一个复杂的网络信任体系成为可能。PKI 的互联技术为消除网络世界的信任孤岛提供了充足的技术保障和一致的解决方案。

6．节省费用

在一个大型的组织中，实施统一的安全解决方案比实施多个有效的解决方案要节省费用。

7．提供灵活的可选择性

这里的可选择性是指基础设施的提供者可选择。提供者可以是一个企业的特设机构，也可以由社会上的候选者中选择。它取决于提供者的专业水平、价格、服务功能、名望、公正性、长远稳定性等因素。

8．易用性和透明性

PKI 提供的各种服务对用户来说必须是简单易用的，而且除了必要的与用户的交互之外，让用户感觉不到 PKI 的存在，也就是说要对用户屏蔽 PKI 内部复杂的运行机制和

安全解决方案。

9. 支持对应用

PKI 应该面向广泛的网络安全应用，提供包括信息安全存储、信息安全传输、安全电子邮件、电子表单以及 Web 应用安全等一系列的安全保护功能。

10. 支持跨平台

考虑到网络是一个开放的系统，在网络上运行着各种各样的操作系统，例如 Windows、UNIX、MAC 等，因此，PKI 应该支持目前广泛使用的操作系统平台。

12.2　X.509 标准

PKI 通过公钥证书来管理公钥，通过第三方可信机构——认证机构(CA)，把用户的公钥与用户的其他身份信息捆绑在一起，以便在 Internet 上验证用户的身份。因此，公钥证书作为 PKI 的基础，是 PKI 的重要组成部分。

12.2.1　X.509 认证服务协议简介

Diffie 和 Hellman 在 1976 年提出公钥密码体制的概念时，是为了解决公钥的分配问题和公众文件(Public File)的概念，它用一个中央数据库作为可信的第三方来保存公钥。而为了提高访问中央数据库的性能，麻省理工学院的 Kohnfelder 于 1978 年在他的本科毕业论文中提出了证书的概念，建议通过数字签名来保护证书(姓名/密钥对)，从而可以实现公钥的分散存放和访问。10 年后，由于 X.509 认证服务协议的出现，使他的建议变为现实。

X.509 认证服务协议是由 ITU-T 制定的。X.509 是 ISO 和 CCITT/ITU-T 的目录服务系列建议 X.500 标准中的一个组成部分。这里所说的目录实际上是维护用户信息数据库的服务器或分布式服务器集合，用户信息包括用户名到网络地址的映射和用户的其他属性。X.509 定义了 X.500 目录向用户提供认证业务的一个框架，目录的作用是存放用户的公钥证书。X.509 还定义了基于公钥证书的认证协议。由于 X.509 中定义的证书结构和认证协议已被广泛应用于 S/MIME、IPSec、SSL/TLS 以及 SET 等诸多应用过程，因此 X.509 已成为一个非常重要的标准。

X.509 协议定义了一种基于公开密钥证书的认证协议。X.509 协议实现的基础是公钥密码体制和数字签名技术，但 X.509 协议未特别指明使用哪种密码体制，但是一般建议使用 RSA 算法。此外，X.509 协议中的数字签名需要使用散列函数(杂凑函数)来生成，但是 X.509 同样也没有特别指明使用哪一种散列算法(杂凑算法)。

12.2.2　X.509 的证书结构

虽然通过引入通过第三方可信机构——认证机构(CA)，有效地解决了公钥欺骗的问题，但是它本身也有一些副作用。最明显的是由于证书颁发的目的和颁发机构的不同，颁发的证书结构和形式会存在很大差别，这样导致每个公钥证书也许会有不同的格式，一个证书的公钥可能具有这种或那种不同的格式。公钥也许就在某个证书的第一行信息上，或者在另一个证书的第三行信息上。这样使得公钥证书不具备通用性，任何要普遍使用的东西必须要有一个普遍适用的格式。因此，公钥证书必须要有一定的标准格式。

PKI 的概念与数字证书是密不可分的，现实中的数字证书也有各种各样的形式，如 PGP、SET、IPSec 等，不同数字证书所携带的属性亦不同，为了消除这些副作用，目前国际上认证的标准化的证书结构形式主要为由国际电信联盟(International Telecommunication Union，ITU，前身即 CCITT)和国际标准化组织(ISO)共同推荐的一个标准的认证框架，称为 ITU-TX.509(对应的 ISO 标准是 ISO /IEC 9594-8)。该标准框架定义了一种证书格式，称为 X.509 标准的公钥证书，该证书共有 V1、V2 和 V3 三个版本。V1 格式，在 1988 年的第 1 版中定义，V2 格式，在 1993 年的第 2 版中定义，它增加了额外的两个字段，以支持目录服务系统的存取控制，并应用于 PEM(Privacy Enhanced Mail，一种带安全功能的电子邮件)系统中。经过使用，产生了改进的 V3 格式，V3 格式在 V2 基础上通过扩展添加了额外的字段(称为扩展字段)，特殊的扩展字段类型可以在标准中或者可以由任何组织或者社区定义和注册。同时，ISO IEC/ITU 和 ANSI X9 在 V3 扩展字段[X.509][X9.55]中使用可扩展的标准范围。这些扩展能表达主体确认信息、密钥属性信息、策略信息和证书路径约束。1996 年 6 月完成了基本 V3 格式的标准化[X.509]，并在 2000 年进一步改进。X.509 是 ISO 和 CCITT/ITU-T 的目录服务系列建议 X.500 标准中的一部分，已达到标准化的最高水平，相当稳定。这是 PKI 的雏形，PKI 是在 X.509 基础上发展起来的。IETF 的 PKIX 工作组致力于将 X.509 系统引入到 Internet 中。总体来说，X.509 进入 Internet 的速度很慢，主要是受到 OSI(协议普及慢)、应用需求(电子商务尚未出现高潮)及用户(由于不放心而接受较慢)的影响。另外，公开的目录服务也因为受到网络安全的影响而使发展受到限制，如 WHOIS 服务就受到用户信息保密的限制。后来，Internet 工程任务组针对 X.509 在 Internet 环境的应用，颁布了一个作为 X.509 自己的 RFC 2459。从而使得 X.509 在 Internet 环境中得到广泛的应用。目前最广泛采用的证书格式是国际电信联盟(ITU)提出的 X.509 版本 3 格式(X.509 V3)。本节主要讨论的是以 X.509 证书为基础的 PKI，不涉及其他形式的证书机制。

X.509 三个版本的证书格式和内容如下(见图 12-8)：

① 版本号(Version)。V1、V2 或者 V3。默认值为 V1。如果证书中需有发放者唯一标识符或主体唯一标识符，则版本号一定是 2，如果有一个或多个扩充项，则版本号为 3。由于不同版本的证书格式存在差异，因此，查看证书时必须首先检查其版本号。

② 证书序列号(Certificate Serial Number)。证书序列号是一个与该证书唯一对应的整数值，是本证书的唯一标识，表示由同一 CA 发放的每一证书的顺序号是唯一的；反过来，每一个证书都有一个唯一的序列号与之对应的。

③ 签名算法标识符(Signature Algorithm Identifier)。签名算法标识符标识的是签署证书所用的签名算法及相应的参数。这个字段是一个冗余的字段，因为在证书末尾的"签名"字段中包含有与签名算法标识符完全相同的内容。

④ 签发者名称(Issuer Name)。颁发者名称是指创建和签署该证书的 CA 名字(需要符合 X.500 建议)。

⑤ 有效期(Period of Validity)。有效期是指证书有效的时间段，包括证书有效期的起始时间和终止时间两个数据项。

⑥ 主体名称(Subject Name)。主体名称是指持有该证书的最终用户或者其他实体(要求非空)，即该用户持有证书中的公开密钥所对应的私有密钥。

⑦ 主体的公开密钥信息(Subject's Public Key Info)。主体的公开密钥信息包括主体的公开密钥、使用这一公开钥的加密算法的标识符及算法相应的参数。

⑧ 颁发者唯一标识符(Issuer Unique Identifier)。这一数据项是在 V2 中增加的可选用字段，如果颁发者(CA)的 X.500 名字被不同的实体重复使用，该字段可以用一个唯一的比特串来标识该 CA。该字段用于支持对颁发者名字的重用。

⑨ 主体唯一标识符(Subject Unique Identifier)。这一数据项是在 V2 中增加的可选用字段，如果证书主体的名字被不同的实体重复使用，该字段可以用一个唯一的比特串来标识该主体。该字段用于支持对证书主体名字的重用。

⑩ 扩展项(Extensions)。这一数据项是在 V3 中增加的可选用字段，其中包括一个或多个扩充的数据项，密钥和主体的附加属性说明。仅在 V3 中使用。

⑪ 签名(Signature)。CA 用自己的秘密密钥对证书中其他所有的字段的散列值签名的结果，此外，这个域还包括用 CA 的私有密钥进行加密的证书的散列码、签名算法的标识符和算法的参数。

X.509 的证书格式和内容除了可以采用如图 12-8 所示的各个数据项描述之外，还可以将 X.509 证书采用 ASN.1 语法(Abstract Syntax Notation One，简称 ASN.1)来描述和表

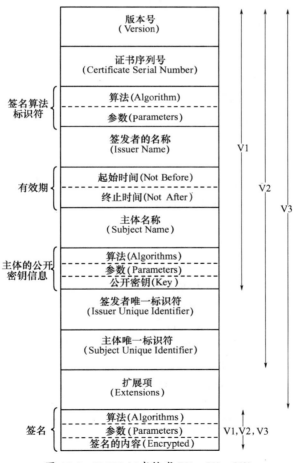

图 12-8　X.509 证书格式(V1、V2、V3)

313

示其数据结构。ASN.1 是国际电联开放系统互联(OSI)组织规定的抽象语法描述，它是一套类似 C 语言的结构描述符的规范。在 ASN.1 语法中，数据类型包括简单类型和结构类型。简单类型是不能再进一步分解的类型，如整型、位串、字节串。结构类型是由简单类型和结构类型组合而成的，如顺序类型(SEQUENCE)、选择类型(CHOICE)、集合类型(SET)等。每一种类型都用一个整数标记(TAG)来标识。

对于 ASN.1 的抽象表述，相应的标准中有一系列的"规则"将这些表述"翻译"成由 0、1 组成的二进制序列，其中在 PKI 中用得最多的是 DER(Distinguished Encoding Rules)，它是另外一个重要规则 BER(Basic Encoding Rules)的一个子集。ASN.1 DER 编码是对每个元素对应的标签、长度、值进行编码的系统。证书编码格式本应该采用 BER 格式而不是 DER 格式，但是 BER 编码具有二义性，因此实现中大都使用 DER 格式，至少实现中对于序列(SEQUENCE)是采用不定长编码格式。采用上面的语法可以将 X.509 V3 证书基本的数据结构描述如下。

证书结构的语法定义为：

```
Certificate ::= SEQUENCE {
tbsCertificate          TBSCertificate,              //证书主体
signatureAlgorithm      AlgorithmIdentifier,         //证书签名算法标识
signature               BIT STRING                   //证书签名值
}
```

证书体的语法定义为：

```
TBSCertificate ::= SEQUENCE {
 version [ 0 ]   EXPLICIT   Version DEFAULT v1(0),   //证书版本号
serialNumber            CertificateSerialNumber,     //证书序列号，对同一 CA
                                                     //所颁发的证书，证书序列
                                                     //号唯一标识一个证书
    signature               AlgorithmIdentifier,     //证书签名算法标识
    issuer                  Name,                    //证书颁发者
    validity                Validity,                //证书有效期
    subject                 Name,                    //证书主体名
     subjectPublicKeyInfo   SubjectPublicKeyInfo,    //证书的公钥信息
issuerUniqueID       [1] IMPLICIT UniqueIdentifier OPTIONAL,
//颁发者 ID，可选项，仅在证书 V2、V3 中使用
subjectUniqueID      [2] IMPLICIT UniqueIdentifier OPTIONAL,
//主体 ID，可选项，仅在证书 V2、V3 中使用
extensions              [3] Extensions OPTIONAL
//证书扩充项，可选项，仅在证书 V3 中使用
    }

Version ::= INTEGER { v1(0), v2(1), v3(2) }
```

```
            CertificateSerialNumber ::= INTEGER
            Validity ::= SEQUENCE {
                notBefore Time,                              //证书有效期起始时间
                notAfter  Time }                             //证书有效期终止时间
            Time ::= CHOICE {
                utcTime          UTCTime,
                generalTime      GeneralizedTime }
                UniqueIdentifier   ::=   BIT STRING
                SubjectPublicKeyInfo  ::=  SEQUENCE   {
                algorithm                  AlgorithmIdentifier,   //算法
                subjectPublicKey           BIT STRING }           //公钥值
            Extensions ::= SEQUENCE SIZE(1.MAX)OF Extension


            Extension ::= SEQUENCE    {
                extnID          OBJECT IDENTIFIER,
                critical        BOOLEAN DEFAULT FALSE,
                extnValue       OCTET STRING    }
```

上述的证书是包含三个字段串的组合。这三个字段是 tbsCertificate、signatureAlgorithm、signature。

① tbsCertificate。这个字段含有主体名称和颁发者的名称、主体的公开密钥、证书的有效期和其他相关信息，字段 tbsCertificate 也可以包括扩展项。

② signatureAlgorithm。这个字段含有证书权威机构 CA 签发该证书使用的密码学算法标识符。

由 ASN.1 结构确定一个算法标识符结构如下：

```
            AlgorithmIdentifier∷:= SEQUENCE {
                algorithm         OBJECT IDENTIFIER,
                parameters        ANY DEFINED BY algorithm OPTIONAL }
```

算法标识符用于标识所出采用的密码学算法，其中的 OBJECT IDENTIFIER 部分标识了具体的算法(如 DSA with SHA.1)，其中可选参数的内容完全依赖于所标识的算法。该域的算法标识符必须与 tbsCertificate 字段中签名字段 signature 标识的签名算法相同。

③ Signature Value。这个字段包括对 tbsCertificate 的 ASN.1 DER 编码的数字签名。tbsCertificate 的 ASN.1 DER 编码作为签名函数的输入参数。签名结果值作为 BIT STRING 类型的 ASN.1 编码，包含在证书的签名字段中。

通过产生数字签名，CA 能证明在 tbsCertificate 字段中信息的有效性。特别是，CA 能够认证在证书中公开密钥和证书的主题的绑定。

下面重点介绍下 X.509V3 的扩展，这是 X.509 V3 的新增功能。

首先，我们看下 X.509 证书 V2 的缺陷。

在实际应用中已经表明，V2 之前的 X.509 证书格式中存在一些缺陷，而且也不能满足实际应用中出现的新的需求。例如，X.509 证书 V2 无法支持某些信息的传递，而这些

信息在实际需求中是非常必要的。X.509 证书的主体名称过短，无法对证书属主的信息做出较为完整的描述；主体名称域也不支持其他很多通过电子邮件地址、URL 和其他与网络相关的识别主体的应用过程。此外，在 X.509 证书 V2 中也不支持有关安全策略信息，而实际往往需要一个安全功能(如 IPSec)与 X.509 证书绑定到某个安全的策略上。所以，证书中有必要有一个表示安全策略信息的域，使得安全应用和功能能将 X.509 证书与安全策略联系起来。证书中还需要有一个域，通过该域的设置以现在证书的可用性，从而防止虚假的或者恶意的 CA 引起的危害。证书拥有者可能需要在不同的时间对不同的密钥进行分离验证，因此，证书中还需要有一个域，通过该域的设置可以区分同一属主在不同时间使用不同的密钥，可用于支持密钥有效期的管理。

X.509 标准 V3 在 V2 的基础上进行了扩展，V3 引进一种机制。这种机制允许通过标准化和类的方式将证书进行扩展包括额外的信息，从而适应下面的一些要求：

① 一个证书主体可以有多个证书；

② 证书主体可以被多个组织或社团的其他用户识别；

③ 可按特定的应用名(不是 X.500 名)识别用户，如将公钥与 E-mail 地址联系起来；

④ 在不同证书政策和实用下会发放不同的证书，这就要求公钥用户要信赖证书。证书并不限于这些标准扩展，任何人都可以向适当的权利机构注册一种扩展。将来会有更多的适于应用的扩展列入标准扩展集中。值得注意的是这种扩展机制应该是完全可以继承的。

X.509 V3 扩展部分的 ASN.1 语法定义如下：

```
Extension ::= SEQUENCE {
        extnID      OBJECT IDENTIFIER,
        critical    BOOLEAN DEFAULT FALSE,
        extnValue   OCTET STRING }
```

X.509 V3 允许使用扩展项给证书增加附加信息。扩展项包含三个域：类型(extnID)、重要程度(Critical)、值(extnValue)。其中，extnID 表示一个扩展元素的 OID，是一比特标志位，用来表明该扩展项是否允许被应用忽略，如果应用不能解析该标志位是关键的扩展项，该应用就不能使用该证书；Critical 表示这个扩展元素是否极重要；extnValue 是该扩展项的实际值，是字符串类型数据。

X.509 V3 的证书扩展按照功能可分为三类：

(1) 密钥和策略信息。这类扩展用于表示主体密钥和颁发者密钥的一些附加信息以及证书的安全策略。证书策略是一个规则命名集，用于说明特定团体使用证书的方式即用于表示该证书是否可用于一个特定的团体和(或)一类具有相同安全要求的应用程序。这部分扩展字段包括以下内容：

① 颁发者(CA)的密钥标识符。鉴别用于验证证书或 CRL 上签名的公开密钥，它能使同一 CA 的不同密钥相互区分开来。

② 主体密钥标识符。顾名思义，是指标识主体的公开密钥，鉴别已证明的公开密钥，用于主体密钥对的更新。一个主体可能有用于不同目的的多个密钥对，相应地，也可以有多个不同的数字证书。

③ 密钥用途。一个比特串长度，用于说明该密钥被用于哪一种用途(如数字签名、密钥加密、数据加密、密钥协商等)，并说明策略对密钥强加的使用约束。如果某一证书

将 KeyUsage 扩展标记为"极重要",而且设置为"keyCertSign",则在 SSL 通信期间该证书出现时将被拒绝,因为该证书扩展表示相关私钥应只用于签写证书,而不应该用于 SSL。

④ 私钥密钥的使用期限。指明证书中与公钥相联系的私钥的使用期限,它由 Not Before 和 Not After 组成。一般私有密钥的使用期限与公开密钥的有效期是不同的,例如,用于签名的私有密钥其使用期限通常比用于验证的公开密钥的有效期短。若此项不存在时,可默认公私钥的使用期是一样的。

⑤ 证书策略。证书策略由对象标识符和限定符组成,这些对象标识符说明证书的颁发和使用策略有关。一般一种证书可能支持多种策略环境,该字段列举了证书所支持的各种策略。

⑥ 策略映射。该字段仅用于一个 CA 为另一个 CA 颁发的证书中,它允许颁发者个 CA 域的一个或多个策略映射成(等同于)主体 CA 域中所使用的策略。

(2) 证书主体和颁发者的属性。为了增加使用该证书的用户对证书主体的信任程度,这类扩展支持证书主体或者证书颁发者可以在证书中附加有关证书主体更详细的信息,如果通信地址、工作单位、职务、职位甚至是照片、图像等。这部分扩展字段包括以下内容:

① 主体别名。主体别名,是指证书拥有者的别名,也称为主体的可选名字,包含主体的一个或者多个可选名字,并可以使用任意格式。该字段支持不同应用中使用的名字或者地址标识,如 E-mail 地址、IP 地址、URL 等。别名 AN(Alternative Name)是和 DN(Distinguished Name)绑定在一起的。

② 颁发者的别名。颁发者的别名,是指证书颁发者的别名,也称为证书颁发者的可选名字,包含证书颁发者的一个或者多个可选名字,并可以使用任意格式。该字段支持不同应用中使用的名字或者地址标识,如 E-mail 地址、IP 地址、URL 等。但是颁发者的 DN 必须出现在证书的颁发者字段。

③ 主体目录属性。用于为证书的主体传送任何想要的 X.500 目录属性值。

(3) 证书的路径限制。这类扩展字段用于在签发给 CA 的证书中包含一定的约束。这些约束可以用于限制主体 CA 以后发放的证书类型或者以后可能出现在证书链中的证书类型。这部分的扩展字段包括以下内容:

① 基本限制:用于说明一个主体是否可担当 CA。

② 名称限制:用于说明证书链上的所有证书的主体名所使用的名字空间(名称范围)。

③ 策略限制:用于说明对证书策略的约束以及对策略映射的约束。

图 12-9 展示了一份在 Windows 环境下签发个人数字证书的 CA 证书。

在 X. 509 中证书权威机构 CA 颁发给用户 A 的证书可以记为 CA ⟨⟨A⟩⟩;证书权威机构 CA 对信息 I 的杂凑值进行的签名可以表示 CA{I},这样一个 CA 颁发给用户 A 的证书可以使用以下表示法来定义:

$$CA ⟨⟨A⟩⟩ = CA\{V, SN, AI, CA, TA, A, AP\}$$

其中,V 为版本号;AI 为算法标识;TA 为有效期;AP 为 A 的公开密钥信息。由于 CA 用其私有密钥对证书进行了签名,因此,如果用户知道对 CA 的公开密钥就可以验证该证书是否是经过 CA 签名的有效证书。由 CA 签发的证书具有以下特点:

图 12-9　Windows 环境下的 CA 证书

① 其他任一用户只要得到 CA 的公开密钥，就能由此得到 CA 为该用户签署的公开密钥。

② 除 CA 以外，任何其他人都不能以不被察觉的方式修改证书的内容。

因为证书是不可伪造的，因此在管理证书的时候可以将证书存放到数据库中(在目录服务中就是目录)，而无需进行特殊的保护。

12.2.3　X.509 用户证书的获取

在使用公开密钥进行加密通信的过程中，发送方 A 要向接收方 B 发送的消息需要采用 B 公开密钥来进行加密。这里将会涉及到一个密钥获取的问题：A 采用何种方式来获得 B 的公开密钥。由于公开密钥包含在用户的证书中，因此，需要解决的问题就转化为用户 A 如何获得用户 B 的公钥证书。在通信网络中，根据 A 和 B 所处的位置不同，获取证书的方式也是不同的。

在一个小型网络应用环境中，所有的用户都共同信任同一个 CA，那么所有这些用户都可以由这个大家共同信任的 CA 为自己签署证书，用户证书除了能放在目录中以供他人访问外，还可以由用户直接发给其他用户。用户 B 得到用户 A 的证书后，可相信用 A 的公开密钥加密的消息不会被他人窃取，还相信用 A 的秘密密钥签署的消息是不可伪造的。

但是，在实际的网络应用环境中，用户的数目往往是非常大。在这种情况下，一方面，单一的 CA 可能没有足够的能力来为众多的用户提供证书服务；另一方面，如果所有的用户都由同一个 CA 为自己签署证书也是不现实的，因为用户必须拥有 CA 的公开密钥才能验证证书中的签名，如果用户数目太大将会对 CA 的公开密钥的安全传送和保存造成很大的威胁。因此，在大规模的网络应用环境中，为了便于每一用户都必须以绝对安全(指保证公开密钥的完整性和真实性)的方式得到 CA 的公开密钥，以验证 CA 签署的证书，通常是采用多个 CA 来提供证书服务，每一个 CA 仅为一部分用户签署证书，这样每一个 CA 就可以安全地向少量用户提供其公开密钥。多个 CA 通常采用层次化的组织结构，使得不同的 CA 认证的用户之间能够进行安全的通信。

下面来讨论两个不同的 CA 认证的用户 A 和 B 之间如何获得证书。

假设用户 A 已从证书发放机构 CA_1 处获取了公钥证书 $CA_1\langle\langle A\rangle\rangle$，用户 B 已从证书发放机构 CA_2 处获取了公钥证书 $CA_2\langle\langle A\rangle\rangle$。在通信时，如果直接将 B 的证书交给 A 是没有任何意义的：因为用户 A 虽然能读取 B 的证书，但由于用户 A 不知道 CA_2 的公开密钥，因而用户 A 无法验证证书中 CA_2 的签名，因此 B 的证书对 A 来说是没有用处的。因此，为了完成用户 A 和 B 之间的相互认证，必须提供一种能在两个 CA 之间安全交换各自公开密钥的手段。

CA 之间交换公开密钥也采用证书方式进行。

证书权威机构 CA_1 为 CA_2 签发一个证书并保存在目录中，类似地，CA_2 也为 CA_1 签发一个证书并保存在目录中。这样，用户 A 就可以从目录中获取由 CA_1 签署的 CA_2 的证书，因为 A 知道 CA_1 的公开密钥，所以他能验证 CA_2 的证书，并从中得到 CA_2 的公开密钥。然后用户 A 再从目录中得到由 CA_2 签署的 B 的证书。现在由于用户 A 已经掌握了 CA_2 的可信的公开密钥，因此，他能够由 CA_2 的公开密钥验证这个证书中的签名，然后从中安全地获得 B 的公开密钥。

在上面的过程中，用户 A 是通过一个"证书链"来获得了 B 的公开密钥，用 X.509 符号该证书链可表示为：

$$CA_1\langle\langle CA_2\rangle\rangle CA_2\langle\langle B\rangle\rangle$$

同理，B 能通过相反的证书链获取 A 的公开密钥，表示为：

$$CA_2\langle\langle CA_1\rangle\rangle CA_1\langle\langle A\rangle\rangle$$

以上证书链中有两个证书，X.509 中对证书链的长度没有限制，如果有 N 个长度的 CA 产生的证书链可表示为：

$$CA_1\langle\langle CA_2\rangle\rangle CA_2\langle\langle CA_3\rangle\rangle \cdots CA_N\langle\langle B\rangle\rangle$$

这里要求证书链中的任意两个相邻的 CA 组成的 CA 对(CA_i 和 CA_{i+1})彼此之间必须相互为对方建立了证书，对每一 CA 来说，由其他 CA 为这一 CA 建立的所有证书都应存放于目录中，并使用户知道所有证书相互之间的连接关系，从而可获取另一用户的公钥证书。X.509 建议将所有 CA 以层次结构组织起来。

图 12-10 是 X.509 的 CA 层次组织结构的一个例子，其中的内部节点 CA_1、CA_2、CA_3、CA_4、CA_5、CA_6 表示六个认证中心 CA，叶节点 A、B、C 表示三个用户。用户 A 可从目录中得到相应的证书以建立到 B 的以下证书链：

$$CA_4\langle\langle CA_3\rangle\rangle CA_3\langle\langle CA_2\rangle\rangle CA_2\langle\langle CA_5\rangle\rangle CA_5\langle\langle CA_6\rangle\rangle CA_6\langle\langle B\rangle\rangle$$

并通过该证书链获取 B 的公开密钥。

类似地，B 可建立以下证书链以获取 A 的公开密钥：

$$CA_6\langle\langle CA_5\rangle\rangle CA_5\langle\langle CA_2\rangle\rangle CA_2\langle\langle CA_3\rangle\rangle CA_3\langle\langle CA_4\rangle\rangle CA_4\langle\langle A\rangle\rangle$$

由 CA 为其他 CA 所创建和签发的证书也需要保存到目录中，以便用户能够进行查找。

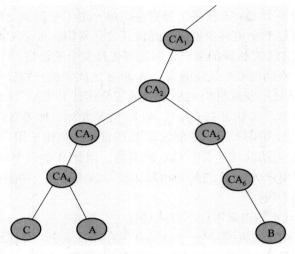

图 12-10　X.509 的层次结构

12.2.4　X.509 证书的撤销

X.509 的每个证书都有一个有效使用期限，有效使用期限的长短由 CA 的政策决定。用户应该在旧证书过期之前向 CA 申请颁发一个新的证书。此外，还存在一些情况，有些证书虽然还未到截止日期就会被发放该证书的 CA 撤销，这是因为：

① 证书的私钥泄密。知道或者有理由怀疑证书持有人私钥已经被破坏，或者证书细节不真实、不可信。

② 从属变更。某些关于密钥的信息变更，如机构从属变更等。

③ 终止使用。证书持有人没有履行其职责和登记人协议、证书持有人严重违反违反电子交易规则或证书管理的规章制度以及证书持有人死亡或者已经被判定犯罪，该密钥对已不再用于原用途，终止使用。

④ CA 本身原因。由于 CA 系统私钥泄密，在更新自身密钥和证书的同时，必须用新的私钥重新签发所有它发放的下级证书。

和证书的签发一样，证书的撤销也是一个复杂的过程。证书的撤销要经过申请、批准、撤销三个过程。

此时证书持有人首先要提出证书撤销申请。注册管理中心一旦收到证书持有人的证书撤销请求，就可以立即执行证书撤销，并同时通知用户，使之知道特定证书已被撤销。PKI(CA)提供了一套成熟、易用和基于标准的证书撤销系统。从安全角度来说，PKI 必须提供一种允许用户检查证书的撤销状态的状态机制。这样每次用户在使用证书的时候，系统都要检查证书是否已被撤销。为了保证执行这种检查，证书撤销是自动进行的，而且对用户是透明的。这种自动透明的检查大多针对企业证书进行，而个人证书则需要人工查询。

根据申请人的协议，可规定申请人可以在任何时间以任何理由对其拥有的证书提出撤销。提出撤销的理由是证书持有人的密钥泄露、私钥介质和公钥证书介质的安全受到危害。证书持有者通过各种通信手段向 RA 提出申请，再由 RA 提交给 CA。CA 暂时"留存"证书，然后撤销失效；在提交撤销申请与最后确认处理、发布 CRL 之间的时间间隔要有明确规定。

为了保证证书的安全性和完整性，每一个 CA 都必须维护一个证书撤销列表(CRL)，其中用来保存所有没有到期而被提前撤销的证书，包括该 CA 发放给用户和发放给其他 CA 的证书。CRL 还必须要经过该 CA 的签字才能生效，另外，证书撤销列表也需要被发布到目录中，供其他 CA 查询。证书撤销列表的结构如图 12-11 所示。其中，每一个证书撤销列表需要由其发布者 CA 进行签名。在证书撤销列表中的数据域包含发放者 CA 的名称、建立 CRL 的日期、计划公布下一 CRL 的日期，以及每一被吊销的证书数据域，而被吊销的证书数据域包括该证书的顺序号和被吊销的日期。因为对一个 CA 来说，他发放的每一证书的顺序号是唯一的，所以可用顺序号来识别每一证书。

当任一用户收到他人发送来的证书时，都必须通过目录检查这一证书是否已被撤销。已经被撤销的证书是不能使用的，是无效的。用户可以通过访问目录来检查 CRL 以确定证书是否有效，为了避免搜索目录引起的延迟以及由此而增加的费用，用户自己也可建立和维护一个正在使用的有效证书和被撤销的证书的局部缓存区，以便减少访问目录带来的开销。

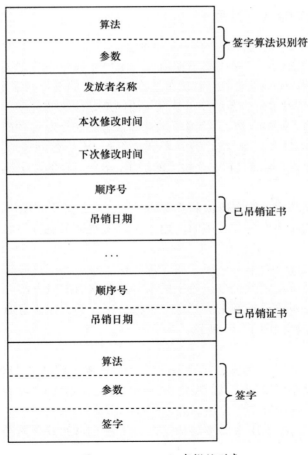

图 12-11 X.509 证书撤销列表

图 12-12 展示了 Windows 环境下的证书撤销列表。

图 12-12　Windows 环境下的证书撤销列表

12.2.5　X.509 的认证过程

X.509 描述了两个级别的认证：简单认证和强认证。

简单认证也称为弱认证，是指基于使用一个用户名和口令的方式来验证用户身份，在目前很多的应用中，还仍承袭着这种简单鉴别，如很多的银行网银用的"大众版"、"普通版"，就是应用的这种 ID+口令的简单认证。原因就是因为它简单，方便用户使用，但安全性最低。去年的"网银大盗"、特洛伊木马等黑客就是针对这种简单认证的缺欠，大肆在网上窃取客户的 ID 和口令,欺诈网银客户的资金。RSA 首席技术执行官 BurtKaliskiz 在一次学术报告会上说，由于 IT 安全技术的进步，ID+口令的电子认证方式肯定会逐渐被放弃。

所谓强认证就是利用公钥密码体制实现的认证，它是基于 PKI/CA 对其用户签发所有的证书都进行了 CA 签名，在使用时，用 CA 公钥对证书进行签名验证，达到网上身份的真实性。

X.509 又将强认证分为单向认证、双向认证和三向认证三种形式，以适应不同的应用环境。这三种认证过程都使用公钥签字技术，并假定通信双方都可从目录服务器获取对方的公钥证书，或对方最初发来的消息中包括公钥证书，即假定通信双方都知道对方的公钥。三种认证过程如图 12-13 所示。

1.　单向认证

单向认证指用户 A 将消息发往用户 B，以向用户 B 表明 A 的身份、消息是由 A 产生的。这个鉴别过程需要验证信息的发送方 A 的身份。消息的接收者是 B，B 的身份不需要进行验证，同时，必须要保证消息的完整性和新鲜性。

为实现单向认证，A 发往 B 的消息应是由 A 的秘密密钥签署的若干数据项组成。数据项中应至少包括时间戳 t_A、一次性随机数 r_A、B 的身份，其中时间戳又有消息的产生时间(可选项)和截止时间，以处理消息传送过程中可能出现的延迟，一次性随机数用以防

322

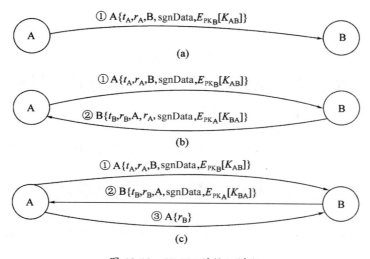

图 12-13　X.509 的认证过程

(a) 单向认证；(b) 双向认证；(c) 三向认证。

止重放攻击。r_A 在该消息到截止时间以前应是这一消息唯一所有的，因此 B 可在这一消息的截止时间以前，一直存有 r_A，以拒绝具有相同 r_A 的其他消息。

如果仅单纯为了认证，则 A 发往 B 的上述消息就可作为 A 提交给 B 的凭证。如果不单纯为了认证，则 A 用自己的公开密钥签署的数据项还可包括其他附加信息 sgnData，对信息进行签名时也会把该信息包含在内，以保证该信息的真实性和完整性。此外，数据项中还可包括一个双方意欲建立的会话密钥 K_{AB}(这个会话密钥需要使用 B 的公开密钥 PK_B 加密保护)。

2. 双向认证

双向认证是指通信双方 A、B 需要互相鉴别对方的身份。为了完成双向认证，在上述单向认证的基础上，B 需要对 A 发送的信息作出应答，以证明 B 的身份。

应答消息是由 B 产生的，应答的意欲接收者是 A，应答消息必须保证是完整的和新鲜的。应答消息中包括由 A 发来的一次性随机数 r_A(以使应答消息有效)、由 B 产生的时间戳 t_B 和一次性随机数 r_B。与单向认证类似，应答消息中也可包括其他附加信息和由 A 的公开密钥加密的会话密钥。

3. 三向认证

在完成上述双向认证后，A 再对从 B 发来的一次性随机数签字后发往 B，即构成第三向认证。三向认证的目的是双方将收到的对方发来的一次性随机数又都返回给对方，因此双方不需检查时间戳，只需检查对方的一次性随机数即可检查出是否有重放攻击。在通信双方无法建立时钟同步时，就需使用这种方法。

附录 A　MD5 算法参考应用程序

MD5 算法参考应用程序包括 MD5 算法的伪代码描述与标准 C 语言形式的程序实现。

A.1　MD5 算法的伪代码描述

```
//Note: All variables are unsigned 32 bits and wrap modulo 2^32 when calculating
var int[64] r, k //r specifies the per-round shift amounts
r[ 0..15]：= {7, 12, 17, 22, 7, 12, 17, 22, 7, 12, 17, 22, 7, 12, 17, 22}
r[16..31]：= {5, 9, 14, 20, 5, 9, 14, 20, 5, 9, 14, 20, 5, 9, 14, 20}
r[32..47]：= {4, 11, 16, 23, 4, 11, 16, 23, 4, 11, 16, 23, 4, 11, 16, 23}
r[48..63]：= {6, 10, 15, 21, 6, 10, 15, 21, 6, 10, 15, 21, 6, 10, 15, 21}
//Use binary integer part of the sines of integers as constants:
for i from 0 to 63
k[i] := floor(abs(sin(i + 1)) × 2^32)
//Initialize variables:
var int h0 := 0x67452301
var int h1 := 0xEFCDAB89
var int h2 := 0x98BADCFE
var int h3 := 0x10325476
//Pre-processing:
append "1" bit to message
append "0" bits until message length in bits ≡ 448 (mod 512)
append bit length of message as 64-bit little-endian integer to message
//Process the message in successive 512-bit chunks:
for each 512-bit chunk of message
break chunk into sixteen 32-bit little-endian words w[i], 0 ≤ i ≤ 15
//Initialize hash value for this chunk:
var int a := h0
var int b := h1
var int c := h2
var int d := h3
//Main loop:
for i from 0 to 63
```

```
if 0 ≤ i ≤ 15 then
f := (b and c) or ((not b) and d)
g := i
else if 16 ≤ i ≤ 31
f := (d and b) or ((not d) and c)
g := (5×i + 1) mod 16
else if 32 ≤ i ≤ 47
f := b xor c xor d
g := (3×i + 5) mod 16
else if 48 ≤ i ≤ 63
f := c xor (b or (not d))
g := (7×i) mod 16
temp := d
d := c
c := b
b := ((a + f + k[i] + w[g]) leftrotate r[i]) + b
a := temp
//Add this chunk's hash to result so far:
h0 := h0 + a
h1 := h1 + b
h2 := h2 + c
h3 := h3 + d
var int digest := h0 append h1 append h2 append h3
//(expressed as little-endian)
```

A.2　MD5 算法的标准 C 语言形式的程序实现

这部分内容摘自 RSAREF: A Cryptographic Toolkit for Privacy-Enhanced Mail，包括以下文件：

(1) global.h ——全局头文件。

(2) md5.h —— MD5 头文件。

(3) md5c.c —— MD5 源代码。

(4) mddriver.c——MD2, MD4 和 MD5 的测试驱动程序。

驱动程序默认情况下编译 MD5，但如果在 C 的编译命令行将 MD5 参数设成 2 或 4，则也可以编译 MD2 和 MD4。

此应用程序是方便使用的，可用在不同的平台上，在特殊的平台上优化它也并不困难，这留给读者作为练习。例如，在"little-endian"平台上，此平台 32 位字的最低地址字节最无意义的字节，并且没有队列限制，在 MD5 变换中的解码的命令调用可以被相应的类型替代。

(5) MD5 算法测试组件。如果要得到更多的 RSAREF 信息，请发 E-mail 到：<rsaref@rsa.com>。另外，MD5 算法的发明者 Ronald L. Rivest 的通讯方式为：

Ronald L. Rivest

Massachusetts Institute of Technology

Laboratory for Computer Science

NE43-324

545 Technology Square

Cambridge, MA   02139-1986

Phone: (617) 253-5880

EMail: rivest@theory.lcs.mit.edu

1．global.h

/* GLOBAL.H - RSAREF 类型和常数*/

/* 当且仅当编译器支持函数原型的声明时，PROTOTYPES 必须被设置一次

如果还没有定义 C 编译器的标记，下面的代码使 PROTOTYPES 置为 0*/

```
#ifndef PROTOTYPES
#define PROTOTYPES 0
#endif

    /* POINTER 定义成一个普通的指针类型 */
typedef unsigned char *POINTER;

    /* UINT2 定义成两字节的字 */
typedef unsigned short int UINT2;

    /* UINT4 定一成四字节的字   */
typedef unsigned long int UINT4;
```

    /* PROTO_LIST 的定义依赖于上面 PROTOTYPES 的定义，如果使用了 PROTOTYPES，那么 PROTO_LIST 返回此列表，否则返回一个空列表。*/

```
#if PROTOTYPES
#define PROTO_LIST(list) list
#else
#define PROTO_LIST(list) ()
#endif
```

2．md5.h

/*MD5.H - MD5C.C 头文件*/

/*本软件允许被复制或运用，但必须在所有提及和参考的地方标注"RSA Data Security, Inc. MD5 Message-Digest Algorithm"，也允许产生或运用派生软件，但必须在所

326

有提及和参考的地方标明"derived from the RSA Data Security, Inc. MD5 Message-Digest Algorithm"。

　　RSA 数据安全公司(RSA Data Security, Inc.)从来没有出于任何特定目的陈述过关于此软件的可买性和实用性，它提供了"as is",没有表达或暗示过任何理由。

　　此声明必须在任何此文件和软件的任何拷贝中保留*/

```
/* MD5 context. */
typedef struct
{
  UINT4 state[4];                              /* state (ABCD) */
  UINT4 count[2];                              /* 位数量, 模 2^64 (低位在前) */
  unsigned char buffer[64];                    /* 输入缓冲器 */
} MD5_CTX;

void MD5Init PROTO_LIST ((MD5_CTX *));
void MD5Update PROTO_LIST
  ((MD5_CTX *, unsigned char *, unsigned int));
    void MD5Final PROTO_LIST ((unsigned char [16], MD5_CTX *));
```

　　3. md5c.c

　　/* MD5C.C – RSA 数据安全公司，MD5 报文摘要算法*/

　　/*本软件允许被复制或运用，但必须在所有提及和参考的地方标注"RSA Data Security, Inc. MD5 Message-Digest Algorithm"，也允许产生或运用派生软件，但必须在所有提及和参考的地方标明"derived from the RSA Data"，RSA 数据安全公司(RSA Data Security, Inc.)从来没有出于任何特定目的陈述过关于此软件的可买性和实用性,它提供了"as is"，没有表达或暗示过任何理由。

　　此声明必须在任何此文件和软件的任何拷贝中保留*/

```
#include "global.h"
#include "md5.h"

/* Constants for MD5Transform routine. */

#define S11 7
#define S12 12
#define S13 17
#define S14 22
#define S21 5
#define S22 9
#define S23 14
```

```
#define S24 20
#define S31 4
#define S32 11
#define S33 16
#define S34 23
#define S41 6
#define S42 10
#define S43 15
#define S44 21

static void MD5Transform PROTO_LIST ((UINT4 [4], unsigned char [64]));
static void Encode PROTO_LIST
   ((unsigned char *, UINT4 *, unsigned int));
static void Decode PROTO_LIST
   ((UINT4 *, unsigned char *, unsigned int));
static void MD5_memcpy PROTO_LIST ((POINTER, POINTER, unsigned int));
static void MD5_memset PROTO_LIST ((POINTER, int, unsigned int));

static unsigned char PADDING[64] = {
   0x80, 0, 0, 0, 0, 0, 0, 0, 0, 0, 0, 0, 0, 0, 0, 0, 0, 0, 0, 0, 0, 0, 0,
   0, 0, 0, 0, 0, 0, 0, 0, 0, 0, 0, 0, 0, 0, 0, 0, 0, 0, 0, 0, 0, 0, 0, 0,
   0, 0, 0, 0, 0, 0, 0, 0, 0, 0, 0, 0, 0, 0, 0, 0
};

   /* F, G, H 和 I 是基本 MD5 函数 */
#define F(x, y, z) (((x) & (y)) | ((~x) & (z)))
#define G(x, y, z) (((x) & (z)) | ((y) & (~z)))
#define H(x, y, z) ((x) ^ (y) ^ (z))
#define I(x, y, z) ((y) ^ ((x) | (~z)))

   /* ROTATE_LEFT 将 x 循环左移 n 位 */
#define ROTATE_LEFT(x, n) (((x) << (n)) | ((x) >> (32-(n))))

   /* 循环从加法中分离出是为了防止重复计算*/
#define FF(a, b, c, d, x, s, ac) { \
  (a) += F ((b), (c), (d)) + (x) + (UINT4)(ac); \
  (a) = ROTATE_LEFT ((a), (s)); \

  (a) += (b); \
```

```
    }
#define GG(a, b, c, d, x, s, ac) { \
 (a) += G ((b), (c), (d)) + (x) + (UINT4)(ac); \
 (a) = ROTATE_LEFT ((a), (s)); \
 (a) += (b); \
    }
#define HH(a, b, c, d, x, s, ac) { \
 (a) += H ((b), (c), (d)) + (x) + (UINT4)(ac); \
 (a) = ROTATE_LEFT ((a), (s)); \
 (a) += (b); \
    }
#define II(a, b, c, d, x, s, ac) { \
 (a) += I ((b), (c), (d)) + (x) + (UINT4)(ac); \
 (a) = ROTATE_LEFT ((a), (s)); \
 (a) += (b); \
    }


/* MD5 初始化. 开始一个 MD5 操作写一个新的 context */
void MD5Init (context)
MD5_CTX *context;                                         /* context */
{
    context->count[0] = context->count[1] = 0;
    context->state[0] = 0x67452301;
    context->state[1] = 0xefcdab89;
    context->state[2] = 0x98badcfe;
    context->state[3] = 0x10325476;
}


/*MD5 分组更新操作，继续一个 MD5 操作,处理另一个消息分组并更新 context */
void MD5Update (context, input, inputLen)
MD5_CTX *context;                                         /* context */
unsigned char *input;                                     /* 输入分组*/
unsigned int inputLen;                                    /* 输入的分组的长度 */
{
    unsigned int i, index, partLen;

        /* 计算字节数模 64 的值 */
    index = (unsigned int)((context->count[0] >> 3) & 0x3F);
```

```
  /* Update number of bits */
  if ((context->count[0] += ((UINT4)inputLen << 3))


    < ((UINT4)inputLen << 3))
context->count[1]++;
  context->count[1] += ((UINT4)inputLen >> 29);


  partLen = 64 - index;

    /*  按能达到的最大次数转换*/
if (inputLen >= partLen) {
MD5_memcpy
    ((POINTER)&context->buffer[index], (POINTER)input, partLen);
MD5Transform (context->state, context->buffer);


for (i = partLen; i + 63 < inputLen; i += 64)
    MD5Transform (context->state, &input[i]);


index = 0;
  }
  else
i = 0;

    /*  缓冲器保留输入值  */
  MD5_memcpy
 ((POINTER)&context->buffer[index], (POINTER)&input[i],
  inputLen-i);
}


    /* MD5  最终结果. 以一个  MD5  报文摘要操作结束, 写下报文摘要值  */
void MD5Final (digest, context)
unsigned char digest[16];                              /*报文摘要  */
MD5_CTX *context;                                      /* context */
{
  unsigned char bits[8];
  unsigned int index, padLen;

    /*  保存位数值  */
  Encode (bits, context->count, 8);
```

330

```c
  index = (unsigned int)((context->count[0] >> 3) & 0x3f);
  padLen = (index < 56) ? (56 - index) : (120 - index);
  MD5Update (context, PADDING, padLen);

  /* 附加长度 (在补位之前) */
  MD5Update (context, bits, 8);

  /* 将 state 存入 digest 中*/
  Encode (digest, context->state, 16);
  MD5_memset ((POINTER)context, 0, sizeof (*context));
}


  /* MD5 基本转换. 转换状态基于分组*/
static void MD5Transform (state, block)
UINT4 state[4];
unsigned char block[64];
{
  UINT4 a = state[0], b = state[1], c = state[2], d = state[3], x[16];

  Decode (x, block, 64);

  /* Round 1 */
  FF (a, b, c, d, x[ 0], S11, 0xd76aa478); /* 1 */
  FF (d, a, b, c, x[ 1], S12, 0xe8c7b756); /* 2 */
  FF (c, d, a, b, x[ 2], S13, 0x242070db); /* 3 */
  FF (b, c, d, a, x[ 3], S14, 0xc1bdceee); /* 4 */
  FF (a, b, c, d, x[ 4], S11, 0xf57c0faf); /* 5 */
  FF (d, a, b, c, x[ 5], S12, 0x4787c62a); /* 6 */
  FF (c, d, a, b, x[ 6], S13, 0xa8304613); /* 7 */
  FF (b, c, d, a, x[ 7], S14, 0xfd469501); /* 8 */
  FF (a, b, c, d, x[ 8], S11, 0x698098d8); /* 9 */
  FF (d, a, b, c, x[ 9], S12, 0x8b44f7af); /* 10 */
  FF (c, d, a, b, x[10], S13, 0xffff5bb1); /* 11 */
  FF (b, c, d, a, x[11], S14, 0x895cd7be); /* 12 */
  FF (a, b, c, d, x[12], S11, 0x6b901122); /* 13 */
  FF (d, a, b, c, x[13], S12, 0xfd987193); /* 14 */
  FF (c, d, a, b, x[14], S13, 0xa679438e); /* 15 */
  FF (b, c, d, a, x[15], S14, 0x49b40821); /* 16 */
```

```
/* Round 2 */
  GG (a, b, c, d, x[ 1], S21, 0xf61e2562); /* 17 */
  GG (d, a, b, c, x[ 6], S22, 0xc040b340); /* 18 */
  GG (c, d, a, b, x[11], S23, 0x265e5a51); /* 19 */
  GG (b, c, d, a, x[ 0], S24, 0xe9b6c7aa); /* 20 */
  GG (a, b, c, d, x[ 5], S21, 0xd62f105d); /* 21 */
  GG (d, a, b, c, x[10], S22,   0x2441453); /* 22 */
  GG (c, d, a, b, x[15], S23, 0xd8a1e681); /* 23 */
  GG (b, c, d, a, x[ 4], S24, 0xe7d3fbc8); /* 24 */
  GG (a, b, c, d, x[ 9], S21, 0x21e1cde6); /* 25 */
  GG (d, a, b, c, x[14], S22, 0xc33707d6); /* 26 */
  GG (c, d, a, b, x[ 3], S23, 0xf4d50d87); /* 27 */

  GG (b, c, d, a, x[ 8], S24, 0x455a14ed); /* 28 */
  GG (a, b, c, d, x[13], S21, 0xa9e3e905); /* 29 */
  GG (d, a, b, c, x[ 2], S22, 0xfcefa3f8); /* 30 */
  GG (c, d, a, b, x[ 7], S23, 0x676f02d9); /* 31 */
  GG (b, c, d, a, x[12], S24, 0x8d2a4c8a); /* 32 */

/* Round 3 */
  HH (a, b, c, d, x[ 5], S31, 0xfffa3942); /* 33 */
  HH (d, a, b, c, x[ 8], S32, 0x8771f681); /* 34 */
  HH (c, d, a, b, x[11], S33, 0x6d9d6122); /* 35 */
  HH (b, c, d, a, x[14], S34, 0xfde5380c); /* 36 */
  HH (a, b, c, d, x[ 1], S31, 0xa4beea44); /* 37 */
  HH (d, a, b, c, x[ 4], S32, 0x4bdecfa9); /* 38 */
  HH (c, d, a, b, x[ 7], S33, 0xf6bb4b60); /* 39 */
  HH (b, c, d, a, x[10], S34, 0xbebfbc70); /* 40 */
  HH (a, b, c, d, x[13], S31, 0x289b7ec6); /* 41 */
  HH (d, a, b, c, x[ 0], S32, 0xeaa127fa); /* 42 */
  HH (c, d, a, b, x[ 3], S33, 0xd4ef3085); /* 43 */
  HH (b, c, d, a, x[ 6], S34,   0x4881d05); /* 44 */
  HH (a, b, c, d, x[ 9], S31, 0xd9d4d039); /* 45 */
  HH (d, a, b, c, x[12], S32, 0xe6db99e5); /* 46 */
  HH (c, d, a, b, x[15], S33, 0x1fa27cf8); /* 47 */
  HH (b, c, d, a, x[ 2], S34, 0xc4ac5665); /* 48 */

/* Round 4 */
  II (a, b, c, d, x[ 0], S41, 0xf4292244); /* 49 */
```

332

```
II (d, a, b, c, x[ 7], S42, 0x432aff97); /* 50 */
II (c, d, a, b, x[14], S43, 0xab9423a7); /* 51 */
II (b, c, d, a, x[ 5], S44, 0xfc93a039); /* 52 */
II (a, b, c, d, x[12], S41, 0x655b59c3); /* 53 */
II (d, a, b, c, x[ 3], S42, 0x8f0ccc92); /* 54 */
II (c, d, a, b, x[10], S43, 0xffeff47d); /* 55 */
II (b, c, d, a, x[ 1], S44, 0x85845dd1); /* 56 */
II (a, b, c, d, x[ 8], S41, 0x6fa87e4f); /* 57 */
II (d, a, b, c, x[15], S42, 0xfe2ce6e0); /* 58 */
II (c, d, a, b, x[ 6], S43, 0xa3014314); /* 59 */
II (b, c, d, a, x[13], S44, 0x4e0811a1); /* 60 */
II (a, b, c, d, x[ 4], S41, 0xf7537e82); /* 61 */
II (d, a, b, c, x[11], S42, 0xbd3af235); /* 62 */
II (c, d, a, b, x[ 2], S43, 0x2ad7d2bb); /* 63 */
II (b, c, d, a, x[ 9], S44, 0xeb86d391); /* 64 */


state[0] += a;
state[1] += b;
state[2] += c;
state[3] += d;



MD5_memset ((POINTER)x, 0, sizeof (x));
}


    /* 将输入(UINT4)编码输出(unsigned char)，假设 len 是 4 的倍数 */
static void Encode (output, input, len)
unsigned char *output;
UINT4 *input;
unsigned int len;
{
  unsigned int i, j;

  for (i = 0, j = 0; j < len; i++, j += 4) {
 output[j] = (unsigned char)(input[i] & 0xff);
 output[j+1] = (unsigned char)((input[i] >> 8) & 0xff);
 output[j+2] = (unsigned char)((input[i] >> 16) & 0xff);
 output[j+3] = (unsigned char)((input[i] >> 24) & 0xff);
  }
```

```c
}

    /* 将输入(unsigned char)解码输出(UINT4)，假设 len 是 4 的倍数 */
static void Decode (output, input, len)
UINT4 *output;
unsigned char *input;
unsigned int len;
{
  unsigned int i, j;

  for (i = 0, j = 0; j < len; i++, j += 4)
 output[i] = ((UINT4)input[j]) | (((UINT4)input[j+1]) << 8) |
    (((UINT4)input[j+2]) << 16) | (((UINT4)input[j+3]) << 24);
}
static void MD5_memcpy (output, input, len)
POINTER output;
POINTER input;
unsigned int len;
{
  unsigned int i;

  for (i = 0; i < len; i++)

 output[i] = input[i];
}
static void MD5_memset (output, value, len)
POINTER output;
int value;
unsigned int len;
{
  unsigned int i;

  for (i = 0; i < len; i++)
 ((char *)output)[i] = (char)value;
}
```

4. mddriver.c
    /* MDDRIVER.C - MD2, MD4 and MD5 测试程序 */
    /* RSA 数据安全公司(RSA Data Security, Inc.)从来没有出于任何特定目的陈述过关

334

于此软件的可买性和实用性，它提供了"as is"，没有表达或暗示过任何理由。此声明必须在任何此文件和软件的任何拷贝中保留*/

```
    /* 如果没有定义 C 编译标志的值，则 MD5 默认状态下为 MD5 */
#ifndef MD
#define MD MD5
#endif

#include <stdio.h>
#include <time.h>
#include <string.h>
#include "global.h"
#if MD == 2
#include "md2.h"
#endif
#if MD == 4
#include "md4.h"
#endif
#if MD == 5
#include "md5.h"
#endif

    /* 测试分组长度和数量 */
#define TEST_BLOCK_LEN 1000
#define TEST_BLOCK_COUNT 1000

static void MDString PROTO_LIST ((char *));
static void MDTimeTrial PROTO_LIST ((void));
static void MDTestSuite PROTO_LIST ((void));
static void MDFile PROTO_LIST ((char *));
static void MDFilter PROTO_LIST ((void));
static void MDPrint PROTO_LIST ((unsigned char [16]));

#if MD == 2
#define MD_CTX MD2_CTX
#define MDInit MD2Init
#define MDUpdate MD2Update
#define MDFinal MD2Final
#endif
#if MD == 4
```

```
#define MD_CTX MD4_CTX
#define MDInit MD4Init
#define MDUpdate MD4Update
#define MDFinal MD4Final
#endif
#if MD == 5
#define MD_CTX MD5_CTX
#define MDInit MD5Init
#define MDUpdate MD5Update
#define MDFinal MD5Final
#endif

    /* 主程序变量:
  -sstring    — 摘要字符串
  -t          — 运行时间测试
  -x          — 运行测试脚本
  filename    — 摘要文件
  (none)      — 摘要标准输入
 */
int main (argc, argv)
int argc;

char *argv[];
{
  int i;

  if (argc > 1)
  for (i = 1; i < argc; i++)
    if (argv[i][0] == '-' && argv[i][1] == 's')
      MDString (argv[i] + 2);
    else if (strcmp (argv[i], "-t") == 0)
      MDTimeTrial ();
    else if (strcmp (argv[i], "-x") == 0)
      MDTestSuite ();
    else
      MDFile (argv[i]);
  else
  MDFilter ();
```

```c
     return (0);
}

     /* 计算字符串的摘要并打印其值 */
static void MDString (string)
char *string;
{
   MD_CTX context;
   unsigned char digest[16];
   unsigned int len = strlen (string);

   MDInit (&context);
   MDUpdate (&context, string, len);
   MDFinal (digest, &context);

   printf ("MD%d (\"%s\") = ", MD, string);
   MDPrint (digest);
   printf ("\n");
}

     /* 测试计算 TEST_BLOCK_COUNT TEST_BLOCK_LEN-byte 分组摘要的时间 */
static void MDTimeTrial ()
{
   MD_CTX context;
   time_t endTime, startTime;
   unsigned char block[TEST_BLOCK_LEN], digest[16];
   unsigned int i;

   printf
 ("MD%d time trial. Digesting %d %d-byte blocks ...", MD,
  TEST_BLOCK_LEN, TEST_BLOCK_COUNT);

   /* 初始化分组*/
   for (i = 0; i < TEST_BLOCK_LEN; i++)
 block[i] = (unsigned char)(i & 0xff);

   /* 开始时钟 */
   time (&startTime);
```

```
      /*  摘要分组  */
   MDInit (&context);
   for (i = 0; i < TEST_BLOCK_COUNT; i++)
 MDUpdate (&context, block, TEST_BLOCK_LEN);
   MDFinal (digest, &context);

      /*  停止时钟  */
   time (&endTime);

   printf (" done\n");
   printf ("Digest = ");
   MDPrint (digest);
   printf ("\nTime = %ld seconds\n", (long)(endTime-startTime));
   printf
 ("Speed = %ld bytes/second\n",
   (long)TEST_BLOCK_LEN * (long)TEST_BLOCK_COUNT/(endTime-startTime));
 }

      /*  计算一个参考组件串的摘要并打印结果*/
 static void MDTestSuite ()
 {
   printf ("MD%d test suite:\n", MD);

   MDString ("");
   MDString ("a");
   MDString ("abc");
   MDString ("message digest");
   MDString ("abcdefghijklmnopqrstuvwxyz");
   MDString
 ("ABCDEFGHIJKLMNOPQRSTUVWXYZabcdefghijklmnopqrstuvwxyz0123456789");
   MDString
 ("12345678901234567890123456789012345678901234567890\
 12345678901234567890123456789012345678901234567890");
 }

      /*计算一个文件的摘要并打印结果  */
 static void MDFile (filename)
 char *filename;
 {
```

```
    FILE *file;
    MD_CTX context;
    int len;
    unsigned char buffer[1024], digest[16];

    if ((file = fopen (filename, "rb")) == NULL)
    printf ("%s can't be opened\n", filename);

    else {
    MDInit (&context);
    while (len = fread (buffer, 1, 1024, file))
       MDUpdate (&context, buffer, len);
    MDFinal (digest, &context);

    fclose (file);

    printf ("MD%d (%s) = ", MD, filename);
    MDPrint (digest);
    printf ("\n");
      }
}

    /* 计算标准输入的摘要并打印结果*/
static void MDFilter ()
{
    MD_CTX context;
    int len;
    unsigned char buffer[16], digest[16];

    MDInit (&context);
    while (len = fread (buffer, 1, 16, stdin))
    MDUpdate (&context, buffer, len);
    MDFinal (digest, &context);

    MDPrint (digest);
    printf ("\n");
}

    /* 打印一个 16 进制的摘要*/
```

```
static void MDPrint (digest)
unsigned char digest[16];
{

  unsigned int i;

  for (i = 0; i < 16; i++)
 printf ("%02x", digest[i]);
}
```

5. MD5 算法测试组件

MD5 测试组件(驱动程序选项"-x")应打印以下值：

```
MD5 test suite:
MD5 ("") = d41d8cd98f00b204e9800998ecf8427e
MD5 ("a") = 0cc175b9c0f1b6a831c399e269772661
MD5 ("abc") = 900150983cd24fb0d6963f7d28e17f72
MD5 ("message digest") = f96b697d7cb7938d525a2f31aaf161d0
MD5 ("abcdefghijklmnopqrstuvwxyz") = c3fcd3d76192e4007dfb496cca67e13b
MD5 ("ABCDEFGHIJKLMNOPQRSTUVWXYZabcdefghijklmnopqrstuvwxyz0123456789")
=d174ab98d277d9f5a5611c2c9f419d9f
MD5 ("12345678901234567890123456789012345678901234567890123456
78901234567890") = 57edf4a22be3c955ac49da2e2107b67a
```

参 考 文 献

[1] 王育民，刘建伟. 通信网的安全——理论与技术[M]. 西安：西安电子科技大学出版社，1999.

[2] 张仕斌，万武南，张金全，等. 应用密码学[M]. 西安：西安电子科技大学出版社，2009.

[3] 杨波. 现代密码学[M]. 北京：清华大学出版社，2003.

[4] 刘建伟. 网络安全实验教程[M]. 北京：清华大学出版社，2007.

[5] 卢开澄. 计算机密码学——计算机网络中的数据保密与安全(第3版)[M]. 北京：清华大学出版社，2003.

[6] 阙喜戎，孙锐，龚向阳，等. 信息安全原理及应用[M]. 北京：清华大学出版社，2003.

[7] 冯登国. 计算机通信网络安全[M]. 北京：清华大学出版社，2001.

[8] 范红，冯登国. 安全协议理论与方法[M]. 北京：科学出版社，2003.

[9] 卿斯汉，冯登国. 信息系统的安全[M]. 北京：科学出版社，2003.

[10] 蔡红柳，何新华. 信息安全技术及应用实验[M]. 北京：科学出版社，2004.

[11] 张世永. 网络安全原理与应用[M]. 北京：科学出版社，2003.

[12] Bruce Schneier. 应用密码学——协议、算法与C源程序[M]. 吴世忠，等译. 北京：机械工业出版社，2003.

[13] 周学广，等. 信息安全学(第2版)[M]. 北京：机械工业出版社，2008.

[14] 王衍波，薛通. 应用密码学[M]. 北京：机械工业出版社，2003.

[15] 俞承杭. 计算机网络与信息安全技术[M]. 北京：机械工业出版社，2008.

[16] 刘海燕. 计算机网络安全原理与实现[M]. 北京：机械工业出版社，2009.

[17] Douglas R Stinson. 密码学原理与实践[M]. 冯登国，译.北京：电子工业出版社，2003.

[18] 谢希仁. 计算机网络(第5版)[M]. 北京：电子工业出版社，2008.

[19] 沈鑫剡. 计算机网络安全[M]. 北京：人民邮电出版社，2011.

[20] 陈兵，等. 网络安全与电子商务[M]. 北京：北京大学出版社，2006.

[21] Arto Salomaa. 公钥密码学[M]. 丁存生，单炜娟，译. 北京：国防工业出版社，1998.